LEÇONS DE CHIMIE

OUVRAGES DE M. C. HARAUCOURT

Agrégé de l'Université, Professeur au lycée et à l'école des sciences de Rouen,

Cours élémentaire de physique à l'usage des *Lycées*, des *Collèges*, des candidats aux baccalauréats et de tous les établissements d'instruction, contenant de nombreux exercices numériques résolus et à résoudre. *Troisième édition* revue et corrigée, 1 v. in-8, br. 6 »

Leçons élémentaires de physique, à l'usage des écoles primaires supérieures, avec de nombreux exercices numériques. *Sixième édition*, 1 vol. in-12 cartonné. . . . . 3 »

Cours de physique, à l'usage de l'Enseignement secondaire des jeunes filles et des candidats au brevet supérieur, d'après les programmes officiels. *Deuxième édition*. 1 vol. in-8, broché. . . . 4 »

Notions de chimie, à l'usage des élèves de l'Enseignement spécial. *Troisième année* (Métalloïdes). *Cinquième édition* entièrement refondue. 1 vol. in-8, broché . . . . 2 »

Quatrième année (Métaux). *Troisième édition*, revue et augmentée, 1 vol. in-8, broché. 2 50

Cinquième année (chimie organique) *Quatrième édition*, entièrement refondue. 1 vol. in-8, broché. 1 80

Chacun de ces trois ouvrages est augmenté des manipulations exigées par les programmes du 10 août 1886.

Cours élémentaire de chimie, à l'usage des Ecoles normales primaires, des Lycées et collèges de jeunes filles, et de tous les établissements d'instruction. *Troisième édition*. 1 v. in-8, broché. 4 »

Leçons élémentaires de chimie, à l'usage des Ecoles primaires supérieures. *Sixième édition*, 1 vol. in-12, cart. . . . . . 2 »

Leçons de chimie, à l'usage des candidats au brevet supérieur. 1 vol. in-8, broché . . . . 2 »

Premières leçons de chimie, rédigées conformément au programme du 2 août 1880, à l'usage des élèves de la classe de sixième et des classes primaires supérieures. 1 vol. in-12 broché, . . . 1 »

Leçons élémentaires d'histoire naturelle, à l'usage des écoles primaires supérieures. *Deuxième édition*. 1 vol. in-12, cart. 2 »

Notions élémentaires de sciences physiques et naturelles, à l'usage du cours supérieur des écoles primaires, des cours complémentaires et des candidats au brevet élémentaire. *Douzième édition*. 1 volume in-12, cartonné. 2 40

OUVRAGES DE M. RENÉ LEBLANC

Les sciences physiques à l'Ecole primaire, et dans les classes préparatoires, 365 expériences faciles à exécuter et très concluantes.

Première partie **(Physique)**. *5e édition*. 1 vol. in-12 broché, 1 50

Deuxième partie **(Chimie)**. *4e édition*. 1 vol. in-12, broché. 1 50

Première et deuxième partie réunies en 1 vol. in-12, cart. 3 »

Ouvrage adopté pour les Ecoles de la ville de Paris.

Manipulations de chimie, leçons pratiques à l'usage des élèves des établissements d'Enseignement spécial, professionnel et primaire supérieur. *Quatrième édition*. 1 vol. in-12, broché. 1 50

DICTIONNAIRES EN LANGUES ÉTRANGÈRES (FORMAT IN-18)

Zay. — Français-Allemand et Allemand-Français. 1 vol., cart. 3 25

Nugent. — Français-Anglais et Anglais-Français. 1 vol., cart. 3 »

Briccolani. — Français-Italien et Italien-Français. 1 vol., cart. 4 »

LEÇONS DE CHIMIE

A L'USAGE DES

CANDIDATS AU BREVET SUPÉRIEUR

PAR

C. HARAUCOURT
Professeur au Lycée et à l'École des sciences de Rouen

PARIS
LIBRAIRIE CLASSIQUE DE F.-E. ANDRÉ-GUÉDON
15, RUE SÉGUIER, 15
Près la fontaine Saint-Michel

1888

LEÇONS DE CHIMIE

CHAPITRE PREMIER

CORPS SIMPLES ET CORPS COMPOSÉS

1. Corps simples. — On appelle **corps simples** les corps dont on ne peut tirer autre chose que leur propre substance, qui ne changent pas de nature, si on ne leur ajoute rien, à quelque opération qu'on les soumette. Tout le monde connaît l'or et l'argent, le fer et le cuivre rouge, le soufre et le mercure ; qu'on chauffe ces corps, ils pourront fondre ou se volatiliser ; mais si on ne leur ajoute rien on n'en pourra tirer rien autre chose qu'eux-mêmes : voilà des corps simples.

2. Corps composés. — Les **corps composés** sont ceux qui peuvent être séparés, scindés en deux ou plusieurs substances dont l'ensemble pèse autant que la matière primitive. La pierre à plâtre en est un exemple : chauffée, elle donne de l'eau et du plâtre dont la somme des poids refait exactement le poids de la pierre. En voici un autre exemple entre mille. Nous prenons une poudre rouge que nous appellerons pour l'instant de la *rouille de mercure* parce qu'elle se forme sur le mercure chauffé comme la crasse de plomb sur le plomb fondu et comme la rouille ordinaire sur le fer humide ; nous la plaçons au fond d'un tube de verre et nous la chauffons (fig. 1).

Fig. 1. La rouille de mercure chauffée se décompose en mercure et en gaz oxygène.

Nous voyons se former peu à peu sur le tube, au-dessus de la partie chauffée, un anneau miroitant. Si alors nous présentons à l'entrée du tube une allumette qui n'a plus qu'un point rouge elle se rallumera et brûlera vivement. L'examen de l'anneau nous fera reconnaître qu'il est formé de fines gouttelettes de mercure. Il y avait donc deux corps dans la poudre rouge : le mercure qui s'est déposé sur le tube et le gaz qui a rallumé l'allumette et que nous reconnaissons pour de l'oxygène par cette propriété ; la poudre rouge est donc un corps composé.

3. Noms des corps simples. — Les anciens admettaient quatre corps simples qu'ils appelaient les *quatre éléments* et qu'ils supposaient capables de former tous les corps connus ; c'étaient l'**eau,** l'**air,** la **terre** et le **feu.** Aucun de ces quatre corps ne mérite l'épithète de simple, l'eau et l'air sont composés ; la terre et le feu le sont aussi.

On connaît aujourd'hui 70 corps simples dont un grand nombre n'ont que peu ou point d'emplois, mais dont quelques-uns sont très utiles.

Il n'y a pas eu une règle unique suivie pour donner des noms aux corps simples. Certains d'entre eux qui sont connus depuis l'antiquité la plus reculée ont eu leurs noms formés en même temps que la langue dans laquelle on les a nommés. D'autres tirent leur nom de leur couleur ; tels sont le **chlore,** dont le nom veut dire jaune verdâtre, et l'**iode,** ainsi appelé à cause de la couleur violette que possède sa vapeur quand on le chauffe. Certains autres corps ont été désignés par un mot qui rappelle leur propriété essentielle : l'**azote** parce qu'il prive de la vie, l'**hydrogène** parce qu'il engendre l'eau, le **phosphore** *(porte-lumière),* l'**oxygène** *(qui engendre les acides).* Enfin les plus récemment connus ont, à la suite du nom du corps ordinaire où ils existent, une terminaison en **ium :** ainsi l'alumine, principe des terres grasses, la magnésie et la potasse, sont connues depuis longtemps ; les corps simples qu'on y a découverts dans notre siècle ont été appelés **aluminium, magnésium, potassium.**

4. Métaux et métalloïdes. — A première vue, on peut faire deux groupes dans les corps simples. Dans l'un on place les corps comme l'or, l'argent, le cuivre, le fer, etc., qui ont un éclat spécial, une surface très brillante lorsqu'ils viennent d'être coupés, limés ou coulés ; ce sont les **métaux.** Dans l'autre rentrent les corps sans éclat comme le soufre, le charbon, le phosphore et les gaz oxygène, azote, chlore ; ce sont les corps non métalliques que l'on désigne habituellement sous le nom de **métalloïdes.**

Les métaux ont donc comme caractère apparent l'éclat spécial appelé **éclat métallique,** qu'on peut toujours leur donner par le frottement et qu'ils conservent plus ou moins longtemps sans se ternir. Ils sont, de plus, bons conducteurs de la chaleur et de l'électricité. L'expérience de la transmission de l'électricité par les fils métalliques est faite sur une vaste échelle dans les fils télégraphiques, dont la plupart bordent nos lignes de chemins de fer. Quant à la preuve que les métaux conduisent bien la chaleur, on la vérifie en plongeant dans un foyer l'un des bouts d'une tige de fer ou de cuivre dont on tient l'autre à la main ; on ne tarde pas à sentir que la tige s'est échauffée, car on ne peut bientôt plus la tenir.

Les métalloïdes n'ont aucun de ces trois caractères ; ils sont sans éclat, il ne conduisent ni l'électricité, ni la chaleur.

Mais il n'y a pas une ligne de démarcation bien nette entre ces deux groupes, et certains corps peuvent être placés indifféremment dans l'un ou dans l'autre.

A ces différences qui ne portent que sur les caractères physiques, on en joint une plus importante et l'on fait consister le caractère principal des métaux dans ce fait que par leur union avec l'oxygène ils donnent naissance au moins à un composé basique capable de s'unir aux acides, tandis que les métalloïdes par leur union avec l'oxygène donnent des composés acides (v. chap. III).

5. Association des corps simples. — Les corps simples peuvent s'unir à deux ou à plusieurs pour donner les corps composés. Il y a deux modes de réunion : le **mélange** où l'on peut toujours séparer l'un de l'autre les corps qui y sont entrés, et la **combinaison** qui est une association intime produisant un nouveau corps dont les propriétés diffèrent de celles des corps qui l'ont formé.

6. Mélange. — Prenons de la limaille de fer et du soufre en fleur ou en poudre très fine ; l'un des corps est jaune, l'autre est gris. Mêlons-les aussi intimement que possible, la poudre résultant de ce mélange n'est plus ni jaune, ni grise ; on n'y distingue plus à première vue ni le fer, ni le soufre. Mais chacun des deux corps y est avec ses propriétés particulières : si on aide l'œil d'une forte loupe on y reconnait les parcelles de fer. Les deux poudres peuvent d'ailleurs être séparées par un moyen convenable. Si on en étale une portion sur une feuille de papier ou sur une soucoupe et que l'on promène au-dessus l'extrémité d'un aimant (fig. 2), les petites parcelles de fer viennent se fixer à l'aimant, tandis que le soufre reste sur la feuille. On peut donc retirer du mélange chacun des deux corps avec les propriétés et l'aspect qu'il avait avant.

Fig. 2. La limaille de fer mélangée à la fleur de soufre, peut en être séparée par un aimant.

Voici un second exemple. On triture de la limaille de cuivre rouge avec de la fleur de soufre ; chacun des deux corps paraît avoir perdu sa couleur. Nous ne pouvons plus ici retirer le cuivre par l'aimant, car il n'est pas attirable comme le fer. Mais nous pouvons dissoudre le soufre dans un liquide où il disparaît comme le sucre dans l'eau. Jetons en effet un peu du mélange dans une fiole contenant du sulfure de carbone qui est le dissolvant du soufre ; celui-ci devient liquide, laissant le cuivre se rassembler au fond de la fiole. Le liquide versé sur une soucoupe, laisse le soufre en dépôt. Cuivre et soufre n'étaient que mêlés : nous les retrouvons avec leurs propriétés.

Le mélange, si bien fait qu'il puisse être, ne donne donc pas un corps *homogène* dont toutes les parties soient les mêmes ; on peut toujours séparer l'un de l'autre les corps avec lesquels il a été constitué.

7. Combinaison. — La combinaison est une union intime qui donne naissance à un nouveau corps, très différent dans ses propriétés de ceux qui l'ont formé et où ceux-ci ne peuvent plus être retrouvés avec l'aspect qu'ils avaient avant leur union. Les deux exemples précédents vont nous servir d'abord.

Humectons d'eau un peu chaude le mélange de soufre et de fer, pour le convertir en pâte, et introduisons le dans un petit ballon. Bientôt des vapeurs se dégagent, la masse se boursoufle ; sa coloration verte se change en un noir foncé. Où est le soufre, où est le fer dans cette poudre noire ainsi formée ? L'œil armé d'une loupe ne peut plus les distinguer ; l'aimant n'attire plus rien. C'est désormais une matière toute différente de ses composants, qui n'est ni métallique, comme le fer, ni combustible, comme le soufre ; c'est un corps nouveau formé par l'union intime des deux premiers.

Mettons le mélange de cuivre et de soufre dans un ballon et chauffons (fig. 3). Le soufre fond et brûle ; chaque parcelle de cuivre devient incandescente, et à la place des deux corps est une poudre noire très friable où aucun moyen simple ne peut retrouver ni le soufre ni le cuivre. Le corps formé est homogène, ses plus minces parcelles ont toutes le même aspect, et ses propriétés sont toutes différentes de celles qui appartiennent au soufre et au cuivre. Cette poudre noire est un corps composé formé par la combinaison du métalloïde avec le métal.

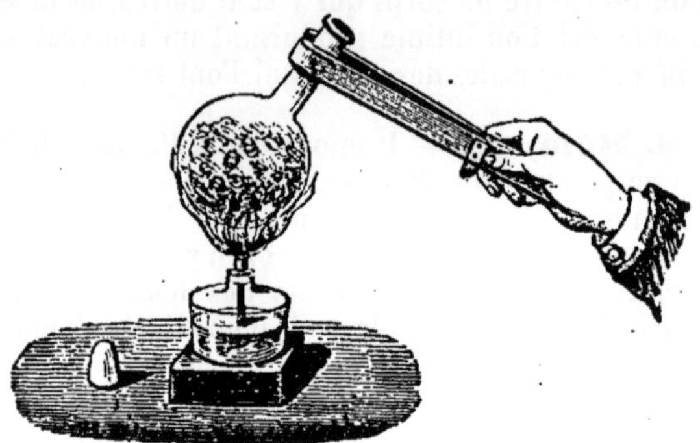

Fig. 3. Le soufre et le cuivre chauffés se combinent avec incandescence et produisent le sulfure de cuivre noir.

A ce corps nouveau il faut donner un nom qui rappelle autant que possible son mode de formation ou sa composition : on l'appelle *sulfure de cuivre*.

Il en est de même pour tous les composés résultant de la combinaison d'un métalloïde avec un métal ; pour les nommer, on termine en **ure** le nom du métalloïde (parfois un peu modifié par euphonie) et on le fait suivre du nom du métal : les combinaisons du carbone métalloïde avec l'hydrogène métal s'appellent carbures d'hydrogène.

On suit aussi la même règle pour donner des noms à beaucoup des composés de deux métalloïdes ; on termine en *ure* celui qui se porterait au pôle positif si l'on décomposait par un courant électrique le corps formé : c'est ainsi que l'on a les *chlorures* de soufre et de phosphore (chlore et soufre ou phosphore), le sulfure de carbone (soufre et carbone).

8. Caractères de la combinaison. — La combinaison diffère donc du mélange en ce qu'elle donne lieu à la formation d'un nouveau corps homogène, ayant des propriétés différentes de celles des corps simples qui ont servi à le faire. Elle a en outre deux autres caractères essentiels : elle dégage le plus souvent de la chaleur, mais parfois cependant elle en emprunte, et tandis que les proportions des constituants peuvent être quelconques dans le mélange, ces proportions sont toujours exactement *définies* dans la combinaison.

Dans l'exemple précédent, où le soufre et le cuivre se sont combinés, dès que la combinaison a commencé, la masse s'est échauffée au point de devenir incandescente. Il en est presque toujours de même, et si parfois la température des corps réagissants s'abaisse, le plus habituellement elle s'élève et le dégagement de chaleur peut être assez énergique pour les porter au rouge et les rendre lumineux.

Quand la combinaison dégage de la chaleur, elle est dite *exothermique* ou *directe* ; elle peut avoir lieu sitôt que l'on met les éléments en présence, ou si elle a besoin d'être provoquée pour commencer, elle peut continuer d'elle-même. Si au contraire la combinaison a lieu avec absorption de chaleur, elle est dite *endothermique* ou *indirecte* et elle ne peut commencer ni continuer que si on lui fournit la chaleur dont elle a besoin.

9. **Les propriétés des corps.** — Les différentes manières d'être de chaque corps peuvent être rassemblées en deux groupes : les unes sont des changements d'état qui n'altèrent pas la matière du corps; elles sont appelées **propriétés physiques.** Les autres constituent un changement notable dans la nature du corps ; elles entraînent la formation de corps nouveaux ; elles règlent les combinaisons et les décompositions : ce sont les **propriétés chimiques.**

Dans le premier groupe rentrent l'état du corps (solide, liquide ou gaz), sa couleur, son odeur, sa densité; s'il est solide comme les métaux, le soufre, etc., sa densité et sa ténacité, son point de fusion et la manière dont il se dépose d'une dissolution ; s'il est liquide comme le mercure, son point de vaporisation ; s'il est gazeux comme l'hydrogène, les conditions de sa liquéfaction et de sa solubilité ; tout cela figure sous le nom de propriétés physiques.

Dans le second groupe, rentrent sous le nom de propriétés chimiques toutes les combinaisons dont le corps est capable soit avec les corps simples ou éléments, soit avec des corps déjà composés.

Ce sont ces dernières propriétés qui forment surtout le domaine de la chimie; mais on y étudie aussi les premières ; et la **chimie** peut être définie la science qui étudie les corps simples, les divers composés qu'ils peuvent donner en se combinant entre eux et les lois générales suivant lesquelles s'effectuent les combinaisons.

Résumé. — Les **corps simples** ne renferment qu'une substance ; on n'en peut rien tirer qu'eux-mêmes, si on ne leur ajoute pas un autre corps.

Les **corps composés** renferment deux ou plusieurs substances dont l'ensemble a le même poids que la matière primitive.

On montre qu'un corps composé renferme plusieurs corps simples en provoquant leur séparation : la rouille de mercure chauffée dépose des gouttelettes brillantes de mercure et elle dégage du gaz oxygène.

Les anciens admettaient quatre éléments : l'**eau**, l'**air**, la **terre** et le **feu** : ces quatre corps sont des corps composés.

On connaît aujourd'hui environ 70 corps simples dont un grand nombre sont sans emplois. On n'a pas suivi une règle unique pour leur donner des noms ; pour quelques-uns cependant le nom rappelle une propriété.

Les corps simples sont classés en deux groupes : les **métaux** qui conduisent bien la chaleur et l'électricité et qui peuvent avoir un vif éclat, une surface brillante, quand ils ont été coupés ou limés ; les **métalloïdes** qui sont sans éclat et qui ne conduisent ni la chaleur ni l'électricité. Ces derniers donnent par leur union avec l'oxygène des acides, tandis que les premiers donnent des oxydes ou bases.

L'association des corps simples peut se faire de deux manières, par mélange et par combinaison.

Le **mélange** est une réunion où les corps gardent leurs propriétés et peuvent être facilement séparés les uns des autres.

La **combinaison** est une union intime qui donne naissance à un nouveau corps homogène, différent par ses propriétés de ceux qui l'ont formé et où ceux-ci ne peuvent plus facilement être retrouvés avec l'aspect qu'ils avaient d'abord. De plus, la combinaison est accompagnée habituellement d'un dégagement de chaleur.

Le corps composé formé de deux corps simples (métalloïde et métal) a reçu un nom qui rappelle sa composition ; le nom du métalloïde est terminé en *ure* et suivi du nom du métal. Dans le cas de deux métalloïdes on suit une règle analogue.

La plupart des combinaisons dégagent de la chaleur, elles sont dites exothermiques ou directes ; celles qui, au contraire, en absorbent pour s'effectuer sont dites endothermiques ou indirectes. On se sert fréquemment en chimie des relations que l'expérience peut constater entre les réactions c'est-à-dire les changements chimiques et les quantités de chaleur qui s'y produisent.

Les différentes manières d'être d'un corps peuvent être rassemblées en deux groupes : les *propriétés physiques* qui ne sont que des changements d'état comme la forme, la couleur, la densité, la ténacité, le point de fusion ou de vaporisation ; les *propriétés chimiques* qui changent la nature des corps et qui règlent les combinaisons et les décompositions.

On étudie en chimie les unes et les autres, surtout les dernières, et la **chimie** comprend l'étude des corps simples, des corps composés qu'ils peuvent donner et les lois générales des combinaisons.

CHAPITRE II

HYDROGÈNE.

Symbole H Poids atomique 1.

10. **Propriétés physiques.** — L'hydrogène, dans les conditions ordinaires de température et de pression, est un gaz incolore et inodore, très léger, peu soluble dans l'eau, très difficile à liquéfier. Il est bon conducteur de la chaleur et de l'électricité, comme les vapeurs métalliques dont il a d'ailleurs les principales propriétés ; aussi le range-t-on parmi les métaux. Il traverse facilement les cloisons poreuses et se diffuse à travers beaucoup de corps. Toutes ces propriétés qui le caractérisent peuvent être mises en évidence par des expériences.

11. **L'hydrogène est très léger.** — L'hydrogène est le plus léger des gaz connus. Sa densité est 0,0692 c'est-à-dire qu'un litre à 0° et sous la pression de 760^{mm} pèse :

$$\text{Poids du litre} = 1,293 \times 0,0692 = 0^{gr}0895.$$

Ces deux nombres, la densité par rapport à l'air 0,0692 et le poids du litre 0^{gr}0895 sont intéressants à retenir : ils servent fréquemment dans le calcul du poids des autres gaz.

S'il est vrai que le gaz hydrogène est très léger, il doit toujours tendre à monter. Si donc on prend une éprouvette pleine de ce gaz et qu'on la tienne quelque temps l'ouverture en haut, l'hydrogène pourra s'en aller facilement. Si, au contraire, on tient l'éprouvette l'ouverture en bas, comme l'indique la figure 4, le gaz ne s'en échappera pas. En effet, en approchant d'une flamme cette dernière éprouvette après l'avoir tenue ainsi quelques minutes, on voit le gaz prendre feu en même temps qu'on l'entend détoner ;

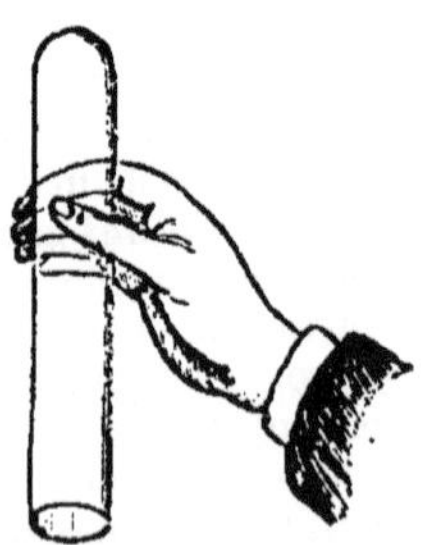

Fig. 4. — Une éprouvette renversée reste pleine d'hydrogène

tandis que rien ne brûle ni ne détone quand on présente la première éprouvette à la flamme.

Cette première expérience permet de comprendre la suivante, où l'on transvase le gaz hydrogène dans une éprouvette vide, c'est-à-dire ne contenant que de l'air. On tient verticalement, l'ouverture en bas, une éprouvette que l'on vient de prendre sur la table. On apporte au-dessous d'elle une éprouvette d'hydrogène (fig. 5) ; au bout de quelques minutes, on approche d'une bougie allumée l'éprouvette supérieure ; il y a une détonation et le gaz brûle ; l'éprouvette inférieure approchée de la bougie ne produit rien, ni détonation, ni inflammation du gaz. C'est évidemment que l'hydrogène a passé promptement de l'une dans l'autre.

Fig. 5. — Le gaz hydrogène peut être transvasé d'une éprouvette dans une autre.

Enfin une preuve plus saisissante encore consiste à gonfler d'hydrogène des bulles de savon : on les voit s'élever comme de petits ballons, et l'on peut les enflammer pendant leur ascension. Pour produire ces bulles, on peut remplir d'hydrogène une vessie à robinet, la munir d'un tube, plonger le tube dans l'eau de savon et presser sur la vessie (fig. 6). Mais il est plus simple de remplacer le tube qui laisse sortir le gaz dans l'appareil producteur par un tube de caoutchouc que l'on termine d'un petit bout de tube de verre ; c'est ce dernier que l'on plonge dans l'eau de savon et que l'on retire pour laisser la bulle se former par le gaz qui sort du tube.

Fig. 6. — Bulles de savon gonflées avec de l'hydrogène et s'élevant comme de petits ballons.

L'hydrogène ne pèse que 9 centigrammes environ par litre, quand l'air en pèse 130 ; il est donc 14 fois plus léger que l'air. C'est la raison qui l'a fait employer au gonflement des aérostats.

12. Solubilité et liquéfaction. — L'hydrogène est très peu soluble dans l'eau : un litre de ce liquide ne dissout que 19 centimètres cubes du gaz à la température ordinaire.

Le gaz hydrogène a longtemps passé pour un gaz permanent ; il est difficile à liquéfier ; il a été obtenu sous forme de brouillard par M. Cailletet en comprimant le gaz à 300 atmosphères et en le laissant se détendre subitement. Il a été obtenu liquide par M. Pictet, en comprimant le gaz à 650 atmosphères dans un tube refroidi à 140 degrés au-dessous de zéro ; en ouvrant le robinet qui fermait le tube l'hydrogène liquide s'en échappa sous forme d'un jet bleu d'acier, une partie solidifiée par le refroidissement provoqué par la très brusque détente du gaz produisit en tombant sur le sol un crépitement analogue à celui de la chute d'une vapeur métallique.

13. L'hydrogène se diffuse facilement. — L'hydrogène traverse assez rapidement certains corps que nous regardons comme peu poreux : tel est le plâtre solide, ou la terre de pipe, ou la porcelaine dite dégourdie qui n'a subi qu'une cuisson. On le prouve en remplissant d'hydrogène un large tube de verre dont on a fermé l'extrémité supérieure avec un tampon de graphite ou de plâtre et que l'on tient sur une cuve à mercure. On voit ce dernier liquide monter dans le tube à mesure que le gaz sort par le tampon.

On peut faire encore une expérience analogue avec un vase poreux de pile que l'on a fermé d'un bouchon muni de deux tubes comme l'indique la figure 7. On plonge le tube A dans un liquide coloré et on met le tube B en communication avec un appareil produisant de l'hydrogène. Le gaz remplit le vase, en chasse l'air et se dégage par l'extrémité inférieure du tube A. Quand tout l'appareil est plein d'hydrogène, on pince le tube de caoutchouc placé en B où bien l'on ferme le robinet qui peut y être placé. Et l'on voit bientôt le liquide coloré monter dans le tube A. C'est que l'hydrogène est sorti du vase poreux bien plus vite que l'air n'y est rentré.

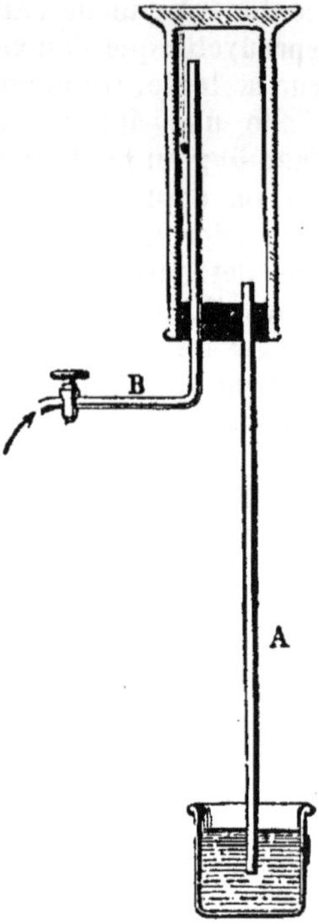

Le gaz hydrogène peut aussi traverser des parois métalliques comme un tube de fer suffisamment chauffé.

Les petits ballons rouges ou blancs qui sont vendus comme jouets d'enfants ou donnés dans les grands magasins, sont parfois gonflés à l'hydrogène. Ils se dégonflent alors assez promptement, parce que l'hydrogène passe au travers de la membrane de caoutchouc ; l'air y rentre, mais moins vite que l'hydrogène n'en sort ; aussi quand ces ballons sont à demi dégonflés, si on les approche d'une flamme, il y a détonation.

Fig. 7.
Endosmose de l'hydrogène.
Le gaz sort du vase poreux et le liquide monte dans le tube A.

14. Conductibilité. — L'hydrogène est bon conducteur de la chaleur et de l'électricité. On s'en assure par l'expérience suivante. On monte un large tube de verre comme l'indique la fig. 8, avec deux bouchons portant chacun un tube (*a*) et (*b*) et un fil de cuivre C et D. On a attaché de *c* à *d*

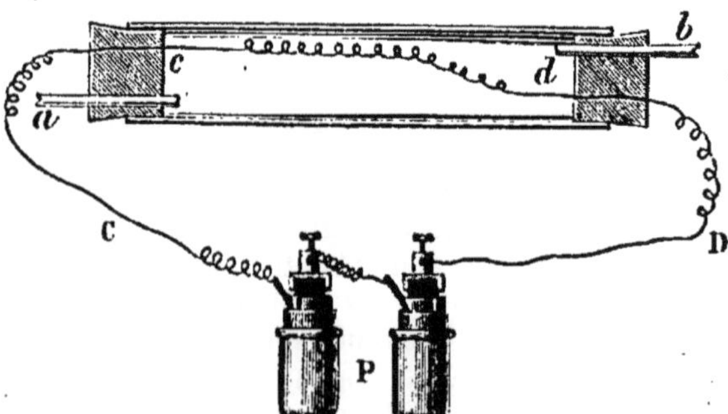

Fig. 8. — Conductibilité de l'hydrogène. Le fil de platine contenu dans le tube et qui rougit dans l'air, ne rougit pas quand le tube est plein d'hydrogène.

un fil fin de platine. Si l'on met les deux fils de cuivre C et D en communication avec une forte pile électrique, le tube étant plein d'air, le fil de platine rougit. On interrompt la communication avec la pile et on met le tube *a* en communication avec un appareil producteur d'hydrogène.

Lorque le tubé est plein d'hydrogène, on fait passer à nouveau le courant électrique dans le fil et celui-ci ne rougit plus; le gaz hydrogène, bon conducteur de la chaleur, refroidit assez le fil pour qu'il ne puisse pas atteindre la température du rouge.

15. Propriétés chimiques. — L'hydrogène est combustible ; il brûle en se combinant à l'oxygène ; on le démontre en allumant une éprouvette de ce gaz ou un jet qui sort de l'appareil producteur par un tube effilé ; la flamme est petite et peu éclairante.

L'hydrogène *se combine à l'oxygène pour engendrer l'eau*, voilà l'une de ses principales propriétés. C'est la seule que nous étudierons dans ce chapitre ; les actions qu'il exerce sur les autres corps seront étudiées avec ces corps.

16. Combinaison de l'hydrogène avec l'oxygène libre. — On remplit une éprouvette, partie d'hydrogène, partie d'oxygène ; à la température ordinaire, les deux gaz en contact l'un avec l'autre ne réagissent pas ; mais si on met le feu au mélange, il s'enflamme avec détonation.

Cette détonation devient très forte quand le mélange contient 2 volumes d'hydrogène et 1 volume d'oxygène. On la provoque parfois en présentant ensemble à une flamme les ouvertures de deux éprouvettes, l'une d'hydrogène, l'autre, moitié de la première, remplie d'oxygène (fig. 9).

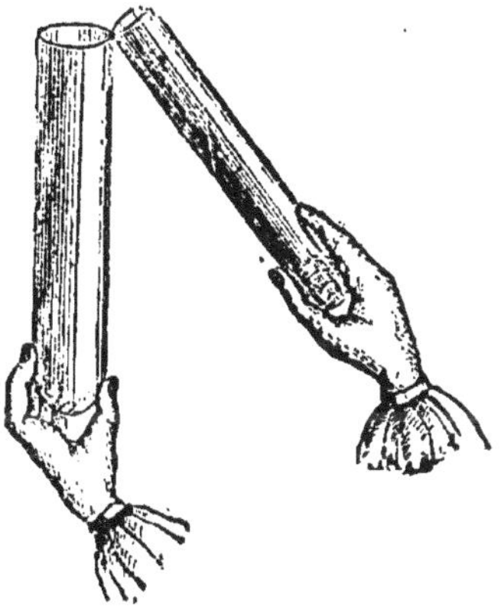

Fig. 9. On présente à une flamme, ensemble les ouvertures de deux éprouvettes, l'une d'hydrogène, l'autre d'oxygène ; il y a détonation.

Si on allumait un demi-litre de ce mélange, l'explosion serait si forte que le vase serait pulvérisé. Quand on l'opère dans une éprouvette à gaz, pour se mettre à l'abri du danger, on entoure le vase d'un linge mouillé.

On montre la puissance d'explosion du mélange d'hydrogène et d'oxygène, sans s'exposer à aucun danger, en remplissant des deux gaz une cloche tubulée ou une vessie munie d'un tube de caoutchouc. On produit des bulles avec le mélange gazeux dans de l'eau de savon contenue au fond d'un mortier de fonte. On enflamme les bulles et il se produit une détonation très forte.

On peut mettre le feu au mélange des deux gaz, dans un vase fermé, en se servant de l'étincelle électrique. On remplit du mélange une petite bouteille de fer-blanc appelée **pistolet de Volta** (fig. 10) ; on la ferme avec un bouchon de liège ; puis, la tenant à la main, on y fait produire une étincelle électrique ; le bouchon est alors violemment projeté.

Fig. 10. Pistolet de Volta.

La haute température de l'étincelle électrique a déterminé la combinaison ; et la grande quantité de chaleur produite a donné à la vapeur d'eau formée une très grande force de projection qui a chassé le bouchon de la fiole.

Un mélange de 1 partie d'hydrogène avec 2 1/2 parties d'air produit aussi une vive explosion ; il faut s'en souvenir et ne jamais enflammer un tel mélange sans précautions.

17. Combinaison de l'hydrogène avec l'oxygène de l'air. — L'oxygène existe dans l'air où il est mélangé à l'azote. Si on

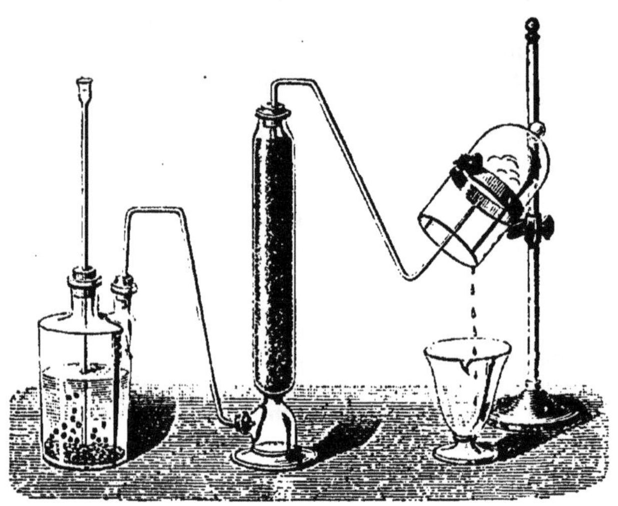

Fig. 11. — Combustion de l'hydrogène dans l'air.
L'hydrogène produit dans le flacon à 2 tubulures se dessèche dans une éprouvette et brûle au bout d'un tube sous une cloche.

allume dans l'air un jet d'hydrogène bien sec, le gaz brûle et se combine avec l'oxygène de l'air ; le produit de la combinaison est de l'eau que l'on met en évidence en plaçant au-dessus du jet d'hydrogène une cloche bien sèche. Les parois de la cloche se couvrent de buée ; des gouttelettes d'eau se rassemblent, on les recueille dans un vase. Il faut attendre, pour enflammer le jet de gaz, que l'appareil soit plein d'hydrogène, que l'air ait été expulsé ; sans cette précaution, on s'exposerait à enflammer un mélange d'air et d'hydrogène qui produirait une explosion capable de briser le vase et d'en projeter les morceaux.

L'hydrogène a donc bien engendré de l'eau et il mérite le nom qui lui a été donné.

La quantité d'eau formée dans cette expérience, même en la prolongeant quelque temps, est assez faible. Nous apprendrons plus loin qu'il faudrait brûler plus de 1,100 litres de gaz hydrogène et ne rien perdre de la vapeur d'eau formée pour obtenir seulement un litre d'eau liquide.

18. Combinaison de l'Hydrogène avec l'Oxygène déjà combiné. — L'oxygène existe à l'état de combinaison dans les oxydes, et certains de ces corps peuvent céder assez facilement le gaz oxygène qu'ils contiennent ; tel est l'**oxyde de cuivre,** poudre noire que l'on peut obtenir en chauffant à l'air du cuivre divisé.

L'hydrogène lui enlève l'oxygène pour former de l'eau. Pour réaliser l'expérience, on fait passer un courant de gaz hydrogène dans un tube contenant de l'oxyde de cuivre ; on chauffe légèrement le tube (quand l'appareil est plein d'hydrogène) ; on voit sortir du tube un nuage de vapeurs qui se condensent en gouttelettes d'eau, et il reste dans le tube une poudre de cuivre divisé.

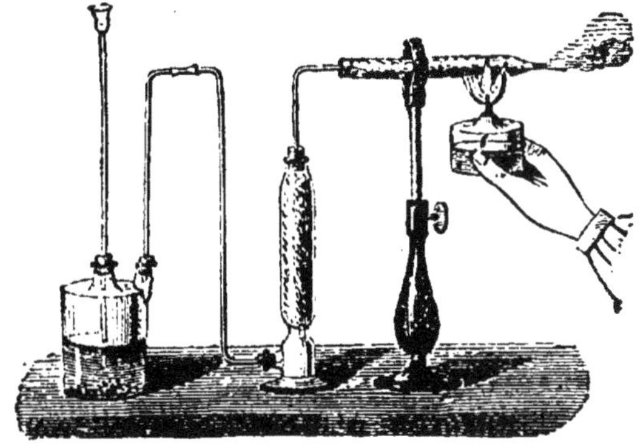

Fig. 12.
Action de l'hydrogène sur l'oxyde de cuivre.

Dans cette réaction, l'hydrogène a désorganisé un oxyde fait et mis le métal en liberté. A ne considérer que l'oxyde, on dit qu'il a été *réduit* et que l'hydrogène est un *réducteur*. Mais, en réalité, si l'oxyde de cuivre a été défait, un autre oxyde, celui d'hydrogène c'est-à-dire l'eau, a été formée. Comment expliquer cette double action ? par la quantité de chaleur qui peut se dégager quand l'hydrogène passe sur l'oxyde.

La chaleur communiquée au tube à oxyde a fait commencer l'action de l'hydrogène sur l'oxyde, et cette action a continué parce que l'hydrogène en se combinant avec l'oxygène dégage plus de chaleur que le cuivre n'en peut dégager quand il se combine à l'oxygène pour former l'oxyde.

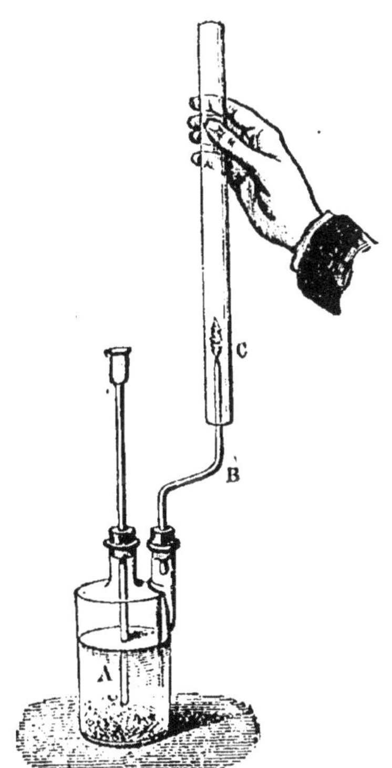

Fig. 13.
La flamme de l'hydrogène peut chanter.
A. Flacon producteur d'hydrogène.
B. Tube effilé où brûle le gaz hydrogène.
C. Grand tube ouvert qui fait chanter la flamme.

19. La flamme de l'hydrogène peut chanter. — Au-dessus du jet d'hydrogène enflammé descendons lentement en guise de cheminée un large tube ouvert (fig. 13). A un moment donné, un son musical se produit, plus aigu ou plus grave, selon qu'on enfonce le tube plus ou moins. Un autre tube plus mince ou plus gros, plus long ou plus court, produit un autre son, et l'on voit la flamme s'effiler, trembloter et quelquefois s'éteindre ; en même temps le tube se couvre à l'intérieur de gouttelettes d'eau, ce qui véri encore l'une des expériences précédentes. On a donné à cet appareil nom d'**harmonica chimique.**

On peut en effet produire plusieurs sons avec des tubes de longueurs de diamètres différents ; mais il faut convenir qu'il ne serait pas bi commode de s'en servir pour jouer un air de musique.

20. La flamme de l'hydrogène est très chaude. — O peut s'en convaincre facilement en y plaçant un fil de fer qui y rougit très promptement et qui peut même y fondre s'il est très fin. Cette flamme devient encore bien plus chaude quand on y insuffle du gaz oxygène : alors elle donne la plus haute température que nous sachions produire. Mais il faut prendre la précaution de ne laisser mélanger les deux gaz que très près de l'endroit où ils brûlent, pour éviter les explosions. On emploie un chalumeau dont la figure 14 donne le détail. On voit que les deux gaz venant chacun de leur réservoir, arrivent par deux tubes distincts jusqu'au bout de l'appareil. On enflamme d'abord l'hydrogène et on ouvre peu à peu le robinet du tube à oxygène.

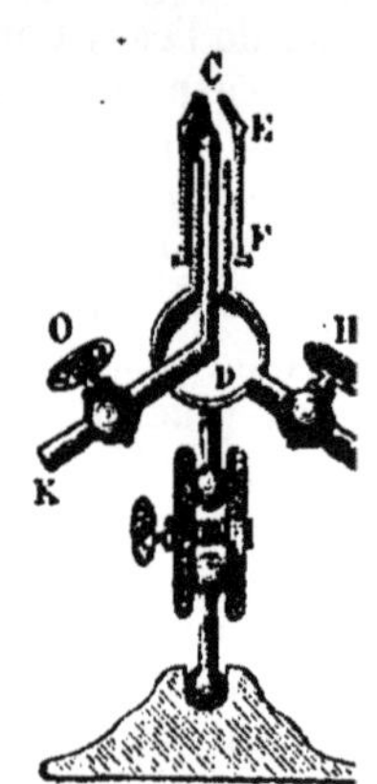

Fig. 14. Chalumeau
K tube à oxygène
IDC tube à hydrogè

Si on envoie le jet enflammé qui sort de ce chalumeau contre un morceau de chaux, celui-ci devient incandescent au point touché et il projette une lumière éblouissante. On l'appelle la **lumière de Drummond** du nom de celui qui l'a le premier produite, ou encore **lumière oxhydrique,** pour rappeler les gaz qui la forment. Elle est employée dans les cours pour les projections, quand le soleil fait défaut.

21. Usages de l'hydrogène. — L'hydrogène est employé à gonfler les ballons quand on veut leur donner une grande force ascensionnelle, soit qu'il s'agisse de s'élever très haut, soit que l'on veuille avoir la possibilité de charger l'aérostat de corps lourds. Comme le gaz traverse facilement les enveloppes, même quand elles sont recouvertes d'un vernis, on lui substitue pour les ascensions aérostatiques ordinaires le gaz d'éclairage, un peu plus lourd mais encore notablement plus léger que l'air.

L'hydrogène est employé dans le chalumeau oxhydrique pour opérer la fusion du platine dans un creuset de chaux (fig. 15). Sa flamme alimentée par de l'air sert pour souder les métaux directement et sans emploi

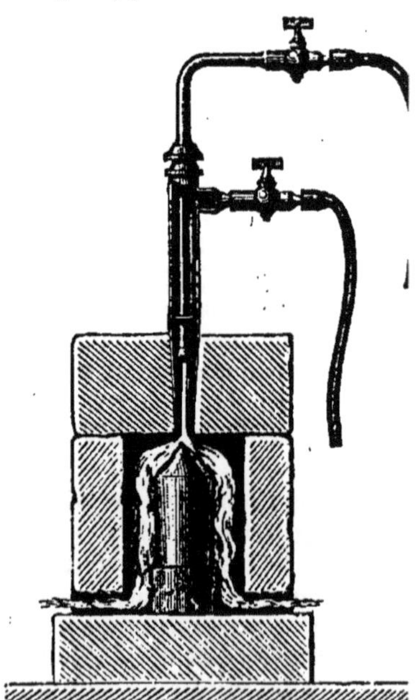
Fig. 15. — Fusion du platine par la flam du chalumeau dans un creuset de chau

d'alliages, notamment les feuilles de plomb des chambres où l'on fabrique l'acide sulfurique.

22. Préparation. — L'hydrogène n'existe pas dans la nature en quantité un peu notable à l'état de gaz libre. Il faut donc le prendre à ses combinaisons.

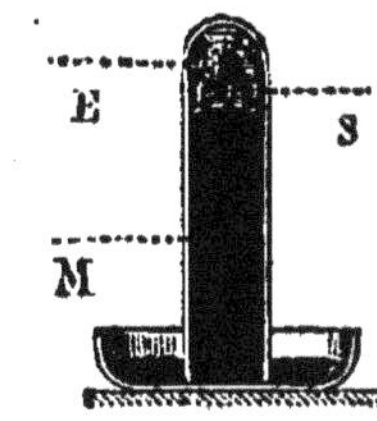

Fig. 16. — Préparation de l'hydrogène par le Sodium. E, eau; M, mercure; S, Sodium.

L'eau est la plus répandue ; c'est donc à l'eau qu'on demande l'hydrogène. Il faut pour cela enlever l'oxygène, ce que l'on fait facilement avec un métal qui en se combinant à l'oxygène dégage plus de chaleur que l'hydrogène : on peut employer le sodium, le zinc et un acide étendu ou le fer chauffé.

1° *Avec le sodium.* — Dans une éprouvette pleine de mercure, on envoie un peu d'eau qui va occuper le haut de l'éprouvette. On présente à l'entrée de l'éprouvette un petit morceau de sodium bien propre enveloppé dans un papier buvard : il monte en haut de l'éprouvette, parce qu'il est plus léger que le mercure. L'eau imbibe le papier, le sodium s'empare de l'oxygène, et l'hydrogène, mis en liberté sous son état de gaz, déprime le mercure et remplit l'éprouvette (fig. 16). Mais ce moyen ne permet pas d'obtenir beaucoup de gaz.

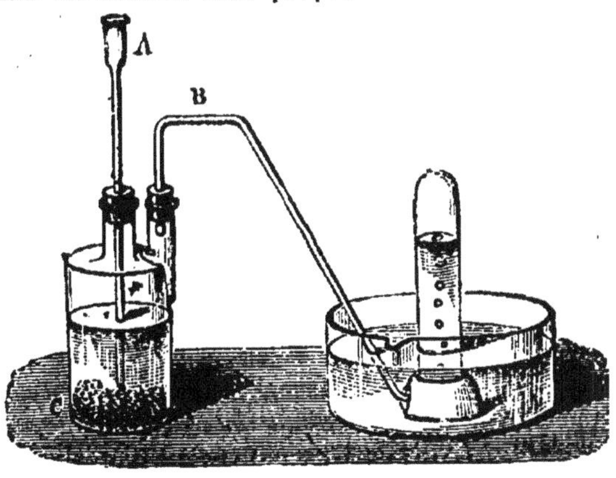

Fig. 17. — Préparation de l'hydrogène par le zinc et l'acide sulfurique. A, tube de sûreté à entonnoir; B, tube à dégagement.

2° *Avec le zinc et un acide fort.* — On met du zinc en grenaille et de l'eau dans un flacon à deux tubulures (fig. 17), puis on ajoute de l'acide sulfurique par un tube à entonnoir ; l'hydrogène se produit très rapidement et en grande quantité. — On le recueille sur l'eau. Nous indiquerons plus loin la théorie de cette préparation.

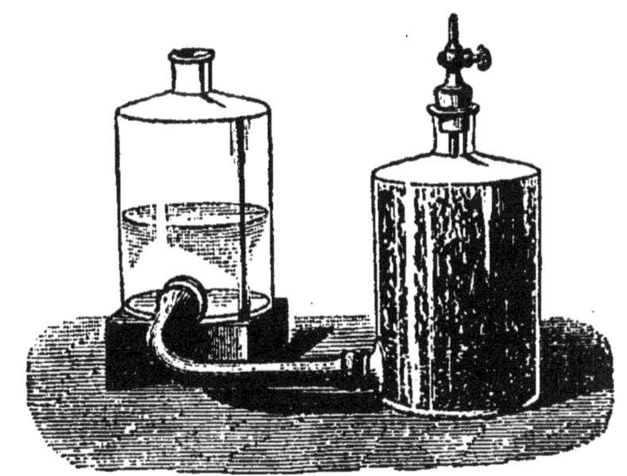

Fig. 18. — Appareil continu pour la préparation de l'hydrogène.

3° *Appareil continu de Deville.* — Lorsqu'on veut monter un appareil continu pour la production de l'hydrogène, on prend deux flacons à tubulure inférieure et on les réunit par un gros tube de caoutchouc fortement ficelé à chacun d'eux.

Dans l'un B, on met une couche de cinq ou six centimètres de verre concassé et par dessus du zinc en lames ou du zinc grenaillé ; on bouche le flacon d'un bouchon solidement retenu portant un robinet.

Dans l'autre A, on met de l'acide chlorhydrique étendu de son volume d'eau.

Lorsque le robinet C, est ouvert, que le flacon A est un peu relevé (fig. 18), l'acide vient baigner le zinc; l'hydrogène se produit et se dégage. Si l'on ferme le robinet, le gaz qui continue à se dégager presse sur le liquide et le fait refluer en A.

Le vase B reste plein de gaz hydrogène et peut en donner aussitôt qu'on ouvrira à nouveau le robinet.

23. Historique. — L'hydrogène était connu des alchimistes qui le produisaient en attaquant de la limaille de fer par de l'huile de vitriol (acide sulfurique). Mais ses propriétés ont été signalées en 1766, par Cavendish qui appela d'abord l'hydrogène air inflammable, à cause de sa propriété de brûler à l'air.

Résumé. — L'hydrogène est un gaz incolore et inodore. Il est très léger, il pèse 14 fois moins que l'air ; le poids du litre n'est que de 89 milligrammes. On prouve facilement cette grande légèreté, notamment en gonflant d'hydrogène des bulles de savon qui s'élèvent comme de petits ballons.

L'hydrogène est très peu soluble dans l'eau. On n'a pu le liquéfier que par l'action combinée d'un froid de 140° et d'une pression de plus de 500 atmosphères.

Il passe facilement au travers des corps poreux, même des métaux chauffés et des enveloppes organiques vernies dans lesquelles on le contient.

C'est le seul gaz qui soit bon conducteur de la chaleur et de l'électricité ; cette propriété le fait ranger parmi les métaux malgré son état de gaz ; il leur ressemble d'ailleurs par presque tous ses caractères.

L'hydrogène est combustible et brûle à l'air. Il se combine à l'oxygène pour engendrer de l'eau, voilà l'une de ses principales propriétés chimiques.

On réalise la combinaison de l'hydrogène avec l'oxygène libre en la provoquant en un point du mélange des deux gaz par une flamme, ou une étincelle électrique: elle a lieu alors avec une forte détonation qui atteint son maximum quand les deux gaz sont mélangés dans la proportion des deux volumes d'hydrogène pour un d'oxygène.

On fait combiner l'hydrogène avec l'oxygène de l'air en allumant un jet d'hydrogène qui sort dans l'air par un tube effilé. Sa flamme est petite et peu éclairante. Il y a production d'eau en vapeur que l'on peut recueillir en la condensant sur les parois froides d'un grand verre ou d'une cloche.

La chaleur dégagée est considérable : 1 gramme d'hydrogène en brûlant produit 34 calories.

L'hydrogène peut enlever l'oxygène à certains oxydes, et laisser le métal en produisant de l'eau. On fait l'expérience sur l'oxyde de cuivre. On dit que l'hydrogène est un réducteur, qu'il réduit l'oxyde ; il serait plus exact de dire qu'il s'est formé de l'oxyde d'hydrogène ou eau aux dépens de l'oxyde métallique sur lequel on a opéré.

La flamme de l'hydrogène peut chanter quand on la surmonte d'un tube ouvert.

Cette flamme est très chaude. Elle le devient plus encore quand on y insuffle de l'air ou de l'oxygène. Dans ce dernier cas, on emploie le chalumeau à deux tubes concentriques où les deux gaz ne se mélangent qu'à l'extrémité ; et on dispose avec cet appareil de la plus haute température que l'on sache produire.

Quand on envoie le jet enflammé du chalumeau contre un morceau de chaux, celui-ci devient incandescent et produit la lumière Drummond dite encore oxhydrique.

On prépare l'hydrogène avec le zinc et l'acide sulfurique étendu ou avec l'acide chlorhydrique. On emploie un flacon à deux tubulures ou un appareil continu dû à M. Deville et composé de deux flacons réunis par la base dont l'un contient le zinc et l'autre l'acide.

On se sert de l'hydrogène dans le chalumeau et aussi pour réaliser la soudure autogène des lames de plomb pour les chambres à acide sulfurique.

CHAPITRE III

Oxygène.

Symbole O. Poids atomique 16.

24. Propriétés physiques. — L'oxygène est un gaz sans odeur, sans couleur et sans saveur. Il est un peu plus lourd que l'air ; sa densité est 1,1056 ; et comme le litre d'air pèse 1gr,293 (à 0° et sous la pression 760) le poids du litre d'oxygène est :

$$1,293 \times 1,1056 = 1^{gr},43.$$

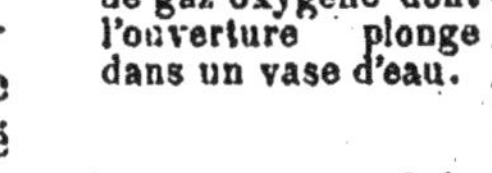

Fig. 19. — Flacon plein de gaz oxygène dont l'ouverture plonge dans un vase d'eau.

Si l'on compare le poids d'un litre d'oxygène à celui d'un litre d'hydrogène ou encore les densités des deux gaz on trouve :

$$\frac{1,43}{0,0895} \quad \text{ou} \quad \frac{1,1056}{0,0692} = 16.$$

L'oxygène pèse 16 fois plus que l'hydrogène sous le même volume.

Il est très peu soluble dans l'eau ; il faut 32 litres d'eau pour dissoudre 1 litre d'oxygène. On peut facilement le conserver longtemps sur l'eau, en grande quantité dans un gazomètre, en petite quantité dans une cloche ou un flacon dont l'ouverture plonge dans un vase plein d'eau (fig. 19).

On a pu l'amener à l'état liquide par l'action simultanée du froid et de la pression.

25. Propriétés chimiques. — L'oxygène rallume les corps qui n'ont plus qu'un point en ignition, et il fait brûler avec un vif éclat ceux qui brûlent déjà.

La première propriété sert à reconnaître le gaz. On plonge dans une éprouvette d'oxygène une allumette que l'on vient d'éteindre, mais qui a encore un point rouge ; elle se rallume aussitôt et brûle avec vivacité.

On peut faire brûler dans l'oxygène un grand nombre de corps.

26. Combustions dans l'oxygène. — 1re *expérience.* — Le premier corps que nous allons faire brûler dans l'oxygène, c'est le charbon. Nous en attachons un morceau à un fil de fer planté dans un large bouchon et nous l'allumons. Il brûle, mais sans éclat. Nous renversons un flacon d'oxygène en laissant au fond un peu d'eau et nous y plongeons le charbon allumé (fig. 21); celui-ci brûle alors avec une vive clarté en projetant des étincelles étoilées très brillantes. Il revient peu à peu à son premier éclat et il s'éteint. Nous pouvons remarquer que le charbon a diminué de volume ; une partie a disparu. L'oxygène a disparu aussi. Mais comme *rien ne se perd dans la nature*, nous devons pouvoir retrouver les deux corps sous une autre forme. Nous les retrouvons en effet dans le gaz qui remplit le flacon dont l'eau du fond va dissoudre une portion. L'oxygène a formé avec le charbon un nouveau corps où il est aussi bien dissimulé qu'il peut l'être dans l'eau ordinaire avec l'hydrogène.

Fig. 20. — Une bougie allumée plongée dans un vase plein d'oxygène y brûle avec vivacité.

2e *Expérience.* — Plaçons sur un fil de fer terminé en anneau un petit godet de terre, dans le godet un petit morceau de phosphore ; allumons celui-ci et plongeons le tout dans un flacon plein d'oxygène, le phosphore brûle avec un si vif éclat que le regard peut à peine le supporter (fig. 22). Le phosphore disparaît et l'oxygène ausssi. Mais on voit d'épaisses fumées blanches remplir le flacon et dont une partie se dépose en poudre fine sur les parois, tandis que l'autre se dissout dans l'eau qui couvre le fond : c'est le nouveau corps que l'oxygène et le phosphore ont formé en s'unissant intimement.

Fig. 21. — Combustion du charbon dans l'oxygène.

On ferait une expérience analogue, mais moins brillante en plongeant dans l'oxygène du soufre au lieu de phosphore.

3e *Expérience.* — On allume un bout de ruban de magnésium tenu à un fil de fer : le métal brûle déjà avec beaucoup d'éclat ; mais si on le plonge dans l'oxygène, sa lumière blanche devient tout à fait éblouissante. Le ruban éteint, il reste à sa place une matière blanche qui se disssout à peine dans l'eau.

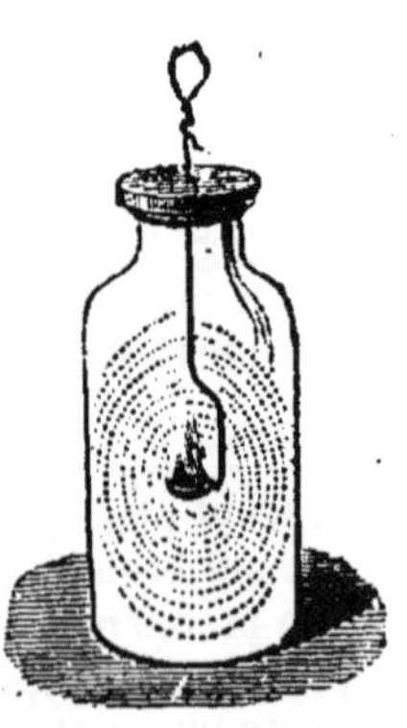

Fig. 22. — Combustion du soufre ou du phosphore dans l'oxygène.

4e *Expérience.* — Le fer lui-même va brûler dans l'oxygène aussi facilement que le charbon, et il suffira d'un morceau d'amadou enflammé pour y mettre le feu. Pour réaliser cette expérience, prenons un ressort de montre, chauffons-le au rouge pour lui enlever son élasticité et roulons-le en spirale autour d'une baguette de verre. Plantons une de ses extrémités dans un bouchon et à l'autre attachons un morceau d'amadou ; allumons l'amadou et descendons la spirale de fer dans un flacon d'oxygène dont le fond est couvert de quelques centimètres d'eau (fig. 23). L'amadou met le feu au fer, et du fer enflammé jaillissent des milliers d'étincelles en même temps qu'il tombe dans l'eau des globules fondus qui bruissent au contact du liquide froid et s'incrustent parfois dans le verre. C'est une des plus belles expériences que l'on puisse faire. Lorsqu'il n'y a plus d'oxygène le fer s'éteint, et le flacon est parfois tapissé d'une poussière de rouille.

Fig. 23. — Combustion du fer dans l'oxygène. A, extrémité du fil de fer portant un morceau d'amadou.

Ainsi, nous avons démontré surabondamment que l'oxygène fait brûler les corps avec un vif éclat, non seulement ceux, comme le charbon et le phosphore, que nous pouvons voir brûler dans l'air, mais même le fer. Nous en concluons que si nous pouvions insuffler de l'oxygène au lieu d'air dans nos foyers, le charbon y brûlerait avec une bien plus grande vivacité et dans le même temps produirait bien plus chaleur. Mais il faudrait pour cela savoir produire l'oxygène à très bon marché.

27. Étude des produits formés. — Les combustions précédentes ont donné lieu à des corps nouveaux très différents de ceux qui les ont formés. Comment distinguer les uns des autres et reconnaître ces composés ? C'est en leur donnant des noms qui rappellent la manière dont ils sont formés et qui fassent penser de suite aux corps entrant dans leur composition.

C'est ce qu'ont fait les chimistes depuis un demi-siècle, et quand ils désignent un corps composé, son nom seul indique déjà de quoi il est formé. Tous les produits des combinaisons ont reçu des noms caractéristiques.

On a brûlé dans l'oxygène des métalloïdes comme le charbon et le phosphore ou le soufre et des métaux comme le magnésium et le fer. C'est donc deux séries distinctes de combinaisons :

1° des métalloïdes avec l'oxygène ;

2° l'oxygène avec des métaux.

Dans le premier cas où des métalloïdes sont combinés à l'oxygène, les corps formés sont des **acides**.

Les composés formés de l'oxygène et des métaux sont appelés **oxydes** ou **bases**.

C'est la différence la plus caractéristique entre les métalloïdes et les métaux.

28. Acides. — Leurs noms. — Dans le langage vulgaire, nous donnons la qualification d'acides aux corps qui ont une saveur aigre, faible ou forte, comme le vinaigre, le jus de citron, le jus d'oseille. Et si nous voulons les reconnaître autrement que par leur saveur, nous en trouverons le moyen dans l'action qu'ils exercent sur les couleurs végétales et particulièrement sur la couleur violacée retirée d'un lichen et qui sert dans nos laboratoires sous le nom de **tournesol.** Agitons dans l'eau bouillante quelques morceaux de tournesol placés dans un nouet de linge, et l'eau se teinte en violet bleuâtre : elle constitue la **teinture de tournesol,** qui sert aux chimistes pour reconnaître rapidement et très facilement les acides.

Un acide fait *virer au rouge* la teinture de tournesol : voilà le fait que nous vérifions d'abord avec le vinaigre aussi bien qu'avec le jus de citron.

Nous allons le vérifier également avec le produit du charbon brûlé, avec la poudre blanche qu'a donnée la combustion du phosphore, ou avec l'eau dans laquelle elle a disparu. De la teinture de tournesol, versée dans le flacon où le phosphore a brûlé, y passe immédiatement au rouge pelure d'oignon.

Versée dans le flacon où a eu lieu la combustion du charbon, la teinture subit une même transformation, seulement le rouge est moins vif, il tire sur la couleur vineuse.

Le charbon et le phosphore, en brûlant dans l'oxygène, ont donné naissance chacun à un acide.

Pour nommer ces acides, on termine en **ique** le nom du corps qui s'est combiné à l'oxygène :

le phosphore et l'oxygène	engendrent l'acide	**phosphorique,**
le carbone et l'oxygène	—	l'acide **carbonique,**

et par analogie, l'acide du jus de citron est l'acide citrique; celui de l'oseille (oxalis), l'acide oxalique ; celui du vin-pierre ou tartre, dépôt que le vin laisse sur les fûts, l'acide tartrique.

Dorénavant le nom d'acide carbonique nous rappellera le gaz invisible que produit le charbon (en chimie carbone) en brûlant, autrement dit en se combinant à l'oxygène.

Et nous ne dirons plus que le corps disparaît, se détruit, s'anéantit : nous saurons qu'il a formé avec l'un des éléments de l'air un nouveau corps visible ou invisible, mais dont il nous est possible de constater la présence et les propriétés.

La combinaison produite par la combustion du soufre dans l'oxygène a été appelée *acide sulfureux;* on ne l'a pas appelée acide *sulfurique* parce que ce nom a été laissé au produit liquide que les anciens nommaient l'huile de vitriol et qui est l'un des acides les plus énergiques.

29. Oxydes ou bases. — Leurs noms. — Les corps formés par la combinaison des métaux avec l'oxygène ne sont pas aigres comme les acides, et ils ne rougissent pas la teinture de tournesol. Ceux d'entre eux qui sont solubles dans l'eau, comme la poudre blanche produite par la combustion du sodium, ont une saveur caustique : versés dans le tournesol, d'abord rougi par un acide, ils *ramènent cette teinture au bleu.* On les appelle **oxydes** ou **bases,** et on donne par analogie le même nom aux corps insolubles qui ont une formation analogue, comme la poudre blanche provenant de la combustion du zinc ou de celle du magnésium, ou comme la poudre de rouille et les globules qui résultent de la combustion du fer.

Les noms particuliers des oxydes sont faciles à retenir : pour désigner chacun d'eux, on fait suivre le mot *oxyde* du nom du métal combiné à l'oxygène. Ainsi :

le fer et l'oxygène	produisent	l'oxyde de fer,
le zinc et l'oxygène	—	l'oxyde de zinc,
le magnésium et l'oxygène	—	l'oxyde de magnésium,
le sodium et l'oxygène	—	l'oxyde de sodium.

On désigne souvent ces deux derniers par les noms de **magnésie** (oxyde de magnésium) et de **soude** (oxyde de sodium), parce que les oxydes étaient connus des chimistes longtemps avant les métaux qu'ils contiennent.

30. **Combustion.** — Les expériences précédentes prouvent d'une manière évidente que les corps qui *brûlent* dans l'oxygène se combinent avec ce gaz. Aussi Lavoisier a défini la combustion la combinaison d'un corps avec l'oxygène.

Elle est dite **combustion vive** quand elle a lieu avec dégagement de chaleur et de lumière, comme dans les exemples ci-dessus.

Elle est dite **combustion lente** quand elle a lieu sans dégagement de lumière et que la production de chaleur n'est que peu ou point apparente. Un morceau de fer, exposé à l'air, se ternit, et peu à peu il se couvre de *rouille ;* cette rouille est un oxyde de fer. Le métal s'est donc combiné à l'oxygène ; seulement, cette oxydation s'est faite lentement, et la chaleur qu'elle a produite n'a pas été sensible, parce qu'elle s'est dissipée peu à peu ; mais le résultat final est le même.

Lavoisier appelait **combustibles** les corps comme le charbon, qui sont capables de se combiner à l'oxygène, et il appelait ce dernier corps **comburant.**

Les progrès de la chimie ont montré que des corps peuvent brûler sans qu'il y ait d'oxygène employé, et néanmoins produire de la chaleur et de la lumière ; on a étendu alors le sens du mot combustion, et on le donne aujourd'hui à toute combinaison. L'oxygène n'est plus le seul comburant, et les **combustibles** sont les corps qui jouent dans une combinaison le même rôle que le charbon quand il brûle dans l'oxygène.

31. **Action de l'oxygène dans la respiration.** — L'oxygène est absolument nécessaire à l'entretien de la vie des animaux, qui meurent promptement quand ils en sont privés. Il est introduit dans le corps par l'acte de la respiration ; il change le sang noir en sang rouge ; il produit la combustion lente, qui est la source de la chaleur du corps des animaux. On peut montrer son action sur le sang en agitant du sang noir dans une éprouvette pleine d'oxygène ; le sang redevient vite d'une belle couleur rouge.

32. **Préparation de l'oxygène.** — On tire l'oxygène des

oxydes qui peuvent le donner facilement. On peut employer dans ce but **l'oxyde de mercure**, le chauffer dans un petit matras muni d'un tube et recueillir le gaz sur la cuve à eau. Mais cet oxyde est trop cher pour donner à bon marché beaucoup d'oxygène.

Fig. 24. — Tube à essais avec tube abducteur pour montrer que l'oxyde de mercure chauffé dégage de l'oxygène.

On emploie le **bioxyde de manganèse**, produit naturel d'un prix assez faible que l'on chauffe fortement dans une cornue de terre placée dans un fourneau à reverbère pour lui faire dégager le gaz.

Dans les laboratoires, on décompose par la chaleur le *chlorate de potasse*. On met ce sel dans une cornue (fig. 25) ou même dans un ballon. Pour rendre sa décomposition plus régulière, on lui ajoute un peu de bioxyde de manganèse. On munit la cornue ou le ballon d'un tube abducteur et l'on chauffe modérément. On recueille le gaz dans des éprouvettes ou des flacons, sur une terrine ou mieux sur la cuve à eau (fig 26). Voir le chapitre VIII pour l'explication de la réaction.

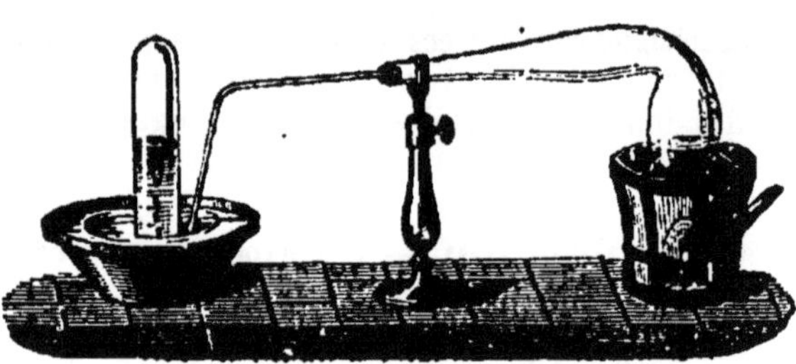

Fig. 25. — Production de l'oxygène par la décomposition du chlorate de potasse.

Lorsqu'on veut produire de grandes quantités d'oxygène on emploie une cornue ou une marmite de fer dont on lute le couvercle avec du plâtre après qu'on l'a remplie d'un mélange de chlorate de potasse et de sable.

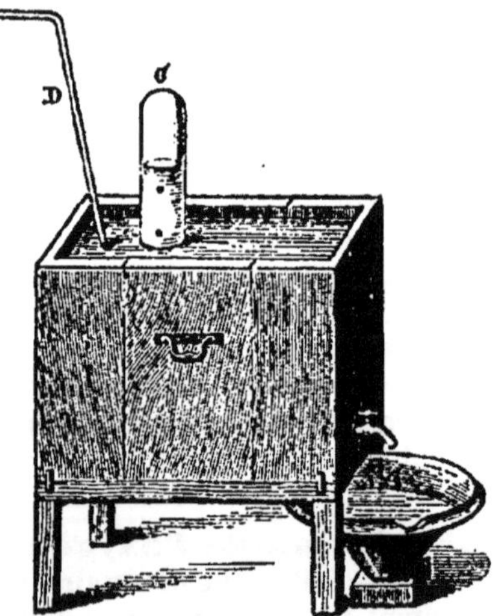

Fig. 26. — Cuve à eau pour recueillir les gaz.

33. Historique. — On attribue la découverte de l'oxygène à **Priestley**, savant chimiste anglais qui vivait à la fin du siècle dernier. C'est le 1er août 1774 que ce savant obtint le gaz qui rallume les corps presque éteints, en concentrant la lumière solaire, avec une lentille de verre, sur la poudre rouge dont se couvre le mercure quand on le chauffe fortement et longtemps. A la même époque, un grand chimiste suédois, **Schèele**, obtenait aussi le gaz oxygène par un autre moyen.

Mais c'est surtout **Lavoisier** qui a exposé les propriétés de ce gaz et son rôle dans la combustion et la respiration. Avec l'emploi de la balance il a montré que les oxydes sont formés d'un métal et d'oxygène.

Résumé. — L'oxygène est un gaz incolore, très-peu soluble dans l'eau, difficile à liquéfier, dont le poids est de 1 gr. 43 par litre.

On fait brûler dans l'oxygène du charbon, du soufre ou du phosphore puis du magnésium et du fer. Dans chacun de ces cas, il y a dégagement de chaleur et de lumière et formation de corps nouveaux différents de ceux qui les ont produits.

On brûle dans l'oxygène des métalloïdes ; les produits formés sont des acides qui rougissent la teinture de tournesol comme le fait le vinaigre.

Les combinaisons des métaux avec l'oxygène portent le nom d'oxydes ou de bases, elles ramènent au bleu le tournesol rougi par un acide.

Pour donner à ces composés des noms qui rappellent leur composition on applique les deux règles suivantes :

Pour les acides, le nom est formé du nom du métalloïde terminé en *ique*, ou parfois en *eux*; le carbone et le phosphore donnent avec l'oxygène les acides carbonique et phosphorique ; le soufre donne l'acide sulfureux.

Pour les bases, on fait suivre le mot oxyde du nom du métal : ainsi le fer donne l'oxyde de fer.

Les corps brûlent dans l'oxygène en dégageant de la chaleur : le phénomène a été appelé **combustion** par Lavoisier, le corps qui brûle combustible et l'oxygène comburant. Aujourd'hui on étend le mot de combustion aux combinaisons qui dégagent de la chaleur.

La combustion est vive quand elle est rapide avec un fort dégagement de chaleur ; elle est lente quand elle a lieu sans flamme et sans chaleur très apparente ; le résultat final est le même dans les deux cas.

L'oxygène est l'élément essentiel de la respiration ; c'est lui qui rend le sang rouge et qui provoque la combustion respiratoire dont la chaleur animale est la conséquence.

Pour préparer l'oxygène, on peut décomposer un oxyde par la chaleur comme l'oxyde de mercure ou le bioxyde de manganèse. Habituellement on décompose le chlorate de potasse.

Dans l'industrie on a essayé d'enlever l'oxygène à l'air par différents procédés pour obtenir le gaz à bon marché et l'employer à produire des flammes très-chaudes et des foyers plus intenses qu'avec l'air.

CHAPITRE IV

L'EAU.

Symbole H^2O. Poids moléculaire 18.

34. Propriétés physiques. — L'eau se présente dans la nature sous les trois états : solide, liquide ou gaz.

L'eau *liquide* est incolore sous une faible épaisseur ; elle paraît verdâtre quand on l'observe en grandes masses. Elle n'a ni saveur, ni odeur.

Refroidie, l'eau diminue de volume ; mais cette diminution s'arrête quand le thermomètre marque 4° ; c'est donc à cette température qu'elle occupe le plus petit volume. comme on peut s'en convaincre en refroidissant lentement de l'eau dans un ballon à long col ; le volume diminue jusqu'à 4° et réaugmente si le refroidissement continue. C'est à 4° que le même volume d'eau pèse le plus, que l'eau est à son **maximum de densité** ; le poids du centimètre cube, à cette température, a été pris pour une unité de poids (1 gramme) et cette densité pour unité de densité des liquides et des solides.

Refroidie jusqu'à 0°, l'eau devient solide, en se dilatant d'environ un treizième de son volume. La glace est formée d'une multitude de petits cristaux enchevêtrés que l'on peut observer dans les flocons de neige en les

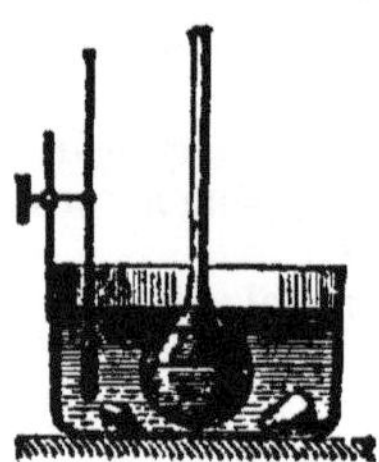

Fig. 27. — Ballon contenant de l'eau placé avec un thermomètre dans un mélange refroidi pour montrer le maximum de densité de l'eau.

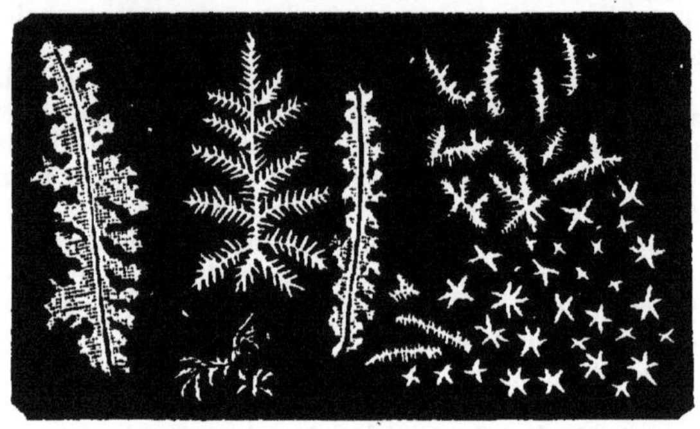

Fig. 28. — Formes cristallines de la neige.

regardant à la loupe ; ces cristaux (fig. 28) ont des formes très variées et très jolies qui représentent presque toutes des solides à six pans réguliers (fig. 29). La neige et le givre proviennent de vapeur d'eau suffisamment refroidie.

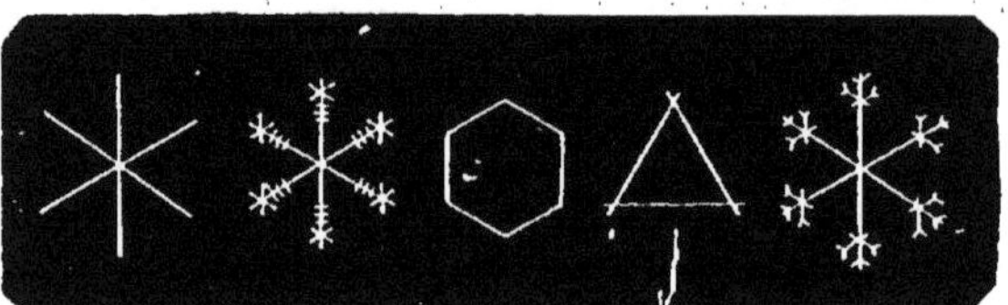

Fig. 29. — Trame des cristaux de glace.

On fait facilement congeler la vapeur d'eau de l'atmosphère à l'état de givre sur la paroi d'un verre où l'on a mis un mélange réfrigérant qui abaisse rapidement la température (la neige et le sel marin, ou l'azotate d'ammonium et l'eau). Si l'on plonge dans le mélange réfrigérant un tube à essais contenant un peu d'eau, celle-ci se congèle en même temps que la vapeur d'eau de l'atmosphère se dépose à l'état de givre sur la paroi du verre (fig. 30).

Fig. 30. — Congélation de l'eau dans un petit tube à essais placé dans un mélange réfrigérant.

35. Action de la chaleur. — L'eau exige beaucoup de chaleur pour s'échauffer. On étudie en physique sa capacité calorifique et les conséquences qui en dérivent. On la réduit en vapeur par l'ébullition à 100° sous la pression de 760mm. Si alors on refroidit cette vapeur dans un récipient convenable, l'eau reprend l'état liquide ; on peut par ce moyen la séparer des corps solides qu'elle peut tenir en dissolution et obtenir l'eau **distillée,** c'est-à-dire l'eau pure.

L'eau émet de la vapeur à toute température, et la grande étendue d'eau qui couvre les trois quarts du globe en produit constamment dans

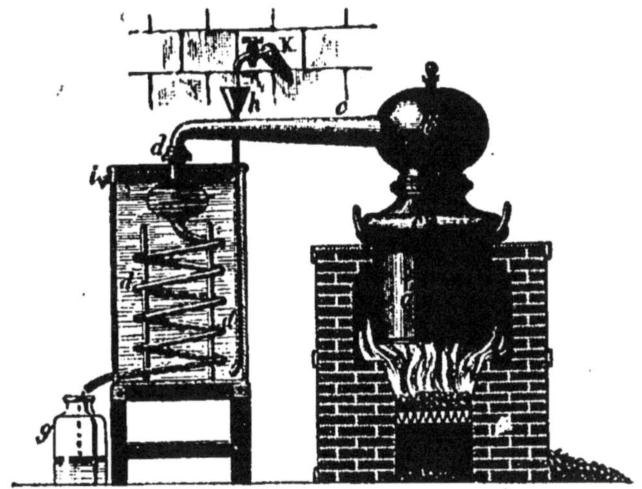

Fig. 31. — Alambic pour la distillation de l'eau.

l'air des quantités considérables qui flottent quelque temps et retombent ensuite en pluie. On peut donc considérer l'atmosphère comme un immense appareil distillatoire, et l'eau de pluie recueillie à sa chute comme de l'eau distillée. L'eau de pluie contient de plus que l'eau distillée des gaz qu'elle a pris à l'atmosphère.

La vapeur d'eau est un corps stable, cependant quand on la chauffe fortement on peut la décomposer partiellement en hydrogène et en oxygène ; on dit alors qu'elle a été **dissociée.**

36. L'eau comme dissolvant des autres corps. — A qui de nous n'est-il pas arrivé de préparer un verre d'eau sucrée ? Le morceau de sucre disparaît assez rapidement dans l'eau ; il s'y divise en particules si fines qu'elles sont invisibles et ne changent pas l'aspect du liquide. On dit ordinairement que le sucre **fond** dans l'eau ; le chimiste dit que le corps solide s'est **dissous** dans le liquide et que celui-ci est le **dissolvant** du corps solide qui peut ainsi y disparaître.

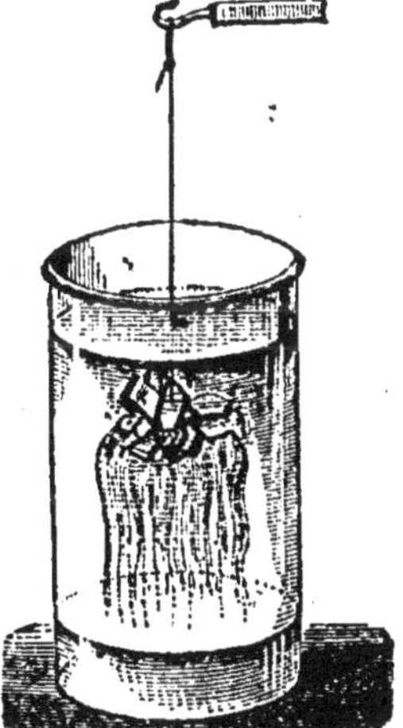

Fig. 32. — Corps solides se dissolvant dans l'eau.

L'eau dissout beaucoup de corps incolores comme le sucre ; ainsi le sel de cuisine, l'alun, le salpêtre ; elle en dissout d'autres colorés, comme le vitriol bleu ou sulfate de cuivre ; alors elle se teinte de leur couleur. On montre facilement avec ces derniers que l'eau chargée d'un corps solide est plus lourde que l'eau ordinaire, et que la dissolution est plus rapide quand on tient le solide à dissoudre au niveau du liquide au lieu de le laisser dans le fond du verre. Il suffit de tenir des cristaux colorés suspen dus dans la partie supérieure de l'eau d'un long verre (fig. 32); on voit descendre l'eau teintée qui amène autour du solide le liquide qui ne lui a encore rien pris. Tout le monde sait bien d'ailleurs qu'un morceau de sucre se dissout plus vite quand on le tient à la partie supérieure du verre d'eau ; et si l'on a fait cette expérience avec quelque attention, on a pu voir l'eau sucrée descendre en filets visibles au fond du verre.

Tous les corps solides ne disparaissent pas dans l'eau ni aussi facilement, ni en aussi grande quantité que le sucre ou le salpêtre ; mais il n'en est guère dont l'eau ne puisse dissoudre quelques parcelles par un contact très prolongé. Il y a de très grandes différences dans les quantités des divers solides que l'eau peut tenir en dissolution ; ainsi un litre d'eau peut faire disparaître plus de 200 grammes de salpêtre, tandis qu'il ne peut guère tenir qu'un gramme de craie.

Les eaux courantes des sources, ruisseaux et rivières, les nappes d'eau souterraines que l'on trouve au fond des puits ont toutes pour origine les pluies tombées sur le sol. L'eau de la pluie coule de suite à la rivière ou bien elle s'infiltre plus ou moins profondément dans le sol suivant la nature plus ou moins poreuse de celui-ci. Dans ce contact souvent prolongé avec les terres ou les roches, les eaux dissolvent des matières minérales solubles, tout en conservant leur limpidité, et elles varient de composition suivant les localités. Ainsi certaines sources doivent aux matières qu'elles ont dissoutes des propriétés spéciales qui les rendent précieuses pour le soulagement ou la guérison de certaines maladies.

Si limpide que soit une eau naturelle, elle n'est pas pure puisqu'elle tient des matières solides en dissolution.

L'eau jouit aussi de la propriété de dissoudre les gaz : une bouteille d'eau gazeuse bien bouchée apparaît bien limpide, et rien ne peut y faire supposer la présence d'un gaz ; fait-on sauter le bouchon, le gaz bouillonne vivement pour sortir et il accuse ainsi très nettement sa présence.

Nous pouvons d'ailleurs montrer facilement que l'eau ordinaire contient un gaz dissous. Remplissons complètement d'eau un ballon d'un litre ; fermons-le avec un bouchon muni d'un tube recourbé, ce tube se remplit de l'eau déplacée par le bouchon ; engageons l'extrémité libre du tube sous une éprouvette pleine d'eau et chauffons le ballon (fig. 33) ; au bout de quelque temps nous verrons 25 à 30 centimètres cubes de gaz occuper le haut de l'éprouvette. Avant l'expérience ce gaz était invisible dans l'eau.

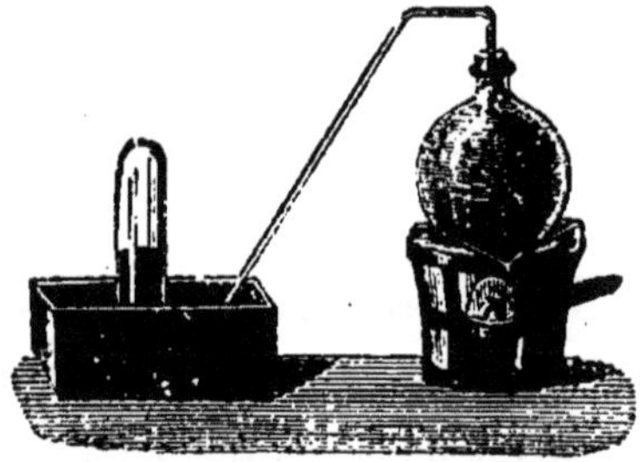

Fig. 33 — Ballon plein d'eau avec tube abducteur que l'on chauffe pour recueillir l'air dissous dans l'eau.

37. L'eau est un corps composé. Analyse de l'eau par le courant électrique. — L'eau a été considérée jusqu'à la fin du siècle dernier, comme un corps simple ne renfermant qu'une seule substance, et comme un élément entrant dans la constitution de la nature entière. On la trouve en effet dans la plupart des corps. Si l'on chauffe fortement une terre ou une pierre, il en sort presque toujours de la vapeur d'eau, et quand on calcine du bois, de la laine, du sucre ou de la viande, une portion quelconque d'une plante ou d'un animal, la fumée qui se dégage renferme encore de la vapeur d'eau.

Mais l'eau n'est pas un corps simple ; elle est formée de deux gaz que l'on peut séparer par l'analyse.

Pour réussir cette séparation des deux gaz qui forment l'eau, on se sert d'un vase dont le fond est traversé par deux fils de platine isolés l'un de l'autre. On remplit le vase d'eau légèrement acidulée, et on ren-

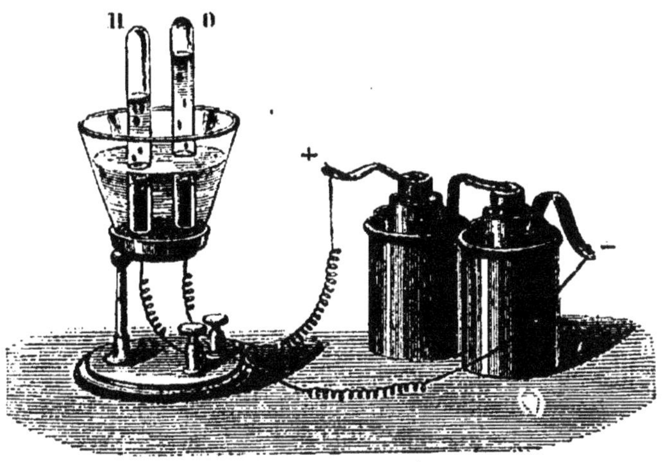

Fig. 34. — Décomposition de l'eau par le courant électrique. L'hydrogène se rend dans l'une des éprouvettes et l'oxygène dans l'autre.

verse au-dessus de chacun des fils une petite éprouvette pleine d'eau (fig. 34). On attache aux deux fils de platine les deux fils d'une pile électrique ; aussitôt on voit des bulles de gaz monter dans chacune des éprouvettes. Tout le temps que dure l'expérience, on remarque que l'éprouvette qui communique au zinc de la pile contient plus de gaz que l'éprouvette qui est en rapport avec le charbon. Celle-ci met le double de temps à s'emplir que la première. Lorsqu'elles sont pleines, on les enlève l'une après l'autre en les bouchant avec le pouce. On présente une allumette allumée à l'éprouvette H, le gaz s'allume avec un petit bruit : c'est l'**hydrogène.** On enfonce dans l'éprouvette O une allumette qui n'a plus qu'un point rouge, le gaz la rallume et la fait brûler vivement, c'est l'**oxygène.**

On démontre ainsi que l'eau est formée de gaz hydrogène et de gaz oxygène et que *deux volumes d'hydrogène* sont unis à *un volume d'oxygène.*

38. Synthèse de l'eau par l'eudiomètre. — Pour vérifier cette composition, on fait la synthèse de l'eau, c'est-à dire qu'on forme l'eau au moyen de ses éléments. En étudiant l'hydrogène et en brûlant ce gaz à l'air (voir p. 14, fig. 11) on a déjà formé l'eau par synthèse ; mais on n'a pas pu mesurer les volumes des gaz qui entrent en combinaison. Pour effectuer facilement cette mesure, on emploie un tube de verre à parois fortes disposé de manière à ce qu'on puisse produire à l'intérieur une étin-

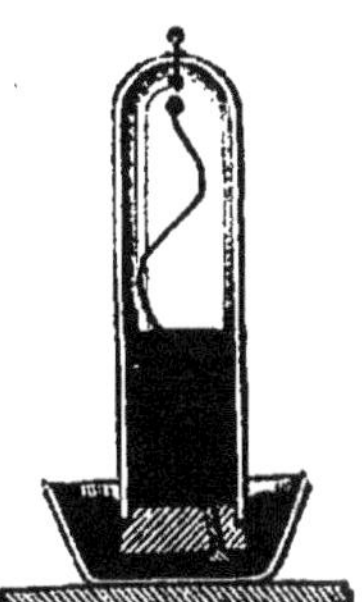

Fig. 35. — Eudiomètre ordinaire.

celle électrique (fig. 35). On le nomme **eudiomètre.** On le remplit de mercure. On y fait passer deux mesures de gaz hydrogène et une mesure de gaz oxygéné ; on le ferme. On produit près du bouton métallique de l'extérieur une étincelle électrique qui se reproduit immédiatement dans l'intérieur du tube, au sein du mélange gazeux. Si alors on débouche l'extrémité inférieure du tube sans le sortir de la cuve, le mercure remplit *complètement* l'espace que les gaz occupaient.

39. Volume de l'eau formée. — Supposons que nous ayons pu opérer sur 3 litres de gaz; (on opère sur 1/4 de litre au plus, à cause de la force de la détonation et pour éviter une explosion) : ils ont totalement disparu pour donner de l'eau. Il est évident que le poids de l'eau est la somme des poids des gaz employés.

Or	2 litres H pèsent	$2 \times 0{,}0895 =$	$0^{gr},179$
	1 litre O pèse	$1 \times 1{,}437 =$	$1^{gr},437$
	Poids de l'eau formée	$=$	$1^{gr},616$

Si cette eau passe à l'état liquide, elle n'occupe pas même 2 cent. cubes ; on comprend pourquoi on n'en aperçoit pas dans l'eudiomètre quand on opère sur un quart de litre de gaz puisqu'il ne se forme qu'environ un dixième de centimètre cube d'eau liquide.

Si elle restait à l'état de vapeur d eau, le litre de vapeur pesant $0^{gr},808$, elle occuperait :

$$\frac{1{,}616}{0{,}808} = 2 \text{ litres.}$$

Ainsi le calcul démontre que

2 litres d'hydrogène et 1 litre d'oxygène	donnent 2 litres de vapeur d'eau en se combinant.

Gay-Lussac a voulu vérifier expérimentalement ce fait important. Il a répété l'expérience de l'eudiomètre, mais en entourant celui-ci d'un manchon où il faisait passer une vapeur capable de chauffer les gaz au-dessus de 100° et de maintenir à l'état de gaz la vapeur d'eau formée. — Quand la combinaison fut opérée par l'étincelle électrique, le mercure ne monta que de 1/3 dans le tube. La vapeur d'eau formée occupait les 2/3 du volume total des gaz qui lui avaient donné naissance.

Ainsi, *2 volumes d'hydrogène se combinent avec 1 volume d'oxygène pour former 2 volumes de vapeur d'eau.*

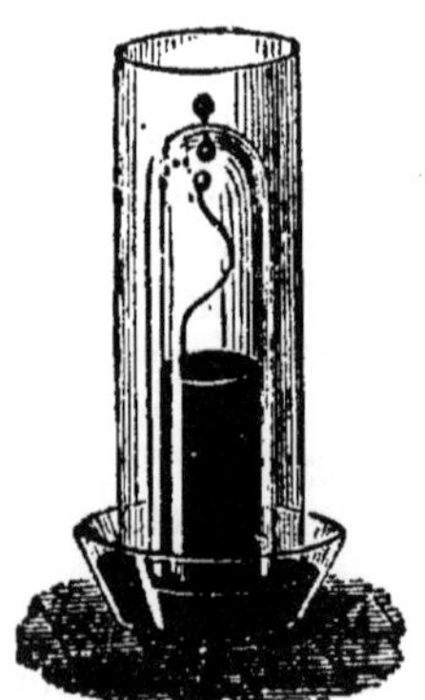

Fig. 36. — Eudiomètre à mercure entouré d'un manchon contenant de l'eau bouillante pour montrer le volume de la vapeur d'eau formé par la combinaison de 2 volumes d'hydrogène avec 1 d'oxygène.

Nous verrons plus loin (chapitre VI) les lois que Gay-Lussac a formulées sur les combinaisons des gaz en partant de l'exemple précédent et d'autres analogues.

40. Synthèse de l'eau par l'oxyde de

cuivre. — En connaissant la composition de l'eau en volumes, on pouvait par le calcul déterminer la composition de l'eau en poids. L'expérience précédente apprend en effet que 1 gr. 616 d'eau contient 1 gr. 437 d'oxygène et 0 gr. 179 d'hydrogène. Mais les chimistes ont préféré avoir recours à une expérience directe et à la pesée des corps pour fixer la composition de l'eau. C'est l'expérience de **Dumas** avec l'oxyde de cuivre qui a été montée pour cet objet ; elle l'a été avec tant de soins qu'elle est restée comme un modèle des déterminations chimiques.

M. Dumas a fait passer de l'hydrogène pur et sec sur un poids connu d'oxyde de cuivre, et il a soigneusement recueilli et pesé l'eau formée. En pesant l'oxyde de cuivre, après l'expérience, il a eu le poids d'oxygène enlevé par l'hydrogène. En retranchant ce poids d'oxygène du poids de l'eau formée, il a connu le poids de l'hydrogène entré dans la combinaison.

L'appareil dont il s'est servi, représenté par la figure 38, est très complexe : la première partie est destinée à produire, à purifier et à dessécher l'hydrogène ; la deuxième comprend le ballon à oxyde de cuivre et les tubes destinés à retenir toute l'eau formée.

Voici un exemple des nombres que peut fournir cette expérience.

Poids de l'oxyde de cuivre avant l'expérience	159	grammes.
— — après —	127	—
— — Poids de l'oxygène	32	—

Poids de l'eau recueillie : 36 grammes.

Poids de l'hydrogène 4 —

Ainsi, 36 grammes d'eau ont été obtenus par la combinaison de
32 grammes d'oxygène
avec 4 — d'hydrogène.

La composition centésimale de l'eau est donc la suivante :

Hydrogène	11,11
Oxygène	88,88
Eau	100 »

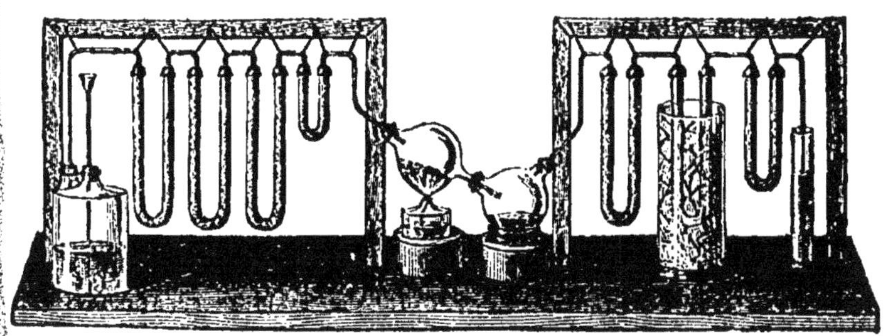

Fig. 37. — Appareil de Dumas pour la synthèse de l'eau : 1° appareil à préparer, à purifier et à dessécher l'hydrogène ; 2° ballon à oxyde de cuivre ; 3° ballon et tubes à recueillir la vapeur d'eau formée.

Si, au lieu de rapporter les poids des deux gaz à 100 grammes du produit qu'ils engendrent, on les compare l'un à l'autre, on trouve que

1 gramme d'hydrogène s'unit à 8 grammes d'oxygène | pour donner 9 grammes d'eau.

Que l'on produise l'eau par n'importe quelle réaction, c'est toujours dans ces mêmes proportions que se trouveront combinés les deux corps qui la forment.

On tire de cet exemple, comme d'ailleurs de tous ceux qui suivront, l'importante loi suivante :

Les corps se combinent en proportions définies.

Cette remarque va nous permettre d'exposer succinctement les principes de la notation chimique.

41. Notation chimique. — Pour la commodité de l'écriture, on représente les corps simples par des *symboles*, formés presque toujours de la première lettre du nom, quelquefois des deux premières quand il faut éviter des confusions possibles. Ainsi :

l'hydrogène est	représenté par	H
l'oxygène	—	O
le carbone	—	C
le chlore	—	Cl
le cuivre	—	Cu, etc.

Mais pour que ces symboles puissent servir à figurer les corps composés et révéler en même temps la composition des corps qu'ils représentent, il faut leur donner à chacun une valeur de convention. il faut leur faire exprimer des *nombres proportionnels*, leur faire indiquer les poids relatifs suivant lesquels ont lieu les différentes combinaisons.

On a choisi l'hydrogène, le plus léger de tous les corps, comme terme de comparaison.

La composition de l'eau révèle que 8 grammes d'oxygène se combinent avec 1 gramme d'hydrogène. Ces 8 grammes d'oxygène détruisent l'activité particulière que possède 1 gramme d'hydrogène. et ils perdent en même temps leur activité propre. Ils caractérisent l'oxygène au point de vue de la combinaison, comme 1 gramme caractérise l'hydrogène ; c'est ce que l'on exprime en disant qu'au point de vue chimique, ce sont des *poids équivalents*.

Si donc on s'appuie sur cette notion des poids équivalents dont la composition pondérale de l'eau nous offre le premier exemple, on peut écrire que

H	représentera	1 gr. d'hydrogène
O	—	8 gr. d'oxygène

l'eau sera alors figurée par HO et cette formule représentera 9 gr. d'eau.

Le symbole de chaque corps simple indiquera donc le poids de ce corps qui peut se combiner, soit avec 1 gramme d'hydrogène, soit avec 8 grammes d'oxygène, ou bien se substituer à l'un ou à l'autre de ces deux derniers poids.

Telle est la notation dite **en équiv lents** qui a prévalu jusqu'ici dans l'enseignement de la chimie.

Aujourd'hui elle n'est plus la seule ; les savants lui en préfèrent une autre, la **notation atomique,** qui commence à être d'un usage courant dans les travaux et les mémoires scientifiques. Tout en conservant la notion primordiale des poids proportionnels qui fait la base de l'ancienne notation, la nouvelle n'en fait plus uniquement son point de départ ; elle y joint d'autres considérations, notamment celle du volume gazeux des composés.

Voici comment on l'applique à l'exemple de l'eau.
La synthèse eudiométrique révèle :

1 volume d'oxygène
et 2 volumes d'hydrogène,
donnant 2 volumes de vapeur d'eau.

Si l'on admet de représenter les corps composés, sous deux volumes, l'hydrogène qui entre dans l'eau ayant le même volume que celle-ci sera représenté par H^2. Et l'atome d'hydrogène, la plus petite quantité de ce corps qui pourra entrer en combinaison, aura pour symbole

H représentant 1 gr. et 1 volume.

L'atome d'oxygène, la plus petite quantité de ce corps qui entre dans l'eau aura pour symbole

O représentant 16 gr. et 1 volume.

L'eau sera représentée par

H^2	2 grammes	2 volumes
O	16 grammes	1 volume
H^2O	18 grammes	2 volumes

Il résulte de cette notation un moyen très simple de trouver les densités des corps gazeux en les rapportant à la densité de l'hydrogène.

L'hydrogène	H sous un volume est représenté par	1 gr.
L'oxygène	O — —	16 gr.
L'eau	(H^2O sous 2 volumes) est représentée par	18 gr.
	Sous un volume, par	9 gr.

On en conclut que l'oxygène pèse 16 fois plus que l'hydrogène et la vapeur d'eau 9 fois plus que l'hydrogène.

Si l'on sait que 1 litre d'Hydrogène pèse	$0^{gr}0895$
le poids de 1 litre d'Oxygène sera	$0,0895 \times 16$
— 1 litre de Vapeur d'eau	$0,0895 \times 9$

12. Propriétés chimiques de l'eau. — L'eau peut être décomposée par des corps simples comme le charbon et le fer ; elle peut s'unir directement à des corps simples ou composés et constituer ce que l'on appelle des *hydrates*.

Si l'on fait passer un courant de vapeur d'eau sur du charbon chauffé au rouge dans un tube de porcelaine, l'eau est décomposée, son oxygène se combine au charbon et l'hydrogène se dégage avec le gaz carbonique. On fait très simplement l'expérience en faisant passer des charbons incandescents sous une cloche remplie d'eau ; on voit un gaz se rassembler au haut de la cloche.

Le fer décompose l'eau en rouge : si l'on fait passer un courant de vapeur d'eau sur un faisceau de fils de fer chauffé dans un tube de porcelaine vernissé, il se dégage de l'hydrogène que l'on peut recueillir ; l'oxygène de l'eau s'est fixé sur le fer pour donner un oxyde appelé *oxyde magnétique*.

Cette expérience fut faite en 1783 par **Lavoisier** et **Meusnier** qui en mesurant l'hydrogène recueilli, en pesant l'eau décomposée et l'oxygène fixé sur le fer purent indiquer dès cette époque la composition de l'eau.

43. Etat naturel de l'eau. — Outre l'eau de mer qui couvre les trois quarts de la surface du globe, souvent à une grande profondeur, on trouve l'*eau de pluie* qui ne contient que les éléments gazeux de l'atmosphère ; les *eaux courantes* dont la composition diffère suivant la nature des terrains qu'elles ont traversées ou des couches où elles ont séjourné ; les *eaux minérales* froides ou chaudes que la médecine fait servir à la guérison de certaines affections.

Dans les eaux courantes, les unes sont chargées de matières minérales, surtout de matières calcaires et son dites *crues* ou *dures* ; les autres sont propres aux usages domestiques et à l'alimentation ; on les appelle *eaux douces* ou *eaux potables.*

Eaux potables. — Pour qu'une eau soit potable, il faut qu'elle remplisse les conditions suivantes :

Être fraiche, aérée, limpide, sans odeur, d'une saveur agréable qui ne soit ni fade, ni salée, ni douceâtre ; ne contenir que de 1 à 3 décigrammes de matières minérales en dissolution et que très peu ou point de matières organiques.

La plupart des eaux de sources, de puits et même de rivières au commencement de leur parcours, remplissent ces conditions ; elles dissolvent bien le savon et elles cuisent bien les légumes. Si le savon y forme des grumeaux abondants au lieu de s'y dissoudre, c'est qu'il y a trop de sels calcaires et l'eau est impropre aux usages domestiques. Si, conservée quelque temps dans des vases de verre ou de terre, elle y acquiert une mauvaise odeur d'œufs pourris, elle est de mauvaise qualité : elle contient trop de matières organiques. Quand, au contraire, elle se conserve bien sans odeur, qu'elle dissout bien le savon sans grumeaux et qu'elle cuit bien les légumes, elle est bonne à boire.

Pour essayer si une eau est trop chargée de sels calcaires, on prépare une dissolution de savon dans l'alcool ; cette dissolution limpide versée dans l'eau à essayer n'y doit pas donner de précipité, mais seulement un louche d'un blanc bleuâtre.

Ce sont les matières organiques qu'il faut rechercher avec le plus de soin dans les eaux qui doivent servir à l'alimentation ; ces matières en se putréfiant développent une odeur désagréable et permettent le développement de nombreux germes organisés qui peuvent être très nuisibles. Pour essayer une eau, on la fait bouillir avec quelques gouttes d'une dissolution de chlorure d'or ; la belle couleur jaune de ce produit ne doit pas changer ; si elle vire au brun, c'est l'indice d'une réduction produite par les matières organiques ; dans ce cas l'eau doit être rejetée.

L'eau distillée est très fade et ne peut pas servir de boisson. L'eau de pluie, conservée dans des citernes, a besoin d'être filtrée, puis ensuite aérée, pour remplacer la bonne eau de source quand celle-ci fait défaut.

Lorsque les eaux ne sont pas limpides, qu'elles contiennent des matières en suspension, il faut les filtrer, soit au travers de couches alternatives de sable et de charbon, soit dans un filtre Chamberland, où en passant au travers de porcelaine dégourdie elle se débarrasse de tous les germes organisés qu'elle pouvait contenir.

Résumé. — L'eau se présente dans la nature sous les trois états solide ...ide et gaz.

...'eau liquide est incolore sous une faible épaisseur; elle occupe son plus ...t volume à 4° centigrades. Refroidie à 0° elle se prend en glace dont le vo...e est plus grand que le sien. L'eau congelée en neige ou en glace présente ...très-beaux cristaux.

...'eau émet de la vapeur à toute température, mais de plus en plus à me...e qu'elle est plus chaude. Chauffée à 100° sous la pression ordinaire, elle ...t. Si alors on fait passer la vapeur d'eau ainsi produite dans un récipient ...oidi, elle se condense à l'état liquide et constitue l'**eau distillée** ou l'...au ...e.

...'eau dissout beaucoup de corps solides, les uns comme le sucre ou le salpê...en notables quantités, les autres comme le sel et la craie en moindre pro...tion. Les eaux courantes qui ont traversé différentes couches du sol contien...t en dissolution des matières minérales qui ne troublent pas leur limpidité, ...is qu'elles abandonnent en dépôt quand on les fait évaporer.

...'eau dissout aussi des gaz, et toutes les eaux naturelles contiennent en dis...ution les gaz de l'atmosphère. C'est environ 25 centimètres cubes d'air que ...peut trouver dans un litre d'eau.

...'eau est un *corps composé*; elle est formé de deux gaz, l'oxygène et l'hydro...e que l'on sépare à l'aide d'un courant électrique. Cette analyse révèle qu'il ... **deux volumes d'hydrogène** unis à **un volume d'oxygène.**

...ette composition est aussi vérifiée par la synthèse. On fait la synthèse de ...au, comme Cavendish la faisait au siècle dernier, en brûlant à l'air un jet ...ydrogène et en condensant la vapeur d'eau formée; mais on ne mesure pas ...si les deux gaz qui se combinent. On peut au contraire mesurer les volumes ...zeux en employant l'eudiomètre comme l'a fait Gay-Lussac au commence...nt de ce siècle. On met dans l'appareil deux mesures d'hydrogène et deux ...sures d'oxygène: on fait passer l'étincelle électrique; il ne reste plus après ...une mesure d'oxygène; l'eau formée l'a donc bien été par *deux volumes ...ydrogène* unis à *un volume d'oxygène.*

...ay-Lussac a montré par une expérience directe que si l'eau formée reste à ...tat de vapeur, elle occupe le volume qu'occupait l'hydrogène.

Dumas a fait la synthèse de l'eau par l'oxyde de cuivre pour fixer la compo...ion de l'eau en pesant les éléments qui y entrent. Son expérience consiste à ...re passer de l'hydrogène pur et sec sur de l'oxyde de cuivre pesé et chauffé ... à recueillir toute l'eau formée. La perte de poids de l'oxyde de cuivre donne ...poids de l'oxygène. Des nombres trouvés par Dumas, il résulte que 100 ...ammes d'eau renferment 11,11 d'hydrogène et 88,88 d'oxygène, ou bien que ...**gramme d'hydrogène, s'unit à 8 grammes d'oxygène pour donner 9 ...ammes d'eau.** Et il en est toujours ainsi.

Cet exemple met bien en évidence la première loi des combinaisons, c'est ...e les **corps se combinent toujours en proportions définies.**

Il peut servir à faire comprendre le principe de la notation chimique. On ...présente chaque corps simple par une lettre, la première de son nom ou ...s deux premières s'il faut éviter une confusion. C'est ainsi que l'hydrogène, ...oxygène, le carbone, le chlore, le cuivre, se figurent par les symboles H, O, ... Cl, Cu. Mais pour que ces symboles puissent être associés pour représenter ...s corps composés, il faut leur faire exprimer des *nombres proportionnels*, ...c'est-à-dire les poids relatifs suivant lesquels ont lieu les combinaisons.

Si l'on ne se préoccupe que des rapports de poids, en partant de la compo...tion de l'eau, H représentera 1 gramme, O représentera 8 grammes, et les ...utres symboles le poids du corps qui peut remplacer un gramme d'hydrogène ...u 8 grammes d'oxygène, ou s'y combiner. L'eau est alors représentée par la ...omme des poids de ses éléments, par $HO = 9$ grammes; et il en est ainsi ...es autres corps.

Si l'on veut tenir compte du volume gazeux des composés formés, par rap...port aux volumes gazeux des composants, et ne pas négliger pour cela les rapports des poids, on est conduit à prendre pour la plus petite quantité d'oxygène celle qui entre dans 2 volumes d'eau et pour la plus petite quantité d'hydrogène pouvant entrer en combinaison la moitié de celle qui entre dans l'eau. L'unité est donc 1 gramme d'hydrogène, sous un volume, représenté par H et la formule de l'eau devient H^2O (18 grammes). Ce mode de notation rend plus facile le calcul des densités des corps gazeux simples ou composés.

L'eau peut être décomposée par le charbon au rouge, par le fer chauffé et en général par les métaux qui en formant leur oxyde dégagent plus de chaleur que l'hydrogène en formant le sien.

Les **Eaux naturelles** peuvent se grouper sous quatre chefs principaux : l'*eau de mer* qui en s'évaporant forme la vapeur d'eau, les nuages et la pluie ; les *eaux pluviales ;* les *eaux courantes*, dont la composition diffère avec la nature des terrains qu'elles traversent et des produits qu'elles dissolvent ; les *eaux minérales* ou médicinales, froides ou chaudes.

Les **Eaux potables** sont celles qui peuvent servir à l'alimentation. Il les faut limpides, aérées, contenant peu de sels dissous, exemptes de matières organiques.

On reconnait qu'elles ne contiennent pas trop de sels calcaires si elles cuisent bien les légumes et si elles ne donnent pas de grumeaux avec le savon ou de précipité avec la dissolution de savon dans l'alcool.

On s'assure qu'elles ne contiennent pas de matières organiques par l'ébullition avec le chlorure d'or qu'elles ne doivent pas décolorer

L'eau de pluie conservée, et beaucoup d'eaux courantes ont besoin d'être filtrées ; en tous cas il faut rejeter comme nuisible toute eau contenant des matières organiques, ou au moins l'avoir fait bouillir avant de s'en servir pour l'alimentation.

CHAPITRE V

AZOTE ET AIR ATMOSPHÉRIQUE

AZOTE

Symbole Az. Poids atomique 14.

44. Propriétés physiques. — L'azote est un gaz incolore, inodore et sans saveur. Il est un peu moins lourd que l'air ; il pèse 14 fois plus que l'hydrogène.

Le poids du litre est donc

$$14 \times 0{,}0895 = 1 \text{ gr. } 25.$$

il est très peu soluble dans l'eau ; il a pu être liquéfié.

45. Propriétés chimiques. — L'azote éteint les corps en combustion et ne brûle pas ; une bougie allumée qu'on y plonge s'éteint immédiatement. Il est impropre à la respiration : les animaux y périraient asphyxiés.

Il ne se combine pas directement avec les corps simples usuels, si n ne fait pas intervenir une énergie étrangère comme l'électricité. us l'influence d'une série d'étincelles électriques, l'azote peut s'unir à xygène ou à l'hydrogène ; c'est sur ce fait qu'on s'appuie pour expli- er l'existence de l'azotate d'ammoniaque dans les pluies d'orage. On uve l'azote engagé dans un certain nombre de combinaisons qui pré- ıtent un grand intérêt. Il forme avec l'oxygène l'*air atmosphérique*.

46. **Préparation.** — C'est de l'air qu'on retire ordinairement zote, en absorbant l'oxygène. On met quelques grammes de phosphore ns un petit godet en terre supporté par flotteur de liége qui nage sur la cuve à u. On enflamme le phosphore et on le re- uvre avec une grande cloche : le phos- ore continue à brûler aux dépens de xygène de l'air emprisonné ; la cloche se nplit de vapeurs blanches d'acide phos- orique. Au bout de peu de temps, le osphore s'éteint ; l'eau monte dans la oche ; les vapeurs blanches disparaissent ; gaz restant dans la cloche est de l'azote ; occupe environ les $\frac{4}{5}$ du volume ; l'eau est ontée de $\frac{1}{5}$.

Fig. 38. — Préparation de l'azote par le phosphore.

Si on veut de l'azote plus pur, on fait passer sur du cuivre chauffé, ntenu dans un tube, de l'air provenant d'un flacon à deux tubulures e l'on fait remplir peu à peu d'eau.

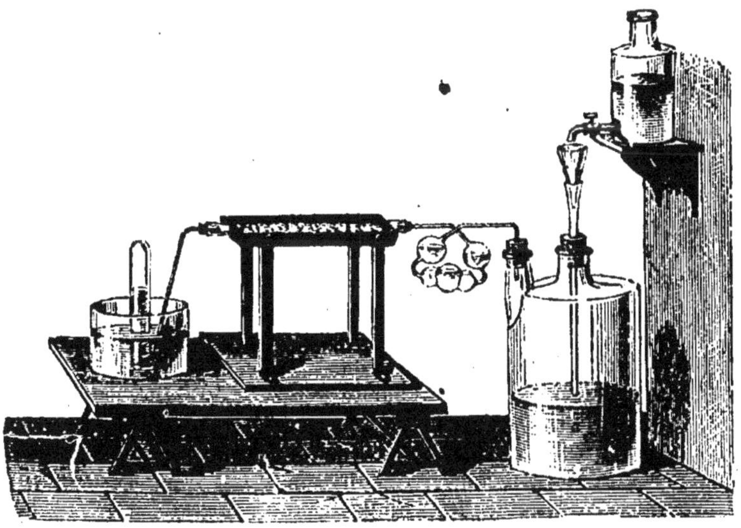
Fig. 39. — Préparation de l'azote par l'air passant sur du cuivre chauffé qui retient l'oxygène.

L'air sortant du flacon traverse un tube contenant de la potasse pour s'y pouiller de l'acide carbonique qu'il contient. Dans cette opération, on ilise la facilité avec laquelle le cuivre chauffé se combine avec l'oxygène. L'azote sous forme de gaz n'a pas d'usage important. Il a été découvert en 1772 par Rutherford.

AIR ATMOSPHÉRIQUE

L'air au milieu duquel nous vivons est un gaz sans odeur ni saveur, incolore sous une faible épaisseur et bleu quand il est vu en grandes masses. Le litre pèse 1 gr. 293 sous la pression de 760mm. On a longtemps pris sa densité pour unité et on y rapportait les densités des autres gaz. On préfère aujourd'hui les rapporter à celle de l'hydrogène.

47. Composition de l'air. — En préparant l'azote, nous nous sommes convaincus que l'air est un corps composé, et non un élément, comme le croyaient les anciens; l'expérience nous a montré que l'air contient deux gaz principaux : l'oxygène et l'azote; mais il y existe d'autres substances que l'on trouve dans tous les lieux, bien qu'elles soient en très petite quantité. C'est d'abord la vapeur d'eau, variable avec le degré d'humidité, et que l'on met en évidence en la forçant à se déposer en buée ou en gouttelettes sur les corps froids. C'est en second lieu l'acide carbonique qui trouble l'eau limpide de chaux. Ce sont enfin les poussières qui échappent d'ordinaire à la vue et qui deviennent visibles quand elles sont vivement éclairées par un rayon de soleil pénétrant dans une chambre obscure.

Il faut rechercher tout d'abord la proportion des deux gaz fondamentaux, c'est-à-dire de l'azote et de l'oxygène. Pour cela on applique à un volume mesuré d'air la méthode que nous avons suivie, qui consiste à absorber l'oxygène et à le fixer dans une combinaison non gazeuse à la température ordinaire, puis à mesurer le gaz restant.

On peut employer bien des corps pour fixer l'oxygène de l'air; on a recours d'habitude au phosphore, à l'hydrogène ou au cuivre.

40. — Analyse de l'air par le phosphore à froid.

48. Analyse de l'air par le phosphore. 1° *A froid.* — On emprisonne un volume d'air dans une éprouvette graduée (soit 100 divisions) reposant sur le mercure. On introduit dans l'éprouvette un bâton de phosphore humide; aussitôt qu'il arrive dans l'air, on le voit répandre un nuage blanchâtre: il se combine peu à peu à l'oxygène. L'expérience est terminée quand le bâton de phosphore ne donne plus de lueurs dans l'obscurité, ce qui demande parfois plus d'un jour. On retire le bâton de phosphore et on lit le volume du gaz restant avec les mêmes précautions qu'on a lu le volume de l'air introduit. Ce volume est celui de l'azote.

L'expérience amène :

Pour 100 vol. d'air { 79 vol. d'azote ; 21 vol. d'oxygène.

Fig. 41. — Analyse de l'air par le phosphore à chaud.

2° *A chaud.* — Quand on veut faire cette analyse en quelques minutes, on mesure l'air dans un tube gradué; on transvase le gaz dans une petite cloche courbe; on y envoie un morceau de phosphore que l'on fait enflammer en chauffant le tube. L'oxygène est alors absorbé très rapidement et l'eau remonte dans la cloche. On laisse refroidir le gaz et on le transvase à nouveau dans le tube gradué, où on lit son volume.

49. **Analyse par l'acide pyrogallique et la potasse.** — On prépare une solution de potasse et une solution d'acide pyrogallique. On choisit une éprouvette graduée à gaz que l'on puisse facilement boucher avec le doigt. On verse dans l'éprouvette, de manière à la remplir au tiers ou à la moitié, parties égales des deux solutions. On la bouche, on la retourne; on lit le volume occupé par l'air. On agite le liquide dans l'éprouvette sans l'ouvrir, et, après une agitation de quelques minutes, on plonge l'éprouvette dans un grand verre d'eau. Le liquide a bruni; il a absorbé l'oxygène; il tombe dans le verre et il est remplacé par de l'eau. On lit le volume du gaz restant, en enfonçant l'éprouvette pour que ce gaz soit à la pression atmosphérique : c'est la proportion d'azote que contenait le volume d'air sur lequel on a opéré. Soit 150cc ce volume d'air primitif; après l'absorption, on ne retrouve plus que 118cc,5 d'azote; l'oxygène disparu est représenté par 31cc,5. Ce sont encore les mêmes proportions que ci-dessus.

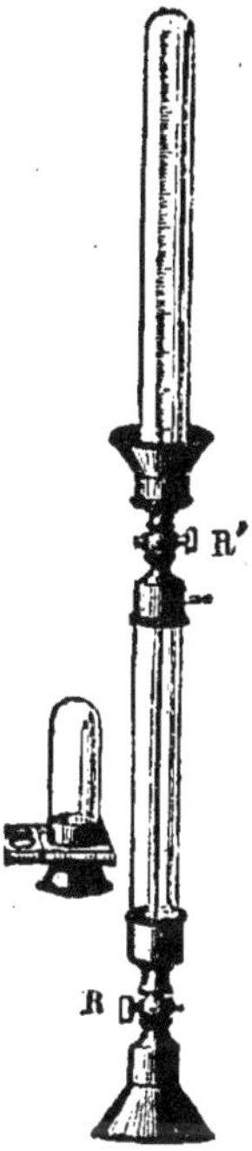

42. — Eudiomètre surmonté d'un tube gradué, pour l'analyse de l'air.

50. **Analyse par l'eudiomètre.** — L'appareil dont on se sert ordinairement est un tube de verre très résistant, terminé aux deux extrémités par des garnitures de cuivre qui portent chacune un entonnoir et un robinet; un tube gradué peut se visser sur l'entonnoir supérieur. On le remplit complètement d'eau, puis on ferme le robinet R'; le tube reste plein d'eau comme une éprouvette. Pour mesurer les gaz qu'on y envoie, on se sert d'un bout de tube garni d'un obturateur; son volume représente 100 divisions du gros tube gradué. On introduit dans l'appareil de l'air et de l'hydrogène; on fait passer l'étincelle; l'hydrogène et l'oxygène se combinent et donnent de l'eau; on fait passer les gaz restant dans le tube gradué, où on lit leur volume.

on a envoyé dans l'appareil	100 volumes d'air. 100 volumes d'hydrogène.
Total. . .	200
Il reste après le passage de l'étincelle	137
Disparus. . .	63 dont 21 d'oxygène. 42 d'hydrogène.

L'air essayé contenait donc 21 p. °/o d'oxygène.

Les méthodes qui précèdent ont un inconvénient, c'est d'opérer sur de petits volumes d'air qu'il est difficile de mesurer très exactement.

31. Méthode d'analyse par les poids. — MM. Dumas et Boussingault ont opéré sur de grandes quantités d'air, et ils ont pesé les gaz. L'air, dépouillé des corps autres que l'azote et l'oxygène, est appelé

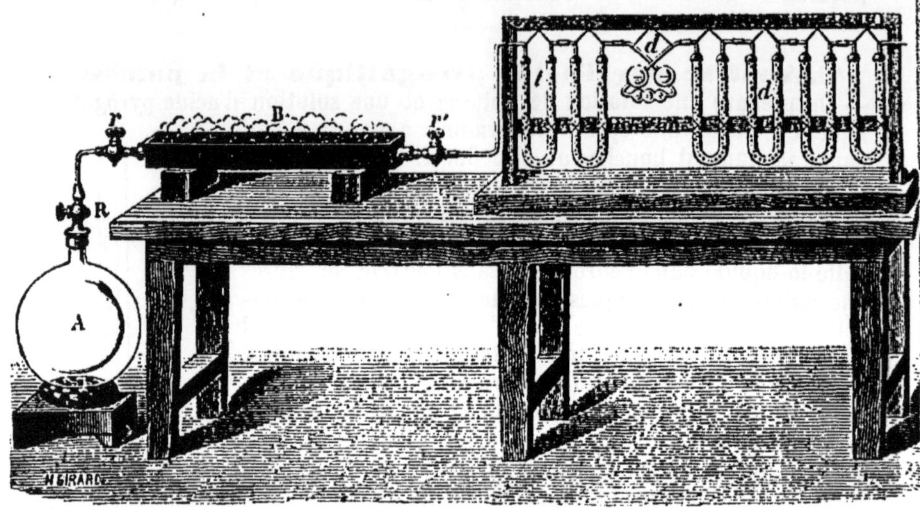

43. — Appareil de Boussingault pour l'analyse de l'air en poids.
A. Ballon à robinet — B. Tube à cuivre chauffé sur une grille — t tubes à ponce — d tubes à potasse.

dans un grand ballon de 10 à 15 litres où l'on a fait le vide, et pour y arriver il traverse un tube contenant du cuivre chauffé où il abandonne son oxygène, de sorte qu'il n'arrive dans le ballon que l'azote

L'augmentation de poids du ballon donne le poids de l'azote ; celle du tube contenant le cuivre, le poids de l'oxygène. Les expériences faites par cette méthode exacte ont donné les nombres :

Azote.	76 grammes 7 :
Oxygène	23 grammes 3 :
Air.	100 grammes.

32. La composition de l'air est constante. — On a pris de l'air à diverses époques, dans différents lieux, à différentes hauteurs (et c'est facile puisqu'il suffit de vider l'eau d'un flacon) ; on en a fait l'analyse, et on a toujours trouvé la même composition ; on peut en conclure que l'atmosphère ne varie pas sensiblement quant à la nature et à la quantité des gaz qui la forment.

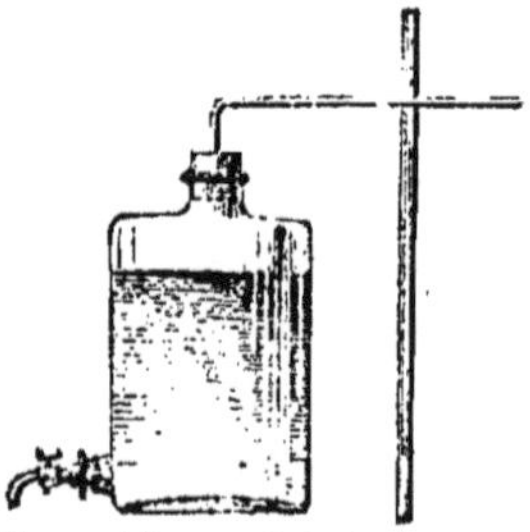

44. — Flacon à tubulure inférieure disposé pour tirer de l'air d'un espace donné.

33. Autres corps contenus dans l'air. — L'air contient toujours une petite quantité de vapeur d'eau, variable avec le degré d'humidité et que l'on met très facilement en évidence en la forçant à se déposer en buée ou en gouttelettes sur les corps froids; tel est le dépôt de rosée si abondant sur les plantes au printemps, ou, dans nos appartements, la buée qui se forme sur une carafe dont l'eau est plus froide que l'air de la chambre où on l'apporte.

L'air contient aussi un peu d'acide carbonique (environ un demi-gramme par mètre cube). On peut se proposer de doser ces deux corps dans un volume d'air. On se sert à cet effet de l'appareil représenté par la fig. 46. C'est un aspirateur plein d'eau, d'une contenance de 50 litres environ, et dont la partie supérieure est en communication avec l'air mais par l'entremise de deux séries de tubes dont les uns contiennent de la ponce sulfurique qui retiendra la vapeur d'eau et les autres de la potasse qui absorbera l'acide carbonique. L'augmentation de poids de chacune de ces séries de tubes donne le poids des deux corps que l'on cherche.

On trouve aussi constamment dans l'air des myriades de corpuscules légers qui y flottent et qu'un rayon de lumière rend visibles dans une chambre obscure en les éclairant. Parmi ces poussières se trouvent des germes organisés qui sont les agents des transformations que l'air fait subir aux substances végétales ou animales qu'on y abandonne. M. Pasteur en a démontré l'existence en faisant filtrer de l'air sur une bourre de coton-poudre. En dissolvant ensuite cette bourre dans un mélange d'éther et d'alcool où le coton-poudre est entièrement soluble, il a trouvé un résidu où l'examen microscopique lui a fait reconnaître les agents des fermentations et des putréfactions.

34. L'air est un mélange. — On reproduit l'air en mélangeant 21 litres d'oxygène avec 79 litres d'azote, et il ne se produit pas le dégagement de chaleur qui accompagne d'ordinaire toute combinaison.

De plus, les volumes des deux gaz qui forment l'air ne sont pas, comme ceux des gaz combinés, dans des rapports simples.

Enfin, si l'on dissout l'air dans l'eau, chacun des deux gaz se dissout dans le liquide comme s'il était libre; et quand on fait l'analyse de l'air extrait de l'eau on trouve 33 p. % d'oxygène, ce qui indique bien que ce n'est pas l'air qui s'est dissous, puisqu'il n'a pas conservé sa nature, mais chacun des deux gaz qui le forment par leur mélange.

35. Propriétés chimiques de l'air. — L'air a les propriétés de l'oxygène, mais tempérées beaucoup par la présence de l'azote. Il entretient la vie des animaux mieux que l'oxygène, qui est pour cela trop actif; il entretient les combustions des flammes

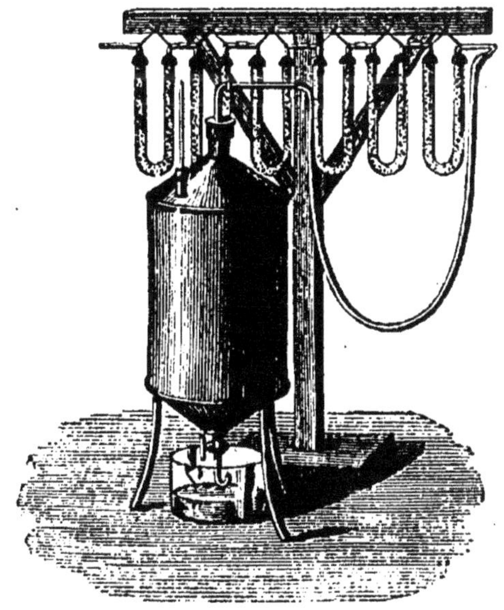

Fig. 45. — Aspirateur plein d'eau disposé pour faire passer dans les tubes à ponce et à potasse de l'air qui y laisse sa vapeur d'eau et son acide carbonique.

de nos foyers. On l'emploie à rendre les combustions actives, les flam chaudes, en l'insufflant à l'aide du **chalumeau**, des diverses for de machines soufflantes dont l'usage est très répandu; le soufflet de foyers est l'exemple le plus simple et le plus connu.

86. **Oxydation des métaux à l'air.** — En chauffant les taux à l'air, on obtient les oxydes d'un grand nombre d'entre eux ; ainsi qu'on produit l'oxyde de plomb ; ce métal se recouvre d'une cr grise quand on le chauffe, et cette crasse se transforme peu à peu en poudre jaunâtre.

La production de l'oxyde de zinc est une belle expérience, très faci faire. On chauffe du zinc dans un creuset ou un têt, le métal fond ; s continue à chauffer, le métal produit des vapeurs qui se combine l'oxygène de l'air en produisant une belle flamme bleuâtre et des floc blancs très légers que les anciens chimistes appelaient la **laine phi sophique** : c'est l'oxyde de zinc.

Le fer s'oxyde à l'air humide et se couvre de rouille (oxyde de fer pour empêcher cette oxydation, qui continue d'elle-même et qui ronge peu à peu tout le métal, il faut recouvrir celui-ci d'une peinture pré vatrice.

87. **Historique de la découverte de la compositi de l'air.** — Au XVIIIe siècle, on considérait l'air comme un élém Jean Rey, en 1630, avait bien démontré que l'air se fixe sur certains taux, comme l'étain : mais il n'avait pas cherché si dans cette opéra l'air disparaît en tout ou en partie ; il appelait **chaux métalliq** le produit formé que nous nommons oxyde.

C'est Lavoisier qui en 1774 sut trouver la véritable composition de l La célèbre expérience que son génie sut imaginer a été le point de dé des progrès de la chimie ; nous allons la décrire.

88. **Expérience de Lavoisier.** — Il mit environ 120 gram de mercure dans un ballon à long col doublement recourbé, de telle manière que l'extrémité ouverte dépassât le niveau du mercure de la cuve. Il couvrit cette extrémité avec une cloche graduée, emprisonnant ainsi l'air du ballon ; puis il chauffa le mercure contenu dans le ballon pendant environ douze jours. Le mercure se couvrit de pellicules rouges qui augmentèrent jusqu'au huitième jour et n'augmentèrent plus après. Il laissa refroidir l'appareil, et il vit que le mercure a monté dans la cloche. L'air avait donc diminué d'environ $\frac{1}{5}$, pour for la **chaux de mercure**, appelée encore **précipité per se.**

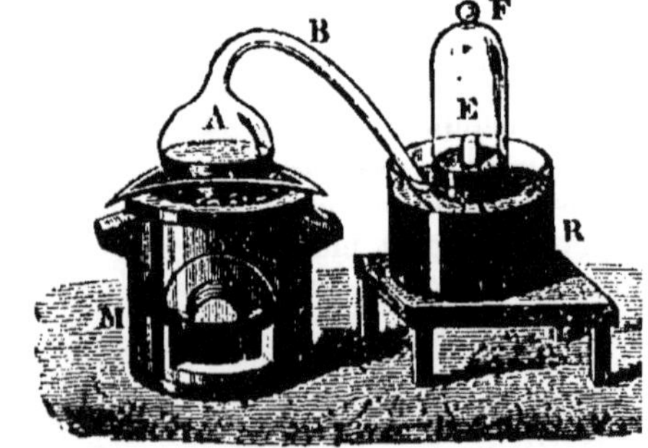

Fig. 46. — Appareil de Lavoisier pour l'an de l'air. A, ballon de verre ; B, col contour replié en E ; F. cloche ; M. fourneau ; R, cuve à mercure.

Lavoisier étudia les propriétés du gaz restant dans la cloche ; il lui reconnut celles que nous connaissons à l'azote.

Il recueillit alors la substance rouge, la chauffa dans un petit matras dont le col recourbé se rendait sous une éprouvette ; il obtint à peu près autant de gaz qu'il en avait disparu de la cloche, et le mercure fut régénéré dans le matras. Le gaz essayé était **l'oxygène**, capable d'entretenir la combustion et la vie. En le mêlant au gaz azote resté dans la cloche, on reformait l'air. Lavoisier fit donc par cette expérience l'analyse et la synthèse de l'air.

Il conclut que l'oxygène se fixait aux métaux pour donner les chaux métalliques ou oxydes, et que les métaux augmentaient de poids en s'oxydant.

Il fit voir que l'oxygène de l'air est l'agent actif qui fait brûler les corps combustibles ; et il posa le premier une théorie raisonnée de la combustion et de la respiration.

Résumé. — **L'azote** est un gaz incolore, inodore, soluble dans l'eau. Il éteint les corps en combustion et ne brûle pas. Il est impropre à la respiration.

L'azote forme les quatre cinquièmes de l'air atmosphérique, et c'est de l'air qu'on le retire en absorbant l'oxygène par un corps combustible. On brûle du phosphore dans un espace d'air limité et quand il n'y a plus d'oxygène la combustion s'arrête ; les vapeurs d'acide phosphorique disparaissent et il ne reste plus que l'azote.

On obtient de l'azote plus pur en faisant passer de l'air dans un tube qui contient du cuivre chauffé ; ce métal absorbe l'oxygène de l'air et l'azote seul se dégage.

L'air atmosphérique est incolore sous une faible épaisseur et bleu en grandes masses. Il pèse par litre 1 gr. 293 à la pression ordinaire et à la température 0°.

On montre facilement que l'air est formé de deux gaz principaux, l'oxygène et l'azote : l'expérience du phosphore brûlant dans un espace d'air limité le prouve. L'air n'est donc pas un élément comme le croyaient les anciens. Outre les deux gaz précédents, l'air renferme encore de la vapeur d'eau, de l'acide carbonique et des poussières minérales et organiques dont une partie peut contenir des microbes, organismes microscopiques qui sont les agents des putréfactions et qui sont pernicieux pour la santé de l'homme.

Montrer l'existence de tous ces corps, c'est faire l'analyse qualitative de l'air ; chercher leurs proportions, c'est faire l'analyse quantitative.

Dans cette dernière, on recherche d'abord la quantité d'azote et d'oxygène contenue dans un volume déterminé d'air ; on absorbe l'oxygène et on mesure l'azote restant.

On peut employer le phosphore ; introduit dans un volume donné d'air, il absorbe lentement l'oxygène, et quand tout ce dernier gaz est disparu, et que le phosphore est retiré, on mesure le volume restant qui est de l'azote.

On trouve :

pour 100 litres d'air	21 litres d'oxygène
	79 — d'azote.

On peut aussi employer une dissolution de potasse et une d'acide pyrogallique ; leur mélange absorbe l'oxygène et laisse l'azote.

On fait aussi usage de l'eudiomètre ; on y fait passer de l'air et de l'hydrogène, puis on y produit une étincelle électrique qui fait combiner l'oxygène avec l'hydrogène. On mesure le volume restant du gaz ; on en déduit le volume disparu, et de celui-ci la quantité d'oxygène contenu dans l'air soumis à l'expérience.

La méthode par les pesées est plus exacte et plus complète. On fait passer de l'air d'abord dans des tubes à potasse où reste l'acide carbonique, dans des tubes à ponce où s'arrête la vapeur d'eau, sur du cuivre chauffé qui retient l'oxygène ; on ne recueille enfin que l'azote.

La composition de l'air atmosphérique est constante, n'importe où l'on en prenne : on y trouve toujours sur 100 litres, 79 litres d'azote et 21 d'oxygène, de quatre à six dix millièmes d'acide carbonique et de vapeur d'eau.

L'air est un mélange : on le forme en mêlant 4 volumes d'azote à un volume d'oxygène et il n'y a aucun dégagement de chaleur comme il arriverait s'il y avait combinaison ; en second lieu les proportions des deux gaz ne sont pas dans un rapport simple ; enfin quand l'air se dissout, c'est chacun de ses deux gaz avec son propre pouvoir de solubilité qui se dissout dans l'eau ; et l'air dissout n'a plus la même constitution que l'air ordinaire ; il renferme en effet 33 pour cent d'oxygène.

L'air, au point de vüe chimique, a les propriétés de l'oxygène tempérées par la présence de l'azote ; il sert à la respiration des animaux et des plantes ; il produit l'oxydation des métaux.

C'est Lavoisier qui a montré le premier en 1774 et la composition de l'air et son rôle véritable dans la combustion, dans l'oxydation des métaux et dans la respiration. Dans sa célèbre expérience où il chauffait du mercure dans un espace d'air limité, il a fait voir que l'air perd un cinquième de son volume pour former la chaux de mercure ou ce que l'on appelle aujourd'hui l'oxyde de mercure, que le reste de l'air n'entretient ni la combustion, ni la vie ; que l'oxyde de mercure chauffé rend l'oxygène pris à l'air pour sa formation. Il a conclu que l'oxygène occupe le cinquième de l'air et en est la partie active dans les oxydations ou les combustions.

CHAPITRE VI

CHLORE

Symbole Cl. Poids atomique, 35,5.

59. Propriétés physiques. — Le chlore est un gaz d'une couleur jaune-verdâtre, d'une odeur suffocante. Il faut éviter d'en respirer, car il produit une vive oppression et occasionne une toux violente.

Il est lourd. Sa densité par rapport à l'air est 2,44. Il pèse 35,5 fois plus que l'hydrogène ; le poids du litre est :

$$35{,}5 \times 0{,}0895 = 3 \text{ gr. } 17.$$

On peut le recueillir par déplacement d'air dans un flacon sec. On fait plonger jusqu'au fond du flacon le tube par lequel le gaz se dégage de l'appareil qui le produit (fig. 48). Le chlore qui arrive reste d'abord dans le fond du flacon, comme on le constate par la coloration verte qui apparaît, puis le gaz continuant d'arriver, monte peu à peu en chassant l'air ; le flacon est bientôt plein ; on le bouche et on le remplace par un autre. En peu de temps, on en remplit ainsi quatre ou cinq pour les expériences.

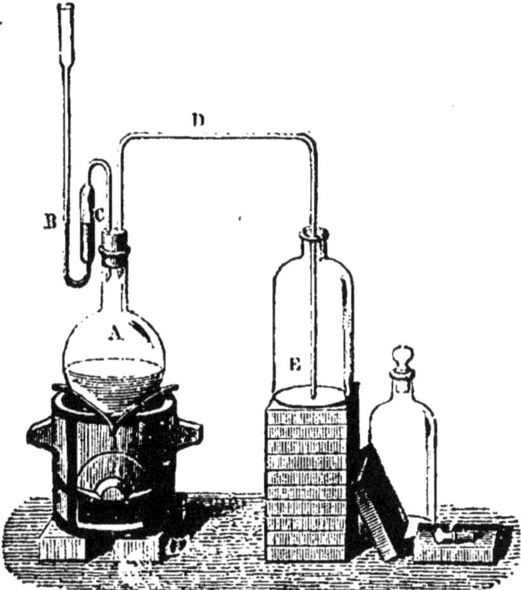

Fig. 47. — Appareil à produire le chlore et à le recueillir par déplacement d'air. A. Ballon chauffé ; BC tube de sûreté ; DE tube abducteur plongeant jusqu'au fond du flacon.

On peut aussi le recueillir sur l'eau comme les autres gaz que nous avons étudiés précédemment ; mais l'eau retient une partie du gaz, se colore en jaune et dégage l'odeur irritante du chlore. Le gaz est en effet soluble dans l'eau qui en dissout trois fois son volume. Si on refroidit à 0° cette solution, elle dépose des cristaux qui sont une combinaison de chlore et d'eau.

On peut obtenir le chlore liquide à l'aide de ces cristaux. On les met dans un tube en verre fort et coudé, puis on ferme ce tube. Si alors on chauffe l'extrémité qui contient les cristaux et qu'on refroidisse l'autre, le chlore qui se dégage de la première branche se fait pression et se rassemble en liquide dans l'autre branche (fig. 49).

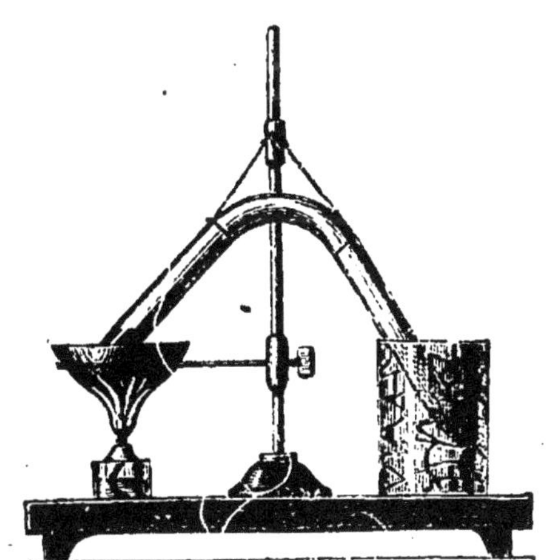
Fig. 48. — Tube coudé pour liquifier le chlore.

60. Propriétés chimiques du chlore. — Le chlore se combine vivement avec beaucoup de corps simples en dégageant de la chaleur parfois de la lumière. On peut dire qu'il brûle les mêmes corps que l'oxygène, à l'exception du charbon sur lequel il n'a aucune action. Parmi les corps combustibles, le phosphore n'a pas besoin d'être allumé pour s'unir vivement au chlore. Si on descend dans un flacon de chlore un petit godet de terre portant un morceau de phosphore, celui-ci s'enflamme et dégage des vapeurs qui résultent de sa combinaison avec le chlore et qu'on appelle le *chlorure de phosphore*.

Le chlore dégage beaucoup de chaleur en se combinant avec un grand nombre de corps simples. *Sa propriété saillante c'est de se combiner vivement avec les métaux et avec l'hydrogène.*

Fig. 49. — Combustion de l'antimoine en poudre dans le gaz chlore.

61. Le chlore et les métaux. — La plupart des métaux s'unissent au chlore; quelques-uns peuvent y brûler. Voici quelques exemples parmi les plus frappants.

Jetons dans un flacon de gaz chlore de la poudre d'antimoine ; nous la voyons tomber sous forme d'une pluie de feu (fig. 49) ; le métal brûle dans le gaz en produisant d'abondantes vapeurs blanches. La combinaison du chlore et de l'antimoine a donc eu lieu avec un vif dégagement de chaleur et de lumière, et les vapeurs blanches sont la forme nouvelle sous laquelle les deux corps sont unis ; ce nouveau corps est le **chlorure d'antimoine.**

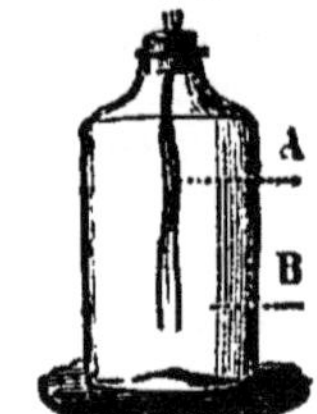

Fig. 50. — Combinaison du cuivre et du chlore.

Chauffons jusqu'à la rougir une spirale de fil de fer ou de cuivre A et plongeons-la dans un flacon de gaz chlore B (fig. 50), la spirale, qui a cessé un court instant d'être incandescente, le redevient vivement au contact du gaz ; elle s'enveloppe de vapeurs qui déposent une poudre fine sur les parois du flacon ; elle se ronge en partie. Ici encore il y a eu combinaison vive du gaz avec le métal ; et le produit formé est le **chlorure de fer** ou le **chlorure de cuivre**, suivant le métal employé.

Nous connaissons le mercure ou vif-argent ; nous savons comme il coule sur le verre sans s'y attacher. Versons-en quelques gouttes dans un flacon de chlore et promenons-les sur les parois, voilà ce métal qui se colle au verre et qui y reste bien fixé sous forme d'un enduit miroitant ; c'est que le mercure s'est combiné au chlore, et au lieu du métal si mobile, il n'y a plus dans le flacon que du **chlorure de mercure** qui adhère au verre. Cette expérience fait comprendre suffisamment pourquoi on ne peut recueillir le gaz chlore sur la cuve à mercure.

Ainsi donc, nous nous souviendrons que le chlore s'unit aux métaux et engendre avec eux des *chlorures*. Le plus répandu de ces chlorures est le **sel marin** ou **chlorure de sodium** qui sert journellement dans l'alimentation, et qui existe en dissolution dans l'eau de mer.

62. Le chlore et l'hydrogène. — Le chlore se combine avec l'hydrogène aussi bien qu'avec les métaux. Pour réaliser cette combinaison, nous remplissons à moitié de chlore gazeux une large éprouvette renversée sur l'eau ; nous achevons de la remplir avec du gaz hydrogène, puis nous approchons son ouverture d'une flamme, le mélange des deux gaz détone assez fortement et l'éprouvette se remplit de vapeurs blanches. Y verse-t-on de la teinture de tournesol, elle y rougit. Ces vapeurs blanches, formées de la combinaison du chlore et de l'hydrogène, sont donc un corps acide. Le produit formé est un acide. On devrait logiquement l'appeler **chlorure d'hydrogène** ; on lui donne habituellement le nom d'acide **chlorhydrique**, qui rappelle sa composition.

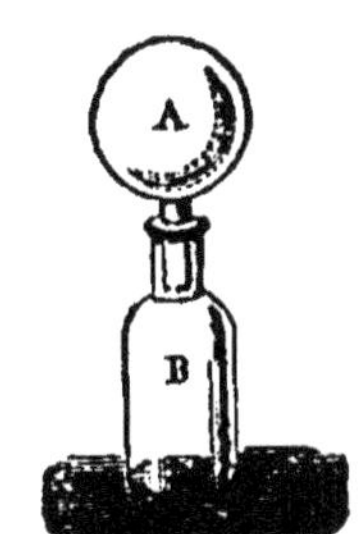

Fig. 51. — Combinaison lente du chlore et de l'hydrogène. A, chlore ; B, hydrogène.

A la lumière solaire, la combinaison du chlore et de l'hydrogène est si vive que le flacon vole en éclats. Quand on veut faire l'expérience sans danger, on bouche le flacon où l'on a fait le mélange et on le porte à l'ombre ; puis, à distance, on y projette les rayons solaires à l'aide d'un miroir : la combinaison est instantanée.

A la lumière diffuse, la combinaison des deux gaz est lente ; la couleur du chlore disparait peu à peu, mais l'acide chlorhydrique se forme complètement. Et si on transporte sur le mercure l'éprouvette où il s'est formé, on reconnait qu'il occupe *tout* le volume qu'occupaient les deux gaz. On peut donc écrire :

	1 volume d'hydrogène	ou	H,
et	1 — de chlore	ou	Cl

forment 2 volumes d'acide chlorhydrique ou HCl.

On tire facilement de là, par le calcul, le poids atomique du chlore.

1 litre de Cl qui pèse 3 gr. 17 se combine avec 1 litre H pesant 0 gr. 0895.

Le poids du chlore qui se combine avec 1 gramme d'hydrogène est :

$$\frac{0,0895}{3,17} = 35,5.$$

Cette formation de l'acide chlorhydrique par synthèse est un exemple d'une des lois de Gay-Lussac, les volumes qui se combinent étant égaux, il n'y a pas de condensation ; le volume du composé est la somme des volumes qui l'ont formé.

63. Lois de Gay-Lussac sur les composés gazeux. — En comparant les volumes qu'occupent à l'état de gaz ou de vapeurs les corps qui se combinent et le composé qu'ils forment, Gay-Lussac a formulé les deux lois suivantes :

1. Les volumes de deux gaz qui se combinent sont entre eux dans un rapport simple.

Exemples :

1 de chlore et 1 d'hydrogène dans l'acide chlorhydrique.
1 d'oxygène et 2 d'hydrogène dans l'eau.

Nous trouverons le rapport 1 à 3 dans l'azoture d'hydrogène ou l'ammoniaque, et le rapport 1 à 4 dans le protocarbure d'hydrogène ou gaz des marais.

2. Le volume occupé par un gaz composé est toujours dans un rapport simple avec la somme des volumes des gaz qui le constituent.

Exemples :

1 volume de chlore et 1 volume d'hydrogène donnent 2 vol. d'acide chlorhydrique.
1 volume d'oxygène 2 volumes d'hydrogène — 2 vol. de vapeur d'eau.

Beaucoup de combinaisons rentrent dans l'un ou l'autre de ces deux cas. Les combinaisons formées par 1 volume d'un corps et 3 ou même 4 volumes d'un autre corps ne donnent non plus que 2 volumes du composé, il y a alors une contraction.

64. Combinaison du chlore avec l'hydrogène combiné. — Le chlore prend l'hydrogène même aux corps composés qui renferment ce gaz.

Ainsi le chlore prend l'hydrogène à l'eau. On peut, en effet, décomposer l'eau par un courant de chlore en la faisant passer avec ce gaz dans un tube chauffé ; on recueille de l'oxygène et de l'acide chlorhydrique.

L'action du chlore sur l'eau a lieu même à la température ordinaire : il suffit d'exposer à la lumière une solution de chlore dans l'eau pour qu'elle se décolore au bout de peu de temps et qu'elle ne contienne bientôt plus que de l'acide chlorhydrique. Cette réaction peut dégager de la chaleur ;

$$H^2O + 2Cl = 2ClH + O$$

Eau de chlore. — On ne peut conserver l'eau de chlore que dans des flacons en verre noir ; sous l'influence de la lumière, le chlore prend à l'eau son hydrogène, dégage de l'oxygène, et il ne reste bientôt plus qu'une dissolution étendue d'acide chlorhydrique.

Le chlore agit vivement sur l'essence de térébenthine. Un papier imbibé de cette essence et plongé dans un flacon de chlore y prend feu, brûle avec une flamme rougeâtre et beaucoup de fumée. L'essence est composée de carbone et d'hydrogène ; le chlore se combine à l'hydrogène, et cette combinaison dégage assez de chaleur pour mettre le feu au papier.

65. Le chlore est décolorant. — Le chlore est décolorant, probablement parce qu'il enlève l'hydrogène aux matières colorées, ou qu'il provoque leur oxydation et qu'il les détruit ainsi. On prouve cette propriété en versant de l'eau de chlore fraîche dans une solution d'indigo qui perd sa belle coloration bleue, ou en trempant dans l'eau de chlore un papier écrit dont l'écriture disparaît de suite, ou encore en plongeant dans un flacon de chlore gazeux un papier écrit et mouillé que l'on retire blanc.

66. Usages du chlore. — Le chlore libre n'est guère employé ; on n'emploie pas beaucoup non plus l'eau de chlore à cause de sa facile décomposition ; mais le chlore, sous forme de composé solide, capable de dégager facilement le gaz, est très employé comme désinfectant et comme décolorant.

On s'en sert pour combattre les émanations putrides, pour assainir les habitations en temps d'épidémie ; on pense que le chlore attaque les microbes de l'air et qu'il les rend inoffensifs.

C'est avec le chlore qu'on réalise aujourd'hui le blanchiment de toutes les matières végétales, toiles et pâte à papier. On ne peut pas l'employer pour les matières animales, la laine et la soie ; il les détruirait.

67. **Préparation.** — Le chlore n'existe nulle part à l'état libre ; il faut donc le prendre à un de ses composés, à un chlorure ou à l'acide chlorhydrique. C'est généralement celui-ci que l'on emploie ou bien ses générateurs, l'acide sulfurique et le sel marin.

On met dans un ballon du bioxyde de manganèse en menus morceaux ; on y ajoute de l'acide chlorhydrique et on chauffe légèrement ; le gaz commence déjà à se dégager à froid. Si on le recueille sur l'eau d'une terrine, on prend de l'eau salée qui dissout moins de chlore que l'eau ordinaire.

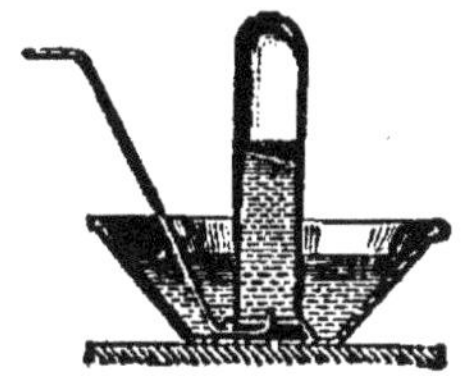

Fig. 52. Terrine et éprouvette sur têt à gaz pour recueillir le chlore sur l'eau.

La réaction est très facile à comprendre. On emploie 2 molécules d'acide chlorhydrique dont l'hydrogène prendra l'oxygène du bioxyde. Le manganèse se combine au chlore, et il se dégage la moitié du chlore de l'acide employé.

$$\mathrm{Mn}\begin{matrix}\mathrm{O}\\\mathrm{O}\end{matrix} + \begin{matrix}\mathrm{2HCl}\\\mathrm{2HCl}\end{matrix} = \begin{matrix}\mathrm{H^2O}\\\mathrm{H^2O}\end{matrix} + \mathrm{MnCl^2} + \mathrm{Cl^2}.$$

En posant les poids atomiques au-dessous de l'égalité,

$$\begin{matrix}\mathrm{MnO^2} & + & \mathrm{4(HCl)} & = & \mathrm{2H^2O} & + & \mathrm{MnCl^2} & + & \mathrm{Cl^2},\\ 55+32 & & 4\times 36,5 & & & & & & \\ 87 & & 146 & & & & & & 71\end{matrix}$$

on remarque que 87 grammes de MnO^2 et 146 grammes d'acide HCl dégagent 71 grammes de chlore ; on peut alors résoudre tous les problèmes de cette fabrication.

Dans les laboratoires, on monte un appareil où l'on produit l'eau de chlore, la dissolution de chlore dans la potasse et le chlorure de chaux en même temps qu'on prépare le chlore gazeux. La figure 53 représente le dispositif. Le premier ballon, que l'on chauffe légèrement, contient le bioxyde de manganèse et l'acide chlorhydrique. Le chlore gazeux qui s'en dégage vient d'abord remplir un flacon vide, puis il passe dans un tube contenant de la chaux éteinte, puis dans un flacon contenant une solution de potasse, et enfin dans un verre d'eau. On a ainsi en peu de temps toutes les formes sous lesquelles le chlore est habituellement employé.

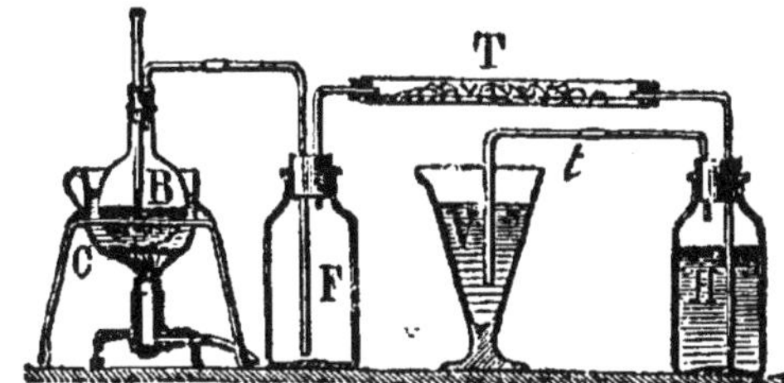

Fig. 53. — Appareil à produire le chlore, le chlorure de chaux, l'eau de Javel et l'eau de chlore. C, bain-marie ; B, ballon à chlore : F, flacon vide ; T, tube contenant de la chaux éteinte ; H, solution de potasse ; V, eau.

Dans l'industrie, les appareils producteurs de chlore sont nombreux, et leurs formes variées ; ils sont le plus souvent en grès, volumineux, destinés à être chauffés à feu nu ou par un courant de vapeur. On a longtemps employé de grandes bonbonnes, comme celle de la fig. 54, où le bioxyde de manganèse était placé en morceaux dans un tube percillé plongeant à moitié dans l'acide. On chauffait ces bonbonnes au bain de sable, mais il fallait renouveler le bioxyde de manganèse à chaque opération.

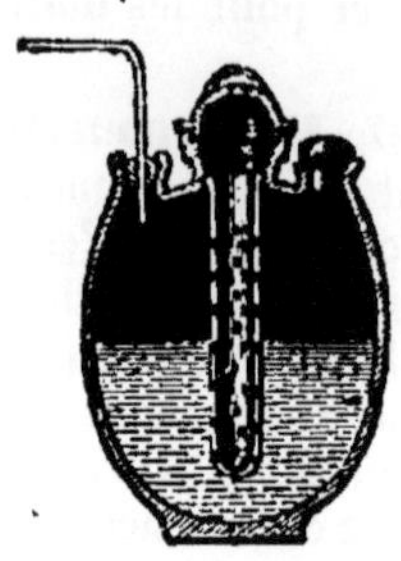

Fig. 54. — Bombonne à produire le chlore.

Aujourd'hui, dans le procédé Weldon, le même bioxyde de manganèse sert indéfiniment ; le chlorure formé dans la première opération est, par l'action de la chaux et de l'air, retransformé en oxyde capable de donner à nouveau du chlore avec une nouvelle quantité d'acide chlorhydrique.

68. **Historique.** — Le chlore a été découvert en 1774 par **Schéele**, en essayant de dissoudre le bioxyde de manganèse dans l'acide chlorhydrique. Il n'a pas été d'abord considéré comme un corps simple, et **Berthollet**, en étudiant et en appliquant ses propriétés décolorantes l'appelait acide muriatique oxygéné. C'est Gay-Lussac et Davy qui ont démontré que le chlore est un corps simple et lui ont donné le nom qu'il porte, à cause de sa couleur.

Résumé. — Le *Chlore* est un gaz jaune-verdâtre, d'une odeur suffocante. Il pèse deux fois et demi plus que l'air, 35.5 fois plus que l'hydrogène. Le poids du litre est de 3 gr. 17.

On profite de cette circonstance pour le recueillir par déplacement d'air en faisant venir jusqu'au fond du flacon que l'on veut remplir le tube qui amène le gaz.

Il est soluble dans l'eau mais seulement dans la proportion de 10 grammes de gaz environ par litre d'eau ; aussi peut-on le recueillir sur l'eau d'une terrine comme les autres gaz.

Le chlore se combine vivement avec la plupart des corps simples, des métalloïdes comme le phosphore et l'arsenic et des métaux comme l'antimoine, le cuivre, le fer, le mercure et l'hydrogène ; il brûle les mêmes corps que l'oxygène à l'exception du charbon et il dégage beaucoup de chaleur dans ses combinaisons.

On combine au chlore, le phosphore qui y prend feu, l'arsenic en poudre qui s'y enflamme, l'antimoine qu'on y projette en poudre, le cuivre chauffé qui y devient incandescent en s'y combinant.

Les produits formés, que l'on nomme **Chlorures** prennent naissance avec dégagement de chaleur, parfois même avec production de lumière.

Le chlore se combine à l'hydrogène instantanément et avec détonation à la lumière solaire, ou à l'approche d'une flamme, lentement à la lumière diffuse. Le **chlorure d'hydrogène** formé prend le nom d'**acide chlorhydrique.**

Cette combinaison est un frappant exemple des **lois de Gay-Lussac** sur les composés gazeux ;

Un volume de chlore et un volume d'hydrogène donnent deux volumes d'acide chlorhydrique.

Le chlore peut prendre l'hydrogène aux corps composés : ainsi il prend l'hydrogène à l'eau ; c'est pourquoi l'eau de chlore ne se conserve que dans des flacons en verre noir ; à la lumière elle se transforme en une dissolution d'acide chlorhydrique.

Le chlore est considéré comme un oxydant en présence de l'eau parce qu'en prenant à celle-ci l'hydrogène il rend libre l'oxygène.

Le chlore est décolorant et désinfectant probablement parce qu'il détruit les matières organiques en leur enlevant l'hydrogène ou en provoquant leur oxydation.

On produit le chlore en attaquant l'acide chlorhydrique par le bioxyde de manganèse; c'est la réaction des laboratoires : c'est aussi celle de l'industrie. Quand on produit le gaz chlore en grand pour le faire entrer dans des composés liquides ou solides qui en rendent le maniement plus facile, comme le chlorure de chaux, on applique le *procédé Weldon* où la même quantité de bioxyde de manganèse peut être indéfiniment régénérée et où la dépense ne consiste que dans l'acide chlorhydrique et dans la chaux qui sert à la régénération de l'oxyde.

CHAPITRE VII

ACIDE CHLORHYDRIQUE

Symbole HCl. Poids moléculaire, 36,5.

69. **Propriétés physiques.** — L'acide chlorhydrique, que l'on appelait autrefois **esprit de sel** ou encore **acide muriatique** existe à l'état de gaz au moment de sa production ; dans les laboratoires, c'est un liquide formé par la dissolution du gaz dans l'eau.

Le gaz chlorhydrique est incolore quand il est sec, d'une odeur et d'une saveur forte et piquante. Il pèse un peu plus que l'air; sa densité rapportée à l'air est 1,27.

Nous avons vu dans le chapitre précédent qu'il est formé par 1 volume d'hydrogène et 1 volume de chlore :

1 litre H pèse $1 \times 0,0895$;
1 litre Cl pèse $35,5 \times 0,0895$;

2 litres HCl pèsent $(35,5 + 1)\,0,0895$;

1 litre HCl pèse

$$\frac{35,5 + 1}{2} \times 0,0895.$$

Il pèse donc 18,25 fois plus que l'hydrogène. Le poids du litre est :

$$18,25 \times 0,0895 = 1^{gr},63.$$

Il est extrêmement soluble dans l'eau qui à 0° peut en prendre 480 fois son volume. On montre cette grande solubilité en apportant dans une terrine d'eau, sur une soucoupe contenant du mercure, une éprouvette remplie de gaz chlorhydrique. Sitôt qu'on met le gaz en contact avec l'eau en soulevant l'éprouvette, l'eau se précipite avec violence dans l'éprouvette quand le gaz est pur; le choc est moins fort quand le gaz est mêlé d'un peu d'air.

Le gaz acide chlorhydrique en se dissolvant dans l'eau dégage une notable quantité de chaleur; il y a dans ce cas non seulement dissolution, mais aussi combinaison.

Fig.55. — Éprouvette pleine d'acide chlorhydrique pour montrer la solubilité du gaz dans l'eau.

Le gaz absorbe la vapeur d'eau de l'air, forme avec elle des hydrates qui se condensent en fumées blanches.

C'est sous sa forme de solution aqueuse que l'acide chlorhydrique sert dans les laboratoires; elle est fortement acide, et incolore quand elle est pure.

70. Propriétés chimiques. — Le gaz ne brûle pas; il éteint les corps en combustion.

Le liquide, c'est-à-dire la dissolution du gaz dans l'eau, attaque les métaux, donne des chlorures et dégage de l'hydrogène.

Quand on prend de l'acide chlorhydrique dissous, la décomposition par un métal a lieu toutes les fois que le chlorure métallique dissous produit plus de chaleur par sa formation et sa dissolution que n'en a produit l'acide chlorhydrique.

On fait l'expérience avec le zinc en mettant quelques fragments de zinc dans un verre avec de l'acide chlorhydrique, on voit immédiatement l'attaque commencer; l'hydrogène se dégage en bulles gazeuses qui viennent crever à la surface du liquide et qui produisent de légères détonations quand on les enflamme.

Le métal se dissout, mais c'est une dissolution **chimique**; l'évaporation du liquide donne le **chlorure de zinc** et non le métal disparu.

C'est cette réaction que l'on utilise pour la préparation de l'hydrogène dans l'appareil continu de Deville :

Fig. 56. — Attaque du zinc par l'acide chlorhydrique.

$$Zn + \begin{matrix} HCl \\ HCl \end{matrix} = Zn \begin{matrix} Cl \\ Cl \end{matrix} + H^2 + ;$$

66 grammes. 2 grammes.

71. Action sur les oxydes. — Beaucoup d'oxydes métalliques décomposent l'acide chlorhydrique en produisant un chlorure et de l'eau. Là encore l'hydrogène change de place avec un métal.

$$\underset{\text{oxyde}}{MO} + HCl = \underset{\text{chlorure}}{MCl} + HO;$$

I. On peut montrer facilement que l'acide chlorhydrique attaque l'oxyde noir de cuivre, on obtient en effet un liquide vert qui est le chlorure de cuivre dissous.

Fig. 57. — Combinaison des vapeurs d'acide chlorhydrique avec les vapeurs d'ammoniaque.

II. Si on fait l'expérience avec l'alcali, qui fonctionne comme oxyde et qui est volatil comme l'acide chlorhydrique, les deux corps en vapeurs se rencontreront avant que les liquides soient mélangés ; leur combinaison s'accusera par un *nuage blanc.*

De là un moyen de reconnaître l'acide chlorhydrique ; on y trempe une baguette de verre que l'on présente au-dessus d'un verre contenant de l'alcali (ammoniaque); la baguette s'entoure d'un nuage blanc.

III. On fait agir l'acide chlorhydrique sur l'oxyde d'argent :

$$Ag^2O + 2HCl = 2AgCl + H^2O,$$

ou mieux encore sur un sel [1] soluble d'argent. Le chlorure formé est insoluble; il se dépose sous forme d'un précipité blanc caillebotė.

72. Essai des chlorures. — On a dans cette réaction le moyen de reconnaître l'acide chlorhydrique et les chlorures dissous.

Le sel de cuisine est un chlorure (**chlorure de sodium**, autrefois de **natrium** — NaCl).

Si on jette une goutte de la solution de ce sel dans le sel soluble d'argent, le précipité blanc caractéristique apparaît :

$$NaCl + AgO = NaO + AgCl.$$

La même réaction se produira avec le chlorure de zinc formé précédemment.

Essai d'une eau. — Si dans une eau on jette quelques gouttes du sel soluble d'argent, et qu'il se produise un précipité, c'est que l'eau contient des chlorures dissous; s'il n'y a qu'un louche bleuâtre, c'est que l'eau n'en contient que des traces ; l'eau distillée ne subit aucun changement.

73. Usages. — L'acide chlorhydrique sert surtout à préparer le chlore et quelques autres acides; aussi l'hydrogène. — Il sert aux soudeurs à faire le chlorure de zinc qu'ils emploient. Avec lui, on peut décaper les métaux comme le zinc et le fer. On l'utilise pour extraire la gélatine des os.

Il n'est pas employé à l'état de gaz.

74. État naturel. — L'acide chlorhydrique fait partie des substances rejetées dans les éruptions volcaniques; on le trouve en solution dans l'eau de certaines fissures sur les flancs des cratères et dans quelques rivières d'Amérique qui prennent leur source dans les montagnes volcaniques.

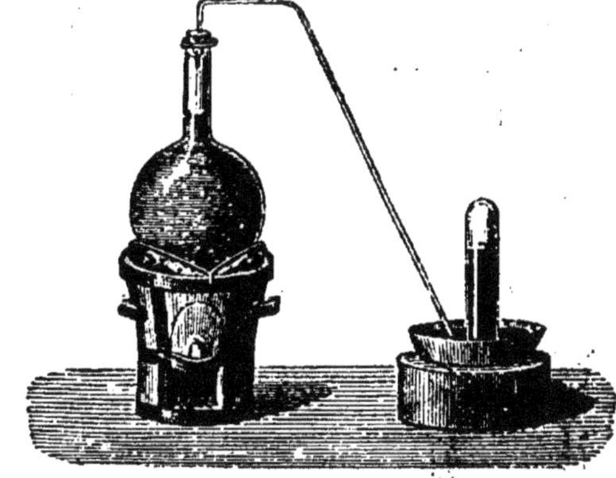

Fig. 58. — Préparation de l'acide chlorhydrique gazeux recueilli sur la cuve à mercure.

1. *Remarque.* — Les **sels** peuvent être comparés aux acides où l'hydrogène a été remplacé par un métal.

Exemple. — *Acide* chlorhydrique HCl.
Sels : chlorure d'argent $AgCl$
— de zinc $ZnCl^2$.

78. Préparation. — Dans les laboratoires, pour l'obtenir, on met dans un ballon du sel marin fondu (le sel ordinaire se boursoufle trop) et de l'acide sulfurique ; on chauffe légèrement et on recueille le gaz sur le mercure.

La réaction est facile à comprendre ; l'acide sulfurique échange une partie de son hydrogène contre le sodium pour donner du *bi-sulfate* de sodium qui reste dans le ballon.

$$\text{NaCl} + \text{SO}^4{}^{\text{H}}_{\text{H}} = \text{HCl} + \text{SO}^4{}^{\text{H}}_{\text{Na}}$$

Chlorure de Sodium	acide sulfurique	acide chlorhydrique	bisulfate de sodium

Pour l'obtenir en dissolution, on fait réagir les mêmes produits; on munit le ballon d'un tube de sûreté, on le fait suivre d'un flacon laveur contenant peu d'eau et de deux ou trois flacons de Woolf à trois tubulures remplis à moitié ou aux deux tiers d'eau. Les tubes abducteurs doivent plonger très peu dans l'eau, car la dissolution d'acide est plus lourde que l'eau et tombe au fond du vase à mesure qu'elle se forme; de cette manière, le gaz rencontre toujours l'eau la moins saturée.

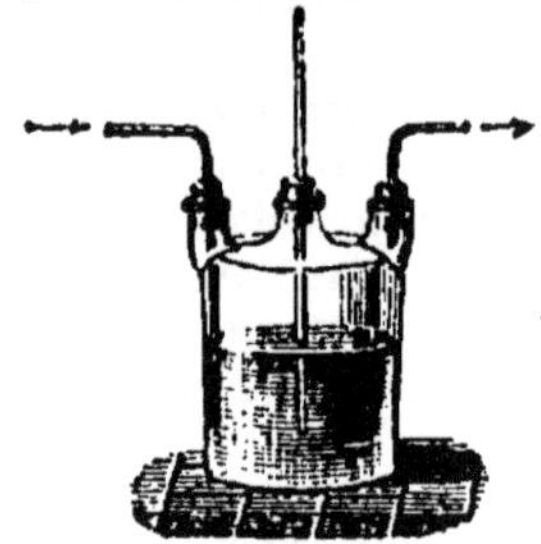

Fig. 59. — Flacon à trois tubulures pour la dissolution d'un gaz dans l'eau.

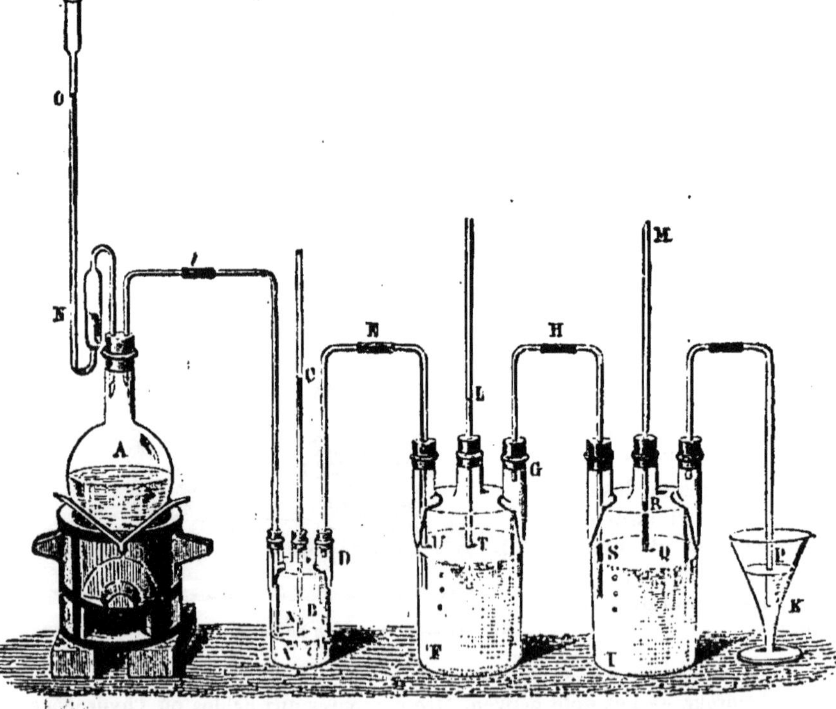

Fig. 60. — Appareil pour préparer la dissolution du gaz chlorhydrique dans l'eau.
A, ballon ;
N, O, tube de sûreté ;
C, B, tube de sûreté du flacon laveur ;
D, E, tube à dégagement ;
E, T, tube de sûreté du 2e flacon ;
G, H, tube à dégagement ;
R, M, tube de sûreté du 3e flacon ;
P, K, dernier tube à dégagement.

Dans l'industrie, on fait réagir le sel marin et l'acide sulfurique en vue d'obtenir le sulfate de sodium, et on recueille l'acide chlorhydrique dans de grandes bonbonnes en grès où il se dissout dans l'eau. Les bonbonnes sont disposées les unes à la suite des autres, comme l'indique la figure 61, de manière à permettre une condensation complète du gaz et une grande facilité de recueillir le liquide saturé d'acide.

La réaction est complète ; mais elle a lieu en deux phases successives dans les deux compartiments du four. Le bisulfate formé dans le premier compartiment se transforme en sulfate dans le second et la réaction totale peut se figurer ainsi :

$$(NaCl)^2 + SO^4H^2 = SO^4Na^2 + 2\,(HCl).$$

L'acide du commerce est coloré en jaune par un peu de chlorure de fer formé dans le four en fonte et qui s'y est dissous.

76. Historique. — L'acide chlorhydrique était connu des anciens alchimistes, qui l'appelaient **esprit de sel** ; plus tard, on l'appela

Fig. 61. — Bonbonnes à demi-pleines d'eau pour recueillir le gaz chlorhydrique produit dans les appareils industriels. — Le gaz marche suivant les flèches supérieures. L'eau coule d'une bonbonne à l'autre suivant les flèches inférieures.

acide **muriatique** (on lui donne encore parfois ces deux noms). Berthollet, qui découvrit les propriétés du chlore croyait que ce gaz était de l'acide muriatique oxygéné. C'est **Davy** qui a établi que le chlore est un corps simple et l'acide chlorhydrique son composé hydrogéné.

Résumé. — L'acide chlorhydrique, appelé encore *esprit de sel* ou acide muriatique, se présente en gaz ou en liquide formé par la dissolution du gaz dans l'eau. Le gaz est plus lourd que l'air ; il pèse 18,25 fois plus que l'hydrogène Il est très-soluble dans l'eau qui en prend près de 500 fois son volume ; cette dissolution dégage de la chaleur ; c'est une combinaison de l'acide avec l'eau.

L'acide chlorhydrique liquide attaque les métaux et donne les chlorures en dégageant de l'hydrogène, c'est la réaction qu'on utilise pour produire l'hydrogène dans l'appareil continu de Deville. Cette formation des chlorures a lieu avec presque tous les métaux parce que le chlorure métallique dissout produit plus de chaleur par sa formation et sa dissolution que n'en a produit l'acide chlorhydrique.

L'acide chlorhydrique est de même décomposé par les oxydes métalliques ; il y a formation d'un chlorure métallique et d'eau avec dégagement de chaleur. On fait l'expérience sur l'oxyde noir du cuivre qui se transforme en chlorure vert. On la fait aussi sur l'ammoniaque qui fonctionne comme un oxyde ; et les deux corps se combinent aussitôt que les vapeurs se rencontrent. On a dans le nuage formé un moyen de reconnaître l'un par l'autre l'ammoniaque et l'acide chlorhydrique.

Les **chlorures** ressemblent à l'acide chlorhydrique où l'hydrogène est remplacé par un métal ; ce sont des **sels** : il est de même des autres sels qui procèdent tous d'un acide hydrogéné.

Le sel soluble d'argent sert à caractériser l'acide chlorhydrique et les chlorures dissous, parce qu'il donne avec eux un précipité de chlorure d'argent insoluble.

On prépare l'acide chlorhydrique en attaquant le sel marin ou chlorure de sodium par l'acide sulfurique. Dans les laboratoires, on recueille le gaz sur le mercure si on veut l'avoir dans cet état ; On le fait dissoudre dans des flacons de Woolf si on veut l'avoir en dissolution. Dans l'industrie, on provoque la même réaction, mais c'est en vue d'obtenir le sulfate de soude ou de sodium. On chauffe dans de grands fours le mélange de sel et d'acide sulfurique, en deux temps, pour dégager tout l'acide. Le gaz est envoyé dans des bonbonnes à demi-pleines d'eau où il se dissout peu à peu au contact du liquide. L'acide du commerce est souvent coloré en jaune par un peu de chlorure de fer.

CHAPITRE VIII

COMPOSÉS OXYGÉNÉS DU CHLORE — HYPOCHLORITES ET CHLORURES DÉCOLORANTS — CHLORATES.

77. Composés du chlore et de l'oxygène. — Le chlore ne se combine pas directement avec l'oxygène ; on lui connaît cependant plusieurs composés oxygénés dont voici les noms et les symboles :

Anhydride hypochloreux	Cl^2O ;	**Acide hypochloreux**	$ClOH$;
— chloreux	Cl^2O^3 ;	**— chloreux**	ClO^2H ;
Peroxyde de chlore	ClO^2 ;		
		— chlorique	ClO^3H ;
		— perchlorique	ClO^4H.

A ne considérer que les acides, un même poids de chlore Cl se combine avec des quantités d'oxygène qui sont entre elles comme les nombres 1, 2, 3, 4, ou en d'autres termes multiples de l'une d'entre elles. C'est un exemple de la **Loi des proportions multiples** qui s'applique aux combinaisons d'un corps avec des poids différents d'un autre corps et que l'on énonce :

Quand un corps s'unit en plusieurs proportions avec un même poids d'un autre corps ; les poids de ce dernier sont multiples de l'un d'entre eux.

Les acides ont deux terminaisons, **ique** et **eux** ; on a ici l'acide **chlorique** et **l'acide chloreux**. Comme il y en a deux autres, l'un ayant moins d'oxygène que le dernier, l'autre plus d'oxygène que le premier ; ils sont désignés par les noms de ceux-ci, mais avec les particules *hypo* ou *per* (moins ou plus oxygéné).

Le chlore se combine atome par atome avec l'hydrogène. 1 de Cl se combine à 1 d'hydrogène ; mais pour 1 d'oxygène, il faut 2 d'hydrogène. Il est vraisemblable de supposer que pour 1 d'oxygène, il faudra aussi 2 de chlore, et que le plus simple des composés sera Cl^2O ; c'est l'**anhydride hypochloreux** qui donne l'acide du même nom en prenant de l'eau.

$$\underset{\text{anhydride}}{Cl^2O} + \underset{\text{eau}}{H^2O} = \underset{\text{acide hypochloreux}}{2\,(ClOH)}$$

Tous les acides qui contiennent un atome d'hydrogène peuvent l'échanger contre un métal : l'acide hypochloreux donnera les **hypochlorites** et l'acide chlorique donnera les **chlorates**.

Le point de départ de l'obtention de tous ces dérivés est l'action du chlore sur les oxydes. Si l'on fait passer un courant lent de chlore dans une solution étendue de potasse, il y a formation d'un chlorure et d'un hypochlorite

$$\begin{matrix}Cl\\Cl\end{matrix} + \underset{\text{Potasse}}{\begin{matrix}KOH\\KOH\end{matrix}} = \underset{\text{Chlorure de Potassium}}{KCl} + \underset{\text{hypochlorite}}{ClOK} + H^2O$$

L'hypochlorite à son tour, chauffé en solution bouillante peut se transformer en chlorate

$$3\,(ClOK) = \underset{\text{chlorate}}{ClO^3K} + 2KCl$$

78. Hypochlorites et chlorures décolorants. — Les **hy-**

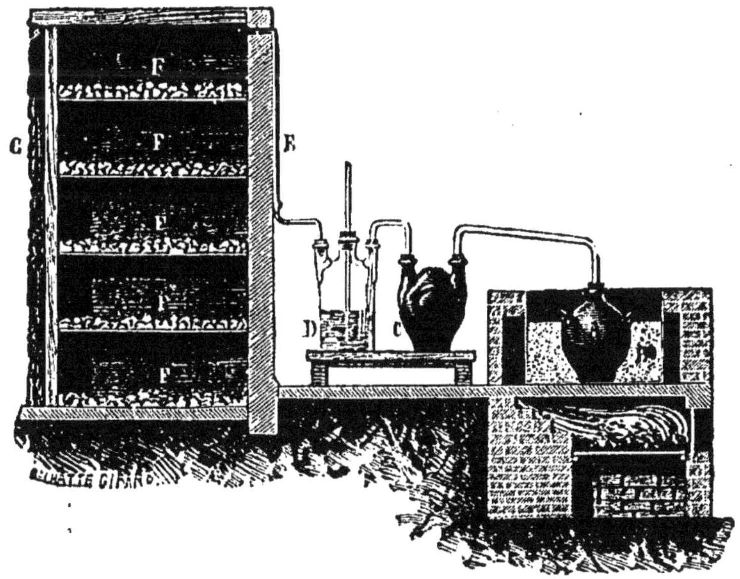

Fig. 62. — Appareil à préparer le chlorure de chaux ; A. bonbonne à chlore ; B. bain de sable chauffé ; C. premier laveur ; D. second laveur témoin ; E. tube conduisant le gaz ; F. compartiments chargés de chaux en poudre.

pochlorites ne sont pas préparés pour eux-mêmes ; on ne les a pas isolés à l'état de pureté, sauf celui de chaux ; ils sont contenus dans les produits industriels désignés sous le nom de **chlorures décolorants** et qu'on prépare par l'action du chlore sur les oxydes hydratés des métaux alcalins et alcalino-terreux. On prépare trois chlorures pour le blanchiment en faisant agir le chlore sur une solution de potasse, une solution de soude, ou sur la chaux éteinte

L'eau de Javel,	ClO K, KCl,
La liqueur de Labarraque,	ClO Na, NaCl,
Le chlorure de chaux,	$(ClO)^2$ Ca, $CaCl^2$.

Leur propriété commune est de dégager du chlore plus ou moins rapidement par l'action d'un acide, et d'être par suite de puissants agents de décoloration. On s'en assure facilement en versant de l'eau de Javel dans une solution bleue d'indigo : la solution est décolorée.

C'est le **chlorure de chaux** qui est le plus employé ; on le prépare en grand dans l'industrie en faisant passer un courant de chlore sur de la chaux éteinte pulvérisée exposée sur des cloisons dans une chambre où le gaz chlore séjourne quelque temps (fig. 62). Le chlorure de chaux est une poudre blanche que l'on ne peut garder que dans un lieu sec ; l'air et l'humidité lui font perdre peu à peu du chlore.

79. Blanchiment. — Le blanchiment par le chlore a été établi par Berthollet et substitué au blanchiment *sur le pré ;* on l'opère aujourd'hui par l'eau de Javel pour les tissus légers et par la solution de chlorure de chaux pour toutes les matières végétales. Dans le premier cas, on trempe le tissu dans l'eau de Javel, on l'expose quelques minutes à l'air et on le lave. Dans le second cas, surtout pour les matières difficiles à décolorer, on imprègne les substances ou les tissus de chlorure de chaux en les faisant passer dans une solution de ce produit. Puis quand cette imbibition est suffisante, on passe la substance dans un bain d'acide faible ; alors le chlore se dégage, attaque la matière colorante. Un lavage à grande eau achève le blanchiment.

80. Acide chlorique et chlorates. — L'acide chlorique est très instable et se décompose facilement en dégageant de l'oxygène. Les chlorates partagent cette propriété.

Le plus important est le **chlorate de potassium.**

C'est un sel blanc cristallisé, soluble dans l'eau ; il fuse sur des charbons ardents et produit une flamme d'un rouge violacé ; c'est qu'il se décompose et dégage son oxygène qui active puissamment la combustion.

On montre la décomposition du chlorate en chauffant quelques grammes de ce sel dans un tube à essais ; le sel fond et bouillonne ; il s'échappe de l'oxygène, comme on le constate en présentant à l'en-

Fig. 63. — Décomposition du chlorate de potassium par la chaleur.

trée du tube une allumette qui n'a plus qu'un point rouge et qui se rallume aussitôt.

Le sel peut perdre tout l'oxygène qu'il contient ; il laisse comme résidu du chlorure de potassium. On utilise cette réaction dans les cours pour avoir l'oxygène.

$$\begin{array}{ccccc} ClO^3K & = & KCl & + & O^3 \\ 35,5+48+39 & & & & \\ 122,5 & & & & 48 \end{array}$$

C'est un oxydant énergique. Si on le mélange, en poudre fine, avec du soufre en fleur, qu'on fasse de petits paquets de ce mélange, on les fait détoner en les frappant avec un marteau sur une enclume de fer. Si on mélange du chlorate de potassium avec du benjoin en poudre et qu'on verse de l'acide sulfurique goutte à goutte, le mélange prend feu.

Quand on pulvérise du chlorate de potasse bien sec, dans un mortier bien sec, il faut que ce dernier soit bien propre et ne contienne aucune trace de corps combustible comme le soufre. Pour montrer l'action des combustibles, on met *quelques grains* de poussière de soufre et de chlorate dans le mortier et on manœuvre avec le pilon ; on produit ainsi une succession de détonations.

Fig. 64. — Mortier et pilon.

Le chlorate de potassium sert à faire les capsules fulminantes.

81. Préparation. — On peut l'obtenir en faisant dégager un rapide courant de chlore dans une solution concentrée d'oxyde de potassium (potasse) ; il se dépose dans la liqueur des cristaux de chlorate de potassium ; quand ce dépôt est abondant, on arrête l'opération ; on décante le liquide dans un verre et on y fait repasser du chlore. Il faut, pour cette opération, terminer par un tube large, le tube qui amène le gaz. Les cristaux de chlorate sont recueillis pour être ensuite égouttés et desséchés.

Fig. 65. — Tube abducteur large amenant le gaz chlore dans une solution de potasse.

C'est un exemple frappant de la production d'un sel cristallisé par la réaction d'un gaz sur un liquide.

Résumé. — Le chlore ne se combine pas directement avec l'oxygène, mais on lui connaît plusieurs composés oxygénés, des acides, qui ont, outre le chlore et l'oxygène, de l'hydrogène à échanger contre les métaux pour donner des sels : ce sont les acides **chloreux** ClO^2H et **hypochloreux** $ClOH$ et les acides **chlorique** ClO^3H et perchlorique ClO^4H. Le deuxième et le troisième sont les plus importants.

L'acide hypochloreux peut être obtenu dans l'action du chlore sur la bouillie d'oxyde de mercure avec l'eau. En dissolution, il est facilement décomposable. C'est un puissant décolorant, son pouvoir de décoloration est double de celui du chlore qu'il renferme.

Les hypochlorites que cet acide donne avec les métaux ne sont pas isolés ; on les laisse mélangés avec des chlorures qui se sont formés avec eux dans les produits industriels appelés **chlorures décolorants.**

Les chlorures décolorants sont obtenus par l'action du chlore sur les oxydes alcalins hydratés ; on en prépare trois que l'on considère comme des mélanges de chlorures et d'hypochlorites ; celui de potasse appelé eau de Javel, celui de soude dont le nom est liqueur de Labarraque et celui de chaux, appelé improprement chlorure de chaux.

Leur propriété commune c'est de dégager du chlore, lentement à l'air, rapidement par l'action d'un acide, c'est ce qui les fait employer au blanchiment.

L'acide chlorique est très-instable ; les **chlorates** se forment par l'action de la chaleur sur les hypochlorites, ou encore par l'action d'un courant rapide de chlore dans une solution concentrée d'un oxyde.

Le chlorate de potassium est le seul intéressant. Il se décompose par la chaleur et dégage de l'oxygène ; c'est la raison qui le fait employer pour préparer ce gaz. Il donne des composés détonants avec les combustibles comme le soufre. Il entre dans la constitution des corps qui fusent quand on les allume.

CHAPITRE IX

BROME. IODE. FLUOR.

BROME

Symbole, Br. — Poids atomique, 80.

82. **Propriétés du brôme.** — Le brôme qui doit son nom à son odeur fétide est un liquide de couleur rouge-foncé sous une mince épaisseur, donnant à l'air d'abondantes vapeurs rougeâtres qu'il est dangereux de respirer.

Il attaque la peau ; il est peu soluble dans l'eau, mais il se dissout facilement dans l'éther.

Ses propriétés chimiques sont analogues à celles du chlore et comme le chlore, le brôme se combine aux métaux avec lesquels il donne les **bromures** et avec l'hydrogène pour donner l'acide **bromhydrique**.

Mais son affinité pour les métaux et l'hydrogène est moins grande que celle du chlore ; aussi celui-ci peut le déplacer de ses combinaisons.

Pour le prouver, on remplit à moitié un tube à essais de la solution d'un bromure *(le bromure de potassium)* ; on ajoute de l'eau de chlore ; le liquide devient rougeâtre par le brome mis en liberté ; pour rassembler le brome, on ajoute de l'éther, et on agite le tube après l'avoir bouché avec le doigt ; par le repos, l'éther se rassemble au haut du tube et il est coloré en rouge par le brome qu'il a dissous.

Fig. 60. Le chlore déplace le brôme de ses combinaisons.

83. **Bromures.** — On emploie en médecine le bromure de potassium, sel blanc, soluble dans l'eau ; la photographie se sert aussi du bromure de cadmium et elle utilise surtout la sensibilité du bromure d'argent.

Celui-ci est insoluble dans l'eau ; il se forme, comme le chlorure, quand on jette du bromure de potassium dans le sel soluble d'argent ; c'est un précipité blanc que la lumière altère très-vite en le rendant jaunâtre.

84. **État naturel.** — Le brome existe à l'état de bromure dans les eaux salées. On le retire des eaux-mères des marais salants, où M. Balard le découvrit en 1826.

Quand on veut imiter dans les laboratoires l'extraction industrielle, on chauffe dans une cornue un mélange de bromure, de bioxyde de manganèse et d'acide sulfurique. Il se dégage des vapeurs rouges que l'on fait condenser dans un flacon.

IODE

Symbole I. — Poids atomique 127.

85. **Propriétés physiques.** — L'iode, qui doit son nom à la couleur violette de sa vapeur, est un solide gris noirâtre, présentant presque l'éclat métallique, mais mauvais conducteur de la chaleur. Il fond quand on le chauffe et passe presque immédiatement à l'état de vapeurs violettes. On profite de cette propriété pour montrer que l'iode se sublime facilement et pour le purifier par sublimation.

Fig. 67. — Sublimation de l'iode dans deux verres de montre.

On en met un fragment dans un ballon, on le fait passer à l'état de vapeur en chauffant légèrement le ballon qui se remplit de vapeurs violettes ; on laisse refroidir ; la couleur violette disparait et l'on voit l'iode solide en petits fragments contre le dôme du ballon. Pour purifier l'iode, on le met dans un verre de montre que l'on couvre d'un autre verre semblable (fig. 67), et on chauffe modérement. On retrouve l'iode dans le verre de montre supérieur.

L'iode est un peu soluble dans l'eau, qu'il colore en brun pâle. Il est plus soluble dans l'alcool avec lequel il donne un liquide brun foncé d'où l'eau le précipite (cette dissolution porte le nom de **teinture d'iode**). Son meilleur dissolvant est la benzine qu'il colore en violet. Comme la benzine n'est pas soluble dans l'eau et surnage sur ce liquide, on peut enlever à l'eau, par la benzine, l'iode que l'eau a dissous. On verse de l'eau dans un ballon où l'on a volatilisé de l'iode ; l'eau se teinte à peine ; on ajoute de la benzine qui reste au-dessus de l'eau, on agite pour promener la benzine dans l'eau ; et quand on laisse le vase au repos, la benzine remonte en entraînant l'iode.

Fig. 68. — La benzine enlève l'iode à l'eau iodée et se colore en violet.

86. **Propriétés chimiques.** — L'iode, comme le brome et comme le chlore, se combine facilement avec les métaux pour donner les **iodures** et avec l'hydrogène qui forme avec lui l'acide **iodhydrique**. Sa propriété la plus caractéristique, c'est de colorer en *bleu indigo* l'empois d'amidon refroidi. La chaleur fait disparaître cette coloration, mais le refroidissement la ramène.

On démontre la facilité de combinaison de l'iode avec les métaux, en remuant, dans l'eau légèrement chauffée, de l'iode et de la limaille de fer; l'iode disparaît, le liquide est devenu une solution d'**iodure de fer.**

87. **Iodures.** — Les principaux de ces composés sont : l'iodure d'argent, précipité blanc jaunâtre, produit par l'action d'un iodure soluble sur le sel soluble d'argent (la photographie reposait au début sur la sensibilité de ce produit sous l'action de la lumière), l'iodure de fer, et l'iodure de potassium, qui sont tous deux employés en médecine. Ce dernier sert souvent dans les laboratoires à produire les autres iodures insolubles, notamment celui de plomb qui est jaune et celui de mercure qui est rouge.

88. **Reconnaître l'iode.** — Si l'iode est libre, une goutte du liquide qui le contient suffit à colorer en *bleu* l'empois d'amidon. Si l'iode est combiné, comme dans l'iodure de potassium, il faut le rendre libre pour qu'il colore son réactif ; on se sert pour cela de l'eau de chlore qui chasse l'iode (comme le brome) de ses combinaisons. On peut produire cette réaction sur l'iodure de fer ou sur l'iodure de potassium.

89. **État naturel et usages.** — Nulle part on ne trouve l'iode à l'état de liberté ; mais l'eau de mer en contient de petites quantités. Les sources d'iode sont des plantes telles que les varechs, et des animaux marins tels que les raies et les morues. L'huile de foie de morue doit ses propriétés curatives aux iodures qu'elle contient. On extrait habituellement l'iode des eaux-mères des soudes de varechs qui donnent aussi le brome.

On les traite par du bioxyde de manganèse et de l'acide sulfurique; les iodures sont décomposés, l'iode mis en liberté est vaporisé et sa vapeur vient se condenser dans un récipient extérieur.

L'iode est employé en dissolution alcoolique sous le nom de teinture d'iode comme vésicant ; il attaque la peau et la colore en jaune. On le considère comme le meilleur des résolutifs des goitres ; les iodures sont très employés en médecine comme dépuratifs.

L'iode a été découvert en 1812 par Courtois.

FLUOR

Symbole Fl. Poids atomique 19.

Le **fluor** n'a été jusqu'à ces derniers temps qu'un corps hypothétique que l'on supposait exister dans des produits naturels appelés **fluorures,** au même titre que le chlore dans les chlorures. On n'était pas encore parvenu à l'isoler. M. Moissan, en 1887, a réussi à obtenir le fluor en décomposant par la pile l'acide fluorhydrique bien desséché. Il a fallu opérer dans des vases de platine irridié, car le fluor est un gaz qui attaque vivement tous les corps.

ACIDE FLUORHYDRIQUE

Symbole HFl.

90. **Acide fluorhydrique.** — Quand on traite le **spath fluor**

(fluorure de calcium) par l'acide sulfurique, on obtient un gaz que l'on a appelé acide fluorhydrique et qu'un refroidissement amène à l'état liquide. Ce liquide est incolore, très acide, très volatil, il répand à l'air d'épaisses fumées. Mis en contact avec l'eau, dans laquelle il ne faut le verser qu'avec précaution, il fait entendre le bruit d'un fer rouge qu'on y plongerait ; la dissolution dans l'eau atténue ses propriétés.

Il faut éviter soigneusement son contact avec la peau, sur laquelle il produirait des brûlures douloureuses et difficiles à guérir. Il est imprudent de s'exposer à ses vapeurs. Il attaque presque tous les corps ; aussi ne peut-on le produire et le conserver que dans des vases de platine, de plomb ou de gutta-percha. Il corrode le verre, et c'est cette propriété remarquable qui le fait employer à la gravure.

91. Préparation. — On emploie une cornue munie d'un tube formant récipient, le tout en plomb ; on y met le spath-fluor et l'acide sulfurique ; on lute l'appareil et on chauffe légèrement. La panse du tube est entourée d'eau glacée : l'acide s'y rassemble ; on le transvase dans un flacon de gutta-percha pour l'usage.

Fig. 69. — Cornue et tube en plomb pour préparer l'acide fluorhydrique.

92. Gravure sur verre. — On grave sur verre blanc ou sur verre coloré, au moyen d'acide fluorhydrique en solution ou d'acide gazeux.

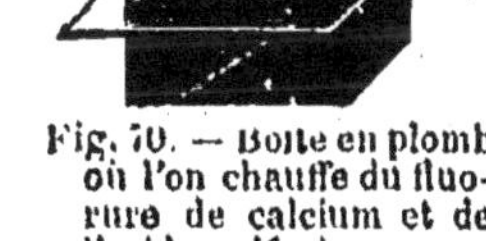

Fig. 70. — Boîte en plomb où l'on chauffe du fluorure de calcium et de l'acide sulfurique pour graver une feuille de verre par l'acide fluorhydrique gazeux.

Dans chaque cas, on protège le verre par un vernis composé de 3 parties de cire et de 1 partie d'essence de térébenthine, et que l'on étend au pinceau en une couche uniforme sur l'objet à graver. On trace le dessin avec un stylet en mettant le verre à nu sous la pointe, et on expose l'objet à l'acide.

Si l'on veut opérer avec l'acide *liquide*, on met la dissolution d'acide sur les traits, et on la laisse agir plus ou moins de temps, suivant la profondeur que l'on veut donner aux traits. On lave l'objet à l'eau ; on enlève le vernis en chauffant légèrement et on nettoie l'objet à l'essence. Les traits sont alors polis et presque transparents.

Fig. 71. — Feuille de verre rouge gravée à l'acide fluorhydrique.

Avec l'acide gazeux, on mêle le spath-fluor et l'acide sulfurique dans une boîte de plomb posée sur quelques charbons, sous une cheminée à fort tirage : on couvre la boîte avec la plaque à graver, le dessin en dessous ; au bout de quelques minutes, l'opération est terminée. Après le nettoyage, la plaque présente un dessin dont les traits sont mats et très apparents.

Sur verre coloré, on peut produire, avec les verres doublés, c'est-à-dire dont le verre de couleur n'occupe qu'une des faces, ou bien des dessins blancs avec fond de couleur, ou bien des dessins de couleur sur fond blanc. Dans le premier cas, on enlève le vernis suivant le dessin ; dans le second, c'est le dessin qu'on laisse pour protéger le verre.

L'industrie sait aujourd'hui produire de très beaux dessins mats ou transparents sur des feuilles de verre de grandes dimensions.

Résumé. — Le **brôme** qui doit son nom à son odeur fétide est un liquide rouge donnant à l'air des vapeurs irrespirables.

Ses propriétés chimiques sont analogues à celles du chlore. Avec les métaux il donne des bromures, avec l'hydrogène l'acide bromhydrique.

Parmi les **bromures**, on emploi le bromure de potassium et le bromure d'argent ; ce dernier est la base de la photographie.

Le brôme existe en petite quantité à l'état de bromures dans les eaux salées ; Balard l'a découvert dans les eaux-mères des marais salants.

L'**iode** qui doit son nom à la couleur violette de sa vapeur est un solide en paillettes gris d'acier que la chaleur volatilise facilement.

Il est très-peu soluble dans l'eau, mais soluble dans l'alcool avec lequel il donne la teinture d'iode, il est plus soluble encore dans la benzine.

Il donne avec les métaux des **iodures** dont quelques-uns sont solubles. Avec l'hydrogène l'iode donne l'acide iodhydrique.

Parmi les iodures, celui de fer est très facile à obtenir puisqu'il suffit de chauffer dans de l'eau de l'iode et de la limaille de fer.

L'iodure de potassium et l'iodure d'argent sont employés.

On reconnait l'iode libre à la coloration bleue qu'il donne avec l'empois d'amidon ; pour appliquer cette réaction aux iodures où l'iode est combiné, on détruit d'abord la combinaison par un peu d'eau de chlore.

L'iode a été découvert par Courtois dans les eaux-mères des soudes de varechs.

Le **fluor** a été isolé en 1887 par M. Moissan en électrolysant l'acide fluorhydrique desséché ; c'est un gaz qui attaque presque tous les corps.

L'acide fluorhydrique que l'on obtient en attaquant le spath fluor ou fluorure de calcium par l'acide sulfurique attaque le verre ; ses vapeurs sont dangereuses à respirer.

On l'emploie en vapeurs ou en dissolution pour graver le verre.

CHAPITRE X

SOUFRE

Symbole S. Poids atomique 32.

93. **Propriétés physiques.** — Le soufre est un corps solide, d'une couleur jaune, à peu près inodore, d'une densité de 2.

Il se présente sous la forme de cylindres un peu coniques que l'on appelle des *canons*, ou encore en une poussière très-fine qui est appelée *fleur de soufre*.

Il est mauvais conducteur de la chaleur et de l'électricité ; quand on le tient à la main, il fait entendre des craquements qui sont dus à l'inégale propagation de la chaleur : les parties extérieures et chaudes du bâton se dilatent plus vite que les portions intérieures ; il en résulte des ruptures partielles indiquées par les craquements et souvent même le bâton se brise. Quand on le frotte avec un morceau de laine il s'électrise fortement et attire les corps légers en répandant l'odeur particulière que l'ozone donne aux corps électrisés.

94. Action de la chaleur. — Quand on chauffe le soufre dans un ballon ou dans un creuset, il fond vers 110° ; c'est alors un liquide transparent, jaune et fluide comme de l'huile ; si on continue à chauffer, ce liquide brunit, s'épaissit, et à 220° il est aussi pateux que du goudron épais ; au-dessus de cette température, il redevient peu à peu liquide, mais il reste brun, et à 440° il se résout en vapeur d'une très belle couleur rouge orange.

La densité de cette vapeur a été prise à 1000° ; on l'a trouvée égale à 2,2, c'est-à-dire 32 fois celle de l'hydrogène.

95. Refroidissement. — Si on laisse refroidir lentement la vapeur de soufre, ce corps repasse peu à peu par ses différents états et au-dessous de 110° redevient le solide jaune que nous connaissons.

La vapeur de soufre brusquement refroidie prend l'état solide sous forme d'une poussière jaune très-ténue : c'est la **fleur de soufre.**

Fig. 72. Cristallisation du soufre par fusion.

La fleur de soufre n'est donc pas comme on pourrait le croire au premier abord du soufre solide réduit en poudre par le frottement et tamisé ; c'est de la vapeur qui a été subitement refroidie et qui a pris brusquement l'état solide.

Le soufre pâteux coulé dans l'eau froide sous forme d'un mince filet, se solidifie brusquement, il garde la forme de fils et il est élastique comme du caoutchouc : c'est le soufre **mou** ou **trempé** ; il ne conserve pas longtemps cet état ; il ne tarde pas à redevenir solide, dur et cassant.

Si on laisse refroidir, au dessous de 110°, le creuset qui contient le soufre liquide, le liquide se solidifie peu à peu ; quand il s'est formé une croûte solide à la surface, on l'enlève, on vide ce qui reste de soufre liquide, et on trouve un magnifique lacis d'aiguilles jaunes enchevêtrées tapissant les bords du creuset.

Fig. 73. Cristallisation du soufre.

Pour obtenir de beaux cristaux on fond le soufre dans un vase large comme une capsule (fig. 73). On surveille le refroidissement ; on enlève la croute supérieure aussitôt qu'elle se forme et on vide le liquide : c'est le soufre **cristallisé par fusion.** Ces aiguilles ont la forme très régulière d'un **prisme oblique à base de losange** ; abandonnées à elles-mêmes, elles perdent leur transparence, et si on les examine au microscope, on les voit formées de petits cristaux octaédriques en chapelets : elles seraient restées en prismes à une température d'environ 100°.

Fig. 74. Aiguille prismatique de soufre.

96. Action des dissolvants. — L'eau ne dissout pas le soufre. L'éther, les essences, les huiles de houille le dissolvent en partie ; mais son meilleur dissolvant est le sulfure de carbone. Toutefois le soufre ne disparaît jamais entièrement dans son dissolvant ; il reste une partie insoluble que l'on appelle soufre **amorphe**, surtout quand le soufre a subi l'action de la chaleur et une trempe plus ou moins complète. Abandonnée à l'air dans une soucoupe, cette solution perd le dissolvant qui est très-volatil ; le soufre, **cristalisé par évaporation**, se dépose sous forme **d'octaèdres** que l'on rapporte au *prisme droit à base de losange*.

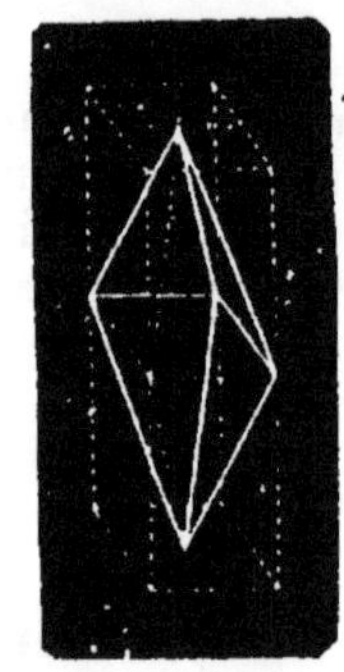

Fig. 75. — Octaèdre de soufre cristallisé par évaporation de la dissolution dans le sulfure de carbone.

97. Dimorphisme. — Le soufre est donc capable de prendre, en cristallisant, deux formes régulières qui sont incompatibles, c'est-à-dire qui se rapportent à deux solides géométriques essentiellement différents ; c'est cette propriété qu'on appelle *dimorphisme*.

98. Systèmes cristallins. — Cet exemple nous amène à définir les formes cristallines que l'on reconnaît aux corps solides cristallisés.

Les formes qu'affectent les cristaux sont nombreuses ; mais si on rapporte chacune d'elles au solide géométrique le plus simple à l'aide duquel il est possible de la produire, on arrive ainsi à la création de six types fondamentaux que l'on appelle les **six systèmes cristallins**, et qui sont représentés dans la fig. 76. Ce sont :

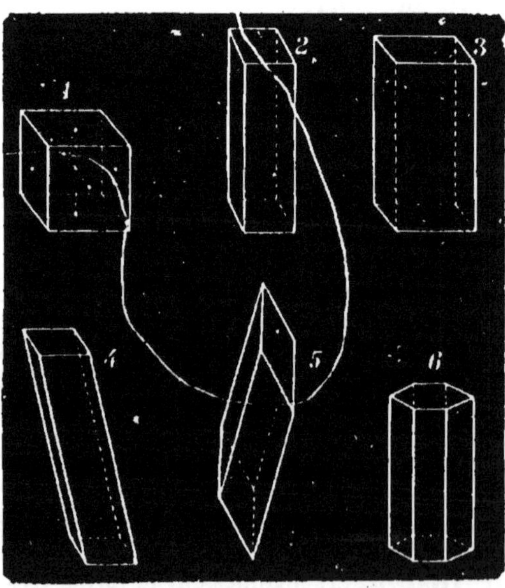

Fig. 76. — Les six types cristallins.

1° *Le cube*, dont dérive l'octaèdre régulier avec ses 8 faces égales (1) ;

2° *Le prisme droit à base carrée* (2) ;

3° *Le prisme droit à base de losange* (3) ;
4° *Le prisme oblique à base de losange* (4) ;
5° *Le prisme oblique à base de parallélogramme* (5) ;
6° *Le rhomboèdre ou prisme hexagonal droit* (6).

On caractérise encore ces six types par leurs axes ou leurs lignes de symétrie; pour ne citer que deux exemples, il est facile de voir que le système du cube est caractérisé par ses trois axes égaux et perpendiculaires entre eux, et le système du prisme droit à base carrée par trois axes perpendiculaires dont deux seulement sont égaux.

99. Propriétés chimiques du soufre. — Le soufre est combustible ; il brûle à l'air avec une petite flamme bleue peu visible, qui devient plus éclatante quand le soufre brûle dans l'oxygène. Le corps solide ne laisse pas de résidu en brûlant ; sa combinaison avec l'oxygène est un gaz, **l'acide sulfureux**.

Dans ses autres réactions, le soufre *ressemble à l'oxygène* ; il se combine avec les métaux, pour donner avec eux des **sulfures** qui ont les plus grandes analogies chimiques avec les oxydes, et il donne avec l'hydrogène un sulfure d'hydrogène que l'on appelle aussi acide sulfhydrique et dont la composition est analogue à celle de l'eau.

Ainsi l'oxygène donne,
avec l'hydrogène, *l'eau* H^2O, avec les métaux les *oxydes* MO.

Le soufre donne de même,
avec l'hydrogène, *l'acide sulfhydrique* H^2S, avec les métaux, *les sulfures* MS.

On prouve cette affinité du soufre pour les métaux en faisant chauffer les deux corps dans un ballon (fig. 77). On prend du cuivre en limaille ou même en tournure et du soufre. Quand le soufre est fondu, que la réaction commence, le cuivre devient incandescent et se transforme en un sulfure noir. Nous avons déjà d'ailleurs produit cette combinaison du cuivre et du soufre et montré qu'elle dégage beaucoup de chaleur.

Fig. 77. — Combinaison du soufre et du cuivre.

Nous avons également combiné le soufre et le fer en humectant d'eau chauffée le mélange de leur poudre. Nous réalisons la même combinaison en plongeant des barres de fer rougies dans un creuset de soufre fondu ; elles s'y dissolvent comme un bâton de sucre de pomme dans l'eau, et le composé formé, le **sulfure de fer** est un solide dur, d'une couleur brun noirâtre.

100. État naturel. — Le soufre se trouve en grande abondance dans la nature, soit à l'état de combinaisons, comme les sulfures métalliques qui sont très-répandus et dont les principaux portent le nom de **pyrites**, soit à l'état natif, en masses cristallisées ou en masses agglonérées avec des terres. Cette dernière forme se rencontre au voisinage des volcans, notamment en Sicile où l'on en exploite chaque année près de 200,000 tonnes.

101. Extraction. — Le soufre natif n'a besoin que d'être distillé. Cette opération se fait sur les lieux d'extraction dans une série de pots en terre placés sur deux rangées parallèles dans un long four. Le soufre distillé se condense à l'état liquide dans des pots semblables placés en dehors du four; on fait écouler le liquide dans des baquets pleins d'eau froide. Le soufre **brut** ainsi obtenu contient 3 p. % de matières étrangères.

Fig. 78. — Raffinage du soufre, production de la fleur de soufre ou du soufre en canons.

On le raffine à Marseille en le distillant dans de grands cylindres d'où il s'écoule liquide sur une plaque de fonte fortement chauffée où il se résout en vapeurs. On envoie ces vapeurs dans de grandes chambres de briques. Si on arrête l'opération avant que la température des chambres de condensation soit arrivée à 110°, on recueille de la **fleur de soufre**. Si on la laisse continuer, les parois du condenseur s'échauffent, le soufre ruisselle liquide, se rassemble dans la partie déclive de la chambre; on le fait couler dans des moules de bois cylindro-coniques entourés d'eau; il se solidifie: c'est le **soufre en canons**.

102. Usages du soufre. — Le soufre est employé en grandes quantités pour le soufrage de la vigne, dans le but de détruire l'oïdium, petit champignon qui altérerait la grappe. Il entre dans la composition de la poudre. On s'en sert encore en France pour la préparation des allumettes, quoiqu'on l'ait remplacé avantageusement pour cet usage, en Angleterre et en Allemagne, par la paraffine. Sa fusibilité le fait employer à prendre des empreintes et à faire des scellements. Il est la base de la fabrication de l'acide sulfurique.

La France en consomme annuellement 25 millions de kilogrammes.

Résumé. — Le soufre est un corps solide jaune qui se présente en canons ou en fleur. Il est mauvais conducteur de la chaleur et il s'électrise par le frottement.

Il fond à 110° en un liquide jaune. A 220° il s'épaissit et brunit; à 330° il redevient liquide en restant brun; à 440° il passe en vapeur rouge.

Le refroidissement lent et graduel le fait repasser par tous les états précédents. Si on refroidit brusquement la vapeur, elle se solidifie en une fine poussière qui est la **fleur du soufre.**

Le soufre pâteux coulé dans de l'eau froide se solidifie brusquement et donne le *soufre trempé* qui est quelque temps mou et élastique.

Le soufre liquide refroidi à 110°, se prend en cristaux et si on le surprend dans son travail d'arrangement on trouve dans le vase des aiguilles fines et longues qui ont la forme de prismes allongés.

Le soufre n'est pas soluble dans l'eau; mais il se dissout dans le sulfure de carbone. La dissolution filtrée, versée dans un vase s'évapore et le soufre se dépose sous la forme d'octaèdres qui dépendent d'un prisme droit à base de losange.

Le soufre prend donc deux formes différentes dans sa cristallisation suivant qu'elle a lieu à 110° ou à la température ordinaire.

Le soufre brûle dans l'oxygène et à l'air avec une flamme bleue en produisant un composé gazeux, l'acide sulfureux. Dans toutes ses autres réactions il ressemble à l'oxygène. De même que celui-ci donne avec les métaux des oxydes et avec l'hydrogène l'eau, de même le soufre donne avec les métaux des **sulfures** et avec l'hydrogène le sulfure d'hydrogène appelé encore **acide sulfhydrique.** On montre facilement la combinaison du soufre avec les métaux et le dégagement de chaleur qu'elle produit en chauffant du soufre et du cuivre, ou du soufre et du fer; les sulfures formés sont noirs.

Le soufre existe en masses mélangées à des terres aux abords des volcans, surtout en Sicile; à l'état de combinaison il est très-répandu notamment dans les pyrites.

On l'extrait du soufre natif des solfatares. On chauffe la masse pour faire fondre le soufre et le séparer de la terre avec laquelle il est mélangé.

On le raffine en le vaporisant et en l'envoyant en vapeur dans de grandes chambres où il se liquéfie. On le recueille en *fleur* au début de l'opération et en *canons* quand il est liquide.

Il sert surtout pour soufrer les allumettes, pour soufrer la vigne, pour fabriquer la poudre où il entre avec le salpêtre et le charbon.

CHAPITRE XI

COMBINAISON DU SOUFRE AVEC L'HYDROGÈNE ACIDE SULFHYDRIQUE.

Symbole H^2S Poids moléculaire 34.

103. Propriétés physiques. — Le sulfure d'hydrogène ou acide sulfhydrique est un gaz incolore qui répand l'odeur infecte des œufs pourris. C'est un poison violent quand il est introduit dans les voies respiratoires; un oiseau périt dans une atmosphère qui contient $\frac{1}{1500}$ de ce gaz. A l'état de dilution dans l'air, il produit un malaise accompagné de vertige; mais sa forte odeur avertit immédiatement de sa présence.

Il est un peu plus lourd que l'air; son poids est 17 fois le poids de l'hydrogène. Le litre de ce gaz pèse donc :

$$17 \times 0{,}0895 = 1{,}52.$$

Un litre d'eau dissout trois litres de gaz à la température ordinaire; aussi le recueille-t-on toujours sur une terrine d'eau et non sur la cuve. On peut le liquéfier.

104. Propriétés chimiques. — L'hydrogène sulfuré est très-nettement acide; il rougit le tournesol; aussi l'appelle-t-on aussi souvent acide **sulfhydrique**; il serait plus logique de l'appeler sulfure d'hydrogène.

Il est **combustible**, s'enflamme au contact d'une bougie et brûle avec une flamme bleue. Ce fait pouvait se prévoir, l'hydrogène sulfuré étant formé de deux éléments combustibles.

Quand la *combustion est complète*, il se forme de l'eau et de l'acide sulfureux:

$$H^2S + O^3 = H^2O + SO^2$$

On le démontre en allumant l'hydrogène sulfuré sec à l'extrémité d'un tube effilé par lequel le gaz se dégage dans l'air; si on place un verre au-dessus du jet, il se couvre de bué d'eau condensée, et un papier bleu de tournesol placé au-dessus de la flamme y rougit immédiatement.

On réalise encore cette combinaison complète en mélangeant deux volumes de sulfure d'hydrogène avec trois volumes d'oxygène et en allumant le mélange; il y a une détonation due à la rentrée de l'air venant occuper la place des gaz formés et condensés.

Combustion incomplète. — Quand la quantité d'oxygène fournie au gaz sulfhydrique est insuffisante pour le brûler complètement, on comprend que c'est le plus combustible de ses deux éléments qui doit brûler; c'est en effet l'hydrogène qui brûle et le soufre se dépose. On le démontre en enflammant une éprouvette de gaz sulfhydrique: ses parois se couvrent d'un dépôt de soufre très-divisé qui donne à la solution un aspect laiteux.

$$H^2S + O = H^2O + S$$

C'est pourquoi on emploie *l'eau bouillie* récemment pour faire les dissolutions de ce gaz que l'on veut conserver.

Oxydation en présence des corps poreux. — Si on expose à l'air sur une grande surface, une dissolution de gaz sulfhydrique (par exemple en étendant un linge trempé dans la dissolution de H^2S), il se produit de l'acide sulfurique.

$$H^2S + O^4 = SO^4H^2.$$

M. Dumas, à qui l'on doit cette expérience, s'en est servi pour expliquer la destruction rapide des rideaux des chambres de bains sulfureux.

105. Action sur les solutions métalliques. — Le gaz sulfhydrique, en agissant sur la plupart des solutions métalliques, trouve à satisfaire ses deux affinités, celle de l'hydrogène qui donne de l'eau et aussi celle du soufre qui forme un sulfure. Son action sur un sel soluble de plomb est intéressante par le sulfure *noir* qu'elle forme instantanément; elle sert à constater la présence du gaz qui noircit un papier trempé dans de l'acétate de plomb.

Le gaz sulfhydrique n'a d'usage que dans les laboratoires, où l'on s'en sert pour précipiter les métaux à l'état de sulfures insolubles et les distinguer les uns des autres par la couleur et l'insolubilité de ces sulfures.

106. État naturel. — Il existe dans certaines eaux minérales, celles de Barèges, qui lui doivent leurs propriétés médicinales. Il s'en forme dans les fosses d'aisances par la décomposition des matières sulfurées; on sait que les émanations qui s'échappent de ces fosses noircissent l'argent et les peintures à base de plomb; on sait aussi que ces gaz ont déterminé parfois des accidents mortels, que les ouvriers qui descendent dans les fosses sans avoir préalablement renouvelé l'air, tombent victimes de leur imprudence.

107. Préparation. — Pour l'obtenir, on attaque un sulfure métallique par un acide qui en échangeant son hydrogène contre le métal donne naissance au gaz que l'on recueille sur l'eau.

On se sert de l'acide sulfurique ou de l'acide chlorhydrique que l'on fait agir sur du sulfure de fer artificiel.

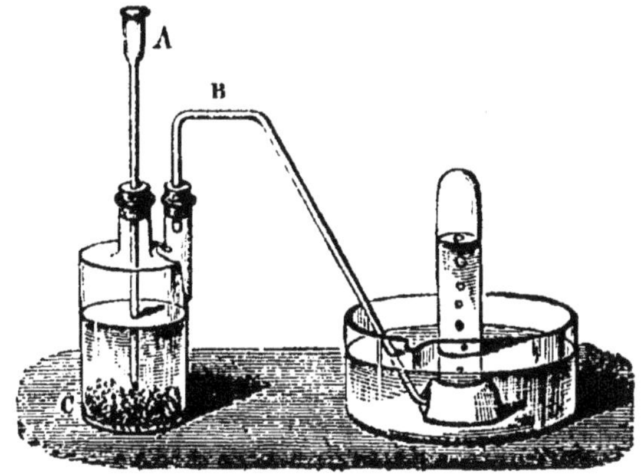

Fig. 79. — Préparation de l'acide sulfhydrique par le sulfure de fer.

$$FeS + 2(HCl) = FeCl^2 + H^2S$$
$$FeS + SO^4H^2 = FeSO^4 + H^2S$$

On opère à froid, dans un flacon à deux tubulures, mais le gaz ainsi produit est souvent mélangé d'un peu d'hydrogène, parce que le sulfure

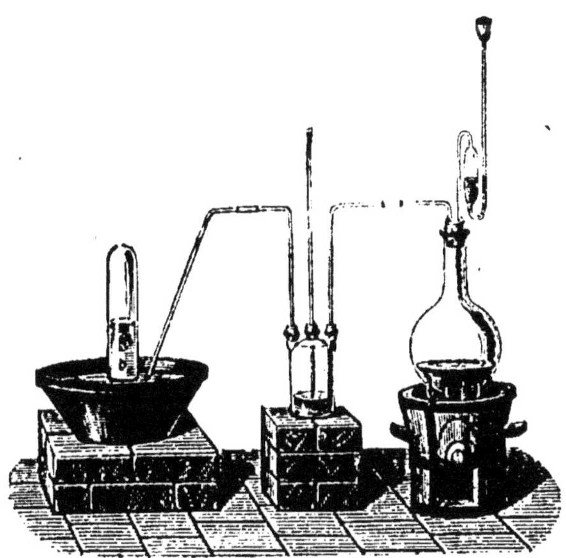

Fig. 80. — Préparation de l'hydrogène sulfuré par le sulfure d'antimoine.

de fer renferme presque toujours un peu de fer libre ; si on veut un gaz plus pur, on opère à chaud dans un ballon, avec le sulfure d'antimoine et l'acide chlorhydrique ; dans ce dernier cas, il faut faire suivre l'appareil d'un flacon laveur comme l'indique la fig. 80.

Résumé. — Le soufre forme avec l'hydrogène un sulfure que l'on appelle improprement hydrogène sulfuré et souvent **acide sulfhydrique** pour rappeler sa propriété acide. C'est un gaz incolore dont l'odeur est celle des œufs pourris. Il est peu soluble dans l'eau.

Il est combustible et brûle avec une flamme bleue quand on l'allume. Si l'air se renouvelle autour du jet gazeux allumé, la combustion est complète et il y a production d'eau et d'acide sulfureux. Quand l'air est en quantité insuffisante, c'est l'hydrogène qui brûle le premier et le soufre se dépose.

Cette combustion incomplète a lieu quand le gaz est dissous dans l'eau, si celle-ci contient de l'air : alors le liquide blanchit par le dépôt de soufre. Les solutions que l'on veut avoir limpides et garder telles doivent être faites dans l'eau bouillie.

En présence des corps poreux, l'acide sulfhydrique s'oxyde très complètement et peut donner de l'acide sulfurique.

Beaucoup de corps simples, métalloïdes ou métaux décomposent l'acide sulfhydrique : les uns lui prennent l'hydrogène, comme l'iode et mettent le soufre en liberté ; les autres comme le plomb ou l'étain lui prennent le soufre pour donner des sulfures et laissent l'hydrogène. L'argent et le plomb donnent chacun un sulfure noir.

Les dissolutions métalliques des derniers métaux sont attaquées par l'acide sulfhydrique avec production de sulfures : c'est la raison qui fait employer ce gaz dans l'analyse.

L'acide sulfhydrique se forme dans les décompositions des matières organiques animales. On le trouve dans certaines eaux dites sulfureuses comme celles de Barèges, de Cauterets, et d'Uriage.

Pour le préparer dans les laboratoires, on attaque le protosulfure de fer par l'acide sulfurique, où bien encore le sulfure d'antimoine par l'acide chlorhydrique ; dans ce dernier cas, le gaz est plus pur que dans le premier.

CHAPITRE XII

COMPOSÉS OXYGÉNÉS DU SOUFRE

108. — Lorsqu'on brûle du soufre dans l'oxygène ou dans l'air, il se forme un composé gazeux, l'**anhydride sulfureux** SO^2 qui peut être considéré comme le point de départ des composés que le soufre donne avec l'oxygène.

Ces composés forment deux groupes principaux :

1° Les **anhydrides** qui ne renferment que du soufre et de l'oxygène, qui ne donnent pas de sels, à moins de s'être incorporé d'abord de l'eau H^2O ; les trois principaux sont :

L'*anhydride sulfureux*, SO^2.

L'anhydride sulfurique, SO^3.

L'anhydride persulfurique, S^2O^7 ou $\frac{SO^3}{SO^3} > O$.

2° Les **Acides** qui ont, avec l'oxygène et le soufre, de l'hydrogène échangeable contre des métaux, qui sont de véritables sels d'hydrogène et qui engendrent des sels métalliques, ce sont :

L'acide hydrosulfureux, SO^2H^2.
L'acide sulfureux, SO^2H^2O ou SO^3H^2.
L'acide sulfurique, SO^3H^2O ou SO^4H^2.
L'acide hyposulfureux, SSO^2H^2O ou $S^2O^3H^2$

ACIDE SULFUREUX

Anhydride, SO^2, Poids moléculaire 64.

Acide, SO^3H^2, Poids moléculaire 82.

109. **Propriétés physiques.** — L'anhydride sulfureux est un gaz incolore, d'une odeur piquante et qui provoque la toux ; chacun la connait, puisque c'est l'odeur du soufre qui brûle.

Ce gaz est très lourd ; il pèse 32 fois plus que l'hydrogène ; le poids du litre est :

$$32 \times 0{,}0895 = 2 \text{ gr. } 86.$$

Il est très soluble dans l'eau, comme on peut le démontrer en renversant sur l'eau une éprouvette remplie de ce gaz ; l'eau ne tarde pas à monter dans l'éprouvette.

On le liquéfie en le faisant passer dans un tube qui plonge dans un mélange réfrigérant capable de tenir la température au-dessous de — 10° (1) fig. 81. Le liquide obtenu est incolore, très mobile ; il repasse à l'état de gaz à — 10° ; aussi faut-il le conserver dans des tubes

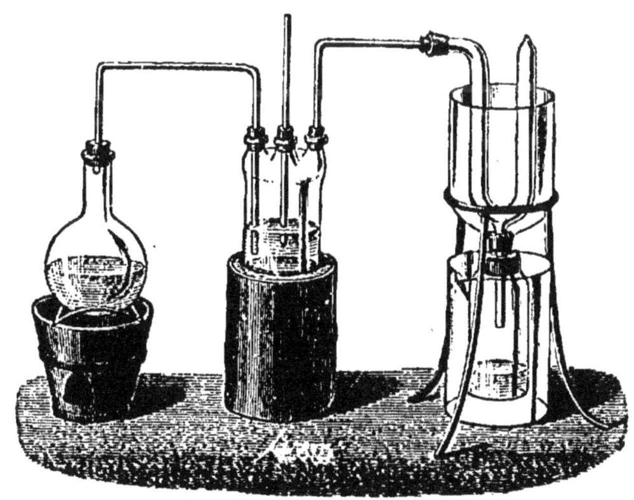

Fig. 81. — Appareil à produire l'acide sulfureux liquide.

(1) Un mélange de 2 p. de glace pilée avec 1 p. de sel marin.

fermés; évaporé dans le vide il produit un abaissement de température de — 68°.

On s'en est servi pour obtenir de très basses températures : on le fait traverser par un rapide courant d'air, il s'évapore vivement et se refroidit assez pour solidifier une petite quantité de mercure contenu dans un petit tube à essais qu'on place au sein de l'acide sulfureux liquide (fig. 82).

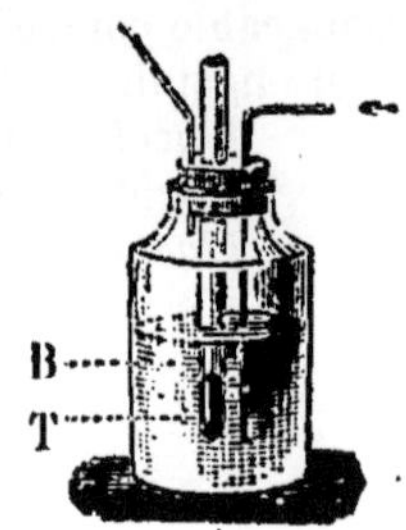

Fig. 82. — Congélation du mercure par l'évaporation rapide de l'acide sulfureux. T, tube contenant le mercure ; B, flacon contenant l'acide sulfureux.

110. Propriétés chimiques. — L'acide sulfureux ne brûle pas ; il éteint les corps en combustion, qui deviennent alors plus difficiles à rallumer que s'ils avaient été plongés dans un autre gaz incombustible comme l'azote.

On le prouve en plongeant dans une éprouvette de gaz sulfureux un charbon bien allumé qui s'y éteint rapidement. On utilise cette propriété pour éteindre les feux de cheminées ; on allume du soufre à l'entrée de la cheminée et on bouche l'orifice de celle-ci avec des draps mouillés pour que l'air n'y puisse pas rentrer. Le soufre brûle aux dépens de l'oxygène de l'air contenu dans la cheminée et celle-ci ne contient bientôt plus que de l'azote et de l'acide sulfureux, et la suie enflammée s'y éteint.

111. Action des corps simples. — Puisque le soufre peut donner un composé plus oxygéné que l'acide sulfureux, il est vraisemblable d'admettre *à priori* que celui-ci pourra s'oxyder et donner de l'acide sulfurique. Cette oxydation n'a pas lieu par l'oxygène sec, à moins qu'on ne fasse intervenir la chaleur et un corps poreux comme la mousse de platine ; mais l'oxygène humide la produit très bien :

$$SO^2 + O + H^2O = SO^4H^2$$

Aussi ne peut-on faire la dissolution d'acide sulfureux que dans de l'eau privée d'air ; dans de l'eau ordinaire, une portion de l'acide deviendrait de l'acide sulfurique.

L'hydrogène réduit l'acide sulfureux surtout en présence de l'eau en produisant de l'acide sulfhydrique.

L'acide sulfureux enlève l'oxygène à certaines combinaisons qui cèdent facilement ce gaz. Tels sont les composés oxygénés de l'azote, que nous étudierons dans un des chapitres suivants ; tel est aussi le bioxyde de plomb (appelé oxyde puce, à cause de sa couleur brune) ; projeté dans un flacon de gaz sulfureux, ce corps y blanchit immédiatement en dégageant beaucoup de chaleur ; il se produit du sulfate de plomb.

$$SO^2 + PbO^2 = PbSO^4$$

112. Solution d'acide sulfureux. — L'acide en solution est bien plus oxydable que le gaz. Il dissout l'iode, en présence d'une grande quantité d'eau, en donnant une solution incolore d'acides iodhydrique et sulfurique.

$$I^2 + SO^3H^2 + H^2O = SO^4H^2 + 2\,(HI).$$

C'est un **réducteur** puissant ; il décolore le permanganate de potassium. On fait l'expérience en versant la solution colorée en violet dans la solution d'acide sulfureux ; la décoloration est instantanée. L'expérience est plus saisissante encore quand on verse la solution colorée dans un flacon de gaz sulfureux ; elle tombe incolore dans ce flacon qui paraît vide.

L'acide sulfureux décolore beaucoup de substances végétales : les pétales de violettes, le vin, le jus de fruits, etc. La matière colorante n'est pas détruite ; elle peut reparaître si on traite le corps par un acide fort qui chasse l'acide sulfureux. Sur un bouquet de violettes décolorées, l'ammoniaque produit une coloration vert foncé générale.

113. Usages de l'acide sulfureux. — On utilise sa puissance de décoloration pour le blanchiment de la laine et de la soie, qu'on ne peut blanchir au chlore. On brûle du soufre dans de grandes chambres appelées soufroirs, où l'on a suspendu les fils ou les tissus préalablement humectés d'eau. L'acide sulfureux se dissout dans cette eau, et sa solution agit sur la matière colorante, qu'elle désorganise. L'étoffe est lavée ensuite dans une eau alcaline qui enlève l'acide, puis après à grande eau.

On s'en sert aussi pour enlever les taches de fruits sur les étoffes. On mouille la tache ; on la place au-dessus de l'extrémité ouverte d'un petit cône de carton formant cheminée, à l'entrée duquel on allume du soufre ou un paquet d'allumettes. L'acide produit se dissout dans l'eau qui imbibe la tache et l'enlève. Il ne reste plus qu'à laver le tissu pour enlever toute trace d'acide sulfureux.

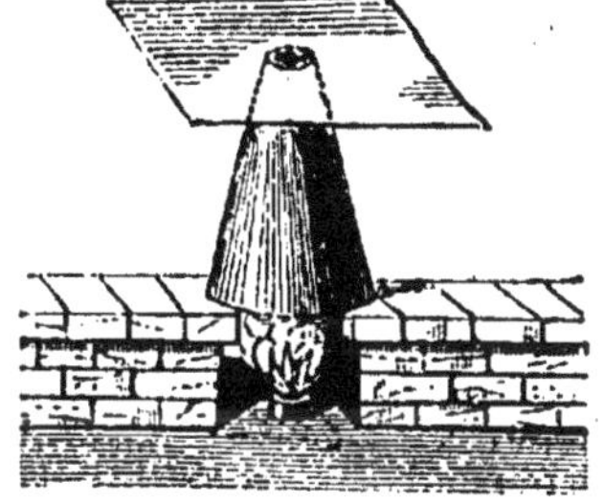

Fig. 83. — Production de gaz sulfureux au-dessous d'un cône de carton, au haut duquel on met une étoffe portant une tache de fruits.

L'acide sulfureux est un destructeur des petits animaux qui engendrent la gale, et des germes organiques qui développent les moisissures sur les substances végétales ou l'acidité sur les vins ; c'est la raison de son emploi, sous forme de mèches soufrées, pour le soufrage des tonneaux ou en fumigations pour guérir la gale.

114. Préparation. — Le moyen le plus simple de l'obtenir, c'est de brûler du soufre à l'air, et c'est en effet ainsi que procède l'industrie. Dans les laboratoires, il est plus commode de désoxyder l'acide sulfurique par un métal ; on emploie le cuivre, ou de préférence le mercure, que l'on chauffe avec de l'acide sulfurique concentré dans un petit ballon, il reste du sulfate de mercure. Quand on emploie le cuivre en tournure, il faut un grand ballon, car la masse boursoufle beaucoup au début de l'opération. Voici la réaction :

Fig. 84. — Préparation du gaz sulfureux recueilli sur le mercure.

$$Cu + 2\,(SO^4H^2) = SO^4Cu + 2\,(H^2O) + SO^2.$$

Si l'on veut obtenir une solution, on trouve plus économique d'employer le charbon pour désoxyder l'acide sulfurique ; il se dégage un mélange

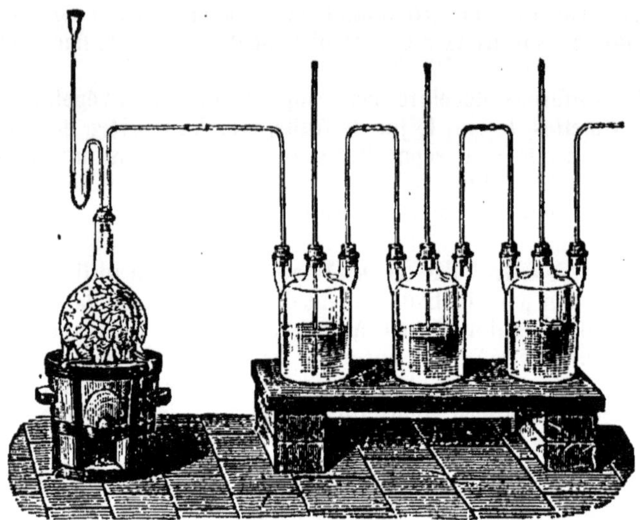

Fig. 85. — Appareil à préparer la dissolution d'acide sulfureux.

d'acide sulfureux et d'acide carbonique que l'on fait arriver dans une série de flacons de Woolf ; l'acide carbonique est peu soluble, il n'en reste presque pas dans l'eau qui dissout tout l'acide sulfureux.

$$2\,(SO^4H^2) + C = CO^2 + 2\,(H^2O) + 2\,(SO^2).$$

On a aussi employé le soufre au lieu du charbon, pour préparer le gaz sulfureux. C'est ce procédé, proposé par Melsens, qui a été appliqué en grand par M. R. Pictet, pour obtenir beaucoup d'acide sulfureux liquide.

$$2\,(SO^4H^2) + S = 2\,(H^2O) + 3\,(SO^2).$$

On introduit le soufre avec l'acide sulfurique concentré dans une cornue en fonte que l'on chauffe jusque vers le point d'ébullition de l'acide sulfurique. Le dégagement du gaz est très régulier.

Résumé. — Lorsqu'on brûle du soufre à l'air, il se produit un gaz qui est l'anhydride sulfureux et qui peut être considéré comme le point de départ des composés oxygénés du soufre.

Ces composés oxygénés comprennent trois anhydrides : **l'anhydride sulfureux** SO^2, **l'anhydride sulfurique** SO^3 et **l'anhydride persulfurique** S^2O^7. Ils comprennent en outre plusieurs acides qui ont de l'hydrogène à échanger contre les métaux pour donner des sels : les deux plus importants sont **l'acide sulfureux** SO^3H^2 et **l'acide sulfurique** SO^4H^2.

L'acide sulfureux se présente en gaz ou en dissolution. En gaz c'est l'anhydride SO^2, qui provoque la toux, qui est très-soluble dans l'eau, qu'on peut liquéfier à 10° au-dessous de zéro. L'anhydride liquide doit être conservé dans des vases fermés parce qu'il repasse en vapeurs à — 10°. Évaporé rapidement, à l'air ou mieux encore dans le vide, il absorbe beaucoup de chaleur et provoque un fort refroidissement des corps qui le contiennent et l'entourent ; on s'en sert pour obtenir de basses températures.

Le gaz sulfureux ne brûle pas, il éteint les corps en combustion. Il peut néanmoins prendre de l'oxygène et dégager de la chaleur dans cette combinaison en donnant l'anhydride sulfurique.

La dissolution du gaz ou l'*acide sulfureux liquide* est un réducteur puissant; il peut enlever l'oxygène à certains oxydes comme le bioxyde de plomb et aussi aux composés de l'azote: c'est cette dernière réaction qui est utilisée dans la production de l'acide sulfurique.

On montre le pouvoir réducteur de cet acide en lui faisant décolorer du permanganate de potasse, la décoloration est instantanée.

On peut aussi faire décolorer des violettes ou enlever des taches de fruits sur les étoffes.

L'acide sulfureux est employé au blanchiment de la laine et de la soie. Il détruit les petits êtres et germes organisés qui sont sur les substances organiques, les agents de la putréfaction.

Pour l'obtenir, on peut brûler du soufre à l'air; mais le gaz reste mélangé d'azote. Ce procédé ne peut pas servir dans les laboratoires, mais l'industrie du blanchiment de la laine l'emploie. On obtient l'anhydride pur en désoxydant l'acide sulfurique; on emploie dans ce but le mercure ou le cuivre.

Pour obtenir le gaz en solution, il faut le faire passer dans de l'eau désaérée contenue dans des flacons de Woolf. On peut alors substituer au cuivre soit le charbon de bois, soit même le soufre et les chauffer l'un ou l'autre avec l'acide sulfurique.

CHAPITRE XIII

ACIDE SULFURIQUE

115 Différentes formes de l'acide sulfurique. — L'acide sulfurique se présente sous trois formes:

L'anhydride sulfurique (acide sulfurique anhydre). — SO^2O ou SO^3.

L'acide sulfurique ordinaire. — $SO^2(OH)^2$ ou SO^4H^2.

L'acide sulfurique fumant appelé encore *acide anhydrosulfurique* ou disulfurique. $S^2O^7H^2$.

(Sa formule brute $S^2O^7H^2$ le représente comme formé par la réunion de l'acide anhydre SO^3 avec l'acide ordinaire SO^4H^2).

ACIDE ANHYDRE SO^3

116. Propriétés de l'acide anhydre. — C'est un solide blanc formé de longs cristaux déliés et soyeux. On ne peut le conserver que dans un tube fermé, parce qu'il prendrait l'humidité de l'air et passerait à l'état d'acide sulfurique ordinaire. Quand on le laisse tomber dans l'eau, il s'y dissout avec sifflement, et le dégagement de chaleur indique qu'il s'est combiné à l'eau.

Il n'a aucun usage. Il peut se combiner à la baryte caustique avec une vive incandescence. Il ne peut se combiner avec les autres oxydes pour donner des sels qu'autant qu'il s'est fixé auparavant les éléments de l'eau;

on pouvait prévoir ce résultat, cet acide n'ayant pas, sous sa forme SO^3, d'hydrogène à échanger contre un métal.

On l'obtient en distillant avec précaution de l'acide de Nordhausen dans une cornue dont le col s'engage dans un ballon refroidi par la glace et bien sec ; les fumées de l'acide anhydre se condensent sous forme cristalline.

On peut aussi l'obtenir lorsqu'on dirige sur de la mousse de platine légèrement chauffée dans un tube, un courant de gaz anhydride sulfureux et un courant d'oxygène bien sec.

La combinaison des deux gaz a lieu avec dégagement de chaleur.

$$SO^2 + O = SO^3 + 34 \textit{ calories.}$$

La combinaison directe du soufre et de l'oxygène donnerait 103 calories.

$$S + O^3 = SO^3 + 103 \textit{ calories.}$$

ACIDE FUMANT $S^2O^7H^2$

117. Propriétés de l'acide fumant ou de Nordhausen. — C'est un liquide oléagineux, fumant à l'air, ordinairement un peu brun, qu'on connaît sous ce nom à cause du lieu de sa fabrication. Il est obtenu en distillant le vitriol vert, que l'on a d'abord desséché. L'opération se fait dans le Harz et en Bohême ; le vitriol vert desséché est chauffé dans des cornues en grès emmanchées dans des récipients de même matière (fig. 86) ; il distille de l'acide anhydre dont les vapeurs se condensent dans l'acide ordinaire placé dans les récipients et se combinent avec lui pour donner le corps

$$SO^3\ SO^4H^2 \quad \text{ou} \quad S^2O^7H^2$$

L'acide fumant n'a été employé longtemps que pour dissoudre l'indigo : les teinturiers le préféraient pour cet usage à l'acide ordinaire qui contient souvent un peu d'acide azotique.

Mais il est employé aujourd'hui en grandes quantités pour la fabrication des produits organiques nitrés, comme le celluloïd et divers fulminants, ainsi que pour la fabrication de l'alizarine artificielle et d'autres matières colorantes.

Fig. 86. — Four et cornues à préparer l'acide sulfurique fumant par la calcination du sulfate de fer.

ACIDE SULFURIQUE ORDINAIRE SO^4H^2.

118 **Propriétés physiques.** — L'acide sulfurique ordinaire est un liquide incolore et inodore, d'apparence huileuse (on l'appelle encore parfois *huile de vitriol* ; les alchimistes le retiraient du sulfate de fer ou *vitriol vert* dès le quatorzième siècle).

Il est très lourd, sa densité est de 1,84 à 15°, ce qui donne 1840 grammes pour le poids du litre.

Il bout à 325° et peut par conséquent être distillé. Cette opération exige quelques précautions. Si on chauffait l'acide sulfurique dans une cornue de verre, comme on chauffe l'eau ou tout autre liquide non visqueux, les bulles de vapeurs formées au fond de la cornue, au-dessous d'un liquide lourd, projetteraient violemment le liquide, et celui-ci en retombant pourrait faire briser la cornue. Il faut donc éviter la production de ces soubresauts; on y arrive en ne chauffant la cornue que par le pourtour, et pour cela on la place sur une grille en forme de gouttière circulaire (fig. 87), ou bien encore en mettant avec l'acide dans la cornue des morceaux de pierre ponce ou quelques bouts de fils de platine. Dans tous les cas, il est prudent d'entourer la cornue d'un cylindre ou d'un dôme en tôle qui empêche le refroidissement brusque de la partie supérieure.

Fig. 87. — Grille à chauffer l'acide sulfurique quand on doit le distiller.

119. **Propriétés chimiques.** — L'acide sulfurique est un acide très énergique : étendu de mille fois son volume d'eau, il colore encore la teinture de tournesol en un rouge pelure d'oignon intense.

Une température élevée le décompose en eau, acide sulfureux et oxygène.

$$SO^4H^2 = SO^2 + H^2O + O$$

M. Deville a fondé sur cette propriété un procédé économique de préparation de l'oxygène. Il fait tomber goutte à goutte de l'acide sulfurique dans une cornue contenant des fragments de briques et fortement chauffée; la réaction ci-dessus s'opère ; les trois gaz dégagés passent dans un laveur où les deux premiers se dissolvent, et on peut recueillir l'oxygène dans un gazomètre.

120. **Action de l'eau.** — L'acide sulfurique se dissout dans l'eau en dégageant beaucoup de chaleur et en développant par conséquent une forte élévation de température;

$$SO^4H^2 \textit{ liquide} + \text{eau} = SO^4H^2 \textit{ dissous} + 17 \textit{ calories}$$

Il se combine avec l'eau en plusieurs proportions pour donner des **hydrates** définis, dont l'un contient l'acide monohydraté auquel s'est fixé une molécule d'eau :

$$SO^4H^2 + H^2O$$

Lorsqu'il y a combinaison de l'acide avec l'eau il y a dégagement de beaucoup de chaleur. Ainsi, quand on mêle 4 parties d'acide avec un partie d'eau, la température du mélange est de plus de 100°; aussi ne faut il faire cette expérience qu'avec précaution, et verser l'acide dans l'eau en mince filet, en agitant constamment.

Fig. 88. — Appareil à dessécher un corps par l'acide sulfurique dans un espace limité.

Si on renverse le rapport et qu'on emploie de la glace au lieu d'eau, 1 partie d'acide et 4 parties de glace pilée ou de neige, on produit un notable abaissement de la température qui peut aller jusqu'à — 25° en employant 3 parties de l'hydrate cristallisé de l'acide avec 8 parties de glace. Dans ce cas, la chaleur développée par l'hydratation de l'acide est beaucoup moindre que celle qui est nécessaire à la fusion de la glace.

L'acide sulfurique attire rapidement l'humidité de l'air et peut, dans un vase ouvert, augmenter notablement de poids en quelques jours ; aussi est-il souvent employé comme agent desséchant. On place l'acide dans un vase large ; sur un trépied, la substance à dessécher ; on couvre le tout d'une cloche rodée reposant sur une plaque polie (fig. 88) ; l'acide dessèche l'air emprisonné et la substance. Quand on veut dépouiller un gaz de l'humidité qu'il contient, par exemple l'air de sa vapeur d'eau, on fait passer le gaz dans un tube en U contenant de la pierre ponce qui a bouilli avec de l'acide sulfurique (fig. 89).

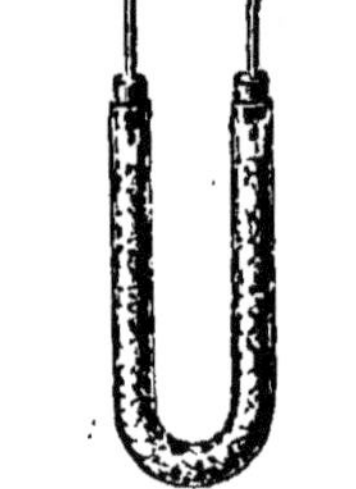

Fig. 89. - Tube à ponce sulfurique pour dessécher les gaz.

L'acide sulfurique **charbonne** le bois parce qu'il lui enlève de l'eau.

Il brunit à l'air parce qu'il carbonise les poussières qui y tombent. C'est un caustique violent, qui désorganise rapidement les membranes qu'il touche ;

121. Action des métalloïdes. — Tous les métalloïdes qui s'unissent directement à l'oxygène peuvent décomposer l'acide sulfurique. L'hydrogène réduit l'acide sulfurique en donnant de l'acide sulfureux et de l'eau

$$SO^4H^2 + H^2 = 2(H^2O) + SO^2$$

Le charbon, chauffé avec l'acide sulfurique, produit du gaz sulfureux et du gaz carbonique :

$$2(SO^4H^2) + C = 2(SO^2) + CO^2 + 2(H^2O)$$

Le soufre agit de même et ces deux réactions sont utilisées pour préparer l'acide sulfureux (v. parag. 114, page 75).

122. Action des métaux. — Il faut faire deux groupes des réactions des métaux sur l'acide sulfurique : dans le premier se placent des métaux qui dégagent de l'hydrogène; dans le second ceux qui dégagent de l'acide sulfureux ; dans l'un comme dans l'autre, il y a formation de sulfate.

Le zinc et le fer, attaqués par l'acide sulfurique étendu, se substituent à l'hydrogène qui se dégage ; il reste du sulfate de zinc ou de fer,

$$Fe + SO^4H^2 \text{ dissous} = SO^4 Fe \text{ dissous} + H^2$$
$$Zn + SO^4H^2 \text{ dissous} = SO^4 Zn \text{ dissous} + H^2$$

La réaction est très-peu intense avec l'acide concentré, probablement parce qu'il manque l'eau nécessaire à la dissolution et à l'hydratation du sulfate formé.

C'est la réaction qu'on utilise habituellement pour préparer l'hydrogène ; et l'égalité précédente permet de calculer ce qu'un poids donné de zinc nécessite d'acide et d'eau pour un volume déterminé de gaz à obtenir.

Le cuivre, le plomb, le mercure, l'argent attaquent l'acide sulfurique concentré, dégagent de l'acide sulfureux et forment des sulfates.

$$Cu + 2 (SO^4H^2) = SO^4 Cu + 2 (H^2O) + SO^2$$

C'est la réaction qui nous a servi à préparer l'acide sulfureux.

123. Action des oxydes. — L'acide sulfurique se combine aux oxydes avec un dégagement de chaleur qui peut aller jusqu'à l'incandescence. Ainsi, quand on le verse sur de l'oxyde de baryum, celui-ci devient rouge. Il y a production de *sulfate de baryum*, à peu près complètement insoluble.

Fig. 90. L'acide sufurique versé sur de la baryte caustique la rend incandescente.

Le même corps se produit toutes les fois qu'on verse de l'acide sulfurique dans un sel soluble de baryum ; c'est un *précipité blanc* qui caractérise l'acide, et qui sert à en reconnaître facilement et très promptement la présence dans un liquide.

Si on verse dans la potasse (oxyde de potassium) ou dans de l'ammoniaque colorée en bleu par du tournesol, peu à peu, de l'acide sulfurique, on obtient un liquide qui n'a plus d'action, ni sur le tournesol bleu ni sur le tournesol rouge : c'est un sulfate ; l'acide a saturé et **neutralisé** la base. On met en évidence la combinaison formée en évaporant le liquide ; il se dépose un sel cristallisé ; et, dans le cas où l'on a opéré avec l'ammoniaque, ce sel solide est le produit de la combinaison de deux corps que l'on pouvait auparavant réduire l'un et l'autre complètement en vapeur.

Les bioxydes, comme celui de manganèse, donnent un sulfate et dégagent de l'oxygène, quand on les traite par l'acide sulfurique.

$$MnO^2 + SO^4H^2 = SO^4 Mn + H^2O + O.$$

C'est un des moyens d'obtenir l'oxygène ; c'est celui qui fut proposé par Schéele.

124. Action des chlorures et des sulfures. — Les chlorures, bromures et iodures échangent leurs métaux contre l'hydrogène de l'acide sulfurique, et donnent des sulfates, en même temps qu'il y a formation d'acide chlorhydrique, bromhydrique ou iodhydrique.

Avec le chlorure de calcium $CaCl^2$ on a la réaction suivante ;

$$CaCl^2 + SO^4H^2 = SO^4Ca + 2\,(HCl).$$

Avec le chlorure de sodium, on a une réaction en deux phases :

$$NaCl + SO^4H^2 = SO^4NaH + HCl.$$
$$SO^4NaH + NaCl = SO^4Na^2 + HCl$$

C'est cette réaction qui est utilisée dans l'industrie pour fabriquer le sulfate de sodium, et dans les laboratoires pour obtenir l'acide chlorhydrique.

Si on fait agir à la fois l'acide sulfurique sur un chlorure, bromure, iodure et sur un bioxyde, il y a formation de deux sulfates, de deux molécules d'eau et le métalloïde est mis en liberté. Ainsi s'explique la préparation du chlore, du brome et de l'iode par la réaction de l'acide sulfurique et du bioxyde de manganèse sur un chlorure, un bromure ou un iodure métallique.

$$Mn\begin{matrix}O\\O\end{matrix} + \begin{matrix}H^2SO^4\\H^2SO^4\end{matrix} + \begin{matrix}NaCl\\NaCl\end{matrix} = SO^4Mn + SO^4\begin{matrix}Na\\Na\end{matrix} + \begin{matrix}H^2O\\H^2O\end{matrix} + 2Cl$$

Le sulfure de fer est décomposé par l'acide sulfurique avec production de sulfate de fer et de sulfure d'hydrogène.

$$FeS + SO^4H^2 = SO^4Fe + H^2S.$$

Cette réaction s'effectue d'elle-même à la température ordinaire ; elle donne un moyen commode de préparer l'acide sulfhydrique H^2S.

125. Sulfates. — Les sulfates sont les sels que l'acide sulfurique produit en agissant sur les métaux, les oxydes ou les sels. Ils ressemblent à l'acide sulfurique où l'hydrogène a été remplacé par un métal.

Si le métal est le potassium, le sodium ou l'argent, qu'un atome du métal ne remplace qu'un atome d'hydrogène, il y a deux sulfates possibles ; On a

$SO^4\begin{matrix}H\\H\end{matrix}$	$SO^4\begin{matrix}K\\K\end{matrix}$	$SO^4\begin{matrix}H\\K\end{matrix}$
Acide sulfurique	**Sulfate** dit **neutre** de **potasse**	**Sulfate acide ou bisulfate**

Si le métal, comme c'est le cas le plus général, peut remplacer deux atomes d'hydrogène, il n'y a qu'une forme de sulfate

SO^4H^2	SO^4M	SO^4Cu
Acide sulfurique	**Sulfate**	**Sulfate de cuivre**

126. Usages. — Les usages de l'acide sulfurique sont très nombreux. Nous venons de voir qu'il sert à la préparation du chlore, du brome, de l'iode, aussi de l'acide chlorhydrique et de l'hydrogène. Nous lui trouverons beaucoup d'autres emplois, notamment pour préparer les autres acides ; c'est sans contredit celui de tous les composés chimiques qui sert le plus, non pas seulement dans les laboratoires mais surtout dans l'industrie.

Il nous suffira, pour donner une idée de son importance, d'ajouter que la France en fabrique annuellement 100 millions de kilogrammes, et qu'on en consomme annuellement en Europe plus d'un million de tonnes.

127. État naturel. — Il existe aux environs des volcans, dans certains torrents qui descendent des Cordillères, notamment dans le Rio-Vinagre qui en charrie annuellement plusieurs millions de kilogrammes. Ses combinaisons sont très répandues dans la nature.

128. Préparation. — On ne prépare pas l'acide sulfurique dans les laboratoires ; l'industrie le livre à très bon marché, en le produisant sur une grande échelle et d'une manière continue, par un procédé dont les résultats approchent aussi près que possible de ceux qu'indique la théorie.

Le principe est très simple : fournir à l'acide sulfureux de l'oxygène et de l'eau pour qu'il devienne de l'acide sulfurique :

$$SO^2 + O + H^2O = H^2OSO^3 \text{ ou } H^2SO^4.$$

Nous avons vu que la solution d'acide sulfureux se transforme peu à peu en acide sulfurique sous l'influence de l'air ; mais cette oxydation est bien trop lente pour qu'on puisse avantageusement l'employer dans la pratique. Il a donc fallu chercher un corps qui cède facilement son oxygène et de plus soit capable d'en reprendre à l'air pour se reformer sans cesse, de sorte qu'en fin de compte ce soit l'oxygène de l'air qui serve à oxyder l'acide sulfureux et à le transformer en acide sulfurique. On a trouvé ce transformateur, cet utile intermédiaire, dans l'acide azotique et en général dans les composés oxygénés de l'azote. (Voir plus loin, au chapitre XV, des composés oxygénés de l'azote).

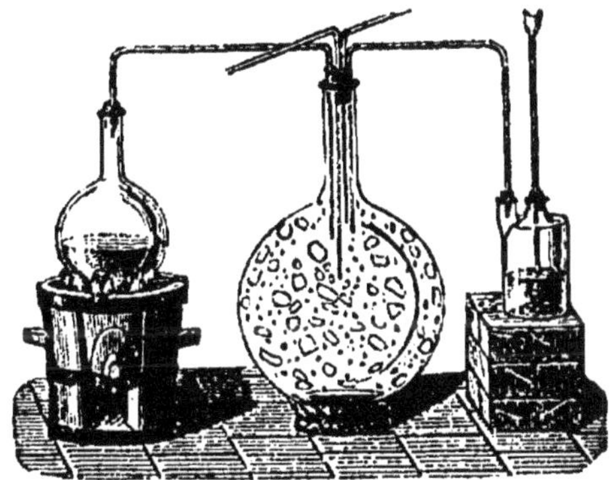

Fig. 91. — Appareil des laboratoires pour préparer de petites quantités d'acide sulfurique.

On réalise en petit cette fabrication en envoyant dans un grand ballon de 15 litres, qui contient un peu d'eau légèrement chauffée, de l'acide sulfureux, de l'air et un composé de l'azote ; on trouve dans l'eau du ballon de l'acide sulfurique, que l'on constate par le précipité blanc qu'il donne avec un sel soluble de baryum. Mais cet appareil n'a qu'un intérêt de curiosité, et il ne donne aucune idée des grands appareils industriels.

129. Appareils industriels. — Ils comprennent deux parties :

1° Les fours où l'on produit l'acide sulfureux, souvent l'acide azotique et la vapeur d'eau ;

2° Les grandes chambres toutes de plomb où s'accomplit la transformation de l'acide sulfureux en acide sulfurique et qui sont de beaucoup la partie la plus volumineuse des appareils.

130. Fours. — Longtemps on a brûlé du soufre pour obtenir l'acide sulfureux ; aujourd'hui, on brûle des **pyrites**, pierres et poussière d'un jaune bleuâtre qu'on trouve sous forme de minerai, notamment à Chessy près de Lyon, et qui, calcinées dans un four spécial que représente la figure 92, sous l'influence d'un courant d'air chaud, donnent beaucoup de gaz sulfureux. Une portion de la chaleur du foyer sert à produire la vapeur d'eau et souvent aussi l'acide azotique que l'on envoie alors sous forme de gaz dans les chambres.

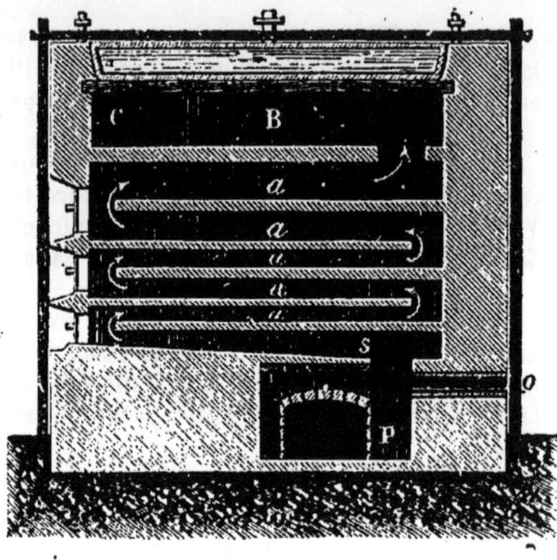

Fig. 92. — Four à griller les pyrites. O, arrivée de l'air ; A, tablettes recevant les pyrites ; B, chambres supérieures : C, conduit emmenant le gaz sulfureux ; S, sole inférieure ; P, Cendrier.

131. Chambres. — Les chambres se composent d'une charpente supportant les feuilles de plomb soudées les unes aux autres avec du plomb, de manière que les gaz et l'acide formé ne se trouvent en contact qu'avec ce métal. On en montait jusqu'à 6 autrefois pour constituer un appareil : on n'en fait plus que deux grandes, souvent même une seule séparée en deux par une cloison, et on en trouve qui mesurent jusqu'à 100 mètres de longueur ; avec leur largeur de 6 mètres et leur hauteur de 6m,50, elles jaugent donc près de 4000 mètres cubes. Le fond de la chambre forme cuvette ; les parois y tombent en rideau, plongent dans l'acide et réalisent une fermeture hydraulique.

Fig. 93. — Coupe représentant un des coins inférieurs d'une chambre de plomb.

Les gaz qui en sortent contiennent encore des produits oxygénés de l'azote que l'on recueille d'après les conseils de Gay-Lussac. On les fait monter dans une grande colonne en plomb dite **tour de Gay-Lussac**, remplie de morceaux de coke sur lesquels coule de haut en bas de l'acide sulfurique qui dissout les composés de l'azote.

La chambre est précédée d'une tour analogue dite **tour de Glover** (fig. 94), où l'on envoie d'abord l'acide sulfureux venant des fours et où l'on fait tomber peu à peu l'acide recueilli au bas de la colonne qui termine l'appareil. De cette manière, le gaz sulfureux, trop chaud pour accomplir son oxydation, se refroidit avant d'entrer dans la chambre ; de plus, il enlève à l'acide qui tombe les composés de l'azote dont ce liquide est chargé et en même temps il l'échauffe et le concentre.

Ainsi un appareil moderne comprend une ou deux très grandes chambres, avec une plus petite entre elles ; la première est précédée et la dernière est suivie d'une tour ou colonne à condensation ; la première tour refroidit les gaz qui vont réagir les uns sur les autres, la dernière est destinée à arrêter au passage et à recueillir les composés de l'azote qui ont échappé à la réaction. L'acide formé peu à peu par la réaction des gaz se rassemble dans le bas des chambres qui forme cuvette.

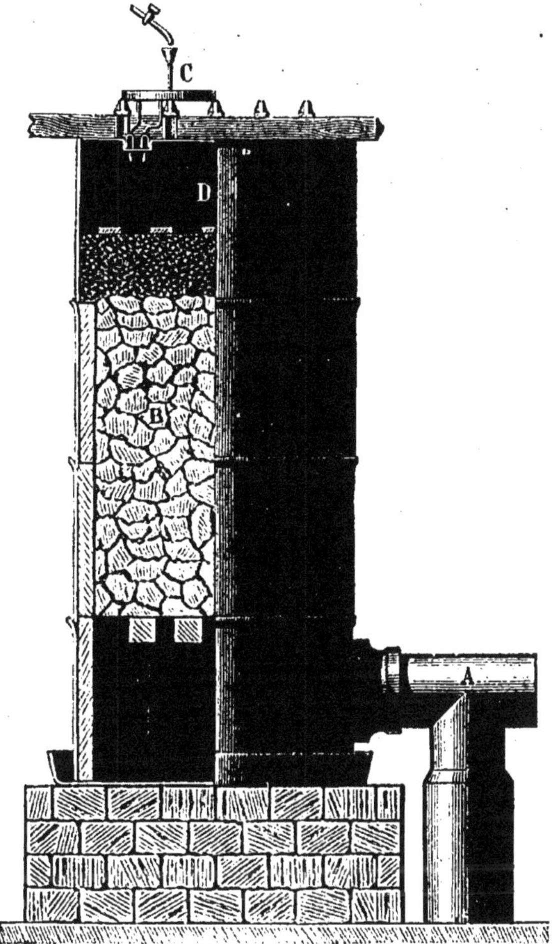

Fig. 91. — Tour de Glover. A, tube amenant les gaz dans la chambre inférieure ; B, amas de coke ; C, mode de distribution réglant la chute des acides liquides qui coulent dans la tour ; D, tube emmenant les gaz dans les chambres de plomb.

132. Concentration. — L'acide que l'on retire marque 51° à 52° à l'aéromètre de Baumé. Pour le livrer au commerce, il faut le concentrer et l'amener à marquer 66° Baumé. Cette concentration s'opère d'abord dans des bassines de plomb, jusqu'à ce que l'acide marque 62° Baumé. (Si on dépassait ce point, l'acide attaquerait notablement le plomb). On achève la concentration le plus souvent dans des cornues en platine. Ces dernières sont d'un prix très élevé et s'usent encore assez promptement ; on ne peut songer à employer des cornues de verre dans la crainte qu'elles ne se cassent.

Résumé. L'acide sulfurique se présente sous trois formes : l'acide *anhydre* SO^3, l'acide *ordinaire* dit monohydraté SO^4H^2 et l'acide dit de Saxe, *de Nordhausen ou fumant* qui est un mélange des deux premiers.

L'acide anhydre est solide en aiguilles soyeuses; il doit être conservé dans un vase fermé.

L'acide fumant est obtenu par la distillation sèche du vitriol vert ou sulfate de fer desséché et dont le résidu est le colcothar. On l'obtient aussi en produisant de l'acide anhydre qu'on envoie se dissoudre dans l'acide ordinaire. Il sert aujourd'hui à la fabrication des produits organiques nitrés comme le celluloïd ou de certaines couleurs comme l'alizarine.

L'acide sulfurique ordinaire ou monohydraté est un liquide lourd, d'apparence huileuse, appelé parfois huile de vitriol. On ne peut pas le chauffer sans précaution : il produit des soubresauts qui feraient briser le vase de verre qui le contient.

C'est un acide très énergique ; il en faut bien peu dans l'eau pour que la solution rougisse le tournesol.

Il se combine à l'eau avec un grand dégagement de chaleur, aussi recommande-t-on de verser toujours l'acide dans l'eau en agitant et jamais l'eau dans l'acide.

Il enlève l'eau aux corps, aussi est-il employé comme dessicateur. Il charbonne le bois et en général les matières organiques. Il brunit parce qu'il carbonise les poussières de l'air qui s'y mélangent.

Les métalloïdes qui peuvent s'unir à l'oxygène le désoxydent en produisant de l'acide sulfureux ; telle est notamment l'action du charbon et du soufre qui chauffés avec l'acide sulfurique font dégager de l'acide sulfureux.

Les métaux agissent sur l'acide sulfurique et produisent des sulfates. Avec les uns, comme le fer et le zinc, il faut employer un acide étendu et il se dégage de l'hydrogène, (c'est ainsi qu'on produit ordinairement l'hydrogène en attaquant le zinc par l'acide sulfurique). Avec les autres, comme le plomb, le cuivre, l'argent, c'est l'acide concentré qu'il faut employer et c'est de l'acide sulfureux qui se dégage.

L'acide sulfurique agit sur les oxydes. Avec la baryte, le dégagement de chaleur rend le produit incandescent. Avec les oxydes dissous comme la potasse ou la soude, il y a une neutralisation et la formation d'un sel qu'on peut faire cristalliser de sa solution.

Avec les chlorures, il y a échange d'un métal contre l'hydrogène, dégagement d'acide chlorhydrique et formation de sulfates.

Les **sulfates** formés par l'action de l'acide sur les métaux, les oxydes ou les sels sont de deux ordres suivant qu'un ou deux atomes d'hydrogène de l'acide sont remplacés par les métaux : on a donc des bisulfates et des sulfates.

L'acide sulfurique peut être formé si l'on fixe de l'oxygène et de l'eau à la molécule de l'acide sulfureux. On ne le fait pas dans les laboratoires, mais l'industrie le fabrique en très grande quantité en utilisant cette réaction.

L'acide sulfureux est produit dans des fours et provient du grillage des pyrites de fer. On produit en même temps de l'acide azotique. Les gaz sont envoyés dans des chambres de plomb très spacieuses, avec de la vapeur d'eau et de l'air et les réactions s'effectuent pour produire l'acide sulfurique.

Le liquide obtenu dans les chambres est concentré d'abord dans des vases de plomb, puis dans des vases de platine et il est livré au commerce, marquant 66° à l'aréomètre de Baumé.

L'acide sulfurique a de nombreux usages. On en fabrique annuellement en Europe plus d'un million de tonnes.

CHAPITRE XIV

COMPOSÉS DE L'AZOTE AVEC L'HYDROGÈNE, AMMONIAQUE.

Symbole AzH^3. Poids moléculaire 17.

L'azote et l'hydrogène libres peuvent se combiner sous l'influence d'une succession d'étincelles électriques et donner l'**ammoniaque** AzH^3 ;

mais on ne peut obtenir par ce moyen que de très petites quantités d'ammoniaque, parce que l'étincelle électrique peut décomposer le produit qu'elle a d'abord formé. Ce corps se produit surtout dans des décompositions de composés azotés qui mettent en présence l'azote et l'hydrogène tous deux à l'état naissant, c'est-à-dire au moment où ils sortent d'une combinaison dans laquelle ils étaient engagés.

133. Propriétés physiques. — L'ammoniaque est à la température ordinaire un gaz incolore, d'une odeur vive, saisissante, qui provoque les larmes, d'une saveur âcre et urineuse.

Sa densité est 0,59 par rapport à l'air, et 8,5 par rapport à l'hydrogène.

Le poids du litre est donc :

$$8{,}5 \times 0{,}0895 = 0 \text{ gr. } 76.$$

Ce gaz est très soluble dans l'eau ; un litre d'eau dissout 700 à 800 litres de gaz ammoniac. On prouve cette solubilité par deux expériences :

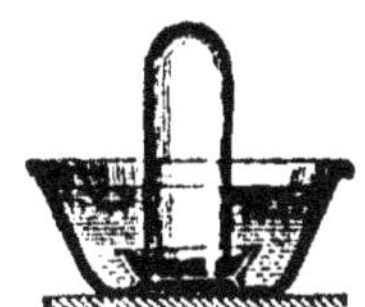

Fig. 95. — Preuve de la solubilité de l'ammoniaque. Éprouvette pleine de gaz, reposant sur une soucoupe couverte de mercure au fond d'une terrine d'eau.

Première expérience. — On recueille une éprouvette d'ammoniaque sur le mercure et on l'apporte sur une soucoupe dans une terrine d'eau; quand on soulève un peu l'éprouvette, l'eau s'y précipite avec une telle force que l'éprouvette serait vivement projetée si on ne la retenait fortement.

Deuxième expérience. — On recueille l'ammoniaque dans un flacon renversé, en envoyant jusqu'à la partie supérieure du flacon le tube qui amène le gaz; quand il est plein de gaz, on le bouche avec un bouchon traversé d'un tube effilé à une de ses extrémités. On dispose le flacon sur un support au-dessus d'un vase d'eau comme l'indique la fig. 96, on brise l'extrémité du tube ; l'eau monte vivement sous forme de jet d'eau dans le flacon. Au lieu d'eau, on emploie souvent du tournesol étendu teint en rouge par quelques gouttes d'acide. En montant dans le flacon de gaz ammoniac sous forme de jet, il devient bleu, ce qui indique que l'ammoniaque est une base.

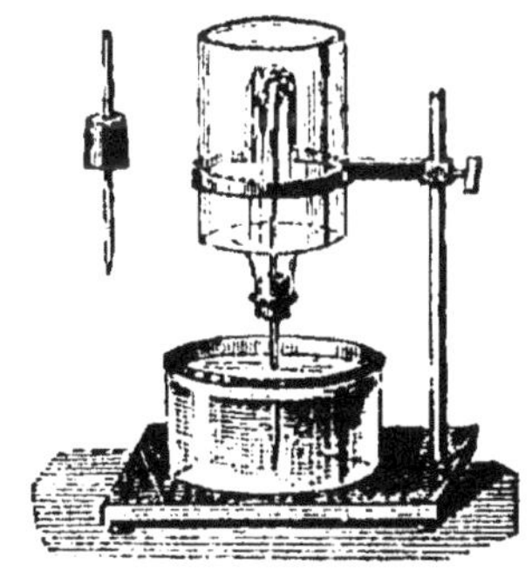

Fig. 96. — Ascension de l'eau ou du tournesol rougi dans un flacon plein de gaz ammoniac.

La dissolution d'ammoniaque porte nom d'*alcali volatil;* abandonnée à l'air ou chauffée, elle perd peu à peu le gaz qu'elle contient. Elle est constamment employée à la place du gaz, car elle est d'un maniement bien plus facile.

Le gaz ammoniac en se dissolvant dans l'eau dégage de la chaleur. On a en effet :

$$\text{Az} + \text{H}^3 = \text{AzH}^3 \textit{ gaz} + 12{,}2 \textit{ calories.}$$

et :

$$\text{Az} + \text{H}^3 = \text{AzH}^3 \textit{ dissous} + 21 \textit{ calories.}$$

La dissolution dégage donc 21—12,2 ou 8,8 *calories.*

On en a une preuve frappante quand on introduit dans une éprouvette pleine de gaz et placée sur le mercure un morceau de glace, celle-ci fond rapidement en dissolvant le gaz, et le mercure monte dans l'éprouvette.

On a pu liquéfier l'ammoniaque par l'action du froid et de la pression. Le gaz se liquéfie à — 40° sous la pression atmosphérique ou à 10° sous la pression de 6 atmosphères. On fait passer du gaz ammoniac sur du chlorure de calcium qui l'absorbe, on introduit le produit solide dans un tube comme celui de la fig. 97, que l'on ferme ensuite à la lampe. On chauffe l'une des branches et l'on refroidit l'autre. Le gaz liquéfié se rassemble dans cette dernière.

On a utilisé l'ammoniaque liquide comme moyen de refroidissement dans l'appareil Carré à fabriquer artificiellement la glace. Cet appareil se compose de deux vases reliés par un tube. Dans le premier est une solution d'ammoniaque. Si on chauffe ce dernier vase, le gaz ammoniac se dégage et se rend dans le second vase. Celui-ci est refroidi par de l'eau pour absorber la chaleur que le gaz apporte et dégage en se condensant à l'état liquide. Quand tout le gaz est devenu liquide, on cesse de chauffer le premier vase. L'ammoniaque liquide s'évapore rapidement et absorbe beaucoup de chaleur, et si pendant cette évaporation le second vase est entouré d'eau, cette eau se congèle.

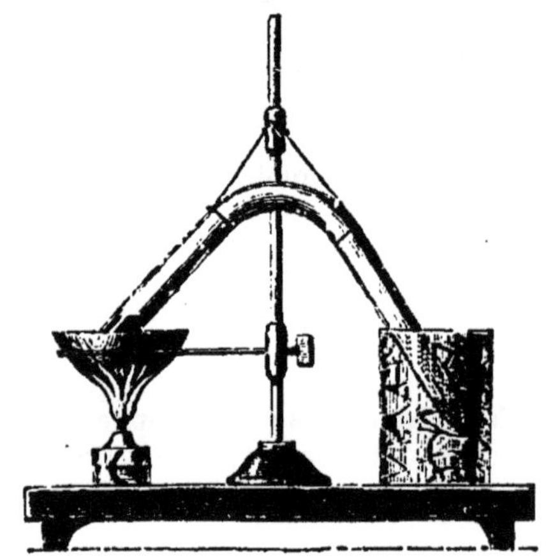

Fig. 97. — Tube à obtenir l'ammoniaque liquide.

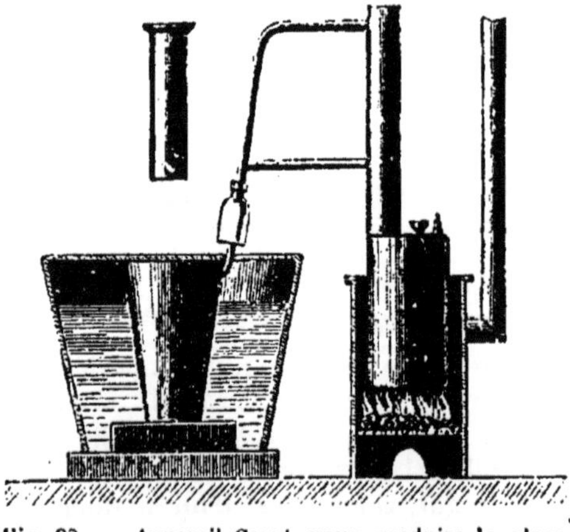

134. Action de la chaleur. — La chaleur sépare les deux gaz qui forment l'ammoniaque et double leur volume. Ils s'étaient donc contractés pour former le composé :

Az ou 1 vol. d'Azote
H^3 ou 3 vol. d'hydrogène

donnent 2 volumes d'ammoniaque en se combinant.

Fig. 98. — Appareil Carré pour produire la glace par la liquéfaction de l'ammoniaque.

L'étincelle électrique produit le même effet que la chaleur.

135. Propriétés chimiques. — Quand on plonge une bougie allumée dans une éprouvette d'ammoniaque, elle s'éteint sans enflammer le gaz. Mais ce gaz brûle en présence de l'oxygène. On mélange parties égales d'oxygène et d'ammoniaque dans une éprouvette sur le mercure ; si on approche une allumette de l'orifice de l'éprouvette, il y a inflammation et détonation ; il se forme de l'azote et de l'eau :

$$2\,(AzH^3) + 3O = 2Az + 3H^2O.$$

On peut donner une autre forme à cette expérience. On a préparé d'une part un ballon contenant du chlorate de potasse et un peu d'oxyde de manganèse et que l'on a chauffé de manière qu'il soit prêt à donner de l'oxygène. On a d'autre part un ballon qui donne du gaz ammoniac se dégageant par un long tube coudé avec une branche descendante. On apporte le ballon produisant de l'oxygène à l'extrémité de ce tube. On allume le gaz ammoniac qui brûle avec de petites détonations.

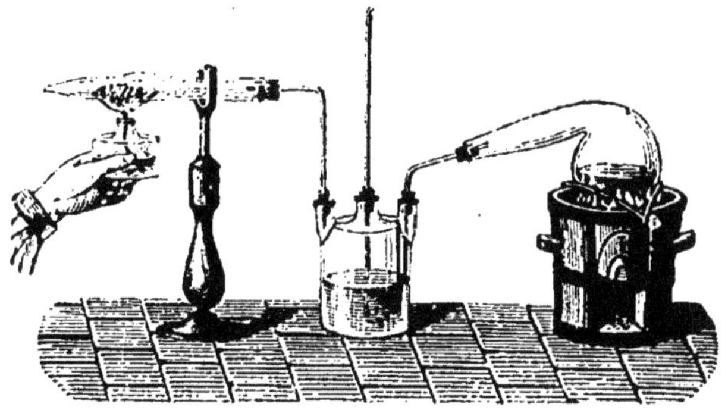

Fig. 99. — Oxydation de l'ammoniaque. L'oxygène produit dans la cornue barbote dans de l'ammoniaque. Les deux gaz passent sur de la mousse de platine chauffée dans un tube.

On rend la combustion complète en faisant passer un courant d'oxygène dans de l'ammoniaque concentrée et ensuite dans un tube contenant de la mousse de platine chauffée (fig. 99) ; il sort du tube de l'acide azotique, comme on le constate en présentant au jet de gaz un papier bleu de tournesol ; le papier rougit.

$$AzH^3 + 4O = AzO^3H + H^2O.$$

Au contact des corps poreux, ou des corps qui condensent les gaz, comme le platine, l'oxydation de l'ammoniaque s'effectue encore à froid et donne un sel, l'azotite d'ammonium.

$$2\,(AzH^3) + O^3 = AzO^2,AzH^4 + H^2O.$$

On suppose que les azotates du sol, et en particulier le salpêtre, sont dus à des réactions analogues.

130. Action des acides sur la dissolution d'ammoniaque. — L'ammoniaque est une base forte ; elle bleuit fortement le tournesol rouge.

Elle neutralise les acides et donne des sels que l'on peut obtenir cristallisés. On fait l'expérience en versant peu à peu de l'ammoniaque dans de l'acide azotique ; on arrive rapidement à la saturation.

Si on verse de l'acide sulfurique dans de l'ammoniaque, la réaction est très-vive, la chaleur dégagée très grande ; il s'échappe des vapeurs, et une partie du liquide est projetée. Si on étend d'eau l'acide et la base, la réaction est calme ; le sel se forme et on le fait cristalliser par évaporation.

Nous avons vu l'action de l'ammoniaque sur l'acide chlorhydrique et le parti qu'on en tire pour constater la présence d'un de ces deux corps au moyen de l'autre (Voir page 53).

Dans ses combinaisons avec les acides, le gaz ammoniac s'unit d'abord à une molécule d'eau H^2O ; il forme alors le composé AzH^3,H^2O qui joue le rôle de base ; on l'écrit souvent AzH^4OH, et sous cette forme ce composé se comporte dans toutes les circonstances comme l'oxyde d'un métal AzH^4 auquel on donne le nom d'*ammonium*. Ainsi représentée, l'ammoniaque offre dans ses réactions avec les acides, la plus grande analogie avec la potasse KOH. Celle-ci donne avec l'acide chlorhydrique :

$$KO + HCl = H^2O + KCl \quad \textit{(chlorure de potassium)} ;$$

avec l'acide sulfurique :

$$\begin{matrix} KOH \\ KOH \end{matrix} + SO^4\begin{matrix} H \\ H \end{matrix} = 2\left(\begin{matrix} H \\ H \end{matrix}O\right) + SO^4\begin{matrix} K \\ K \end{matrix} \quad \textit{(sulfate de potassium)}$$

L'ammoniaque donne de même :

$$AzH^4OH + HCl = H^2O + AzH^4Cl \quad \textit{(chlorure d'ammonium)}$$

$$\begin{matrix} AzH^4OH \\ AzH^4OH \end{matrix} + SO^4\begin{matrix} H \\ H \end{matrix} = 2H^2O + SO^4\begin{matrix} AzH^4 \\ AzH^4 \end{matrix} \quad \textit{(sulfate d'ammonium)}$$

137. Usages. — La solution d'ammoniaque est employée en médecine comme caustique contre les piqûres de mouches. Quelques gouttes prises à l'intérieur dans un verre d'eau constituent un moyen de combattre l'ivresse ; on en fait avaler aux animaux atteints de météorisme ; elle agit alors en absorbant les gaz accumulés dans le tube intestinal. Injectée dans une enceinte contenant de l'acide carbonique, elle absorbe le gaz et rend abordable l'accès de cet espace plein de gaz nuisible.

L'industrie l'utilise dans la préparation de quelques couleurs de cochenille et dans l'apprêt des perles fausses.

C'est un réactif fréquemment employé dans les laboratoires.

138. État naturel. — L'ammoniaque se forme à l'état de sels dans la décomposition des matières azotées, que cette décomposition se produise lentement à froid, comme dans la putréfaction des urines, ou qu'elle ait lieu par l'action de la chaleur, comme dans la distillation des houilles pour obtenir le gaz d'éclairage, ou comme dans la calcination de la fiente des chameaux qui était autrefois la seule source du chlorure d'ammonium.

L'ammoniaque peut donc être retirée des eaux d'épuration du gaz d'éclairage et des eaux de vidange des fosses d'aisances. Elle existe dans l'air en petite quantité après un orage ; elle se dissout dans la pluie qui la ramène au sol où elle sert d'aliment aux plantes.

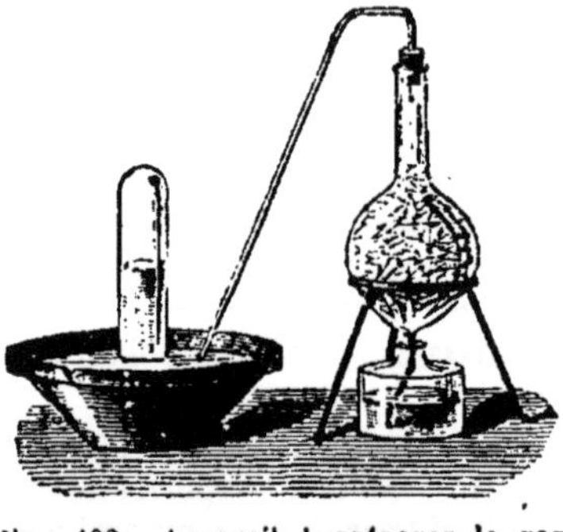

Fig. 100. Appareil à préparer le gaz ammoniac.
Un ballon producteur contenant le sel ammoniac et la chaux est chauffé ; le gaz se rend dans une petite cuve à mercure.

139. Préparation. — Pour avoir l'ammoniaque, à l'état de gaz ou en dissolution, dans les laboratoires ou dans l'industrie, on chauffe un sel ammoniacal, ordinairement le **chlorure**, avec de la chaux ; cette dernière base déplace l'ammoniaque ; celle-ci est volatile, elle se dégage et on la recueille.

La réaction est la suivante :

$$2(AzH^4Cl) + CaO = CaCl^2 + H^2O + 2AzH^3$$

il reste dans le ballon du chlorure de calcium et de l'eau.

1° *On veut avoir l'ammoniaque à l'état de gaz.* — On chauffe dans un petit ballon un mélange de 1 partie de sel ammoniac en poudre et de deux parties de chaux vive; on ajoute une couche de chaux pour arrêter l'eau que le gaz entraîne, et on recueille sur le mercure, ou par déplacement d'air.

2° *En solution.* — On remplace la chaux vive par un lait de chaux. Le ballon est mis en communication avec une série de flacons à trois tubulures dont le premier est destiné à laver le gaz et contient peu d'eau. Les autres sont aux deux tiers pleins d'eau et au besoin refroidis. Les tubes qui amènent le gaz dans chacun doivent plonger jusqu'au fond des flacons, parce que la solution d'ammoniaque est plus légère que l'eau ; de cette manière, le gaz est toujours en contact avec les parties les moins saturées.

3° *Dans l'industrie.* — On emploie les eaux de condensation des usines à gaz, les urines putréfiées, les eaux-vannes des dépôts de vidange. On les distille avec de la chaux dans une série de chaudières disposées de manière que le produit gazeux qui se dégage de la première aille se condenser dans la seconde. Le gaz passe ensuite dans une série de serpentins, puis finalement dans l'eau si l'on veut avoir de l'ammoniaque, ou dans des acides étendus si l'on veut faire directement des sels ammoniacaux.

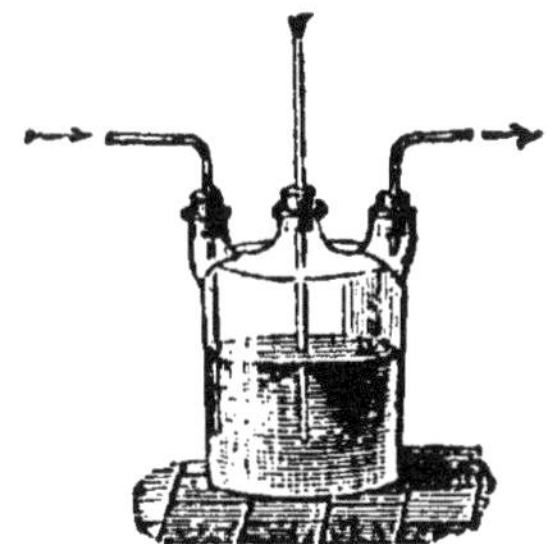

Fig. 101. — Flacon à trois tubulures monté pour la dissolution d'un gaz soluble.

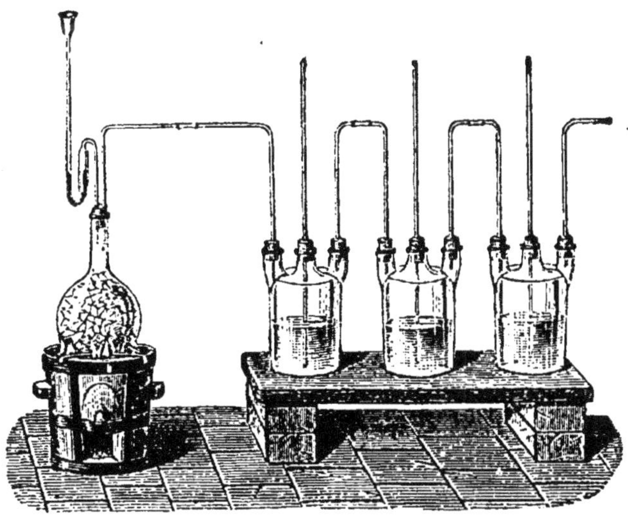

Fig. 102. — Appareil à préparer la dissolution d'ammoniaque. Ballon producteur du gaz et flacons de Woolf.

L'ammoniaque caustique du commerce, appelée *alcali volatil*, est parfois colorée en jaune. Pour la purifier, on la distille avec de la chaux dans l'un des appareils décrits ci-dessus.

Résumé. L'ammoniaque est un composé de l'azote et de l'hydrogène. C'est un gaz incolore, d'une odeur vive qui provoque les larmes.

Ce gaz est très soluble dans l'eau ; un litre d'eau peut dissoudre 7 à 800 litres de gaz. On montre facilement cette grande solubilité en plongeant dans l'eau l'ouverture d'un flacon plein de gaz ammoniac.

La dissolution du gaz ammoniac porte le nom d'**alcali volatil** : c'est la forme sous laquelle ce corps est habituellement employé.

On a pu liquéfier le gaz ammoniac à la température ordinaire en le comprimant à une pression de quelques atmosphères. Le liquide obtenu tend à repasser à l'état de gaz, et dans sa vaporisation rapide il absorbe beaucoup de chaleur. Il a été employé comme moyen de refroidissement dans l'appareil Carré à produire la glace.

La chaleur et l'électricité décomposent l'ammoniaque et doublent son volume : le mélange formé de 1 d'azote et de 3 d'hydrogène se condense donc en 2 volumes quand les deux gaz se combinent.

L'ammoniaque ne brûle pas : mais ce corps peut prendre de l'oxygène, et dans la combinaison qu'il réalise ainsi il brûle comme un corps combustible. Le plus souvent il se forme un composé oxygéné de l'azote tel que l'acide azotique.

L'ammoniaque est une base forte qui bleuit le tournesol et qui se combine aux acides avec dégagement de chaleur et production de sels qui peuvent cristalliser. On réalise par simple mélange la combinaison de l'ammoniaque avec l'acide azotique ou avec l'acide sulfurique ; l'évaporation des dissolutions mélangées donne des sels. La combinaison avec l'acide chlorhydrique a déjà lieu entre les deux corps gazeux ; elle donne un moyen de les caractériser l'un par l'autre.

Quand l'ammoniaque se combine aux acides, elle a déjà pris une molécule d'eau, ce n'est pas le corps AzH^3 c'est un composé AzH^4OH comparable à la potasse KOH et dans lequel un corps composé AzH^4 joue le même rôle qu'un métal comme le potassium. A ce composé, on a donné le nom d'*ammonium*.

L'ammoniaque existe en petites quantités dans l'air. Elle se forme dans la putréfaction des matières organiques et dans leur décomposition lente ou rapide. Les urines putréfiées en dégagent, les vidanges et les fumiers en produisent.

Pour l'obtenir on chauffe un sel ammoniacal avec de la chaux, l'ammoniaque mise en liberté se dégage à l'état de gaz.

On recueille ce gaz sur le mercure ; ou bien on l'envoie se dissoudre dans l'eau pour donner l'*alcali volatil* ordinaire.

Dans les laboratoires c'est le chlorhydrate d'ammoniaque ou chlorure d'ammonium qu'on distille avec la chaux. Dans l'industrie, c'est le liquide des vidanges ou l'eau d'épuration du gaz d'éclairage que l'on emploie.

L'ammoniaque en solution sert de réactif ; l'industrie l'utilise dans la préparation de certaines couleurs. Elle est employée pour absorber l'acide carbonique et pour cautériser les piqûres légèrement venimeuses.

CHAPITRE XV

COMPOSÉS OXYGÉNÉS DE L'AZOTE

140. Noms et symboles. — On connaît aujourd'hui six composés oxygénés de l'azote dont voici les noms et les symboles :

Le **Protoxyde d'azote** ou oxyde azoteux.	Az^2O.
Le **Bioxyde d'azote** ou oxyde azotique,	Az^2O^2 ou AzO.
L'**Anhydride azoteux**,	Az^2O^3.
L'**Acide hypoazotique** ou peroxyde d'azote,	Az^2O^4 ou AzO^2.
L'**Anhydride azotique**,	Az^2O^5.
L'**Anhydride perazotique**,	Az^2O^6 ou AzO^3.

Ils offrent un exemple remarquable de la *Loi des proportions multiples* : le même poids d'azote (Az^2 = 28 grammes) se combine avec des poids d'un même corps, l'oxygène, qui sont des *multiples simples* de l'un d'entre eux : on a en effet 1 fois 16 grammes d'oxygène, 2 fois 16 grammes, 3 fois, 4 fois, 5 fois et 6 fois 16 grammes d'oxygène.

Les deux premiers et le quatrième que l'on obtient facilement à l'état gazeux vérifient les *Lois de Gay-Lussac* sur les combinaisons des gaz.

2 volumes d'azote	Az^2 et 1	volume d'oxygène	O	forment 2	volum. de protoxyde d'azote.
2	—	Az^2 et 2	volumes	—	O^2	— 4	—	bioxyde d'azote.
2	—	Az^2 et 4		—	O^4	— 4	—	d'acide hypoazotique.

Tous ces corps sont formés avec absorption de chaleur ; ils ne prennent pas naissance par l'union directe de leurs éléments. Ils se décomposent à une température peu élevée et ils cèdent de l'oxygène.

Trois d'entre eux, le premier, le troisième et le cinquième, en s'assimilant les éléments de l'eau donnent des acides ayant de l'hydrogène à échanger contre les métaux et capables par suite d'engendrer des sels.

Au protoxyde AzO correspond Az^2OH^2O ou $Az^2O^2H^2$ ou $AzOH$
acide hypoazoteux

à l'anhydride azoteux Az^2O^3 correspond $Az^2O^3H^2O$ ou $Az^2O^4H^2$ ou AzO^2H
acide azoteux

à l'anhydride azotique Az^2O^5 correspond $Az^2O^5H^2O$ ou $Az^2O^6H^2$ ou AzO^3H
acide azotique

Ce dernier, l'acide azotique, peut être considéré comme le générateur de tous les autres.

ACIDE AZOTIQUE

AzO^3H.

141. **Anhydride azotique.** — L'acide azotique anhydre Az^2O^5 est un corps solide en cristaux qui fond à 30° et bout à 50°. Il est très instable, il se décompose spontanément à la température ordinaire en acide hypoazotique Az^2O^4 et en oxygène. Il émet des vapeurs à l'air, se liquéfie à l'air humide en absorbant l'eau ; on ne peut le conserver que dans un tube scellé. On peut le préparer en faisant agir l'acide phosphorique anhydre sur l'acide azotique fumant.

142. **Acide azotique fumant.** — L'acide azotique fumant est un liquide qui répand des vapeurs à l'air. Pur, il est incolore ; mais le plus souvent il est coloré en jaune par des vapeurs d'acide hypoazotique qui lui donnent une odeur particulière. Sa densité est 1,52.

Il bout à 86°, et cette température suffit déjà à le décomposer ; il se produit des vapeurs rutilantes, et l'eau provenant de l'acide décomposé se combine à l'acide restant pour en élever peu à peu le point d'ébullition jusqu'à 123°. A partir de ce point, le thermomètre reste stationnaire, le produit passe à la distillation ; c'est alors l'acide que l'on appelait quadrihydraté dans l'ancienne notation et dont la densité est 1,42. Ce même hydrate prend naissance quand on distille de l'acide azotique étendu ; il passe d'abord de l'eau plus ou moins acide ; le thermomètre monte peu à peu de 100° à 123° où il reste stationnaire ; à ce moment, l'acide qui bout dans la cornue est l'acide ordinaire.

L'acide fumant est aussi décomposé par la lumière qui le colore en jaune orangé. A la température du rouge blanc, sa vapeur se résout en ses éléments.

143. Propriétés chimiques. — L'acide azotique étant un corps facile à décomposer cédera de l'oxygène et se comportera dans beaucoup de circonstances comme un oxydant énergique. Presque tous les métalloïdes sont attaqués par l'acide azotique concentré qui leur cède facilement de l'oxygène. Il entretient avec vivacité la combustion d'un charbon allumé qu'on présente à sa surface.

L'hydrogène le décompose, et, après lui avoir pris son oxygène pour former de l'eau, il peut se combiner à l'azote et produire de l'ammoniaque; la réaction complète est la suivante :

$$AzO^3H + 8H = AzH^3 + 3H^2O.$$

On produit cette transformation en faisant passer de l'hydrogène mélangé de vapeurs d'acide azotique sur de la mousse de platine légèrement chauffée ; un papier rouge de tournesol présenté à l'extrémité du tube prend la couleur bleue que lui donne l'alcali.

Fig. 103. — Attaque d'une lame de cuivre B par l'acide azotique.

Le phosphore est oxydé par l'acide azotique ; la réaction, un peu aidée par la chaleur, est très-vive : il se dégage d'abondantes vapeurs rutilantes ; avec l'acide pur la réaction serait dangereuse. On la réalise avec de l'acide étendu que l'on chauffe légèrement.

L'acide azotique cède de l'oxygène à l'acide sulfureux et le transforme en acide sulfurique, avec dégagement de vapeurs rutilantes.

$$SO^2 + 2(AzO^3H) = SO^4H^2 + 2(AzO^2)$$

Acide sulfurique Vapeurs nitreuses

On fait l'expérience en versant quelques gouttes d'acide azotique fumant dans une éprouvette de gaz sulfureux ; on voit la production de vapeurs rougeâtres, et on constate la formation d'acide sulfurique par un sel soluble de baryte.

144. Action des métaux. — Tous les métaux, excepté l'or et le platine, décomposent l'acide azotique ; les produits formés dépendent du métal et surtout du degré de concentration de l'acide.

L'étain, traité par l'acide azotique, donne une poudre blanche d'oxyde d'étain et il se dégage des vapeurs rutilantes :

$$Sn + 4(AzO^3H) = SnO^2 + 4(AzO^2) + 2H^2.$$

Stannum.

La réaction dégage beaucoup de chaleur, aussi elle commence à froid.
Le cuivre, le plomb, le mercure, l'argent forment des azotates, avec dégagement de vapeurs d'acide hypoazotique dans un vase ouvert et de bioxyde d'azote dans un vase fermé. La réaction sera expliquée plus loin.
Le zinc désoxyde plus complètement l'acide azotique, et il se dégage du protoxyde d'azote ; la réaction est complexe, il se produit de l'azotate d'ammonium en même temps que de l'azotate de zinc.

145. **Fer passif.** — Le fer est attaqué avec énergie par l'acide azotique étendu. Ce métal, bien décapé, plongé dans de l'acide azotique fumant, n'y subit aucune attaque ; si alors on le plonge dans l'acide étendu, l'attaque n'a plus lieu ; on dit que le fer est devenu **passif** ; il cesse de l'être quand on le touche avec du cuivre ou même avec du fer non passif et il est attaqué avec une grande énergie.

146. **Eau régale.** — L'acide azotique ne dissout pas l'or, ni l'acide chlorhydrique non plus ; et un mélange des deux acides dissout parfaitement ce métal.
C'est ce mélange qu'on appelle **eau régale** ; on le compose le plus souvent avec 4 parties d'acide chlorhydrique et 1 partie d'acide azotique. Le liquide, qui au premier moment est incolore, devient peu à peu d'un jaune orange ; il s'y forme du chlore et des chlorures d'azote très actifs sur l'or et le platine.

147. **Action de l'acide azotique sur les matières organiques.** — L'acide azotique attaque presque toutes les matières organiques, quelques-unes même avec violence, ainsi l'essence de térébenthine qu'il enflamme. Il transforme le coton en une substance très inflammable, le **coton-poudre** ; il transforme la glycérine en *nitro-glycérine*, corps très explosif qui est la base de la *dynamite*. Il colore en jaune la laine et la soie ; il tache la peau et peut désorganiser les tissus ; aussi est-il un poison violent.
Il décolore l'indigo. Cette réaction peut servir à déceler sa présence.

148. **Usages.** — Il sert à préparer l'acide sulfurique, l'eau régale, les azotates, le coton-poudre, le celluloïd, la nitro-glycérine, les fulminates. On l'emploie pour teindre la soie en jaune. C'est avec lui qu'on grave le cuivre.
Pour réaliser la gravure du cuivre, on couvre la plaque d'un vernis sur lequel on trace les traits du dessin, en mettant le cuivre à nu. On entoure la plaque d'un bourrelet de cire formant rebord et on verse dessus une couche d'acide azotique étendu (eau-forte) qu'on laisse agir jusqu'à ce qu'elle ait suffisamment *mordu*, c'est-à-dire creusé le métal. Il ne reste plus qu'à laver la plaque pour enlever l'acide, et à faire disparaître le vernis en le chauffant et en le dissolvant dans l'essence de térébenthine.

149. **Azotates.** — Les azotates sont les composés que l'acide azotique donne en agissant sur les métaux et les sels. Ils ressemblent à l'acide azotique où H est remplacé par un métal. L'acide azotique est monobasique. Les azotates de potassium, de sodium et d'argent correspondent à une seule molécule d'acide azotique et ont pour formules :

AzO^3H	AzO^3K	AzO^3Na	AzO^3Ag
acide azotique ou azotate d'hydrog.	**azotate de potassium**	**azotate de sodium**	**azotate d'argent**

La plupart des autres azotates dérivent de deux molécules d'acide azotique.

AzO^3H / AzO^3H	$(AzO^3)^2Cu$	$(AzO^3)^2Pb$
acide azotique	**azotate de cuivre**	**azotate de plomb**

Tous les azotates sont solubles. Ils sont tous décomposés par la chaleur et par l'acide sulfurique.

150. État naturel. — On ne trouve pas souvent l'acide azotique libre, bien qu'il puisse se former dans l'air par l'union de l'azote et de l'oxygène sous l'influence de l'étincelle électrique, ou par l'oxydation de l'ammoniaque. Mais les azotates sont assez répandus : outre l'azotate de sodium très abondant au Chili, l'azotate de potassium de l'Egypte et de l'Inde, on trouve en tous pays, dans les lieux humides, des azotates en efflorescences blanches qui ont été très probablement produits par l'oxydation lente de l'ammoniaque provenant des matières organiques.

151. Préparation. — On tire l'acide azotique de l'azotate de potassium (salpêtre) ou de l'azotate de sodium, en attaquant le sel par l'acide sulfurique, (ce dernier doit être préféré parce qu'il est moins cher et qu'à poids égal il donne plus d'acide que le premier). On introduit le sel dans une cornue ; puis on y verse l'acide sulfurique à l'aide d'un tube à entonnoir pour éviter de mouiller les parois du col de la cornue d'acide sulfurique qui se mêlerait à l'acide azotique distillé. On engage le col de la cornue dans un ballon que l'on dispose de manière à ce qu'il soit facile de le refroidir et on chauffe la cornue. Le commencement de l'opération s'annonce par des vapeurs rutilantes qui remplissent l'appareil ; peu à peu ces vapeurs disparaissent ; l'acide distille en vapeurs incolores qui se condensent dans le ballon refroidi. La fin de l'opération est annoncée par la réapparition des vapeurs rouges et le boursouflement de la masse fondue.

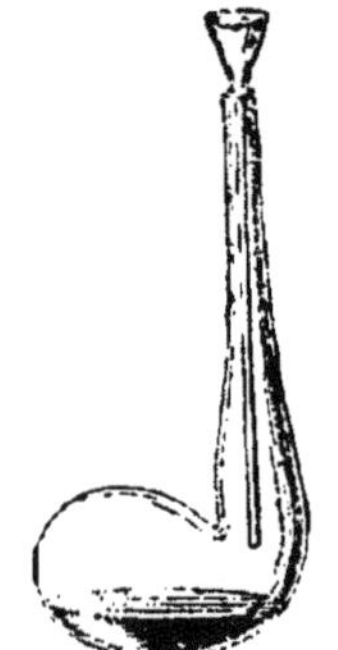

Fig. 104. — Cornue et tube à entonnoir disposé pour y verser l'acide sulfurique

La théorie de l'opération est simple ; l'acide azotique, volatil à la température de 120°, a fait double échange avec l'acide sulfurique et s'est dégagé ; plus simplement l'H de l'acide sulfurique a changé de place avec le métal.

$$AzO^3K + SO^4\begin{matrix}H\\H\end{matrix} = SO^4\begin{matrix}K\\H\end{matrix} + AzO^3H.$$

il reste dans la cornue du bisulfate de potasse.

Fig. 105. — Appareil des laboratoires pour la préparation de l'acide azotique fumant.

C'est l'acide fumant qu'on obtient ainsi.

Dans l'industrie, la réaction est la même (on emploie toujours l'azotate de sodium). La cornue est remplacée par une grande chaudière de fonte

Fig. 106. — Appareil industriel pour la préparation de l'acide azotique du commerce.

munie d'une tubulure sur laquelle on monte une allonge de verre qui permet de juger quand l'opération est terminée. Les vapeurs acides vont se condenser dans une série de bouteilles de grès mises à la suite les unes des autres et lutées avec de l'argile.

On consomme en France annuellement 5 millions de kilogrammes d'acide azotique.

ACIDE HYPOAZOTIQUE

Az^2O^4 (sous 4 volumes). AzO^2 (sous 2 volumes).

182. Ce composé, appelé encore vapeurs **nitreuses** ou **rutilantes**, se présente sous forme d'un gaz rouge brun, ou sous la forme d'un liquide jaune brun, très volatil, se réduisant complètement en vapeur à 22°.

Il se forme dans un grand nombre de circonstances, notamment dans l'attaque à l'air des métaux par l'acide azotique. Pour l'avoir à l'état liquide, on chauffe, dans une cornue de verre peu fusible, de l'azotate de plomb desséché ; le col de la cornue est engagé dans l'une des branches d'un tube en U qui plonge dans un mélange réfrigérant. La chaleur décompose l'azotate de plomb ; l'oxygène se dégage et les vapeurs rutilantes se condensent dans le tube.

Fig. 107. — Préparation de l'acide hypoazotique liquide. L'azotate de plomb est chauffé dans une cornue. Le gaz passe dans un tube entouré d'un mélange réfrigérant.

$$\left.\begin{matrix}AzO^3\\AzO^3\end{matrix}\right\}Pb = PbO + O + 2\,(AzO^2).$$

Azotate de plomb. **Acide hypoazotique**

La réaction la plus importante à connaître de ce corps est celle qu'il produit avec l'eau ; il donne de l'acide azotique et dégage du bioxyde d'azote.

$$\begin{matrix} AzO^2 \\ AzO^2 \\ AzO^2 \end{matrix} + H^2O = \begin{matrix} AzO^3H \\ AzO^3H \end{matrix} + AzO.$$

On le démontre en faisant pénétrer dans un long tube rempli d'eau une petite quantité d'acide hypoazotique ; on voit se dégager un gaz incolore qui monte au haut du tube et que l'on peut reconnaître pour le bioxyde d'azote ; on constate dans l'eau la présence de l'acide azotique.

BIOXYDE D'AZOTE

Az^2O^2 sous 4 volumes ou AzO sous 2 volumes.

153. Propriétés physiques et chimiques. — Le bioxyde d'azote est un gaz incolore, dont on ne peut connaître la saveur ni l'odeur, puisqu'au contact de l'air il se transforme immédiatement en vapeurs rutilantes ; on a pu le liquéfier ; il est peu soluble dans l'eau. Sa densité est 15 fois celle de l'hydrogène ; le poids du litre est :

$$15 \times 0{,}0895 = 1 \text{ gr. } 343.$$

Sa propriété la plus saillante, c'est sa tendance à prendre l'oxygène et à devenir rutilant.

$$2\,(AzO) + O^2 = Az^2O^4 \text{ ou } 2\,(AzO^2).$$

On l'utilise pour reconnaître l'oxygène.

Ses propriétés comburantes sont très faibles ; les combustibles n'y brûlent que s'ils sont déjà incandescents quand on les y plonge ; ainsi le phosphore allumé et le charbon bien rouge y brûlent avec éclat, tandis que le soufre et un charbon à peine allumé s'y éteignent.

Quand on jette dans un flacon de bioxyde d'azote quelques gouttes de sulfure de carbone, qu'on agite et qu'on allume le gaz, on produit une belle flamme d'un blanc bleuâtre. M. Mermet a récemment proposé d'utiliser cette flamme dans la photographie des grottes et autres objets qu'il faut éclairer artificiellement pour en prendre une vue. Il constitue une lampe en remplissant une éprouvette à dessécher les gaz de fragments de toile métallique et en la surmontant d'un tube effilé. On y verse un peu de sulfure de carbone et on y fait passer le gaz provenant d'un appareil qui produit du bioxyde d'azote. On allume le jet gazeux au tube effilé.

154. Action des composés de l'azote sur l'acide sulfureux. — Nous avons vu :

1° Que l'acide azotique cède un atome d'oxygène à l'acide sulfureux et devient de l'acide hypoazotique ;

2° Que l'acide hypoazotique, en présence de l'eau, régénère de l'acide azotique et produit du bioxyde d'azote ;

3° Que le bioxyde d'azote en présence de l'air donne de l'acide hypoazotique.

Ces trois réactions nous permettent de comprendre que si on met en présence de l'*acide sulfureux,* de l'*air,* de la *vapeur d'eau* et de l'*acide azotique,* celui-ci passera successivement à l'état d'acide hypoazotique, de bioxyde d'azote, pour redevenir de l'acide azotique et recommencer indéfiniment ses transformations, et que par suite ce sera l'oxygène de l'air qui se fixera sur l'acide sulfureux, avec l'eau pour le transformer en acide sulfurique. On pense d'après M. Péligot que ce sont ces transformations qui s'accomplissent dans les chambres de plomb où l'on fait l'acide sulfurique.

155. Préparation.— On obtient le bioxyde d'azote en traitant le cuivre en copeaux par l'acide azotique étendu, dans un flacon à 2 tubulures.

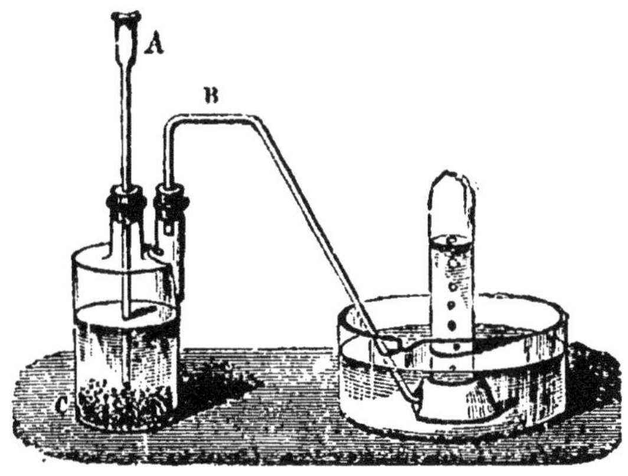

Fig. 108. — Préparation du bioxyde d'azote dans un flacon à deux tubulures par l'action de l'acide azotique sur le cuivre.

On recueille le gaz sur l'eau. Le dégagement est d'abord très lent, parce que le premier gaz produit devient rutilant au contact de l'air du flacon. Il reste dans l'appareil de l'azotate de cuivre.

La réaction s'opère entre 3 atomes du métal et 8 molécules de l'acide ; on peut l'expliquer en admettant qu'il se forme de l'acide AzO que l'eau décompose en acide azotique et bioxyde d'azote, ce dernier se dégageant et le premier se combinant au cuivre : on la formule finalement ainsi :

$$3\,Cu + 8\,(AzO^3H) = 3\left(\begin{matrix}AzO^3\\AzO^3\end{matrix}Cu\right) + 4\,(H^2O) + 2\,(AzO)$$

azotate de cuivre **bioxyde d'azote**

Il faut à peu près 50 grammes de cuivre pour obtenir 10 litres de gaz. Le bioxyde d'azote n'a pas d'usage.

PROTOXYDE D'AZOTE

$Az^2O.$

156. Propriétés physiques. — Le protoxyde d'azote est un gaz incolore, inodore, d'une saveur légèrement sucrée. Il pèse 22 fois plus que l'hydrogène, ce qui donne pour le poids du litre :

$$22 \times 0{,}0895 = 1 \text{ gr. } 97.$$

Il est notablement soluble dans l'eau ; aussi faut-il boucher les flacons dans lesquels on recueille ce gaz, aussitôt qu'ils sont pleins, pour éviter sa dissolution. Il est plus soluble dans l'alcool qui en dissout 4 fois son volume. Faraday a pu le liquéfier à 0° en le soumettant à une pression de 30 atmosphères.

Lorsqu'il est bien pur, il produit, quand on le respire, une insensibilité analogue à celle qu'amène le chloroforme ; aussi a-t-il été proposé comme *anesthésique*. Davy le surnomma **gaz hilarant** à cause de l'espèce d'ivresse qu'il produit chez ceux qui en respirent beaucoup.

137. Propriétés chimiques. — Le protoxyde d'azote possède comme l'oxygène la propriété d'entretenir et d'activer la combustion ; une allumette qui n'a qu'un point en ignition, plongée dans ce gaz, se rallume.

Fig. 109. — Combustion du charbon dans le gaz protoxyde d'azote.

Le charbon et le phosphore, allumés et plongés dans des flacons de protoxyde d'azote, brûlent avec éclat. Le soufre n'y brûle que s'il a été bien enflammé. Un mélange à parties égales d'hydrogène et de protoxyde d'azote détone si on l'enflamme.

Une température rouge décompose ce gaz en azote et oxygène ; c'est cette décomposition, s'effectuant au contact des corps chauds, qui lui donne ses propriétés comburantes.

Le protoxyde d'azote peut être confondu au premier abord avec l'oxygène. On peut distinguer ces deux gaz par leur solubilité ; une éprouvette du premier, contenant un peu d'eau, fermée avec la main et agitée, adhère à la main, par suite de la dissolution d'une portion du gaz. Un moyen plus sûr consiste à envoyer quelques bulles de bioxyde d'azote dans le gaz que l'on veut caractériser ; au contact du protoxyde d'azote, ces bulles ne produisent rien ; l'oxygène au contraire devient rutilant.

138. Usages. — On n'emploie le protoxyde d'azote que comme agent anesthésique ; encore n'est-ce que peu, à cause de la difficulté de le produire bien pur, mais il est supérieur au chloroforme parce qu'il ne modifie pas les mouvements du cœur.

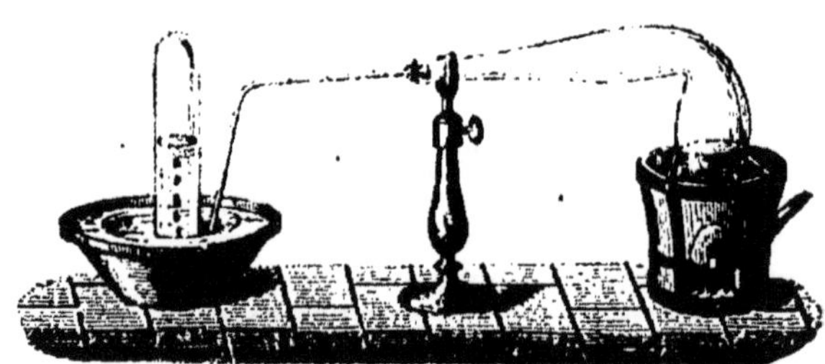

Fig. 110. — Préparation du protoxyde d'azote par la décomposition de l'azotate d'ammonium.

139. Préparation. — On obtient ce gaz en décomposant par la chaleur l'azotate d'ammonium. Ce sel, comme beaucoup de sels ammoniacaux, perd 2 molécules d'eau et dégage le gaz. Cette eau produite force à incliner un peu le col de la cornue. Voici la réaction :

$$AzO^3AzH^4 = 2(H^2O) + Az^2O.$$

Azotate d'ammoniaque. Protoxyde d'azote.

On recueille le gaz sur l'eau, avec la précaution que nous avons indiquée.

Résumé. L'azote et l'oxygène donnent six composés ; le *protoxyde d'azote*

Az^2O, le *bioxyde* Az^2O^2, *l'anhydride azoteux* Az^2O^3, *l'acide hypoazotique* Az^2O^4, *l'anhydride azotique* Az^2O^5, *l'acide perazotique* Az^2O^6.

Ils vérifient la loi des proportions multiples : un même poids d'azote, 28 grammes, se combine avec 1 fois 16 gr., 2 fois, 3 fois, 4 fois, 5 fois et 6 fois 16 grammes d'oxygène.

Tous ces corps sont formés avec absorption de chaleur : ils se décomposent en cédant de l'oxygène.

Trois d'entre eux donnent avec l'eau des acides : l'acide *hypoazoteux* AzOH, l'acide *azoteux* AzO^2H et l'*acide azotique* AzO^3H. Ce dernier est le plus important ; il est le générateur de tous les autres.

L'acide azotique anhydre n'a pas d'usage. Mais l'acide **azotique fumant** est très-important par ses réactions et ses usages. C'est un liquide qui donne des vapeurs à l'air et qui se colore en jaune par ces vapeurs d'acide hypoazotique. L'acide ordinaire appelé acide **nitrique** ou **eau forte** représente de l'acide fumant avec de l'eau.

L'acide azotique est facile à décomposer : il cède facilement de l'oxygène ; il est oxydant en plusieurs circonstances. Il oxyde les métalloïdes comme le soufre, le phosphore, le charbon.

Il cède de l'oxygène à l'acide sulfureux pour le transformer en acide sulfurique, en même temps qu'il donne des vapeurs rutilantes.

Il oxyde les métaux. L'hydrogène le décompose et après lui avoir pris l'oxygène pour former l'eau, il se combine avec l'azote pour donner de l'ammoniaque.

Les autres métaux, à l'exception de l'or, de l'aluminium et du platine donnent des oxydes et des azotates : l'étain se transforme en oxyde : le cuivre, le plomb et l'argent se transforment en azotates.

Le fer n'est pas attaqué par l'acide fumant : mais il l'est vivement par l'acide étendu.

Le mélange d'acide chlorhydrique avec l'acide azotique constitue l'eau régale qui peut dissoudre l'or, par le chlore et les composés d'azote et de chlore qui sont dégagés.

L'acide azotique attaque presque toutes les matières organiques, il enflamme l'essence de térébenthine, il forme le coton poudre, les produits explosifs comme la nitro-glycérine ; il colore la peau et désorganise les tissus. Il sert à préparer l'acide sulfurique, les azotates, les explosifs, beaucoup de produits organiques colorés ; on emploie l'eau forte pour graver le cuivre.

On ne le trouve pas souvent libre dans la nature bien qu'il puisse se former par la combinaison de l'azote avec l'oxygène de l'air, mais on le trouve à l'état d'azotates comme le salpêtre de l'Égypte et de l'Inde et le nitre du Chili.

On le tire du salpêtre par l'action de l'acide sulfurique, en chauffant le mélange ; les vapeurs d'acide azotique refroidies se condensent en un liquide fumant.

L'acide hypoazotique AzO^2 ou Az^2O^4 est aussi appelé vapeurs nitreuses ou vapeurs rutilantes. Il se forme en gaz dans l'attaque de l'acide azotique par les métaux. On l'obtient liquide en décomposant l'azotate de plomb par la chaleur et en refroidissant les vapeurs qui se dégagent.

Sa réaction principale est celle qu'il donne avec l'eau : il y a production d'acide azotique et dégagement de bioxyde d'azote.

L'acide azoteux n'est intéressant que par les sels métalliques qu'il donne et qui ont le nom d'*azotites*. Celui d'ammonium, décomposé par la chaleur, dégage de l'azote pur.

Le **bioxyde d'azote** est un gaz incolore dont la propriété saillante est de se transformer en vapeurs nitreuses et de devenir ainsi rutilant. Ses propriétés comburantes sont très faibles ; mais il aide la combustion de quelques corps combustibles comme le sulfure de carbone qu'il fait brûler avec une flamme brillante.

On l'obtient en attaquant le cuivre par l'acide azotique et en recueillant le gaz sur l'eau.

Le **protoxyde d'azote** est un gaz incolore, comburant comme l'oxygène. On y fait brûler des corps combustibles comme dans l'oxygène, le charbon, le soufre et le phosphore.

Il sert comme anesthésique.

On l'obtient en décomposant par la chaleur l'azotate d'ammonium ; ce sel se résout en eau qui se condense et en gaz protoxyde d'azote que l'on peut recueillir sur la cuve à eau.

CHAPITRE XVI

PHOSPHORE

Symbole Ph. — Poids atomique 31.

160. Propriétés physiques. — Le phosphore est solide à la température ordinaire, incolore ou jaune pâle, prenant une teinte plus foncée à la lumière ; il se laisse rayer par l'ongle. Il possède une légère odeur d'ail.

Il fond à 44° ; on l'obtient facilement fondu en le jetant dans de l'eau chauffée ; il prend l'aspect d'une huile jaune. On peut le réduire en vapeur et par conséquent le distiller ; mais il faut opérer dans un appareil privé d'oxygène.

Il est insoluble dans l'eau et dans l'alcool ; et cependant l'eau où a séjourné du phosphore luit dans l'obscurité quand on l'agite à l'air ; on pense qu'elle doit cette propriété à des parcelles très fines de phosphore qu'elle tient en suspension.

Le phosphore est soluble dans la benzine et surtout dans le sulfure de carbone.

On peut l'obtenir cristallisé en évaporant doucement sa solution.

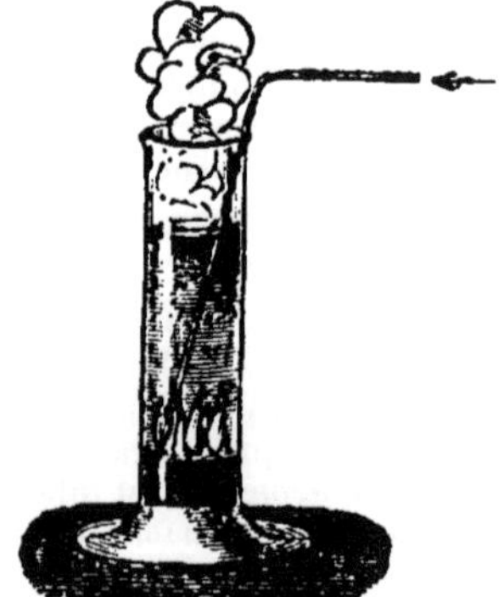

Fig. 111. — Combustion du phosphore dans l'eau. Un courant d'oxygène amené par le tube coudé vient se dégager dans le phosphore tenu liquide au fond de l'éprouvette.

161. Propriétés chimiques. — Le phosphore est un corps très inflammable. On peut lui faire prendre feu en le chauffant à 60°, en le touchant en un point avec une tige chauffée, ou encore en le frottant. Il prend feu spontanément à l'air quand il est très divisé, par exemple quand on a fait évaporer sa solution dans le sulfure de carbone sur une feuille de papier à filtre. Il s'enflamme dans l'air à 60° en produisant des fumées blanches d'acide phosphorique. Le moindre frottement suffit souvent à lui faire prendre feu. Aussi conserve-t-on toujours ce corps dans l'eau et doit-on toujours le manier sous ce liquide. Il serait imprudent de le tenir dans les mains à l'air, surtout en été ; on s'exposerait à des brûlures qui sont dangereuses (1).

La combustion du phosphore se produit avec éclat dans l'oxygène ; on peut même la réaliser facilement sous l'eau. On jette du phosphore dans une éprouvette contenant de l'eau chaude ; il fond et se rassemble au bas de l'éprouvette ; on y fait plonger un tube par lequel on y envoie un courant d'oxygène ; le phosphore, au contact du gaz, brûle avec énergie et se transforme en une masse solide rouge.

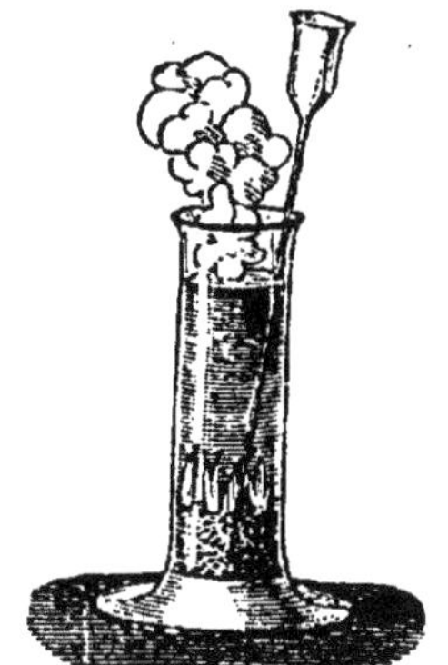

Fig. 112. — Combustion du phosphore dans l'eau par l'oxygène produit par la décomposition du chlorate de potasse.

On peut encore produire cette combustion sous l'eau en jetant du phosphore découpé en très petites parcelles au fond d'une éprouvette qui contient déjà du chlorate de potassium. On verse quelques gouttes d'acide sulfurique par un tube à entonnoir et le phosphore s'enflamme sous la couche d'eau, tandis que des vapeurs blanches couvrent le liquide.

Exposé à l'air humide, le phosphore répand des fumées blanches, lumineuses dans l'obscurité ; c'est cette propriété qui lui a fait donner son nom. Il prend l'oxygène à l'air et nous avons pu l'employer pour faire l'analyse de ce gaz. On ne connait pas encore bien la cause de la lumière qu'il produit ainsi dans sa combustion lente.

Il s'enflamme quand on le plonge dans un flacon de gaz chlore et produit du chlorure de phosphore.

Il est attaqué avec une grande énergie par l'acide azotique, qui lui cède de l'oxygène et le transforme en acide phosphorique, en même temps qu'il y a dégagement abondant de composés de l'azote.

162. Phosphore rouge. — Sous l'influence de la lumière, les bâtons de phosphore se couvrent d'une pellicule *rouge* La combustion du phosphore par l'oxygène sous l'eau produit une assez grande quantité de cette matière rouge foncé qui n'est qu'une modification d'aspect du phosphore et qu'on appelle le **phosphore rouge** ou **amorphe**.

Mais c'est en chauffant le phosphore en vase clos, longtemps, à une température soutenue d'environ 250°, qu'on en produit le plus.

Ce phosphore rouge a la même nature que le phosphore blanc, puisqu'il peut le reproduire sans rien absorber ni sans rien dégager ; mais il est différent et dans son aspect et surtout dans ses propriétés.

Il diffère surtout du phosphore blanc par une certaine quantité de chaleur en moins. Ainsi, l'on a pour 31 grammes de phosphore :

Ph. blanc = Ph. rouge + 19,2 *calories*.

Cette perte de chaleur ou de force vive intérieure modifie toutes les propriétés ; la densité devient plus grande, elle passe de 1,83 à 2,34 ; le phosphore rouge n'est pas lumineux dans l'obscurité ; il ne s'enflamme

(1) Si on se brûlait avec du phosphore, il faudrait de suite laver à grande eau la partie brûlée et continuer à laver avec une dissolution étendue d'ammoniaque pour enlever l'acide phosphorique et l'empêcher de produire l'inflammation de la plaie.

qu'à 260° ; il s'altère peu à l'air ; il n'est que faiblement attaqué par les corps qui agissent avec énergie sur le phosphore blanc.

Il est insoluble dans le sulfure de carbone qui dissout bien le phosphore ordinaire ; aussi se sert-on de ce liquide pour les séparer.

Enfin il n'est pas vénéneux, tandis que le phosphore blanc constitue un poison violent.

163. **Usages du phosphore.** — Le phosphore entre dans la préparation des pâtes à empoisonner les rats ; mais son principal usage consiste dans la fabrication des allumettes chimiques.

Les allumettes phosphorées sont aujourd'hui très répandues ; on en fait une consommation considérable ; elles offrent en effet le moyen le plus commode et le plus rapide de se procurer du feu.

On en connaît de plusieurs sortes, que l'on peut rassembler en deux groupes :

Les allumettes au phosphore ordinaire, qui prennent feu par le frottement sur toute surface rugueuse ;

Et les allumettes au phosphore rouge, qu'on ne peut allumer que sur la boîte qui les contient.

164. **Allumettes au phosphore ordinaire.** — Elles sont en bois ou en fils tressés, recouverts de cire ou d'acide stéarique (bougies).

On soufre l'extrémité des premières, puis on garnit le bout soufré d'une pâte inflammable obtenue en mélangeant de la colle forte, de l'eau, du sable fin et du phosphore avec un peu de bleu de Prusse ou de vermillon qui colore la pâte ; le mélange semi-fluide est étendu sur une table de marbre ; on y pose les allumettes que l'on porte ensuite à sécher lentement dans une étuve.

Pour les secondes, on ajoute à la pâte inflammable un peu de chlorate de potassium qui active la combustion du phosphore et lui permet d'enflammer la cire.

Le frottement suffit pour faire prendre feu à ces allumettes ; le phosphore enflamme le soufre qui brûle sans résidu et fait brûler le bois. Le gaz acide sulfureux qui se produit est désagréable à respirer ; aussi, en Angleterre, remplace-t-on le soufre par la paraffine.

165. **Allumettes au phosphore amorphe.** — Soufrées ou recouvertes de cire, elles portent à l'extrémité un mélange de sulfure d'antimoine, de chlorate de potassium avec de la colle forte. Le phosphore rouge, mélangé d'un peu de sulfure d'antimoine, est fixé sur un carton que porte la boîte. Le frottement sur un objet quelconque ne peut enflammer l'allumette ; mais si on la frotte sur le carton elle détache une parcelle de phosphore qui s'enflamme et fait brûler l'allumette.

On comprend qu'on évite avec ces allumettes au phosphore amorphe les risques d'incendie si fréquents avec les premières ; de plus, comme elles ne portent pas le phosphore, elles sont inoffensives, tandis que les autres ont été souvent la cause d'empoisonnements regrettables.

166. **État naturel.** — Le phosphore est assez abondant dans la nature, mais à l'état de combinaisons, surtout de phosphate de calcium. On extrait ce phosphate de beaucoup de localités pour le répandre sur les terres arables, où il sert d'aliment aux plantes. Il constitue la majeure par-

lie des os ; le cerveau et l'urine des animaux, la laitance des poissons en contiennent une certaine quantité.

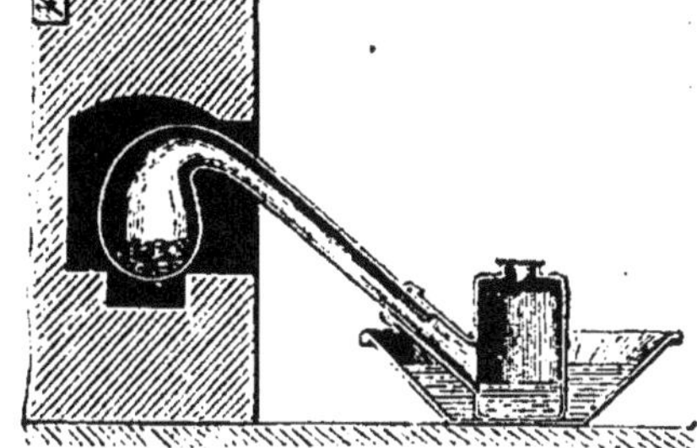

Fig. 113. — Ancien dispositif pour préparer le phosphore.

167. — Préparation. — On tire le phosphore des os de bœuf ou de mouton. Les os sont calcinés dans des fours ; la matière organique se détruit ; la matière minérale blanche, résidu des os brûlés, est pulvérisée, passée au tamis et amenée à la consistance d'un sable grossier. On la délaye dans l'eau et on ajoute de l'acide sulfurique. Cet acide prend une partie de la chaux du phosphate des os et l'amène à l'état de phosphate acide soluble. On filtre; la liqueur est évaporée jusqu'à consistance de sirop que l'on mélange avec du charbon en poudre. On chauffe au rouge la pâte obtenue, puis on met la matière dans des cornues de grès que l'on chauffe avec précaution jusqu'à une température élevée à laquelle le phosphore se dégage à l'état de vapeur. Les cornues sont munies d'allonges en cuivre ou en poterie, bien lutées, allant déboucher dans le bec relevé d'un récipient en cuivre contenant de l'eau, comme l'indique la figure 113.

Fig. 114. — Cornue où l'on chauffe le mélange de phosphate et de charbon. Récipients où les vapeurs de phosphore se condensent dans l'eau.

On n'obtient que la moitié du phosphore contenu dans les os.

168. Purification. — Le phosphore obtenu est impur ; pour le purifier, on le fait filtrer par pression au travers d'une peau de chamois, sous l'eau maintenue à 50° ; ou bien on le fait fondre sous l'eau dans un vase fort dont le fond est une pierre poreuse, et en envoyant de la vapeur d'eau sous pression dans le vase on force le phosphore à passer, par les pores de la pierre, dans un second vase contenant de l'eau chauffée, où il reste liquide et où on le reprend pour le mouler.

169. Historique. — Le phosphore a été découvert en 1669 par Brandt de Hambourg, qui parvint à l'extraire de l'urine. Ce n'est qu'un siècle plus tard que Gahn et Schéele signalèrent la présence du phosphore dans les os et indiquèrent le moyen de l'en extraire ; c'est ce moyen que l'on suit encore aujourd'hui. La découverte de Brandt avait excité au plus haut point la curiosité des chimistes ; le phosphore était le premier corps connu jouissant de la propriété de luire dans l'obscurité.

Résumé. — Le phosphore est un solide jaune, à l'odeur d'ail, qui se laisse rayer par l'ongle. Il fond à 44° et peut être facilement obtenu liquide quand on le jette dans de l'eau un peu chaude. Il peut être distillé, mais seulement à l'abri de l'oxygène.

Il n'est pas soluble dans l'eau, bien qu'il lui donne la propriété de luire dans l'obscurité. Il se dissout très-bien dans le sulfure de carbone, et l'évaporation de la solution le donne en cristaux.

Sa propriété saillante c'est d'être un corps très-inflammable. Il prend feu à 60° ou quand on le touche avec un corps chaud ou encore par le frottement. En mince pellicule il prend feu spontanément à l'air.

Exposé à l'air il répand des vapeurs blanches et s'échauffe. Dans l'oxygène il brûle avec une flamme très-vive quand il a été allumé en un point; il donne des vapeurs blanches d'acide phosphorique.

On peut le faire brûler sous l'eau quand on lui envoie de l'oxygène, mais il faut qu'il soit très divisé ou qu'on le maintienne fondu dans de l'eau à 50°.

Il se combine au chlore ; aussi il s'enflamme quand on le descend dans un flacon de chlore.

Il est vivement attaqué par l'acide azotique qui le transforme en acide phosphorique en dégageant d'abondantes vapeurs rutilantes.

Il luit dans l'obscurité, probablement parce qu'il se combine à l'oxygène de l'air; on a remarqué en effet que la phosphorescence n'a pas lieu dans les gaz qui ne contiennent pas d'oxygène libre.

Le phosphore blanc n'est pas la seule variété: il y a aussi le *phosphore rouge* qui diffère du premier non pas seulement par la couleur, mais aussi par toutes les propriétés. Le phosphore rouge ne peut pas cristalliser, de là son nom de **phosphore amorphe**; il est moins fusible, moins attaquable par l'acide azotique et il n'est pas vénéneux.

Le phosphore entre dans la préparation des pâtes à empoisonner les rats; mais son principal usage c'est la fabrication des **allumettes**.

Celles-ci sont de deux sortes suivant que le phosphore est ordinaire ou amorphe.

Les *allumettes au phosphore ordinaire* sont des bouts de bois secs garnis de soufre et par dessus d'une pâte gommée contenant du phosphore et colorée. Le frottement contre une surface rugueuse suffit à les enflammer: le phosphore prend feu, allume le soufre qui allume à son tour le bois.

Les *allumettes au phosphore amorphe* portent une pâte formée de corps facilement combustibles; c'est le couvercle de la boîte qui porte la pâte phosphorée, et il faut frotter l'allumette contre la surface garnie de cette pâte pour en detacher une parcelle de phosphore qui s'enflamme par frottement et qui met le feu au soufre ou à la paraffine et ensuite au bois.

Le phosphore existe à l'état de *phosphate* dans certains terrains, dans les os, le cerveau, l'urine de l'homme et des animaux, dans la laitance des poissons. C'est de la cendre d'os calcinés qu'on l'extrait; on le fait dégager en vapeurs que l'on condense dans l'eau sans qu'elles aient eu le contact de l'air. On le purifie par une filtration mécanique et on le moule en le tenant fondu sous l'eau avant de le laisser refroidir.

C'est *Brandt* qui a découvert le phosphore en calcinant l'extrait sec de l'urine C'est *Gahn* et *Schéele* qui ont les premiers signalé sa présence dans les os et qui ont indiqué le mode d'extraction qui est encore suivi.

CHAPITRE XVII

COMPOSÉS DU PHOSPHORE.

COMBINAISONS DU PHOSPHORE AVEC L'HYDROGÈNE.

L'hydrogène et le phosphore ne se combinent pas directement ; mais on connaît trois combinaisons de ces deux corps :

Ph^2H qui est solide ;
PhH^2 qui est liquide, très volatil et très inflammable ;
PhH^3 qui est gazeux ; c'est l'hydrogène phosphoré ordinaire.
On devrait les appeler *phosphures* d'hydrogène ; mais le nom d'hydrogène phosphoré est plus commun.

Fig. 115. — Préparation du phosphure d'hydrogène inflammable, par le phosphore chauffé dans une solution de potasse.

170. Hydrogène phosphoré ordinaire. — On l'obtient en chauffant, dans un petit ballon, du phosphore avec une dissolution étendue de potasse, ou des boulettes de chaux éteinte dans chacune desquelles on a placé un petit fragment de phosphore. On a soin de remplir le ballon pour éviter les explosions et on ne plonge le tube abducteur dans l'eau que quand le gaz se dégage.

171. Propriétés. — Ce gaz a une odeur d'ail très prononcée. Il s'enflamme spontanément à l'air en produisant des fumées blanches, en couronnes, d'acide phosphorique.

$$PhH^3 + O^4 = PhO^4H^3.$$

Acide phosphorique.

Il donne avec l'air un mélange détonant.

Si on le conserve longtemps sur l'eau ou sur le mercure, ou qu'on le refroidisse, il perd la propriété de s'enflammer spontanément à l'air ; c'est qu'il doit cette propriété à des vapeurs d'hydrogène phosphoré liquide répandues dans sa masse et qui se déposent par le repos ou le refroidissement.

Il a de grandes analogies de composition avec l'ammoniaque.

On le produit souvent en jetant dans un verre d'eau du phosphure de calcium, composé solide obtenu en soumettant de la craie à l'action des vapeurs de phosphore ; le gaz s'enflamme en sortant de l'eau, et, si on opère dans un air tranquille, il y a de belles couronnes de vapeurs blanches produites.

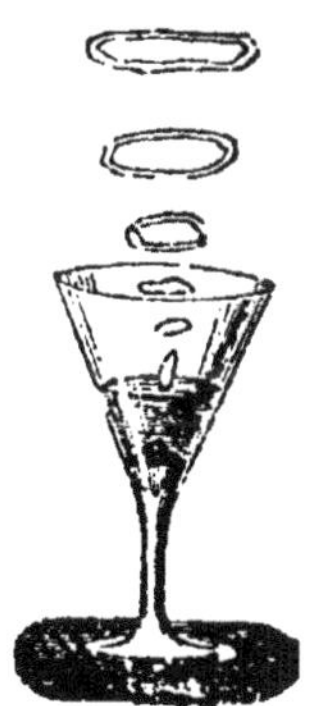

Fig 116. — Phosphure de calcium dans l'eau

172. État naturel. — L'hydrogène phosphoré gazeux se produit spontanément dans la décomposition lente des animaux morts, aux dépens de la matière phosphorée du cerveau ; il s'enflamme en arrivant à l'air et répand l'odeur d'ail ; il constitue alors les *feux-follets* que l'on observe dans les anciens cimetières.

COMBINAISONS DU PHOSPHORE AVEC L'OXYGÈNE.

173. Composés oxygénés. — Le principal composé oxygéné du phosphore est l'**anhydride phosphorique** qui se forme quand on brûle le phosphore dans l'oxygène ou à l'air ; on en connaît un autre moins oxygéné, l'*anhydride phosphoreux*, et on en suppose un troisième encore moins oxygéné. Voici leurs noms et leurs symboles :

Ph^2O *anhydride hypophosphoreux (hypothétique).*
Ph^2O^3 — *phosphoreux.*
Ph^2O^5 — *phosphorique.*

Chacun d'eux, en s'hydratant, c'est-à-dire en prenant de l'eau, donne un véritable acide, ayant de l'hydrogène échangeable contre des métaux et pouvant donner des sels métalliques.

$Ph^2O + 3(H^2O)$ donne $Ph^2O^4H^6$ ou PhO^2H^3 *acide hypophosphoreux.*
$Ph^2O^3 + 3(H^2O)$ — $Ph^2O^6H^6$ ou PhO^3H^3 — *phosphoreux.*
$Ph^2O^5 + 3(H^2O)$ — $Ph^2O^8H^6$ ou PhO^4H^3 — *phosphorique.*

L'acide hypophosphoreux n'est intéressant que parce qu'il est la base des *hypophosphites.*

174. Acide phosphoreux (PhO^3H^3). — On l'obtient anhydre et hydraté. Anhydre, c'est une poudre blanche, volatile, qui peut prendre feu, absorber de l'oxygène et se transformer en acide phosphorique ; on pouvait prévoir cette propriété, puisque cet acide est le résultat d'une combinaison *incomplète* du phosphore.

Pour l'obtenir hydraté, on dispose des bâtons de phosphore dans une série de tubes effilés à une extrémité et ouverts, que l'on dispose en cercle sur un entonnoir placé sur un flacon. Le tout est placé sous une cloche où l'air peut circuler, en présence d'une couche d'eau (fig. 117) ; le phosphore brûle lentement, sans élever beaucoup sa température ; l'acide phosphoreux formé est un liquide sirupeux qui se rassemble dans le flacon.

Fig. 117. — Préparation de l'acide phosphoreux; oxydation lente de bâtons de phosphore humides placés dans un entonnoir sous une cloche.

Il donne les *phosphites* avec les métaux ; il est sans usage.

175. Acide phosphorique anhydre (Ph^2O^5). — Cet acide se forme toutes les fois que le phosphore brûle dans l'oxygène ou dans l'air sec. On peut le préparer en petite quantité en brûlant du phosphore sous une cloche sèche remplie d'air et posée sur une assiette ; il se dépose à l'état de flocons neigeux qu'il faut recueillir rapidement. Quand on en veut davantage, on se sert de l'appareil représenté par la fig. 118. On introduit le phosphore par le tube large dont la cloche est munie : on l'enflamme à l'aide d'une tige chauffée, et on entretient la combustion en insufflant.

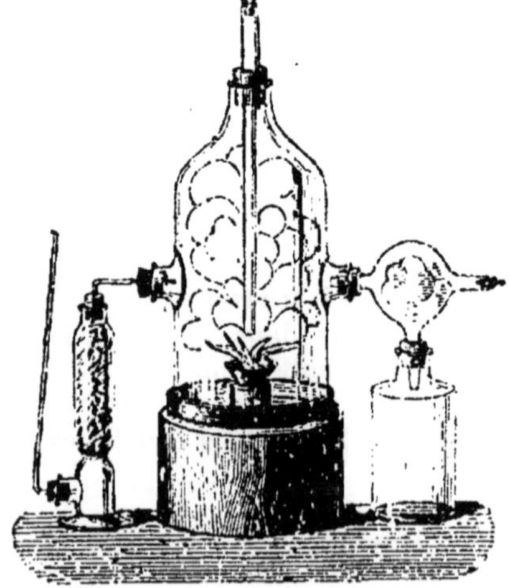

Fig. 118. — Préparation de l'anhydride phosphorique par la combustion du phosphore dans une cloche où l'on envoie de l'air desséché.

au moyen d'un soufflet, de l'air qui se dessèche dans une éprouvette à ponce sulfurique avant de servir à la combustion du phosphore. L'acide neigeux produit doit être retiré rapidement de la cloche et du flacon qui la suit et enfermé dans des flacons bouchés à l'émeri.

176. Propriétés. — La formation de l'anhydride phosphorique a lieu avec un grand dégagement de chaleur :

$$Ph^2 + O^5 = Ph^2O^5 + 363,8 \textit{ calories}.$$

Il est extrêmement avide d'eau ; il fait entendre un sifflement quand on le met en contact avec ce liquide ; on l'utilise en chimie pour dessécher les gaz. Il dégage encore de la chaleur en se dissolvant dans l'eau:

$$Ph^2O^5 + 3(H^2O) = 2(PhO^4H^3) + 36 \textit{ calories}.$$

Anhydre, il a pour formule Ph^2O^5. Hydraté, il a pris une, deux ou trois molécules d'eau. Alors seulement il peut échanger de l'hydrogène contre les métaux pour donner les différents **phosphates** métalliques.

Il y a trois hydrates de l'anhydride phosphorique, suivant que ce dernier s'est incorporé une, deux ou trois molécules d'eau.

$Ph^2O^5 + H^2O$ ou PhO^3H	*acide métaphosphorique.*
$Ph^2O^5 + 2(H^2O)$ ou $Ph^2O^7H^4$	— *pyrophosphorique.*
$Ph^2O^5 + 3(H^2O)$ ou PhO^4H^3	— *orthophosphorique.*

177. Acide orthophosphorique ou ordinaire-orthophosphates. — On obtient facilement l'acide ordinaire en faisant chauffer doucement, dans une cornue emmanchée dans un ballon refroidi, du phosphore avec de l'acide azotique ordinaire, et en évaporant la liqueur dans une capsule de platine, quand le phosphore est dissous. On obtient le corps

$$PhO^4H^3 \text{ ou } PhO\begin{matrix}OH\\OH\\OH\end{matrix}$$

qui peut échanger 3 atomes d'H contre 3 atomes d'un métal. Ainsi,

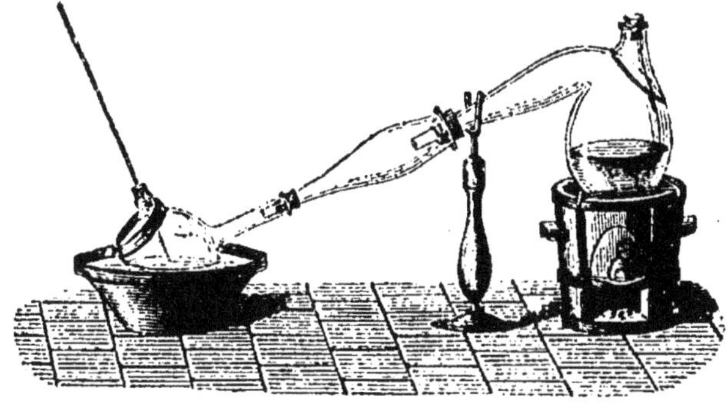

Fig. 119. — Préparation de l'acide phosphorique ordinaire.

versé dans une solution de sel d'argent, il donne un précipité *jaune* dont la composition est

$$PhO^4Ag^3 \text{ ou } PhO\begin{matrix}OAg\\OAg\\OAg\end{matrix}$$

phosphate *tribasique* d'argent, analogue au phosphate *tribasique* de calcium $\left.\begin{matrix} PhO^4 \\ PhO^4 \end{matrix}\right> Ca^3$ contenu dans les os.

Il peut n'échanger contre les métaux que **deux** et même **qu'une** molécule d'hydrogène et donner les sels :

$$PhO^4 \begin{matrix} H \\ H \\ H \end{matrix} \qquad PhO^4 \begin{matrix} Na \\ Na \\ H \end{matrix} \qquad PhO^4 \begin{matrix} Na \\ H \\ H \end{matrix}$$

Acide orthophosphorique. **Phosphate de sodium.** **Phosphate acide de sodium.**

$$(PhO^4)^2 \begin{matrix} H^2 \\ H^2 \\ H^2 \end{matrix} \qquad (PhO^4)^2 \begin{matrix} Ca \\ H^2 \\ H^2 \end{matrix}$$

Acide orthophosphorique. **Phosphate acide de calcium.**

Quand on écrit ce dernier sel sous la forme :

$$Ph^2O^5 \begin{matrix} CaO \\ H^2O \\ H^2O \end{matrix}$$

l'eau qui reste fonctionne comme un oxyde métallique ; elle fait partie **intégrante** de l'acide phosphorique ; on l'appelle **eau de constitution.**

L'acide phosphorique est donc **tribasique**, et il peut donner trois séries de **phosphates** puisqu'il peut échanger contre un métal 1 ou 2 ou 3 atomes d'hydrogène.

Résumé. — Le phosphore et l'hydrogène ne se combinent pas directement; mais on connait trois *phosphures d'hydrogène*, un solide, un liquide et un gazeux. Ce dernier est le plus connu sous le nom d'**hydrogène phosphoré** inflammable.

Il prend feu en effet au contact de l'air en produisant des fumées blanches d'acide phosphorique qui se disposent en couronnes.

On le produit en faisant chauffer du phosphore dans une solution de potasse ou bien en décomposant par l'eau le phosphure de calcium.

Il se produit dans la décomposition lente des animaux morts, s'enflamme à l'air et constitue les *feux follets*.

Le phosphore donne avec l'oxygène plusieurs composés, le principal est l'**anhydride phosphorique** qui se produit en vapeurs blanches et se dépose en poudre blanche quand on brûle du phosphore dans l'oxygène ou dans l'air sec. Ce corps se forme avec dégagement de chaleur ; il dégage aussi de la chaleur quand il se dissout dans l'eau.

Il forme avec l'eau plusieurs hydrates dont le plus important est l'**acide phosphorique** *ordinaire*.

On prépare directement cet acide phosphorique ordinaire en chauffant le phosphore dans de l'acide azotique étendu. Le liquide obtenu est fortement acide.

Cet acide phosphorique a trois atomes d'hydrogène à échanger contre les métaux ; il donne trois séries de **phosphates** qui tous comme lui précipitent en jaune une solution d'un sel d'argent neutralisée et en blanc une solution d'un sel de baryum. Les uns ont trois atômes de métal et portent le nom de **phosphates tribasiques**; d'autres n'en ont que deux comme le phosphate de sodium ordinaire ; d'autres enfin n'en ont qu'un comme le phosphate acide de calcium.

Outre cet acide, qu'on pourrait appeler de l'anhydride trihydraté, il y en a deux autres : l'acide bihydraté ou *pyrophosphorique* qui donne avec les métaux les *pyrophosphates* et l'acide monohydraté appelé *métaphosphorique* qui avec les métaux donne les *métaphosphates*. Ces deux derniers acides et leurs sels se distinguent du précédent en ce qu'ils précipitent en blanc les sels d'argent. L'acide métaphosphorique coagule en outre l'albumine.

Dans la préparation du phosphore, on part du phosphate tribasique de calcium qui est insoluble. Par l'acide sulfurique, on le transforme en phosphate acide soluble qu'on évapore, qu'on dessèche pour en faire du métaphosphate, et l'on décompose celui-ci par le charbon. Le phosphore se dégage en vapeurs que l'on condense dans l'eau.

CHAPITRE XVIII

ARSENIC ET SES COMPOSÉS

Symbole As Poids atomique 75.

178. Propriétés de l'arsenic. — L'arsenic est un solide gris d'acier, brillant, d'apparence cristalline, qui perd son éclat au contact de l'air et devient noir.

Sous l'influence de la chaleur, vers 180°, il se volatilise sans fondre et sa vapeur se sublime par le refroidissement. Quand on le fait chauffer dans un tube fermé par un bout, la vapeur vient former, au-dessus de la partie chauffée, un **anneau miroitant** d'arsenic sublimé. Cet anneau est déplaçable par la chaleur ; chauffé, il disparaît pour se reformer plus loin. On met à profit cette propriété de l'arsenic pour le caractériser et révéler sa présence.

L'arsenic s'oxyde à l'air et se couvre d'une poudre blanche d'acide arsénieux. Il produit abondamment cet acide quand on le chauffe dans un courant d'air, par exemple dans un tube ouvert aux deux bouts où il se forme un anneau *blanc* d'acide arsénieux au delà de la partie chauffée. Alors il répand une odeur alliacée.

Fig. 120. — L'arsenic chauffé dans un tube à essais donne au-dessus de la partie chauffée un anneau miroitant.

L'acide azotique concentré le transforme en acide arsénique.

Il donne donc avec l'oxygène, comme le phosphore, deux acides anhydres :

L'anhydride arsénieux, As^2O^3 ;
L'anhydride arsénique, As^2O^5.

Ce dernier est comparable à l'acide phosphorique ; comme lui il prend, en s'hydratant, 3 molécules d'eau et sous sa formule $As^2O^5 3(H^2O)$ ou $2(AsO^4H^3)$ il peut donner des sels, les **arséniates**, comparables aux phosphates.

179. Acide arsénieux As^2O^3. — On l'appelle vulgairement **arsenic blanc** ; c'est un solide inodore, vitreux ou opaque, peu soluble dans l'eau, plus soluble dans l'acide chlorhydrique.

Le charbon lui enlève l'oxygène et met l'arsenic en liberté. On le démontre en chauffant dans un tube de l'acide arsénieux mélangé de charbon en poudre ; l'anneau miroitant d'arsenic se produit sur la partie non chauffée du tube.

L'acide arsénieux est un poison énergique qui corrode et perfore les parois de l'estomac ; on combat ses funestes effets au moyen de la magnésie qui forme avec lui un sel insoluble et par suite inoffensif.

Il a quelques emplois dans les laboratoires et dans l'industrie. Il donne avec les sels de cuivre des précipités *verts* employés comme couleurs sous les noms de *vert de schéele* et de *vert de schweinfurt*.

On l'utilise, depuis quelque temps, à petite dose, avec succès, dans le traitement des maladies des bronches. C'est le plus souvent sous la forme d'arsénite de potassium (Liqueur de Fowler) qu'il est administré. A haute dose, c'est un poison violent.

Le chlore, en présence de l'eau, le fait passer à l'état d'acide arsénique. L'acide arsénieux As^2O^3 en prenant 3 molécules d'eau devient

$$As^2O^3 + 3\ H^2O = 2\ (AsO^3\ H^3)$$

c'est le corps $AsO^3\ H^3$ qui est transformé par le chlore :

$$\underset{\text{A. arsénieux}}{AsO^3H^3} + H^2O + Cl^2 = \underset{\text{A. arsénique.}}{AsO^4H^3} + 2\ HCl$$

On utilise cette réaction pour estimer la richesse en chlore des chlorures décolorants.

180. Hydrogène arsénié. — L'hydrogène naissant peut se combiner à l'arsenic et donner le corps AsH^3, l'**hydrogène arsénié**, analogue de composition à l'hydrogène phosphoré et à l'ammoniaque.

On le produit en versant un des composés oxygénés de l'arsenic dans un appareil qui dégage de l'ydrogène.

$$AsO^3H^3 + 6\ H = 3\ (H^2O) + AsH^3.$$

C'est un gaz incolore, d'odeur alliacée, très vénéneux.

Il s'enflamme facilement et brûle avec une flamme livide en produisant de l'eau et de l'acide arsénieux.

$$2\ (AsH^3) + O^6 = 3H^2O + As^2O^3.$$

Dans sa combustion incomplète, il dépose de l'arsenic.

Il est décomposé par la chaleur; si on le fait passer dans un tube chauffé au rouge, l'arsenic, séparé de l'hydrogène, se dépose sur le tube, au-delà de la partie chauffée, en un anneau caractéristique. Le gaz qui brûle à l'extrémité du tube produit des taches métalliques brillantes d'arsenic sur une soucoupe qu'on présente à la flamme.

181. Recherche de l'arsenic. — On utilise ces propriétés pour déceler la présence de l'arsenic à l'état de combinaison. On met le corps douteux dans un appareil à hydrogène dont le zinc et l'acide sont bien purs ; on fait rendre le gaz, desséché par de l'amiante, dans un tube chauffé ; s'il y a de l'arsenic dans le corps que l'on essaie, il se produit sur le tube un anneau brillant et des taches sur une soucoupe avec laquelle on aplatit la flamme du gaz brûlant au bout du tube.

Cet appareil ainsi monté, comme l'indique la fig. 121, porte le nom d'**appareil de Marsh**.

L'anneau métallique est déplaçable par la chaleur. Les taches et l'anneau sont solubles dans la solution de chlorure de soude ou de chlorure de chaux. Cette dernière propriété permet de les distinguer des taches analogues que peuvent produire les composés de l'antimoine.

182. État naturel de l'arsenic. — L'arsenic se rencontre dans

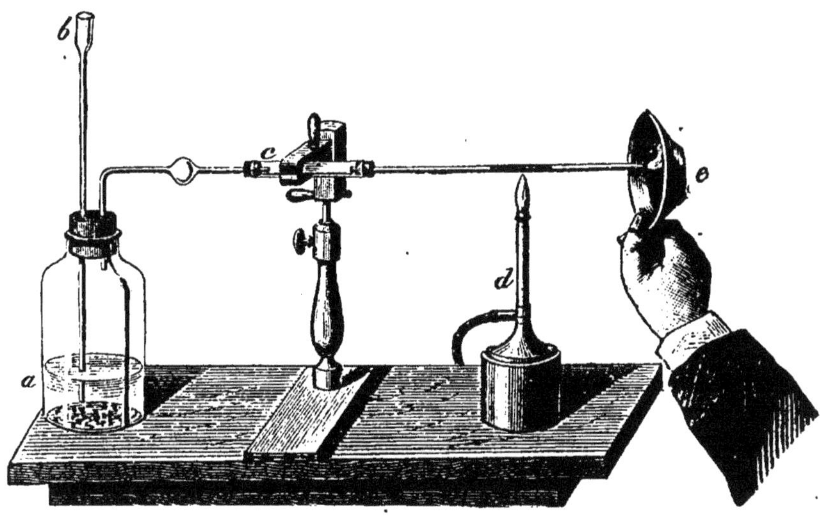

Fig. 122. — Appareil de Marsh.
a flacon à hydrogène ; *b*, entonnoir ; *c*. tube large à amiante.

la nature à l'état natif ; on l'a trouvé en rognons fibreux à Sainte-Marie aux-Mines (Vosges). On le rencontre également dans les minerais de nickel, de cobalt et d'argent à l'état de combinaisons.

Certaines eaux minérales en contiennent de petites quantités, notamment les eaux de Plombières (Vosges) et celles de la Bourboule qui renferment 6 milligrammes par litre d'arsenic à l'état d'arséniate.

Résumé. — L'arsenic est solide, gris d'acier ou noir. Chauffé, il se volatilise et sa vapeur refroidie forme un anneau miroitant d'arsenic sublimé : cet anneau est déplaçable par la chaleur. Chauffé à l'air, l'arsenic forme une poudre blanche d'anhydride arsénieux et répand l'odeur d'ail.

L'arsenic donne deux composés oxygénés : l'**acide arsénique** qui avec les bases produit les **arséniates** comparables aux phosphates : l'anhydride **arsénieux** qui en s'hydratant et en se combinant aux bases donne les **arsénites**.

L'anhydride arsénieux est aussi appelé *arsenic blanc*. C'est un poison énergique. La médecine l'emploie à petite dose dans le traitement des maladies des bronches. Il sert dans l'industrie à faire avec des sels de cuivre des couleurs vertes.

L'hydrogène arsénié prend naissance par l'action de l'hydrogène naissant sur un des composés oxygénés de l'arsenic. C'est un gaz vénéneux qui brûle avec une flamme livide et qui dépose de l'arsenic dans sa combustion incomplète. Il est décomposé par la chaleur en arsenic qui se dépose et en hydrogène qui se dégage.

On recherche l'arsenic en mettant le corps que l'on suppose en contenir dans un appareil à hydrogène qui ne contient que du zinc pur et de l'acide sulfurique pur. Le gaz qui se dégage passe sur de l'amiante où il se dessèche, ensuite dans un tube chauffé où il se décompose et à l'extrémité duquel il vient brûler. Il se produit sur le tube un anneau miroitant ; et si l'on aplatit la flamme avec une soucoupe, il se forme sur celle-ci des taches d'arsenic.

L'arsenic existe dans certaines eaux minérales comme celles de Plombières et celles de la Bourboule

CHAPITRE XIX

CARBONE

Symbole C. Poids atomique 12.

183. Charbons et carbone. — Nous appelons **charbons** bien des corps très différents d'aspect, qui contiennent tous en plus ou moins grande quantité un même corps simple, le **carbone**.

Le carbone pur se présente sous trois états qui diffèrent autant par la densité que par l'aspect et qui semblent correspondre à trois degrés de condensation.

1° Le *carbone amorphe*, dont la densité est 1,4 et dont le type est le noir de fumée ;

2° Le *graphite*, de densité 2,1 ;

3° Le *diamant* cristallisé, de densité 3,5.

Quels que soient son état et la différence de ses propriétés extérieures, le carbone est toujours insoluble et infusible, et le produit de sa combustion complète est toujours l'*acide carbonique*.

Le carbone est très répandu dans la nature ; pour passer en revue ses principales variétés, on les divise en deux catégories :

1° Les *charbons naturels* : le diamant, le graphite et les charbons minéraux que l'on trouve en couches plus ou moins puissantes dans le sein de la terre, dans les terrains dits *carbonifères* ;

2° Les *charbons artificiels*, que l'on tire de la combustion incomplète de presque tous les produits organiques, animaux ou végétaux : le charbon de bois, le charbon de cornue, le coke, le noir de fumée, le noir animal.

CHARBONS NATURELS

184. Diamant. — Le diamant est du carbone pur et cristallisé ; ses cristaux appartiennent au premier système, ils dérivent du cube. Il est ordinairement incolore et transparent, mais il présente parfois aussi des nuances colorées ; on en trouve même de complètement noir. Brut, il ressemble à un caillou ; il n'acquiert son éclat que lorsqu'il est poli. C'est le plus dur de tous les corps connus ; il les raye tous, et il faut faire usage de sa propre poussière pour le tailler. La taille s'opère en usant le diamant, déjà dégrossi, sur des meules d'acier recouvertes de poudre de diamants noirs délayée dans l'huile; on produit ainsi les facettes polies, qui dispersent puissamment la lumière et donnent au diamant toute sa valeur pour la parure.

Fig. 123. — Diamant taillé en rose vu en élévation.

On taille les diamants en *roses* ou en *brillants*. La *rose* a le dessous plat et le dessus en un dôme taillé à facettes (fig. 123). Le *brillant* se compose de deux parties, une inférieure taillée en pointe à 32 facettes en triangles ou en losanges et une supérieure ou couronne terminée par une large face octogonale (fig. 124).

185. Prix du diamant. — Le prix du diamant est très élevé ; il varie de 20 à 40 fr. le carat pour les diamants bruts et de 50 à 100 fr. pour les diamants taillés. (Le carat pèse 0gr,212). De plus, le prix augmente comme le carré du nombre des carats; ainsi un diamant ordinaire taillé du poids de 3 carats coûterait :

$$3 \times 3 \times 50 = 450 \text{ fr.}$$

Au-dessus de 20 carats, le prix ne dépend plus que de la beauté.

Ainsi le *Régent* de la couronne de France, l'un des plus beaux diamants connus, qui pèse 137 carats (il en pesait 410 avant la taille), est estimé à environ 6 millions de francs.

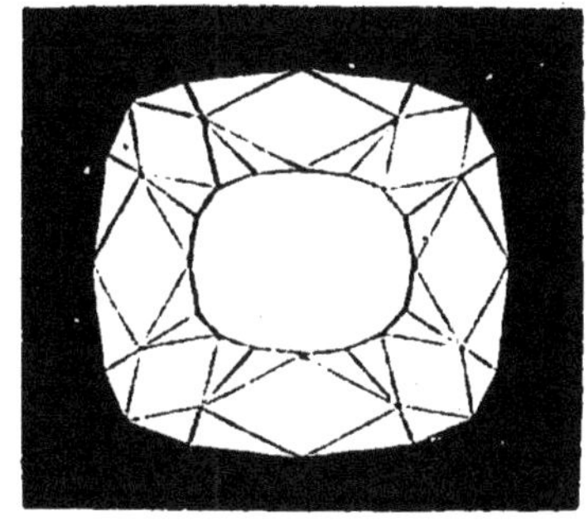

Fig. 124. — Diamant taillé en brillant, vu de face.

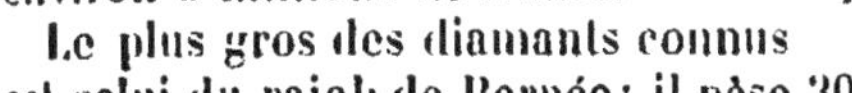

Le plus gros des diamants connus est celui du rajah de Bornéo; il pèse 300 carats.

186. Nature du diamant. — On a longtemps cru que le diamant n'était qu'une variété très pure du cristal de roche. C'est Lavoisier qui a le premier démontré l'existence du charbon dans le diamant, en le faisant brûler dans un ballon d'oxygène à l'aide de la chaleur solaire concentrée par de fortes lentilles. Davy a mis hors de doute la nature du diamant en démontrant qu'il produit de l'acide carbonique comme le carbone pur.

Une température élevée transforme le diamant en une matière noire, onctueuse au toucher, analogue à la mine de plomb des crayons.

187. État naturel et usages. — Le diamant se trouve disséminé dans des sables d'alluvions provenant de roches anciennes qu'on n'a trouvés jusqu'ici que dans l'Inde, à Bornéo et au Brésil. Sa densité, 3, 5, est supérieure à celle des sables ; on le retire par des lavages et triages répétés. Le Brésil fournit 4 à 5 kilogrammes de diamants bruts par an.

Les beaux diamants incolores sont taillés en roses ou en brillants pour être employés à la parure. Les petits de toutes couleurs servent à couper le verre, à faire des pointes de burin pour graver les pierres dures et des pivots pour certaines pièces d'horlogerie. Le diamant noir qui est le plus dur peut être employé pour forer les roches porphyriques ; on en a fait un grand usage dans le percement du tunnel du Mont-Cenis.

188. Graphite ou plombagine. — Le graphite, que l'on trouve abondamment en Sibérie, se présente sous forme de paillettes brillantes, noirâtres, onctueuses au toucher, tachant les doigts et le papier. Il est peu combustible ; il ne peut brûler que dans l'oxygène quand il y est fortement chauffé. Son infusibilité le fait employer dans les laboratoires à la confection de creusets qui résistent aux températures élevées.

La fonte de fer en fusion, qui a dissous du charbon, l'abandonne, en se refroidissant, sous forme de paillettes hexagonales de graphite.

Le graphite est bon conducteur de l'électricité ; aussi s'en sert-on, à l'état de poudre impalpable, pour enduire les moules que l'on veut recouvrir d'une couche métallique par la galvanoplastie.

La poudre de graphite, mélangée à l'huile, donne une matière onctueuse que l'on emploie à graisser les engrenages et à recouvrir la fonte d'un enduit préservateur et brillant.

On l'utilise pour la fabrication des crayons ; on l'appelle improprement **plombagine** ou **mine de plomb**.

189. Combustibles minéraux. — On trouve dans la terre des charbons plus ou moins impurs, généralement d'un noir brillant, qui brûlent avec flamme parce qu'ils contiennent, outre le carbone, un peu d'hydrogène et qui laissent des matières minérales sous forme de cendres quand la matière charbonneuse a brûlé dans un excès d'air ; ce sont : l'*anthracite*, la *houille*, les *lignites*, auxquels on peut ajouter la *tourbe*.

190. Anthracite. — **L'anthracite** est un charbon dur que l'on rencontre dans les terrains anciens, notamment aux États-Unis, en Angleterre et en France, près d'Angers. Il ne peut brûler qu'à une température élevée et en grandes masses ; mais comme il est très riche en carbone (il en renferme 92 pour cent), si on entretient sa combustion par un vif courant d'air il donne une forte chaleur ; il est apprécié dans l'industrie.

191. Houille. — La **houille** ou charbon de terre est le charbon minéral le plus employé ; elle est d'un noir brillant, moins compacte que l'anthracite, souvent formée de feuillets superposés ; elle ne renferme que 70 à 75 pour cent de carbone.

Soumise à la chaleur, elle devient pâteuse, se boursoufle plus ou moins, dégage des gaz qui forment la flamme et laisse un résidu riche en charbon appelé *coke*.

Elle présente diverses variétés que l'on distingue d'après leur apparence extérieure, la manière dont elles se conduisent au feu et la nature du coke qu'elles laissent.

Le premier groupe comprend les *houilles bitumineuses, grasses, à longue flamme*, que l'on subdivise :

1° En *houilles grasses maréchales*, se ramollissant beaucoup au feu, donnant un coke poreux et convenant particulièrement au chauffage des forges et à la fabrication du gaz ; telles sont les houilles de Mons et de Newcastle.

2° En *houilles sèches et dures*, qui ne gonflent pas, donnent un coke dense et sont particulièrement réservées au chauffage des foyers à grilles, telles sont les houilles de Blanzy en France.

Le deuxième groupe comprend les *houilles maigres* ou *anthraciteuses*, qui se réduisent en petits fragments et ne donnent pas une température très élevée.

Toutes les variétés sont plus ou moins mélangées de pyrite de fer qui peut nuire à leur qualité.

La houille se trouve en lits superposés dans les terrains houillers ou carbonifères. Elle provient d'une altération lente de grands végétaux de l'époque primaire comme le prouvent les nombreux débris ou les empreintes de feuilles, de tiges et de fruits que l'on y trouve.

C'est le principal combustible de l'industrie. Elle sert en outre à faire le gaz d'éclairage. On utilise même aujourd'hui sa poussière sous forme de briquettes et sous le nom d'agglomérés.

192. Lignites. — Les **lignites** proviennent de bois altérés dont ils r[illegible]llent encore la forme ; certaines variétés présentent beaucoup de dureté et constituent le **jais**, susceptible d'un beau poli. Les lignites brûlent avec une flamme fumeuse, en répandant une odeur désagréable ; ils sont bien moins riches en carbone que la houille.

103. **Tourbe.** — La **tourbe**, qui se produit autour de nous dans les marais desséchés et dans certains terrains humides, est aussi un combustible fumeux, plus impur que les précédents, mais cependant susceptible d'emploi.

C'est une substance brunâtre, d'aspect terreux, que l'on extrait des tourbières comme celles de la Somme, que l'on découpe en briques peu épaisses et que l'on fait sécher pour pouvoir les brûler. Elle ne sert que pour le chauffage à bon marché.

CHARBONS ARTIFICIELS

104. **Coke.** — Quand on brûle la houille à l'air, elle produit une flamme brillante et ne laisse pour résidu que des cendres. Si on la brûle en vase clos, soit en grands tas couverts, soit dans des cylindres fermés, elle laisse un résidu poreux, généralement léger : c'est le **coke.** Le coke est formé de charbon et de cendres ; il brûle sans flamme et sans fumée, mais en produisant beaucoup de chaleur ; aussi est-il recherché pour le chauffage domestique. Les grands fourneaux de l'industrie des métaux en consomment beaucoup, tellement même que pour cet usage on convertit en coke des masses énormes de houille.

105. **Charbon de cornue.** — Dans la distillation de la houille en cylindres pour obtenir le gaz d'éclairage, on trouve, sur les parois du cylindre, un dépôt de charbon très cohérent, très dense, d'un grain très serré, si dur qu'il est difficile à entamer ; c'est le **charbon de cornue.** On le travaille en prismes et en cylindres pour les piles électriques, car il conduit bien l'électricité. On en fait même des creusets. Il brûle très difficilement, mais à une température suffisamment élevée il constituerait un excellent combustible puisqu'il ne contient presque pas de cendres.

106. **Charbon de bois.** — Le bois contient environ 38 p. % de son poids de carbone uni à de l'hydrogène et à de l'oxygène, et à quelques matières minérales qui forment la cendre quand on le brûle. Si on le calcine en vase clos, les gaz se dégagent sous forme d'eau et d'hydrogènes carbonés ; la plus grande partie du charbon qui n'a pu se combiner ni se détruire reste, en conservant la forme du végétal dont il provient : c'est le **charbon de bois.**

On emploie deux procédés pour l'obtenir : 1° le procédé des meules ou des forêts ; 2° la distillation en vase clos.

107. **Procédé des meules.** — Pour construire la meule, on dispose sur une surface plane autour de quelques branches plantées verticalement au centre de l'aire, de petites buchettes de 30 à 40 centimètres de long, serrées les unes contre les autres et placées debout ; on constitue ainsi un premier lit sur lequel on en met un second, puis un troisième, en donnant à l'ensemble la forme d'un cône arrondi à la partie supérieure. On recouvre le tout de mousse, de feuilles, de gazon, de terre, en ménageant des évents à la partie inférieure.

On retire les bûches verticales du centre et on obtient une cheminée centrale dans laquelle on jette des broussailles sèches et des charbons allumés. La combustion commence ; quand elle est suffisamment avancée au centre, ce dont on juge par l'aspect de la fumée, on bouche la cheminée et on ouvre des évents latéraux, successivement du haut en bas. L'opération terminée, on bouche toutes les ouvertures et on laisse refroidir la masse le temps convenable. On enlève ensuite la terre, on sépare le charbon des parties mal carbonisées ; le charbon cuit est dur, compacte, sonore, à cassure brillante. On en obtient environ 17 p. % du poids du bois.

Fig. 125. — Préparation du charbon de bois par le procédé des meules. Meule entière et coupe verticale.

198. Distillation en vases clos. — On introduit le bois dans de grands cylindres qui peuvent en contenir un demi stère et que l'on fait communiquer avec des récipients refroidis où l'on recueillera les produits de la distillation. On chauffe sept ou huit heures les cylindres, avec du bois ou de la houille ; les produits gazeux passent dans des tubes refroidis par un courant d'eau ; une partie se condense à l'état liquide et la portion qui reste à l'état de gaz est ramenée sous le foyer pour y être brûlée, fig. 126. On laisse refroidir le temps convenable, et on défourne le charbon. On obtient environ 27 p. % du poids du bois employé. De plus, les produits liquides condensés sont utilisés dans l'industrie ; on en retire le vinaigre de bois et l'alcool de bois dont les usages sont nombreux. Ce procédé est donc beaucoup plus économique que le premier,

Fig. 126. — Distillation du bois en vases clos.

bien qu'il exige des appareils plus coûteux ; aussi s'est-il beaucoup répandu depuis quelque temps.

199. **Noir de fumée.** — Le noir de fumée, charbon très divisé, sous forme de poussière noire très légère, s'obtient en brûlant incomplètement à l'air des matières résineuses. On envoie la fumée épaisse que donnent ces corps dans de grandes chambres dont les parois sont recouvertes de toiles sur lesquelles le noir se dépose. On fait tomber le noir sur le sol de la chambre en faisant descendre un cône qui racle les parois. Le noir de fumée est du carbone à peu près pur ; il ne peut pas contenir de cendres ; sa seule impureté est une matière goudronneuse qui imprègne les particules de charbon et dont on le débarrasse en le calcinant à l'abri de l'air. Il sert à la fabrication des encres de Chine et d'imprimerie.

Fig. 127. — Préparation du noir de fumée.

200. **Noir animal.** — Quand on calcine les os en vase ouvert, la matière organique (qui en forme 30 p. 0/0) brûle et disparaît en flamme et fumée. Si on les calcine en vases clos, on obtient une masse noire, très poreuse, c'est le **charbon d'os, noir d'ivoire, noir animal.** Il contient environ 10 p. 0/0 de son poids de charbon disséminé dans le reste de la masse qui est formée par la matière minérale des os. Il n'est pas utilisé comme combustible ; mais il possède à un haut degré la propriété de **décolorer** les matières organiques. Si on l'agite en grains avec du vin et qu'on filtre, la liqueur passe incolore (fig. 128.) On l'emploie journellement pour décolorer les jus sucrés.

Quand il a servi quelque temps à la décoloration, il perd ses propriétés. On les lui rend par une nouvelle calcination qui détruit les matières organiques dont il était imprégné ; on dit qu'il a été **revivifié.**

Cette revivification ne peut guère s'opérer que deux ou trois fois, après quoi le noir est employé en agriculture, comme un excellent engrais.

Fig. 128. Décoloration du vin par le noir animal.

201. **Charbon de Paris.** — Ce charbon moulé, qui brûle lentement et qui est souvent employé dans l'économie domestique, est produit en calcinant en vases clos des débris de branches, des bruyères, des menus de houille, et en agglomérant le charbon obtenu avec du goudron ou du brai liquide qui en fait une matière plastique capable d'être moulée en cylindres.

202. **Propriétés du charbon.** — Les charbons préparés à haute

température sont conducteurs de la chaleur et de l'électricité : ainsi le charbon de cornue, ainsi la braise de boulanger fortement calcinée, qui sert à mettre la tige des paratonnerres en communication avec le sol. Les charbons préparés à basse température sont au contraire mauvais conducteurs de la chaleur : tel est le charbon de bois.

Combustibilité. — Les meilleurs combustibles sont les charbons mauvais conducteurs, préparés à basse température, tel est le charbon de bois, surtout quand il provient d'un bois léger, comme le peuplier ou le bois de bourdaine.

Le charbon qu'on obtient en brûlant lentement et incomplètement du linge est si combustible que l'étincelle d'un briquet suffit à l'enflammer.

Absorption des gaz. — Le charbon de bois récemment calciné possède la propriété d'absorber rapidement les gaz, surtout les gaz très solubles. On fait l'expérience sur l'ammoniaque. On chauffe au rouge un morceau de charbon ; on le refroidit en le plongeant dans le mercure et on l'introduit dans une éprouvette de gaz ammoniac ; le mercure monte rapidement et remplit l'éprouvette, et le charbon retiré exhale l'odeur du gaz.

Cette propriété explique l'emploi du charbon comme désinfectant, l'usage des filtres à charbon où l'on fait passer l'eau de citerne ou l'eau de rivière avant de la boire et dont l'emploi doit être recommandé partout où l'on manque d'eau de source, l'habitude que l'on a de carboniser l'intérieur des tonneaux à conserver l'eau pour les longs voyages.

203. Propriétés chimiques. — La propriété chimique la plus saillante du carbone, c'est de se combiner à l'oxygène en dégageant beaucoup de chaleur et en produisant de l'acide carbonique.

Le carbone prend souvent l'oxygène à des composés, aux oxydes notamment, par exemple à l'oxyde de cuivre ; on dit alors qu'il *réduit* l'oxyde.

Il se combine directement au soufre pour donner le *sulfure de carbone* ; il peut se combiner à l'hydrogène quand il est porté à la haute température de l'arc voltaïque pour donner l'acétylène ; mais il ne se combine qu'indirectement avec les autres métalloïdes.

Résumé. — Les **charbons** sont des corps différents d'aspect, presque toujours noirs, qui brûlent à l'air en produisant de l'acide carbonique, ce sont des variétés plus ou moins impures d'un corps simple le *carbone*. On peut trouver le carbone sous trois états : *amorphe* comme dans le noir de fumée, *graphitoïde* comme dans la plombagine ou *cristallisé* comme le diamant.

On fait deux groupes de charbons : ceux que l'on trouve dans la terre et que l'on nomme **charbons naturels**, comme le diamant, le graphite et les charbons minéraux ; ceux que l'on tire de la combustion incomplète des matières organiques, que l'on nomme **charbons artificiels** et dont les principaux sont le coke et le charbon de bois.

Le *diamant* est du carbone pur et cristallisé. Il est très-dur, on ne peut le tailler ou l'user qu'en le frottant avec sa poudre. Lorsqu'il est taillé, en rose ou en brillant, il renvoie la lumière par toutes ses facettes : il prend ainsi une grande valeur. Chauffé il se ramollit : il prend l'oxygène de l'air et produit de l'acide carbonique.

Le *graphite*, abondant en Sibérie est noir, en lamettes brillantes, onctueux au toucher, tâchant les doigts et le papier. Il est peu combustible et bon conducteur de l'électricité. Sous le nom de *plombagine* ou de mine de plomb il sert surtout à lustrer la fonte et à faire l'âme des crayons.

Les *combustibles minéraux* se trouvent dans la terre ; c'est l'anthracite, la houille, les lignites et la tourbe.

L'anthracite est dur, d'aspect pierreux, riche en charbon, difficile à brûler, mais donnant beaucoup de chaleur quand on le brûle dans un fourneau à vent alimenté par un fort courant d'air.

La *houille* ou charbon de terre est le charbon minéral le plus employé. Elle présente plusieurs variétés qui se distinguent d'après la manière dont elles se conduisent au feu : les houilles grasses brûlent avec une longue flamme, les houilles sèches ou maigres donnent un coke non poreux. La houille sert comme combustible : elle sert aussi pour faire le gaz d'éclairage.

Les *lignites* gardent la forme des bois qui les ont produits par une combustion lente ; ils brûlent avec une flamme fumeuse ; les plus beaux morceaux d'un noir brillant, susceptibles d'un beau poli forment le jais ou jayet.

La *tourbe* se produit dans les marais desséchés ; elle brûle avec une flamme très fumeuse.

Les **Charbons artificiels** sont le coke et le charbon de cornue, le charbon de bois, le noir de fumée et le noir animal.

Le *coke* est le résidu que laisse la distillation de la houille en vases clos, c'est un charbon poreux, qui brûle sans fumée en produisant beaucoup de chaleur. On le prépare pour les besoins de l'industrie des métaux.

Le *charbon de cornue* est très dur, difficilement combustible, bon conducteur de l'électricité ; il sert dans les piles électriques.

Le *charbon de bois* provient de la combustion incomplète du bois. On le produit par le procédé des meules qui en donne environ 17 pour cent du poids du bois, mais qui laisse perdre les produits contenus dans la fumée ; ou bien par le procédé des cylindres qui recueille l'acide pyroligneux contenu dans la fumée et condensé par refroidissement.

Le *noir de fumée* est un charbon très-divisé en poussière noire très-légère, obtenu par la combustion des matières résineuses qui donnent beaucoup de fumée. Il est la base de l'encre d'imprimerie.

Le *noir d'os ou noir animal* est le résidu de la calcination des os en vases clos. C'est un charbon très poreux qui possède à un haut degré la propriété d'absorber les couleurs. On l'emploie à la décoloration des liquides colorés et notamment des jus sucrés. Quand il a servi quelque temps on lui rend ses propriétés par une calcination.

Le *charbon de Paris* et les *agglomérés* en briquettes sont deux des formes sous lesquelles on utilise la poussière de charbon de bois, de houille et même de coke.

Le charbon est *combustible*, voilà sa principale propriété ; il l'est d'autant plus qu'il a été produit à plus basse température. Il absorbe les gaz, surtout les gaz solubles, et cette propriété explique son usage comme désinfectant, dans les filtres à eau.

Le charbon se combine à l'oxygène pour donner l'acide carbonique ; il peut réduire un certain nombre d'oxydes. Il peut se combiner à l'hydrogène et au soufre à haute température ; il ne se combine qu'indirectement aux autres métalloïdes.

CHAPITRE XX

COMPOSÉS OXYGÉNÉS DU CARBONE

Le carbone en brûlant dans l'oxygène ou dans l'air donne deux composés :

L'acide carbonique, CO^2. **L'oxyde de carbone**, CO.

C'est le premier qui se forme le plus fréquemment ; mais il est souvent accompagné du second dans la combustion du charbon à l'air.

ACIDE CARBONIQUE

Symbole CO^2. Poids moléculaire 44.

204. Propriétés physiques. — L'acide carbonique est un gaz incolore, d'une saveur aigrelette. Il est beaucoup plus lourd que l'air, sa densité par rapport à l'air est 1,52. Il pèse 22 fois plus que l'hydrogène ; le poids du litre de ce gaz est :

$$22 \times 0{,}0895 = 1 \text{ gr. } 97.$$

On met facilement en évidence cette grande densité en versant l'acide carbonique, contenu dans une éprouvette, dans une seconde éprouvette comme on verserait de l'eau ; le gaz tombe comme un liquide. On peut encore faire tomber des bulles de savon gonflées d'air dans un grand vase à demi rempli d'acide carbonique. On a fait dégager pendant quelque temps de l'acide carbonique dans le fond d'un grand bocal à très large ouverture ; on fait descendre des bulles de savon dans le bocal, les bulles s'arrêtent à la rencontre du gaz pesant et rebondissent à sa surface.

Le gaz acide carbonique est soluble dans l'eau qui en dissout son propre volume, quelle que soit la pression ; ainsi 1 litre d'eau dissoudra, sous la pression de 5 atmosphères, 1 litre d'acide carbonique qui, sous cette pression, équivaut à 5 litres sous la pression ordinaire. On peut donc à l'aide de la pression faire tenir dans l'eau des quantités notables d'acide carbonique, et c'est ainsi qu'on fait l'eau de seltz artificielle.

Le gaz carbonique a été liquéfié par Faraday, à 0°, sous la pression de de 36 atmosphères.

Thilorier a imaginé un appareil (fig. 129) à parois très résistantes, où le gaz carbonique se liquéfie par l'effet de sa propre pression.

Le gaz se produit en grande quantité dans le *générateur*; il se rend rapidement dans le *récipient* où une partie devient liquide.

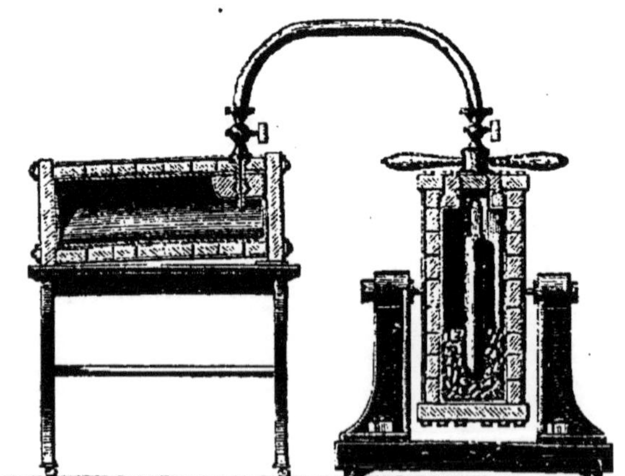
Fig. 129. — Appareil de Thilorier pour la liquéfaction de l'acide carbonique.

On dispose aujourd'hui d'un appareil imaginé par M. Cailletet, qui remplace avantageusement le précédent et qui permet d'obtenir de grandes quantités d'acide carbonique liquide.

Si l'on ouvre à l'air le récipient contenant l'acide liquide, l'acide est vivement projeté au dehors, l'expansion subite du gaz et le passage de l'acide liquide à l'état gazeux absorbent tant de chaleur qu'une partie de l'acide carbonique se solidifie sous forme d'une neige blanche que l'on peut recueillir.

Cette neige, comprimée entre les doigts, produit une sensation très douloureuse. Le mélange de cette neige avec l'éther constitue une puissante source de froid. Quand on mélange la neige d'acide carbonique avec de l'éther pour lui faire mouiller les corps, et qu'on plonge dans cette pâte un corps à refroidir, on amène la température à — 80°. En y plongeant un tube fermé qui contient de l'acide carbonique liquide, celui-ci se prend en beaux cristaux transparents ; on s'en est servi pour liquéfier les autres gaz.

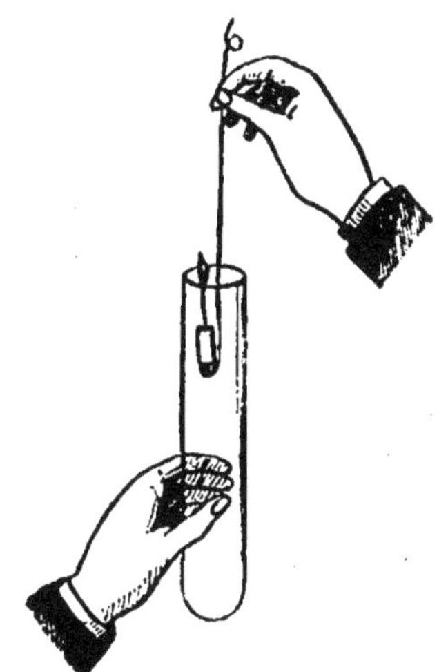

Fig. 130. — Une bougie allumée s'éteint dans l'acide carbonique.

203. **Propriétés chimiques.** — Le gaz carbonique n'entretient pas la combustion ; une bougie allumée, plongée dans une éprouvette de ce gaz, s'éteint aussitôt, fig. 130.

On rend l'expérience plus frappante et on prouve en même temps que l'acide carbonique est très lourd en versant une éprouvette de gaz au-dessus de la bougie ; celle-ci s'éteint immédiatement, fig. 131.

L'acide carbonique n'entretient pas la respiration ; un animal qu'on y plongerait y périrait ; le gaz n'est pas vénéneux, mais il asphyxie par privation de l'oxygène.

C'est un acide faible ; il colore la teinture de tournesol en *rouge vineux*.

Il se combine aux bases pour donner des carbonates. Ainsi un morceau de potasse agité dans une éprouvette de gaz carbonique l'absorbe complètement ; il s'est formé du carbonate de potassium soluble dans l'eau.

Il trouble l'eau de chaux en produisant du carbonate de calcium qui se dépose. Ce carbonate est soluble dans l'eau chargée d'acide carbonique; aussi le trouble de l'eau de chaux disparait quand le courant d'acide passe longtemps dans le liquide. Ce fait explique que les eaux naturelles puissent tenir de la pierre (carbonate de calcium) en dissolution, et qu'elles l'abandonnent en perdant l'acide carbonique qui leur avait permis de la dissoudre.

L'acide carbonique est chassé de ses combinaisons, des carbonates, par presque tous les autres acides, même le vinaigre. Une goutte d'acide, mise sur une pierre calcaire ou sur la craie, dégage de l'acide carbonique visible à l'effervescence que produit son dégagement.

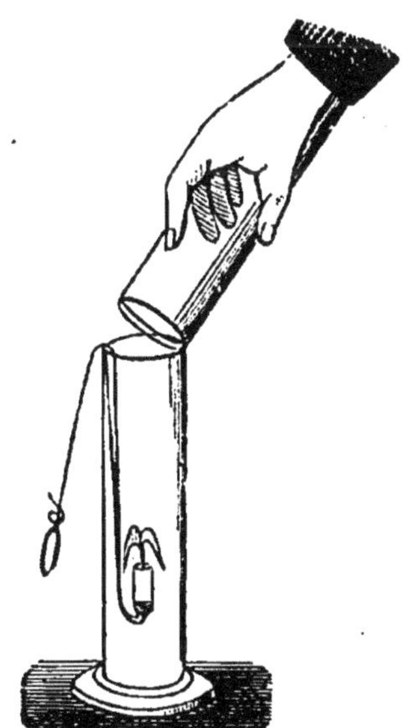

Fig. 131. — Transvasement de l'acide carbonique et preuve qu'il éteint une bougie allumée

206. Action du charbon. — L'acide carbonique est décomposé par le charbon rouge, qui lui prend la moitié de son oxygène et produit de l'oxyde de carbone.

$$CO^2 + C = 2CO.$$

On réalise cette transformation en faisant passer de l'acide carbonique dans un tube de porcelaine rempli de braise et chauffé au rouge ; on recueille un gaz qui brûle avec une flamme bleue quand on l'enflamme.

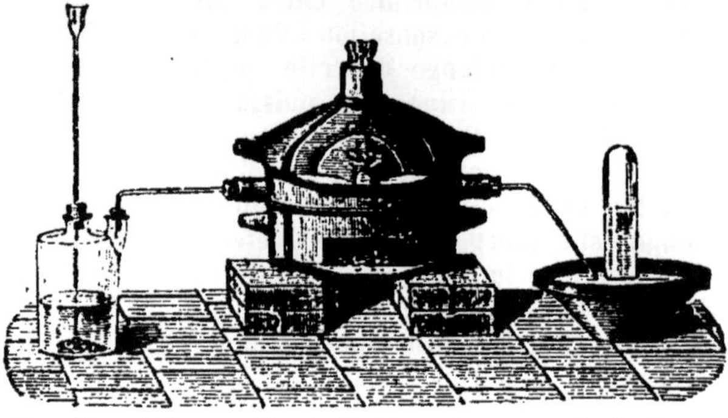

Fig. 132. — Décomposition de l'acide carbonique par le charbon.

207. Carbonates. La formule de l'acide carbonique est CO^2 = 44 grammes. Le véritable acide, contenant de l'hydrogène échangeable contre les métaux serait s'il pouvait être obtenu

$$CO^2 + H^2O \quad \text{ou} \quad CO^3H^2$$

Les **carbonates** formés par l'action de l'acide carbonique sur les bases répondent à cette formule de l'acide. C'est de l'acide carbonique CO^3H^2 où l'hydrogène a été remplacé par un métal.

Avec les métaux diatomiques comme le calcium ou le baryum, un atome de métal remplace H^2 et les formules sont :

carbonate de baryum (ou de baryte) CO^3Ba
carbonate de calcium (ou de chaux) CO^3Ca

Avec les métaux monoatomiques, il y a deux séries de carbonates, suivant que 1 ou 2 atomes de H a été remplacé. Ainsi avec le sodium on a

le bicarbonate de sodium ou de soude $CO^3{}^{Na}_{H}$

le carbonate neutre de sodium ou de soude $CO^3{}^{Na}_{Na}$

208. Usages de l'acide carbonique. — Il sert à la fabrication de l'eau de Seltz et en général des eaux gazeuses et des vins mousseux. L'industrie l'emploie à la fabrication de la céruse (carbonate de plomb), du bicarbonate de sodium, et à la purification des jus sucrés, pour précipiter la chaux que l'on avait combinée au sucre.

209. État naturel. — L'acide carbonique se rencontre en abondance dans la nature. Il se dégage des volcans en activité et des fissures du sol pour s'accumuler dans certains lieux dont la *grotte du Chien*, près de Naples est un exemple. Un chien ne pénètre pas dans cette grotte sans y tomber asphyxié, tandis qu'un homme n'y éprouve aucun malaise; c'est une preuve de plus que l'acide carbonique, en vertu de son poids, tend à descendre vers les parties basses, où il rend l'air irrespirable.

L'acide carbonique se rencontre dans un certain nombre d'eaux minérales, les eaux de Seltz, de Vichy, de Spa.

Il se produit dans la fermentation alcoolique des liquides sucrés.

C'est le résultat constant de la combustion du bois et des matières qui servent à l'éclairage.

La respiration des animaux en donne également ; on le prouve facilement en soufflant dans un tube, pour le faire passer dans de l'eau de chaux, l'air qui a servi à la respiration ; l'eau se trouble par le dépôt de carbonate de chaux.

Fig. 133. — On trouble l'eau limpide de chaux en soufflant dedans.

Malgré toutes ces causes de production, la proportion d'acide carbonique n'augmente pas dans l'air; il y en a toujours 4 à 6 dix-millièmes seulement. C'est que ce gaz disparait constamment; il est enlevé par l'eau et par les plantes.

L'eau de pluie en dissout des quantités notables en traversant l'atmosphère et elle devient capable d'enlever au sol sur lequel elle coule différents sels métalliques qui lui donnent ses propriétés fertilisantes.

De leur côté, les végétaux, sous l'influence de la lumière décomposent l'acide carbonique de l'air, fixent le carbone et rejettent l'oxygène. On met ce fait hors de doute en exposant au soleil une plante d'eau, un potamogeton, dans un flacon renversé plein d'une dissolution d'acide carbonique. Après quelques heures, on retrouve un gaz dans haut du flacon et ce gaz c'est de l'oxygène.

Fig. 134. Les plantes décomposent l'acide carbonique et dégagent de l'oxygène.

L'acide carbonique existe aussi à l'état de carbonates en masses considérables dans le sol.

On est prévenu de la présence de l'acide carbonique dans une enceinte quand une bougie allumée s'y éteint. Si on y doit pénétrer, il faut renouveler l'air par une ventilation énergique ou bien absorber l'acide carbonique en jetant dans l'enceinte de l'eau ammoniacale ou un lait de chaux.

210. Préparation. — 1° Le moyen qui paraît au premier abord le plus simple pour obtenir l'acide carbonique, c'est de brûler du charbon à l'air. On recueille en effet le gaz carbonique, mais il est mélangé à l'azote; toutefois l'industrie utilise dans quelques cas ce procédé aussi peu coûteux qu'il est simple.

2° On peut encore l'obtenir en décomposant un carbonate par la chaleur, le carbonate de calcium qui est extrêmement commun, par exemple:

$$CO^3Ca = CaO + CO^2$$

la chaux reste comme résidu et l'acide se dégage. Ce n'est pas un procédé de laboratoire ; mais certaines industries s'en servent avec profit.

3° Dans les laboratoires, on décompose le carbonate de calcium par un acide, l'acide chlorhydrique ou l'acide sulfurique :

$$CO^3Ca + 2(HCl) = CaCl^2 + H^2O + CO^2$$
$$CO^3Ca + SO^4H^2 = SO^4Ca + H^2O + CO^2$$

avec ce dernier, il est bon d'agiter la masse, à cause de l'insolubilité dans l'eau du sulfate de calcium formé. L'opération se fait dans un flacon à deux tubulures et on recueille le gaz sur l'eau (fig. 135).

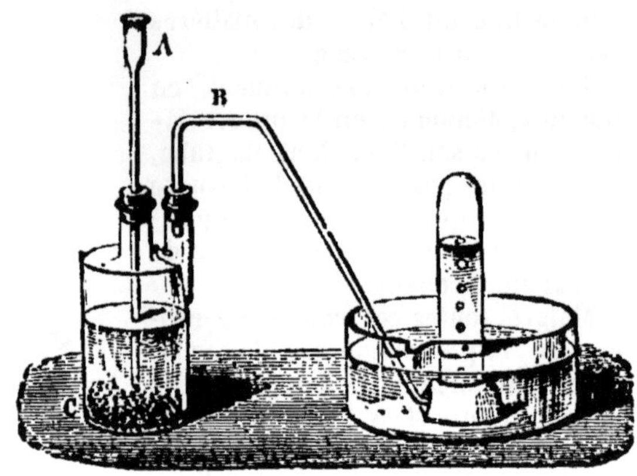

Fig. 135. Préparation de l'acide carbonique.

On emploie aussi très fréquemment dans les laboratoires un appareil continu comme celui de Deville pour l'hydrogène.

C'est en attaquant le carbonate de chaux par l'acide sulfurique qu'on prépare le gaz carbonique pour les **eaux gazeuses** ; une pompe refoule l'eau dans un réservoir ainsi que l'acide carbonique, sous une pression de 4 à 6 atmosphères; les siphons sont remplis avec ce liquide. Tout le monde sait que quand on les ouvre, l'acide se dégage avec effervescence.

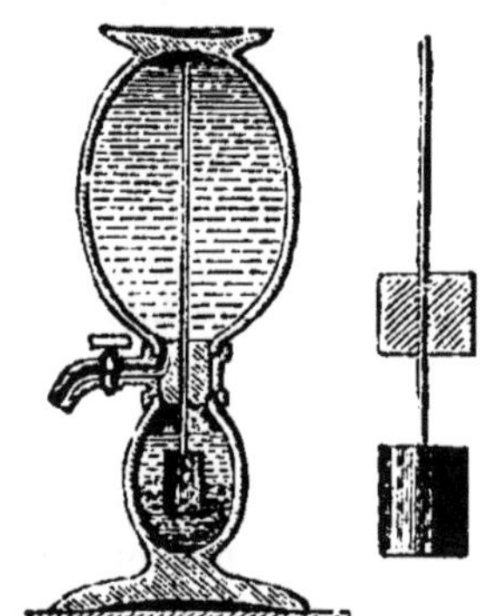
Fig. 136. Gazogène Briet.

4° Dans les ménages où l'on prépare soi-même l'eau gazeuse, on emploie un double vase dont les deux parties se vissent fortement l'une sur l'autre (fig. 136). La grande est remplie d'eau; on met dans la petite deux poudres, du **bicarbonate de soude** et de l'**acide tartrique** ; on revisse l'appareil et on le retourne. L'eau vient mouiller les poudres, leur réaction s'opère, l'acide se dégage, il monte par un tube du vase inférieur dans le vase supérieur où il se fait pression à lui-même et se dissout dans l'eau. On tire celle-ci, chargée d'acide, par un robinet.

On emploie souvent aussi un vase à deux compartiments et deux goulots. On met dans l'un une dissolution de bicarbonate de soude, dans l'autre une dissolution d'acide tartrique. Quand on verse les liquides dans un verre ils se mélangent, réagissent et donnent de suite de l'acide carbonique.

Une eau gazeuse qu'on abandonne à l'air cesse d'être fortement aigrelette ; elle ne conserve que peu d'acide carbonique.

OXYDE DE CARBONE.

Symbole CO Poids moléculaire 18.

211. Propriétés physiques. — L'oxyde de carbone est un gaz incolore, inodore, peu soluble dans l'eau. Il pèse, comme l'azote, 14 fois plus que l'hydrogène, le poids du litre est

$$14 \times 0,0895 = 1,25.$$

212. Propriétés chimiques. — Il est combustible ; il brûle avec une flamme bleue en dégageant beaucoup de chaleur et en produisant de l'acide carbonique que l'on constate par l'eau de chaux.

Le charbon en brûlant et en produisant de l'oxyde de carbone dégage de la chaleur.

$$C + O = CO + 30 \text{ calories.}$$

L'oxyde de carbone en brûlant dégage encore de la chaleur.

L'oxyde de carbone prend l'oxygène aux corps composés, notamment aux oxydes métalliques, dont il dégage les métaux ; c'est le **réducteur** employé dans l'industrie.

Le charbon qu'on mélange aux minerais métalliques est destiné à produire l'oxyde de carbone qui les réduit, en même temps que la chaleur qui fond les métaux. On démontre cette propriété réductrice en faisant passer un courant d'oxyde de carbone sur de l'oxyde de cuivre chauffé au rouge dans un tube et en dirigeant le gaz qui s'en échappe dans de l'eau de chaux :

$$CuO + CO = Cu + CO^2.$$

Il reste dans le tube du cuivre métallique et il se dégage de l'acide carbonique.

213. Action physiologique. — C'est un gaz extrêmement vénéneux qui occasionne la mort quand il y en a seulement 1 ou 2 centièmes dans l'air; c'est lui qui produit toutes les asphyxies par le charbon. Il agit sur le globule sanguin pour l'empêcher de prendre l'oxygène et pour s'opposer à l'hématose du sang. Il faut donc éviter avec soin les causes qui peuvent le produire dans les appartements, et proscrire l'emploi des braseros, réchauds allumés que l'on place au milieu des chambres dans les contrées méridionales. Il faut n'allumer du charbon que sous une cheminée à bon tirage ; on voit souvent l'oxyde de carbone se révéler par une flamme bleue au-dessus d'un fourneau allumé ; il se produit en effet toutes les fois que l'acide carbonique traverse une couche de charbon chauffé. Ce gaz vénéneux se dégage donc quand on couvre de charbon noir un réchaud contenant des charbons allumés ou quand on arrête brusquement le tirage d'un fourneau chargé de combustible.

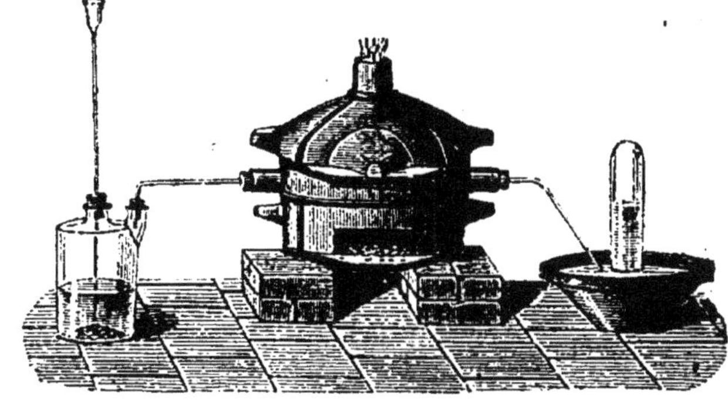

Fig. 137. — Préparation de l'oxyde de carbone par l'acide carbonique passant sur le charbon chauffé.

Quand il s'en répand dans un appartement, il cause des maux de tête ou des vertiges ; il faut alors établir de suite une ventilation énergique.

214. Usages. — L'oxyde de carbone joue un rôle considérable dans la métallurgie.

C'est lui qui est produit dans les **fours à combustible gazeux** dits aussi *à chaleur régénérée*. Le coke ou la houille est accumulé en couche épaisse sur une grille inclinée qu'on fait traverser par un fort courant d'air. Cet air, au contact du combustible allumé, produit de l'acide carbonique ; mais celui-ci, au contact du charbon, redevient de l'oxyde de carbone qui monte dans la couche épaisse de combustible, qui se dégage au haut du fourneau et qu'on envoie par des conduits dans le four où il doit brûler avec l'air et dégager de la chaleur.

Ces fours à combustible gazeux, où l'oxyde de carbone brûle avec l'air, permettent d'atteindre une température beaucoup plus élevée que celle que l'on pouvait obtenir avec la flamme directe du combustible. Ils sont d'un usage courant dans la métallurgie et dans beaucoup d'industries.

215. Préparation. — On peut l'obtenir, comme nous l'avons vu, en faisant passer de l'acide carbonique sur du charbon chauffé au rouge. Mais on préfère attaquer dans un ballon, par l'acide sulfurique, soit l'acide formique, soit l'acide oxalique.

Le premier donne un gaz très pur ; l'acide sulfurique retient l'eau :

Fig. 138. — Préparation de l'oxyde de carbone par la décomposition de l'acide oxalique.

$$CH^2O^2 = H^2O + CO$$

Acide formique.

Le second donne un mélange d'acide carbonique et d'oxyde de carbone; on retient le gaz carbonique dans un flacon contenant de la potasse ; on recueille l'oxyde de carbone sur l'eau :

$$C^2H^2O^4 = H^2O + CO^2 + CO$$

Acide oxalique. **Oxyde de carbone.**

Résumé. — Le charbon brûlant à l'air ou dans l'oxygène produit deux composés, l'acide carbonique et l'oxyde de carbone.

L'acide carbonique est un gaz lourd, d'une saveur aigrelette. Il est soluble dans l'eau qui en dissout d'autant plus que la pression est plus forte. Il a été liquéfié à 0° sous une pression de 37 atmosphères. Quand on ouvre à l'air le récipient contenant l'acide carbonique liquide, il y a une brusque détente et un grand refroidissement, l'acide carbonique se prend en une neige solide qui est très-froide, qui ne mouille pas les corps mais qui mélangée d'éther abaisse la température jusqu'à 100 degrés au-dessous de zéro.

L'acide carbonique n'entretient ni la combustion, ni la vie; une bougie allumée s'y éteint. C'est un acide faible qui rougit le tournesol en rouge vineux. Combiné aux bases il donne les sels appelés **carbonates**. Il est absorbé entièrement par la potasse avec laquelle il donne le carbonate de potasse. Il trouble l'eau de chaux en produisant du carbonate de chaux qui se dépose.

L'eau chargée d'acide carbonique peut dissoudre du carbonate de chaux et redevenir ou rester limpide. On trouve des eaux naturelles qui contiennent du carbonate de chaux dissous à la faveur de l'acide carbonique.

L'acide carbonique est chassé des carbonates par un acide, même l'acide acétique; il se dégage avec effervescence, et cette réaction donne le moyen de le reconnaître.

En passant sur du charbon chauffé l'acide carbonique perd de l'oxygène et se transforme en oxyde de carbone; c'est une réaction qui se passe dans les fours où l'on traite par la chaleur les minerais métalliques.

L'acide carbonique sert à la préparation des eaux gazeuses, des vins mousseux, des bicarbonates; on l'emploie dans la défécation des jus sucrés.

Il se dégage de certaines fissures du sol et s'accumule dans les endroits bas comme la grotte du chien, de certaines eaux minérales, comme celles de Spa ou de Vichy.

Il se produit dans les fermentations, dans toutes les combustions, dans la respiration de l'homme et des animaux. La quantité n'en augmente pas dans l'air: les végétaux le détruisent; ils le décomposent sous l'influence de la lumière pour fixer le carbone dans leurs tissus et accomplir ainsi la fonction chlorophyllienne.

On peut l'obtenir en brûlant du charbon à l'air; mais il n'est pas pur. On le recueille dans la décomposition des carbonates par la chaleur et il se dégage des fours à chaux où l'on chauffe le carbonate de chaux. C'est surtout en attaquant le marbre par un acide qu'on le prépare. Dans les ménages on fait l'acide carbonique pour les eaux gazeuses avec du bicarbonate de soude et de l'acide tartrique.

L'oxyde de carbone est un gaz incolore et inodore. Il brûle à l'air avec une flamme bleue en donnant de l'acide carbonique: c'est le combustible employé dans les fours dits à chaleur régénérée. Il réduit les oxydes en leur prenant de l'oxygène, aussi est-il employé dans la métallurgie.

Il est très-vénéneux; il empêche l'hématose du sang. Il faut éviter avec grand soin toutes les causes qui peuvent le produire, proscrire les brasiers dans les appartements, n'allumer du charbon que sous une cheminée à bon tirage.

On obtient l'oxyde de carbone en décomposant par l'acide sulfurique soit l'acide formique, soit l'acide oxalique; dans ce dernier cas il faut un laveur contenant de la potasse pour retenir de l'acide carbonique.

CHAPITRE XXI

COMBINAISONS DU CARBONE AVEC LE SOUFRE ET AVEC L'AZOTE.

SULFURE DE CARBONE

Symbole CS^2. Poids atomique 76.

216. Le carbone et le soufre se combinent directement pour donner le sulfure de carbone. On produit ce corps dans les laboratoires en chauffant du charbon dans un tube de porcelaine incliné ; on introduit dans la partie la plus élevée du tube des fragments de soufre qui distille sur la colonne de charbon rouge ; la vapeur du sulfure de carbone formé traverse une allonge inclinée et recourbée et vient se condenser dans un flacon refroidi.

On trouve aujourd'hui le sulfure de carbone dans le commerce à un prix très modéré. On le fait en grand par un procédé analogue à celui des laboratoires. On chauffe du charbon dans une grande cornue munie d'un double fond, et de temps en temps on fait descendre dans ce double fond du soufre qui se vaporise et dont la vapeur en montant rencontre le charbon chaud et se combine avec lui. Le sulfure de carbone produit est condensé dans des réfrigérants.

Fig. 139. — Appareil des laboratoires pour préparer le sulfure de carbone.

217. Propriétés. — Le sulfure de carbone est un liquide incolore, d'une odeur très désagréable; il est très volatil. Il dissout le soufre, l'iode, le corps gras et le caoutchouc.

Il est combustible ; chauffé à l'air, il s'enflamme et brûle avec une flamme bleue en produisant les anhydrides sulfureux et carbonique.

$$CS^2 + O^6 = CO^2 + 2SO^2.$$

Il s'enflamme, même à distance, à cause de sa volatilité. Il donne avec l'air des mélanges explosifs qui en rendent le maniement dangereux.

Sa composition (CS^2) en fait l'analogue de l'anhydride carbonique (CO^2).

De même que l'anhydride carbonique en prenant de l'eau engendre un acide hypothétique CO^2H^2O qui se retrouve dans les *carbonates* CO^3M^2, de même le sulfure de carbone en prenant le sulfure d'hydrogène engendre l'*acide sulfocarbonique* qui se retrouve dans les **sulfocarbonates**.

Anhydride carbonique.	**Acide hypothétique.**	**Carbonates alcalins**
CO^2	CO^2H^2O ou CO^3H^2	CO^3M^2
CS^2	CS^2H^2S ou CS^3H^2	CS^3M^2
Sulfure de carbone.	**Acide sulfocarbonique.**	**Sulfocarbonates alcalins.**

On fait le sulfocarbonate de sodium en agitant du sulfure de carbone avec une solution de sulfure de sodium.

Les sulfocarbonates se décomposent par l'eau avec production de sulfure d'hydrogène H^2S et de sulfure de carbone CS^2.

218. Usages. — On utilise le sulfure de carbone pour **vulcaniser** le caoutchouc, c'est-à-dire pour y incorporer du soufre qui lui donne une élasticité permanente ; pour retirer les corps gras, autrefois perdus, des chiffons ayant servi au graissage des machines et de bien d'autres corps ; pour extraire les essences et les parfums ; pour séparer le phosphore rouge du phosphore ordinaire.

On l'emploie aussi comme insecticide à cause de ses propriétés toxiques. Les sulfocarbonates ont été utilisés avec succès pour combattre le phylloxera.

AZOTURE DE CARBONE OU CYANOGÈNE

Symbole CAz. Poids moléculaire 26.

219. Le carbone et l'azote ne se combinent que si une énergie étrangère fournit la chaleur nécessaire à cette combinaison. Leur groupement CAz a reçu le nom de **cyanogène** ; on pourrait tout aussi bien l'appeler **azoture de carbone.** Ce corps a été découvert en 1814 par Gay-Lussac, dans le bleu de Prusse, dont il est une des parties et d'où il tire son nom *(j'engendre le bleu)*.

220. Propriétés. — C'est un gaz incolore, d'une odeur vive qui rappelle celle du kirsch ; il est soluble dans l'eau ; on le recueille sur le mercure.

Il brûle dans l'air avec une belle flamme pourpre, en donnant de l'acide carbonique et de l'azote.

$$CAz + O^2 = CO^2 + Az.$$

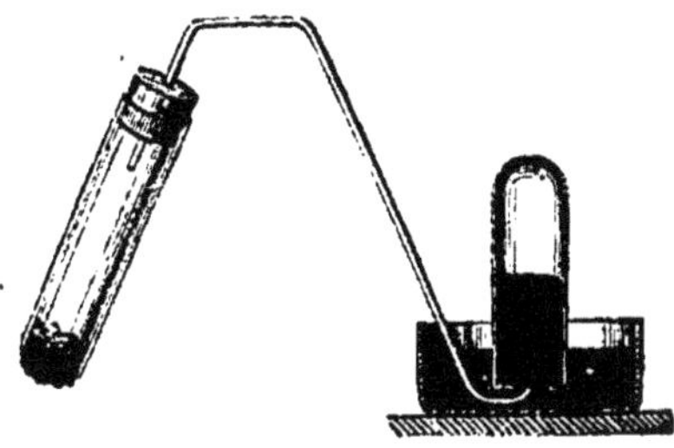

Fig. 140. — Préparation du cyanogène recueilli sur la cuve à mercure.

Avec les métaux et avec l'hydrogène, il se comporte comme le chlore ; aussi on le figure par un symbole simple Cy, bien qu'il soit un corps composé, et on appelle **cyanures** ses combinaisons métalliques et acide **cyanhydrique** l'acide qu'il donne avec l'hydrogène ; on figure donc :

les **cyanures** par MCy ou MCAz,
l'acide **cyanhydrique** par HCy ou HCAz.

Il forme aussi avec l'oxygène un acide, *l'acide cyanique* qui engendre les *cyanates*.

221. Préparation. — Pour l'obtenir, on chauffe dans un tube du cyanure de mercure ; le métal se volatilise et se dépose en gouttelettes dans le haut du tube ; le cyanogène, devenu libre, se dégage :

$$HgCy^2 = Hg + Cy^2.$$

222. Acide cyanhydrique. — Quand on attaque le cyanure de mercure par l'acide chlorhydrique, il se dégage de l'acide cyanhydrique (acide prussique), un liquide incolore, d'une odeur caractéristique d'amandes amères.

$$HgCy^2 + 2HCl = HgCl^2 + 2(HCy).$$

On le trouve tout formé dans l'essence d'amandes amères et en quantités très faibles dans les noyaux de cerises, le kirsch et l'eau de noyau. C'est le poison le plus violent que l'on connaisse ; il a servi à des empoisonnements tristement célèbres.

223. Cyanure de potassium, KCy ou KCAz. — Quand on fait

passer de l'azote à une température élevée sur du charbon chauffé imprégné de carbonate de potassium, ce métal fixe l'azote au carbone et produit le **cyanure de potassium** avec lequel on peut préparer tous les autres composés du cyanogène.

Le même corps se produit par la calcination des matières organiques azotées en présence du carbonate de potassium.

Les cyanures sont des sels analogues aux chlorures ; et c'est un fait curieux qu'un corps composé comme le cyanogène joue vis-à-vis des métaux le même rôle qu'un corps simple comme le chlore.

Résumé. — Le charbon et le soufre peuvent se combiner directement pour donner le **sulfure de carbone.** On produit ce corps en chauffant du charbon dans une grande cornue munie d'un tube par lequel on peut introduire de temps en temps du soufre. On refroidit les vapeurs qui se dégagent.

Le sulfure de carbone est un liquide d'une odeur très-désagréable. Il est très volatil, il peut s'enflammer à distance, et il donne avec l'air des mélanges combustibles et explosibles qui en rendent le maniement dangereux.

Sa principale propriété c'est de dissoudre les corps gras, le soufre, l'iode, le phosphore. Ses principaux usages sont de vulcaniser le caoutchouc, d'extraire les corps gras de leurs mélangés ou des corps qui les retiennent, de servir comme insecticide contre le phylloxera.

De même que l'acide carbonique donne les carbonates en se combinant aux bases, de même le sulfure de carbone combiné aux autres sulfures basiques joue le rôle d'acide, engendre les *sulfocarbonates* et a pu recevoir lui même le nom d'acide sulfocarbonique lorsqu'il est combiné au sulfure d'hydrogène. Les sulfocarbonates se décomposent en mettant en liberté du sulfure de carbone et du sulfure d'hydrogène, deux corps volatils, vénéneux pour les très petits animaux.

Le **cyanogène** est formé par la combinaison du carbone avec l'azote ; mais cette union n'est pas directe, elle ne peut avoir lieu que grâce à une énergie étrangère.

C'est un gaz incolore d'une odeur de kirsch, soluble dans l'eau. Il brûle à l'air avec une flamme pourpre.

On l'obtient en décomposant par la chaleur le cyanure de mercure.

Le cyanogene, bien que composé, se conduit dans ses réactions comme un corps simple tel que le chlore ; avec l'hydrogène il donne **l'acide cyanhydrique** et avec les métaux les **cyanures.**

L'*acide cyanhydrique* est un poison violent ; il a l'odeur de l'essence d'amandes amères.

Parmi les cyanures, celui de potassium et celui d'argent sont particulièrement employés dans l'argenture galvanique.

CHAPITRE XXII

LES TROIS PRINCIPAUX CARBURES D'HYDROGÈNE GAZEUX.

224. **Carbures d'hydrogène.** — Le carbone et l'hydrogène libres ne peuvent s'unir directement que sous l'influence de la haute température de l'arc voltaïque produit par une pile de 50 éléments. Leur combinaison est un gaz appelé **acétylène,** de formule C^2H^2.

Mais si ce corps est le seul carbure que l'on puisse faire directement en partant des éléments, il n'est que l'un des membres d'une famille très nombreuse.

La nature offre, en effet, un grand nombre de composés de carbone et d'hydrogène que l'on appelle indifféremment **carbures d'hydrogènes** ou *hydrogènes carbonés*. Il en existe dans le sol comme les pétroles, dans les végétaux comme les essences, et la décomposition des matières organiques en engendre elle-même un certain nombre.

Les uns sont gazeux comme le gaz des marais, d'autres liquides comme la benzine et l'essence de térébenthine, d'autres solides comme la naphtaline et la paraffine.

Ils ont tous une propriété commune : formés de deux corps combustibles, ils brûlent avec une flamme souvent brillante et parfois fuligineuse.

Leur étude est habituellement reportée à la chimie organique. Nous n'en étudierons à cette place que trois qui se présentent à l'état de gaz

L'acétylène, C^2H^2.
Le bicarbure, C^2H^4.
Le gaz des marais, CH^4.

225. L'acétylène. — L'acétylène offre une importance particulière, non seulement parce qu'il est le seul carbure susceptible d'être formé directement, mais parce qu'il se prête à des transformations permettant d'obtenir par synthèse d'autres carbures plus complexes.

Il se produit en général dans les combustions incomplètes, notamment dans celle du gaz d'éclairage ou même dans celle de l'éther.

C'est un gaz incolore, d'une odeur désagréable et caractéristique. Il est soluble dans l'eau, aussi le recueille-t-on sur le mercure.

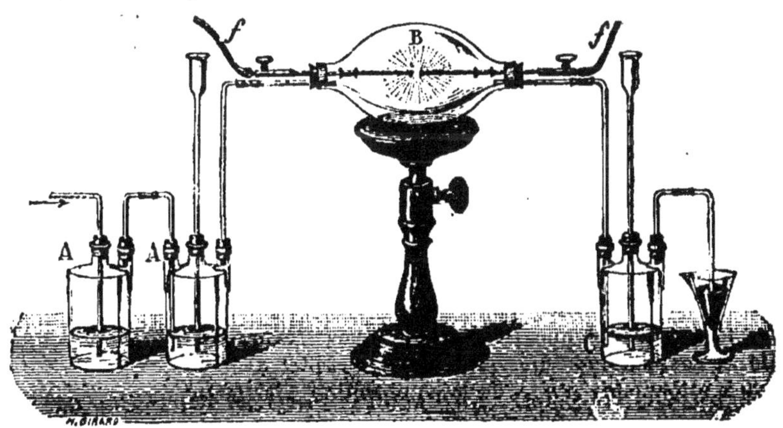

Fig. 141. — Synthèse de l'acétylène. A, flacons laveurs pour dessécher l'hydrogène ; B, ballon où l'on produit l'arc voltaïque ; C, flacon contenant du chlorure de cuivre ammoniacal pour recueillir l'acétylène.

Pour l'obtenir, on commence par faire l'**acétylure de cuivre**, précipité brun rougeâtre que donne l'acétylène dans une solution ammoniacale de protochlorure de cuivre. On lave ce produit, puis on le décompose par l'acide chlorhydrique.

La figure 141 représente la production de l'acétylène par synthèse directe. L'hydrogène passe dans un ballon où l'on produit l'arc voltaïque et l'on recueille de l'acétylure de cuivre dans le flacon qui suit le ballon.

L'acétylène brûle avec une flamme fuligineuse, par suite de l'excès de charbon qu'il contient.

Chauffé dans une cloche courbe, à la température où le verre commence à se ramollir, il se soude pour ainsi dire à lui-même et donne divers carbures parmi lesquels se trouve la benzine.

$$\underset{\text{benzine.}}{C^6H^6} = \underset{\text{acétylène.}}{3\,(C^2H^2)}.$$

Le permanganate de potasse l'oxyde et le transforme en acide oxalique.

Sous l'influence d'une série d'étincelles d'induction, l'azote s'unit directement à l'acétylène pour former l'acide cyanhydrique.

$$C^2H^2 + Az^2 = 2\,(HCAz).$$

GAZ DES MARAIS OU PROTOCARBURE D'HYDROGÈNE

226. Mode de formation et préparation. — Le protocarbure d'hydrogène prend naissance par la décomposition des matières organiques dans les marais. Quand on agite avec un bâton la vase d'une eau stagnante, il se dégage des bulles de gaz que l'on peut recueillir dans un flacon plein d'eau, renversé et muni d'un entonnoir (fig. 142) ; c'est pourquoi on l'appelle le **gaz des marais.**

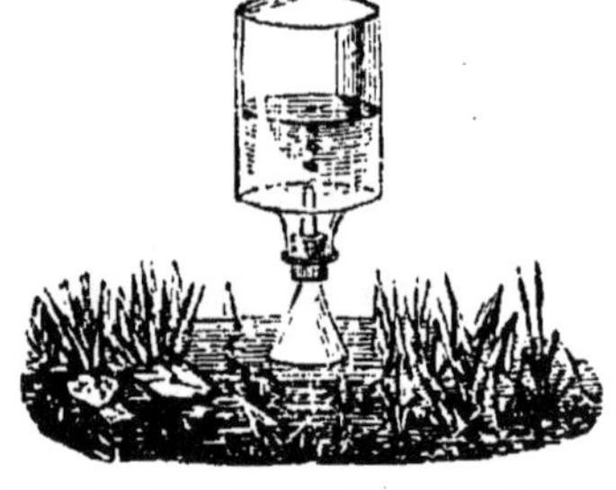

Fig. 142. — Moyen de recueillir le gaz des marais.

Il se dégage naturellement du sol en plusieurs contrées, et si on l'enflamme il brûle avec lumière et chaleur.

Il se rencontre souvent en proportions considérables dans les fissures et les cavités des couches de houille, et quand il se répand dans les galeries de mines il forme avec l'air un mélange détonant, le **grisou**, qui cause des explosions terribles et des accidents désastreux.

Pour l'obtenir dans les laboratoires, on décompose, dans une cornue de verre vert l'acide acétique :

$$\underset{\text{Acide acétique.}}{C^2H^4O^2} = CO^2 + \underset{\text{Protocarbure.}}{CH^4}.$$

on prend l'acide acétique déjà combiné, sous forme d'acétate de sodium desséché, que l'on fait chauffer avec de la chaux sodée pour rendre la décomposition plus facile et fixer l'acide carbonique produit.

Fig. 143. — Le protocarbure d'hydrogène brûle.

227. Propriétés. — Le protocarbure d'hydrogène est un gaz incolore, inodore et sans saveur, qui pèse 8 fois plus que l'hydrogène ; le poids du litre est :

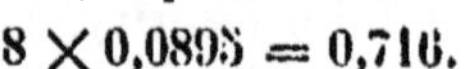

$$8 \times 0{,}0895 = 0{,}716.$$

Il est combustible, il brûle avec une flamme pâle, en produisant de l'eau et de l'acide carbonique. Des deux corps combustibles dont il est formé, c'est l'hydrogène qui brûle le premier ; aussi, quand l'oxygène fourni est insuffisant, tout le carbone ne peut pas brûler.

La combustion complète produit une détonation si vive que les vases où on l'opère sont souvent brisés ; il faut toujours les entourer d'un linge mouillé :

$$CH^4 + O^4 = CO^2 + 2(H^2O).$$

C'est le mélange de 2 volumes de protocarbure avec 4 volumes d'oxygène qui produit la plus forte détonation.

BICARBURE D'HYDROGÈNE

228. Préparation. — Pour obtenir le bicarbure d'hydrogène, on chauffe dans un ballon un mélange d'alcool et d'acide sulfurique auquel on a ajouté du sable pour rendre la décomposition régulière. Quand la

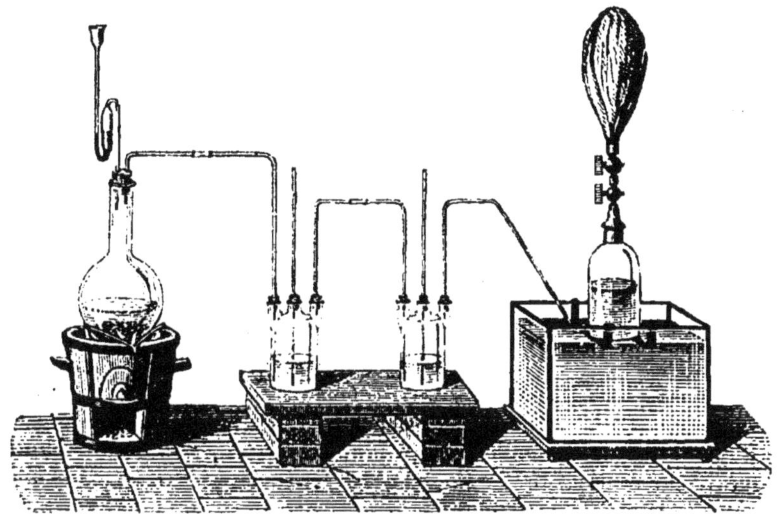

Fig. 144. — Préparation du bicarbure d'hydrogène.

température atteint 160°, le gaz se dégage ; on le fait laver dans un flacon contenant de la potasse et on le recueille sur l'eau.

L'alcool peut être considéré comme formé de bicarbure d'hydrogène et d'eau :

$$\underset{\textbf{Alcool.}}{C^2H^6O} = \underset{\textbf{Bicarbure.}}{C^2H^4} + H^2O.$$

L'acide sulfurique retient cette eau et le gaz se dégage.

229. Propriétés — C'est un gaz incolore, sans saveur, d'une légère odeur empyreumatique, un peu plus léger que l'air; il pèse 14 fois plus que l'hydrogène ; le poids du litre est :

$$14 \times 0{,}0896 = 1 \text{ gr. } 254.$$

Il est un peu soluble

Fig. 145. — Le bicarbure d'hydrogène est combustible

dans l'eau, plus soluble dans l'alcool dont 1 litre dissout 3 litres de gaz. On a pu le liquéfier.

Il est combustible ; il brûle à l'air avec une longue flamme blanche très éclairante, en produisant de l'eau et de l'acide carbonique. Si l'air n'arrive pas en assez grande abondance, il se dépose du charbon sous forme de noir de fumée sur les parois de l'éprouvette :

$$C^2H^4 + O^4 = 2\,(H^2O) + CO^2 + C.$$

Il détone très violemment par sa combustion complète, quand on le mélange de 3 fois son volume d'oxygène et qu'on l'enflamme :

$$C^2H^4 + O^6 = 2\,(H^2O) + 2\,(CO)^2.$$

Le flacon où l'on fait produire l'explosion est toujours brisé ; aussi faut-il l'entourer d'un linge épais mouillé, pour retenir les éclats de verre.

Action du chlore. — Si on remplit de bicarbure d'hydrogène le tiers d'une grande éprouvette à pied, qu'on achève de la remplir avec du chlore, qu'on retourne l'éprouvette et qu'on la ferme, les deux gaz se mélangent.

Si on y met le feu et qu'on referme, une lueur vive se produit et un nuage épais de charbon remplit l'éprouvette. C'est un exemple frappant d'une combustion où l'oxygène n'a joué aucun rôle et où un corps combustible, le charbon, a été déposé sans brûler pendant que l'hydrogène se combinait au chlore.

$$C^2H^4 + Cl^4 = 4\,(HCl) + 2C.$$

Liqueur des Hollandais. — Quand on mélange volumes égaux de chlore et de bicarbure d'hydrogène, les deux gaz se combinent en diminuant considérablement de volume et donnent un liquide huileux, d'une odeur éthérée, qu'on appelle **liqueur des Hollandais**.

$$C^2H^4 + Cl^2 = C^2H^4Cl^2.$$

Cette propriété a fait appeler le bicarbure d'hydrogène **gaz oléfiant**.

Résumé. — Le carbone et l'hydrogène libre ne peuvent s'unir que sous l'action de la haute température de l'arc voltaïque. Leur combinaison est un gaz appelé **acétylène**.

Ce carbure d'hydrogène, le seul que l'on sache faire par combinaison directe, n'est que le premier terme d'une famille très nombreuse de composés désignés tous par le nom générique de carbures d'hydrogène et dont la plupart sont des produits naturels intéressants.

Parmi les carbures d'hydrogène, on en trouve de solides comme la paraffine, de liquides comme la benzine, les pétroles, l'essence de térébenthine et de gazeux comme le gaz des marais.

Ils ont tous la propriété de brûler avec une flamme plus ou moins brillante en dégageant de la chaleur.

Les trois principaux carbures gazeux sont : l'acétylène, le gaz des marais et le bicarbure ou gaz oléfiant.

L'acétylène est curieux, non seulement parce qu'il procède d'une synthèse directe, mais aussi parce qu'il peut engendrer la benzine en se polymérisant c'est-à-dire en se soudant à lui-même. Oxydé il engendre des acides organiques comme l'acide acétique et l'acide oxalique.

Le **gaz des marais** ou *protocarbure* se forme par la combinaison lente des corps organiques sous l'eau ; il se dégage de la vase des marais. C'est un gaz incolore qui brûle à l'air avec flamme et qui donne avec l'air un mélange détonant. Il se produit dans les houillères et c'est son mélange avec l'air qui constitue le *grisou* dont les détonations par l'action d'une flamme causent des effets désastreux.

Le **bicarbure d'hydrogène** ou gaz oléfiant est produit en chauffant un mélange d'alcool et d'acide sulfurique. C'est un gaz incolore qui brûle avec une longue flamme; comme le précédent il détone avec l'air.

Il se combine au chlore et donne un liquide huileux appelé *liqueur des Hollandais* et c'est ce qui l'a fait appeler gaz oléfiant.

Il entre pour une bonne partie dans le gaz d'éclairage.

CHAPITRE XXIII

LE GAZ D'ÉCLAIRAGE ET LA FLAMME

230. Gaz d'éclairage.— Quand on veut faire servir à l'éclairage les gaz provenant de la distillation de la houille, il faut choisir les houilles à longue flamme, celles qui présentent à l'analyse le plus d'hydrogène en excès par rapport à l'oxygène. En France, on emploie les houilles grasses de *Mons*, d'*Anzin* et de *Commentry*, qui donnent environ 24 mètres cubes de gaz à brûler par 100 kilogrammes de houille distillée. En *Angleterre*, on emploie le **cannel-coal** qui donne un gaz très éclairant et le **boghead**, sorte de charbon bitumineux qui produit le *gaz portatif*, mais dont le coke n'a pas les propriétés du coke de houille.

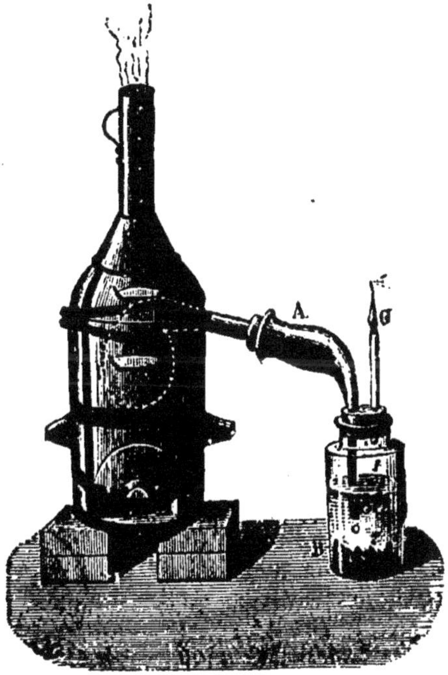

Fig. 146. — Distillation de la houille dans les laboratoires.

Dans les laboratoires, on peut distiller de la houille et prouver qu'on obtient des gaz éclairants. On chauffe la houille dans une cornue ; on lave les gaz qui se dégagent dans un ou plusieurs flacons laveurs et on allume le gaz à l'extrémité d'un tube effilé (fig. 146).

L'appareil industriel complet comprend les *cornues* et les *fours*, le *barillet* qui fait fonction de *flacon de Woolf*, l'*aspirateur*, le *réfrigérant* ou *épurateur physique*, l'*épurateur chimique* et enfin les *gazomètres*.

Cornues et Fours. — Les cornues ont la forme d'un demi-cylindre surbaissé et très-long ; elles sont en terre réfractaire avec une tête en fonte portant le tube à dégagement des gaz ; une fois chargées ; elles sont fermées par une plaque de fonte formant tampon et lutée à l'argile (fig. 147). On en assemble 5 ou 7 dans le même four, chauffées par le même foyer et dont les tubes vont se rendre dans le même récipient.

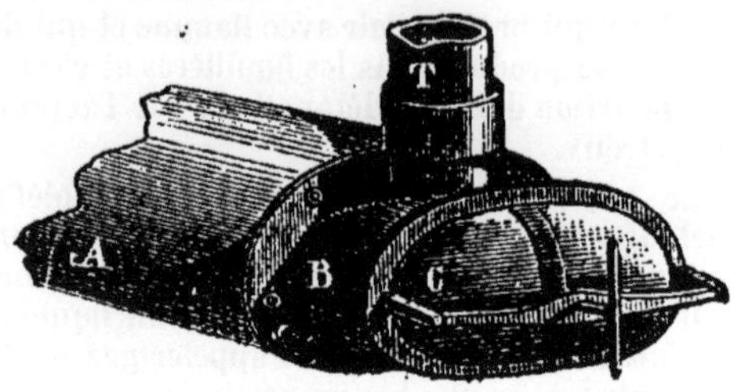

Fig. 147. — Cornue d'usine à gaz avec sa plaque de fermeture. A, demi-cylindre en terre ; B, portion en fonte ; C, plaque de fermeture avec sa clef ; T, tube allant jusqu'au barillet.

Barillet. — Le récipient appelé *Barillet* est un long cylindre placé audessus du four ; il contient de l'eau dans laquelle plongent, de 2 ou 3 centimètres, les tubes amenant les gaz. De cette manière, chaque cornue se trouve isolée des autres par une fermeture hydraulique, et les fuites qui peuvent s'y produire n'ont pas grande influence sur l'ensemble de la production. Il s'opère dans le barillet une première condensation d'eau et de goudron ; aussi est-il muni d'un trop plein pour maintenir le liquide à un niveau constant.

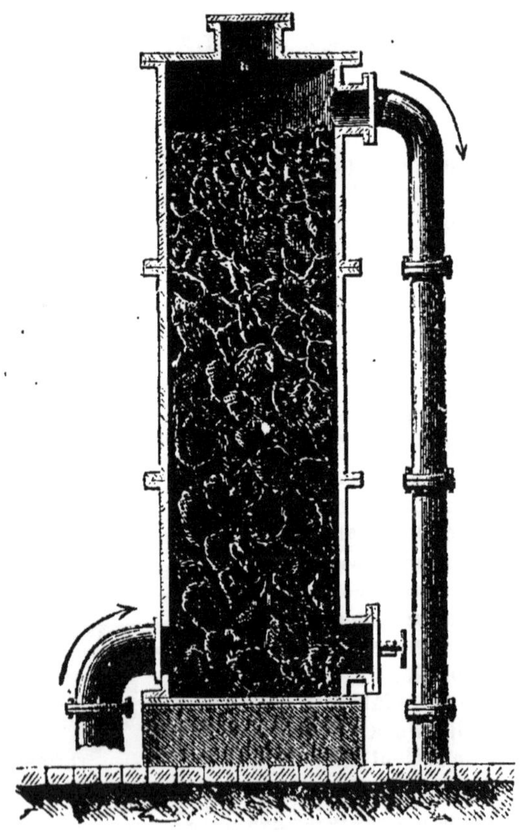

Fig. 148. — Colonne à coke.

Aspirateur. — Au sortir du barillet, les gaz doivent traverser une série d'appareils. Pour éviter que par cette marche il n'y ait une pression trop forte dans les cornues, on aspire le gaz à mesure de sa production pour le refouler ensuite dans les appareils qu'il traversera jusqu'au gazomètre.

Réfrigérant ou épurateur physique. — Le gaz passe de l'aspirateur ou extracteur dans une série de tuyaux verticaux qui communiquent entre eux par leurs extrémités recourbées ; les courbures inférieures ont un prolongement qui plonge dans l'eau par où s'écoulent les liquides (goudron et eau ammoniacale) que le gaz a abandonnés en se refroidissant par sa longue circulation dans des tuyaux en contact avec l'air ambiant. Pour achever de priver le gaz du goudron qui le souille, on le fait passer au travers d'une longue colonne de coke où tombe un filet d'eau (fig. 148), il trouve là une très grande surface où il dépose le goudron.

Epurateur chimique. — Reste à enlever au gaz l'acide carbonique, l'acide sulfhydrique et les sels volatils d'ammoniaque, comme le sulfhydrate, qui diminuent le pouvoir éclairant : c'est là le rôle de l'*épuration chimique*. On la réalisait autrefois en faisant traverser au gaz une série de couches de chaux séparées par du foin. On emploie un mélange de chaux et de sulfate de fer, qui, d'abord oxydé à l'air, représente du sulfate de chaux et du peroxyde de fer au moment où il est employé. Ce dernier corps s'empare des sulfures d'hydrogène et d'ammoniaque qu'il détruit pour fixer le soufre à l'état de sulfure de fer. La matière épuratrice, après service, est revivifiée à l'air, et mélangée avec de la sciure de bois qui la divise et la rend plus poreuse, elle sert à nouveau.

Le gaz est conduit aux **gazomètres** d'où on le distribue partout où il doit servir. Son pouvoir éclairant paraît dû, comme l'odeur qui lui reste toujours, à des vapeurs d'hydrocarbures riches en carbone, comme la benzine, propres à produire une flamme éclairante par le charbon incandescent très divisé qu'elles y laissent flotter.

FLAMME

231. Corps qui produisent une flamme. — La flamme est toujours un gaz ou une vapeur en combustion ; les seuls corps qui brûlent avec flamme sont ceux que la chaleur peut volatiliser ; ainsi le fer brûle sans flamme, et le zinc, volatil à une température élevée, brûle avec une flamme brillante.

Les gaz, portés à une haute température, ne sont pas tous lumineux. Nous avons vu que la flamme de l'hydrogène pur est très peu éclairante, bien qu'elle soit très chaude, mais qu'on lui donne de l'éclat en y plaçant des corps solides, ou en y faisant brûler un corps comme la benzine qui y dépose du charbon disséminé, dont les particules échauffées produisent l'éclat de la flamme (fig. 149). Les flammes les plus lumineuses sont donc celles qui contiennent des matières solides ; on s'en assure en plaçant un corps froid dans une flamme très éclairante ; il s'y couvre d'un abondant dépôt de noir de fumée.

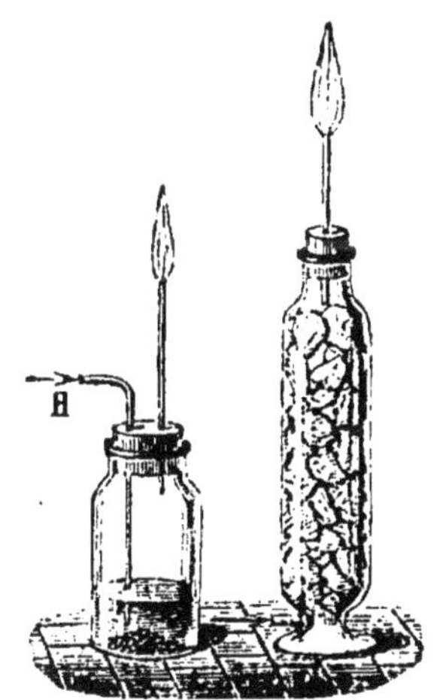

Fig. 149. — Flacon contenant de la benzine et éprouvette contenant du coton imprégné de benzine, pour rendre éclairante la flamme de l'hydrogène.

232. Constitution de la flamme. — La flamme d'un corps simple est homogène ; mais il n'en est pas de même des flammes ordinaires, comme celles du gaz d'éclairage, de l'huile, de la bougie. On y distingue trois parties principales :

1° Au centre, où arrive le gaz ou la vapeur du corps solide qui brûle, est une partie obscure dont la température est peu élevée.

2° Autour de cette portion centrale est l'enveloppe brillante. Là, l'air arrive, mais en trop petite quantité ; la combustion est incomplète ; le gaz qui brûle contient du charbon incandescent disséminé qui devient éclairant.

3° Autour de l'enveloppe brillante est une troisième enveloppe peu éclairante, mais très chaude ; la combustion y est complète, tout le charbon y brûle, puisque l'air y est toujours en excès, et il n'y reste aucun corps solide.

Fig. 150. Aspect d'une flamme.

233. Moyen de rendre une flamme plus chaude. — Puisque la température est d'autant plus élevée que la combustion est plus complète, on rendra plus chaude une flamme ordinaire en y insufflant de l'air soit avec un chalumeau, soit par un moyen quelconque. Mais la flamme perdra en éclat, et on pourra même l'amener à être peu visible. Le bec à gaz de Bunsen (fig. 151) permet une démonstration facile de ce fait ; on diminue le volume et le brillant de la flamme qu'il donne en découvrant de plus en plus les ouvertures latérales, qui livrent passage à l'air ; et la flamme devient assez chaude pour ramollir le verre et permettre de le travailler.

Quand la flamme est ainsi devenue à peine visible et qu'on y chauffe un corps solide, un tube de verre par exemple, la flamme redevient brillante au-dessus du corps solide chauffé ; elle doit cet éclat aux particules que le solide lui cède et que la haute température rend incandescentes.

Fig. 151. — Bec Bunsen.

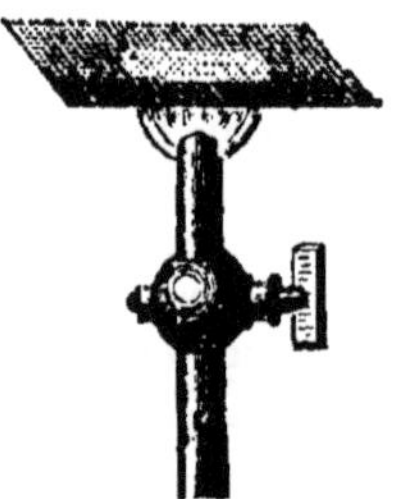

Fig. 152. — Effet d'une toile métallique sur une flamme.

234. Toiles métalliques. — Il est évident que si on refroidit suffisamment les gaz d'une flamme, elle doit s'éteindre ; c'est ce qui arrive quand on souffle une bougie. Si l'on place au milieu d'une flamme une toile métallique à mailles serrées, on refroidit assez les gaz pour qu'ils cessent de brûler. Ils continuent à traverser la toile ; on peut même les enflammer au-dessus en les réchauffant ; mais au contact des fils métalliques bons conducteurs ils ont perdu leur température et avec elle la propriété de rester lumineux.

235. Lampe de sûreté. — Davy a utilisé cette propriété pour construire une lampe destinée à prévenir les accidents si terribles du grisou. Telle qu'elle est aujourd'hui, c'est une lampe à huile surmontée d'un cylindre de verre épais qui porte au-dessus de lui un cylindre en toile métallique très fine. Au-dessus de la mèche est une petite cheminée de cuivre destinée à activer le tirage et une spirale de platine qui reste incandescente si la lampe s'éteint par suite de la présence du grisou. Dans l'air, la lampe se comporte comme une lampe ordinaire ; mais si l'air est mélangé de carbures d'hydrogène, il se produit dans la lampe une explosion que la toile métallique empêche de se communiquer au dehors. L'ouvrier est ainsi averti de la présence du grisou et de la nécessité qu'il y a de faire aérer immédiatement la galerie où il se trouve.

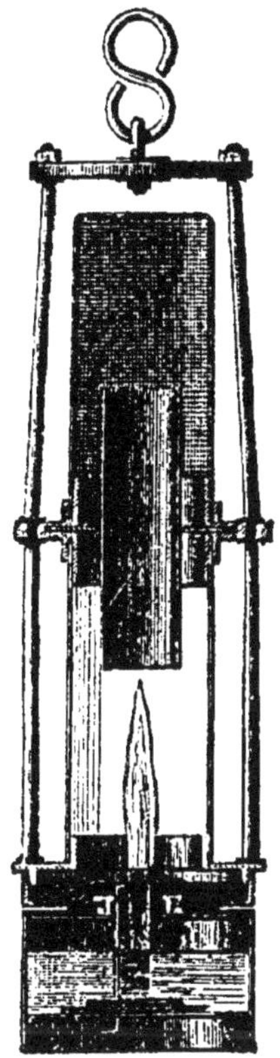

Fig. 153. — Lampe de Davy.

Résumé. — La houille, surtout la variété qui brûle avec une longue flamme, distillée en vase clos donne des gaz éclairants, des liquides goudronneux qui se condensent et comme résidus le coke et le charbon de cornue.

Le gaz de la houille est appelé **gaz d'éclairage.** On peut le produire dans les laboratoires en chauffant des fragments de houille dans une cornue et en envoyant les gaz se laver dans l'eau d'un flacon et se dégager ensuite par un tube effilé.

Pour le produire en grand, on distille la houille dans de grands cylindres; les gaz et les fumées qui en sortent sont envoyés dans un grand vase à demi plein d'eau servant de laveur et appelé le *barillet.*

On épure physiquement le gaz en le forçant à passer dans des colonnes à coke, sur une grande surface où il abandonne son goudron.

On l'épure chimiquement en le faisant passer au travers d'une couche de chaux et de sulfate de fer pour le débarrasser des gaz non combustibles et des gaz sulfurés.

On le retient dans un gazomètre pour le distribuer ensuite où il doit être brûlé.

La *flamme* est formée de gaz en combustion : les corps solides que la chaleur ne peut pas volatiliser peuvent bien devenir incandescents mais ils ne produisent pas de flamme.

La flamme du gaz est éclairante quand il n'y vient pas assez d'air pour une combustion complète, mais une quantité suffisante pour que le carbone qui ne se combine pas à l'oxygène soit en particules incandescentes et donne le brillant de la flamme.

Si l'afflux d'air est suffisant pour brûler le gaz très-complètement, la flamme devient très chaude, mais elle n'est plus éclairante. On se sert de ces flammes rendues chaudes par un afflux d'air dans le bec Bunsen et dans la plupart des fourneaux où le gaz est le combustible.

Les toiles métalliques plongées dans une flamme refroidissent assez les gaz pour les empêcher de brûler au dessus d'elles. On a utilisé cette propriété refroidissante des toiles métalliques dans la lampe des mineurs de Davy.

CHAPITRE XXIV

SILICE. — ACIDE BORIQUE

SILICE

236. Les silex, la pierre à fusil. — On trouve un peu partout ces cailloux durs, de couleur grise, blonde ou noire, dont les morceaux anguleux produisent des étincelles quand on les frappe vivement avec un morceau de fer. Ce sont les **silex**, qui prennent le nom de *meulières*, quand ils sont en blocs caverneux sur leur pourtour.

Il y a longtemps que l'on se sert de leurs éclats. Les silex écaillés, tranchants ou pointus, formaient les seules armes de nos ancêtres et nous en trouvons encore des spécimens en flèches, en couteaux, en haches, dans les cavernes. A côté de ces instruments primitifs, on en trouve d'autres également en silex, mais en morceaux façonnés par le frottement et non plus seulement façonnés en éclats : ce sont les armes de la seconde période de l'âge de la pierre, c'est à-dire de l'époque où l'humanité ne connaissait pas encore les métaux. Ces témoins des premiers âges nous révèlent que la dureté du silex a été connue des premiers hommes et mise à profit par eux.

Depuis la découverte des métaux, on se sert des silex pour battre le briquet et obtenir par le frottement des étincelles qui mettent le feu à un corps très facilement combustible comme l'amadou ; on les employait au commencement de ce siècle dans les armes à feu, dans les fusils à pierre.

Le frottement du fer contre le silex détache de petites parcelles de chacun des deux corps frottés, surtout du fer qui est le moins dur des deux ; et la chaleur dégagée porte à l'incandescence ces petits fragments du métal. Si l'on bat quelque temps le briquet au-dessus d'une feuille de papier et que l'on examine à la loupe les parcelles tombées sur la feuille, on distingue bien celles qui ont été détachées du silex de celles qui sont tombées du fer.

La matière des silex porte en chimie le nom de **silice** ou encore celui d'**acide silicique** ; c'est un composé formé d'oxygène combiné avec un métalloïde appelé *silicium*, comme l'acide carbonique est formé de ce même oxygène allié au carbone.

237. Les sables. — Dans le lit des rivières qui roulent leurs eaux sur les terrains granitiques, on trouve un sable fin, blanc ou coloré ; ce sable est de la silice réduite en grains plus ou moins menus par le frottement que le cours d'eau produit. Le sable blanc est de la silice pure ; le sable coloré est de la silice mélangée de matières étrangères qui lui donnent leur coloration.

Comme les eaux arrachent des parcelles sableuses à toutes les roches sur lesquelles elles coulent, les sables sont rarement formés de silice seulement. Mais si on les lave avec un acide fort comme l'acide chlorhydrique, cet acide attaque et dissout tout ce qui est calcaire et laisse inattaqué ce qui est siliceux. Il est donc très facile d'obtenir la silice d'un sable quelconque.

238. Les autres états de la silice. — Les **agates** sont aussi l'une des formes sous lesquelles nous trouvons la silice à l'état naturel : elles ont une cassure terne et écailleuse comme les silex proprement dits ; mais elles sont susceptibles de devenir brillantes et lisses par le frottement. La silice y est ordinairement colorée par des substances diverses qui se trouvent disséminées dans sa masse. Il y en a d'un blanc ou d'un gris bleuâtre, d'un jaune brun, d'un rouge souvent très beau, d'un vert pomme et d'autres qui présentent un mélange agréable de couleurs diverses et que l'on emploie principalement à la taille des camées.

La nature nous offre en outre la silice pure, d'une parfaite transparence, avec des formes cristallines en prismes à six pans terminés par des pyramides ; c'est le **cristal de roche** ou le **quartz**. Le quartz est le plus souvent blanc en grands cristaux (fig. 154), ou même en petits fragments déposés dans des géodes ou dans les cavités des gros cailloux. Il peut être coloré en violet améthyste ou en jaune et même en noir ; toujours il est transparent.

Fig. 154. — Cristal de roche.

On le distingue de tous les autres cristaux naturels, non seulement par sa forme, mais aussi par sa dureté : une pointe d'acier trempé ne le raye pas. Les acides sont sans action sur lui.

Il représente l'état cristallisé de la silice naturelle, tandis que les agates et les silex en représentent l'état amorphe. Ce n'est pas le premier exemple que nous rencontrons d'un corps qui offre de notables différences dans son aspect suivant qu'il est cristallisé ou non, et nous devons encore avoir présent à la mémoire le cas bien surprenant du carbone, noir et opaque quand il est amorphe, si limpide et si brillant quand il constitue le diamant.

239. La silice gélatineuse. — Faisons chauffer fortement dans un creuset du sable lavé à l'acide, autrement dit de la silice, avec du carbonate de soude ; la masse fond, les deux corps s'unissent. Le contenu du creuset, versé sur une plaque se prend en une masse qui a l'apparence du verre et qu'on nomme le **verre soluble**. Cette masse vitreuse, qui ne diffère pas pour l'aspect du verre ordinaire, peut en effet se dissoudre dans l'eau.

Faisons cette dissolution et versons-y un acide, la silice quitte la soude avec laquelle elle était combinée et elle se dépose en masse blanche d'apparence gélatineuse.

Voilà la silice des laboratoires : desséchée, c'est une poudre sableuse capable de rayer, d'user un grand nombre de corps ; fondue, elle prend l'apparence du silex incolore.

240. Les silicates naturels. — Nous venons de faire le silicate de soude ; nous aurions pu faire également le silicate de potasse. Tous les deux sont solubles dans l'eau ; mais ce sont les seuls silicates qui jouissent de cette propriété. Les autres sont des produits insolubles.

Les silicates naturels sont nombreux et leur composition est très complexe ; ils constituent des minéraux répandus dont le feldspath du granite est un des principaux exemples.

Ils ne se désagrègent partiellement que par une action très prolongée de l'eau, aidée de moyens mécaniques comme le frottement et la pulvérisation. Les argiles ou terres fortes proviennent de cette lente désagrégation.

Soumis à une forte chaleur avec des corps comme la potasse ou la chaux, les sables siliceux donnent le *verre*, ce composé transparent, cassant, mais insoluble, dont nous faisons un si grand usage. Les *argiles* cuites, depuis les briques jusqu'à la porcelaine, et les *verres* sont les deux formes principales sous lesquelles nous employons la silice que la nature nous offre dans ses sables, ses cailloux et la plupart de ses roches.

L'ACIDE BORIQUE

241. **Propriétés et préparation.** — L'acide borique, combinaison du **bore** (métalloïde de la famille du carbone) avec l'oxygène, se présente cristallisé en paillettes nacrées et douces au toucher. Sa solution alcoolique brûle avec une flamme verte caractéristique.

Il sort, avec de la vapeur d'eau, du sol de certaines localités de la Toscane, en jets gazeux appelés **fumerolles** ou **suffionis**. On l'extrait de ces gaz en les faisant condenser dans l'eau et en évaporant le liquide.

Combiné à la soude il donne le **borax** (borate de soude) capable comme l'acide borique lui-même de fondre en une masse vitreuse et transparente et employé dans la soudure des métaux pour dissoudre les oxydes qui se forment sur les métaux chauffés.

L'acide borique sert à imprégner les mèches des bougies stéariques pour aider à la fusion des cendres de la mèche.

On prépare l'acide borique dans les laboratoires en dissolvant à chaud 100 grammes de borax dans 400 grammes d'eau et en ajoutant à la liqueur de l'acide chlorhydrique jusqu'à réaction acide. L'acide borique cristallise par refroidissement.

Résumé. — Les silex écaillés, tranchants ou pointus, en bancs ou en rognons sont très communs dans certaines couches du sol, notamment dans le terrain crétacé. Ils ont servi de premières armes aux premiers hommes. On s'en sert encore pour battre le briquet.

La matière principale des silex porte en chimie le nom de **silice** ou d'acide silicique; c'est le composé oxygéné d'un métalloïde analogue du carbone et qu'on nomme *silicium*.

Les sables des torrents et de la première partie du cours des fleuves qui prennent leur source dans les roches granitiques renferment aussi beaucoup de silice.

Les agates sont aussi une des formes de la silice. Le **quartz** ou cristal de roche est de la silice pure et cristallisée.

On obtient un silicate soluble en fondant du sable siliceux avec de la soude. On peut retirer la silice de ce silicate en traitant sa solution par un acide; la silice est amorphe et gélatineuse: si on la dessèche elle cesse d'être soluble dans les alcalis et prend l'aspect d'une poussière dure.

Les silicates naturels sont nombreux et de composition complexe, ceux qui constituent les feldspaths ou les granites se décomposent lentement à l'air et donnent naissance aux argiles.

Toutes les argiles cuites, depuis la brique jusqu'à la porcelaine, sont des silicates qui ont subi l'action de la chaleur. Le verre est aussi un silicate double produit par fusion.

L'acide borique, formé de **bore** et d'oxygène, est un solide en paillettes brillantes.

Combiné à la soude il donne le **borax** qui fond et se solidifie en masse vitreuse et qui est employé dans la soudure des métaux.

MÉTAUX

CHAPITRE XXV

PROPRIÉTÉS GÉNÉRALES DES MÉTAUX. — ALLIAGES.

242. **Propriétés physiques.** — Les propriétés physiques des métaux ont beaucoup d'intérêt au point de vue des applications industrielles; on les étudie surtout pour les métaux usuels.

Tous les métaux sont solides; un seul, le mercure, est liquide à la température ordinaire. L'hydrogène figure encore dans les métalloïdes à cause de son état gazeux, mais il ressemble entièrement aux métaux par ses réactions.

Les métaux sont opaques quand on les prend en lames épaisses; en lames très minces ils offrent un certain degré de transparence. Une feuille d'or battu fixée entre deux lames de verre et placée entre l'œil et une source de lumière apparaît d'une couleur verte complémentaire de la couleur jaune qu'elle offre par réflexion.

Peu de métaux sont colorés : l'or est jaune, le cuivre est rouge, les autres tirent sur le blanc avec des nuances diverses : l'argent est jaunâtre, le zinc bleuâtre et le fer gris.

La **densité** des métaux varie beaucoup de l'un à l'autre depuis le lithium qui ne pèse environ que la moitié de l'eau jusqu'au platine qui pèse près de 22 fois plus que l'eau. Voici la densité des métaux usuels :

Aluminium.	2,56	**Zinc....**	6,8	**Étain..**	7,3	**Fer.**	7,8
Cuivre.....	8,8	**Argent..**	10,4	**Plomb.**	11,35	**Or..**	19,2

La *conductibilité pour la chaleur* varie aussi beaucoup ; tandis que le pouvoir conducteur de l'argent est représenté par 1000, celui du cuivre est 736, celui de fer seulement 119. L'argent est donc le métal qui conduit le mieux la chaleur ; mais à cause de son prix élevé on le remplace par le cuivre pour les applications usuelles, comme les distillations, de préférence au fer dont le pouvoir conducteur est bien moins grand.

La *conductibilité électrique* suit à peu près le même ordre que la conductibilité pour la chaleur : c'est le cuivre qui est le plus employé et après lui le fer quand il faut des fils présentant une grande résistance à la rupture.

Les métaux sont souvent employés sous la forme de lames ou de fils que l'on obtient avec plus ou moins de facilité. Un métal est **malléable** lorsqu'il cède sans se briser au choc du marteau ou à une forte pression. Le plus malléable est l'or, après lui l'argent, puis viennent dans un ordre de décroissance, le cuivre, l'étain, le platine, le plomb, le zinc et le fer. On réduit l'or par le martelage en feuilles de moins d'un millième de millimètre d'épaisseur. Les autres feuilles métalliques, notamment la tôle de fer, s'obtiennent au *laminoir*, c'est-à-dire en faisant passer la barre entre deux gros cylindres d'acier qui tournent en sens contraire.

Les fils sont obtenus en faisant passer une barre de métal dans le trou d'une plaque d'acier nommé *filière*. On engage une extrémité amincie dans la filière et en exerçant une forte traction on force la tige à passer à travers l'ouverture ; elle s'allonge et diminue de grosseur ; on la fait ainsi passer successivement dans des trous de plus en plus fins. La faculté pour un métal de se laisser étirer en fils constitue la **ductilité.**

L'or, l'argent et le platine sont les métaux que l'on réduit le plus facilement en fils par l'étirage, après eux viennent le fer et le cuivre.

Le passage au laminoir ou à la filière rend le métal cassant ; on dit alors qu'il est *écroui* ; il faut le chauffer, ou le *recuire*, pour lui rendre ses propriétés premières.

La ductilité d'un métal dépend beaucoup de la résistance qu'il oppose à la rupture, ou de sa **ténacité**. Pour comparer les métaux à ce dernier point de vue, on les réduit en fils de 2 millimètres de diamètre, on les attache par une extrémité et on les charge de poids à l'autre jusqu'à ce qu'ils se rompent. Le nickel et le fer sont les plus tenaces ; après eux viennent le cuivre et le platine. Le plomb est le dernier sous ce rapport.

Tous les métaux, à part l'osmium, ont pu être fondus. Mais tandis qu'on peut liquéfier une feuille d'étain en la chauffant sur une feuille de papier au-dessus de charbons allumés, que le plomb fond assez facilement, le zinc également, il faut déjà de grands foyers pour fondre l'argent, le cuivre, l'or et le fer; il faut la température la plus élevée que nous sachions produire, celle du chalumeau oxhydrique pour réaliser la fusion du platine.

Les métaux fondus peuvent cristalliser lorsqu'ils sont refroidis lentement ; ils prennent alors habituellement la forme cubique.

243. Propriétés chimiques des métaux. — Les métaux peuvent se combiner aux métalloïdes, notamment à l'oxygène, au soufre et au chlore pour engendrer les oxydes, les sulfures et les chlorures métalliques. Ils peuvent s'unir aussi au phosphore et à l'arsenic et moins facilement à l'azote et au carbone.

Il y a lieu de distinguer l'action de l'oxygène sec et celle de l'oxygène ou de l'air humide.

244. Action de l'oxygène et de l'air secs. — Le potassium est le seul métal qui se combine avec l'oxygène à la température ordinaire. Tous les autres métaux, à l'exception du platine, de l'or et de l'argent, peuvent s'oxyder quand on les chauffe dans l'oxygène à une température plus ou moins élevée. Le mercure s'oxyde à 350° ; le cuivre au rouge sombre. Ces combinaisons dont quelques-unes ont lieu avec dégagement de lumière, dépendent de l'état de division du métal. Des copeaux de cuivre chauffés se couvrent d'une pellicule noire d'oyyde; mais l'oxydation n'est que superficielle. Un fil fin de fer brûle vivement dans l'oxygène (fig. 155) parce que l'oxyde

Fig. 155. — Combustion du fer dans l'oxygène.

formé se rassemble en un globule fondu qui laisse la surface du fer à nu en contact avec l'oxygène. Les métaux divisés, comme le fer réduit, prennent feu quand on les projette dans l'oxygène ou dans l'air. Si on laisse tomber de la limaille de fer dans la flamme d'un bec de gaz, elle produit une pluie d'étincelles brillantes, chaque fragment du métal s'allume et brûle.

Quand le métal est volatil comme le zinc fondu et chauffé, la vapeur se combine à l'air ; si l'on chauffe du zinc dans un creuset, le métal fond et quand il est assez chauffé pour se volatiliser, sa vapeur brûle avec une flamme brillante en produisant des flocons blancs d'oxyde de zinc.

243. Action de l'eau, de l'oxygène et de l'air humides sur les métaux. — Quelques métaux décomposent l'eau à froid, lui prennent l'oxygène pour former un oxyde et font dégager l'hydrogène. Ainsi se conduisent le potassium et le sodium. On jette un morceau de potassium sur l'eau d'un grand cristallisoir à bords élevés, le globule s'enflamme et brûle avec une flamme violacée (fig. 156). Le métal a décomposé l'eau pour se combiner à l'oxygène, et la chaleur produite par cette combinaison a été assez grande pour enflammer l'hydrogène; la flamme de ce gaz est colorée par la présence d'une petite quantité de vapeurs de potassium.

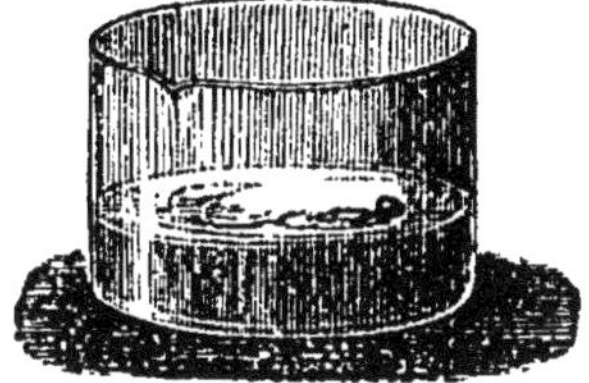
Fig. 156. — Combustion du potassium sur l'eau.

Le sodium décompose aussi l'eau ; mais si la quantité du liquide est un peu notable, l'hydrogène ne s'enflamme pas. On peut recueillir l'hydrogène dégagé dans cette décomposition : on fait passer un peu d'eau dans une éprouvette pleine de mercure (fig. 157), puis on envoie dans le haut de l'éprouvette un petit morceau de sodium bien essuyé et enveloppé de papier buvard. Aussitôt que l'eau touche le métal elle est décomposée et l'hydrogène dégagé fait baisser le mercure dans l'éprouvette.

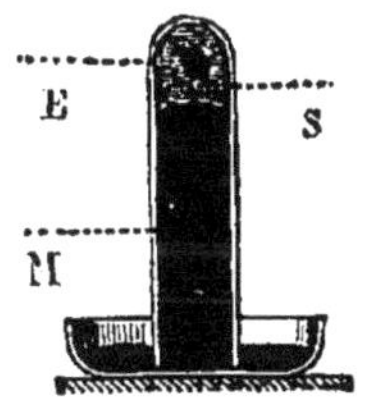

Fig. 157. Action du sodium sur l'eau.

Le fer ne peut décomposer l'eau qu'au rouge vif : si l'on fait passer de l'eau en vapeur dans un tube fortement chauffé et contenant un faisceau de fils de fer, on recueille de l'hydrogène : le métal a retenu l'oxygène.

Le zinc et le fer décomposent l'eau à froid en présence d'un acide ; c'est cette réaction qui est utilisée pour la préparation de l'hydrogène.

L'oxygène et l'air humide n'agissent que sur les métaux qui décomposent l'eau à froid. Mais s'il y a un acide en présence, tous les métaux, à l'exception du platine, de l'or et de l'argent, s'oxydent et la base qui se forme peut s'unir à l'acide : la lame d'acier d'un couteau qui a servi à couper un fruit s'altère à cause du liquide acide du fruit; le cuivre humecté d'acide acétique s'oxyde à l'air et se transforme en acétate. Le fer, le zinc, le cuivre et le plomb perdent rapidement leur éclat dans l'air ordinaire à cause de la présence de l'acide carbonique qui favorise l'oxydation.

L'altération n'est que superficielle pour le plomb, le cuivre et le zinc, parce que l'hydrocarbonate qui se forme est une couche imperméable qui préserve le reste du métal. Mais pour le fer, l'altération, lente au début, s'accélère rapidement ; la rouille se propage et le fer se transforme peu à peu en oxyde. Pour expliquer cette rapide oxydation du fer, on a admis que le métal et son oxyde forment un couple électrique qui décompose l'eau en portant l'oxygène sur le métal.

246. **Préservation des métaux.** — Les nombreuses applications des métaux et surtout du fer ont fait chercher, de tout temps, les moyens de les préserver de l'oxydation à l'air. C'est dans ce but que l'on recouvre les grilles et les ferrures d'une ou plusieurs couches de peinture, les vases en fer battu et en fonte d'un vernis ou d'un émail qui résiste comme la porcelaine ou le verre aux acides et à l'air humide. Quant aux lames et aux fils qui doivent rester flexibles, on les recouvre d'un métal moins oxydable comme l'étain ou le zinc et même le cuivre dont l'oxydation n'atteint que la surface. Le fer recouvert d'étain est appelé fer étamé ou **fer blanc**; le fer recouvert de zinc porte le nom de **fer galvanisé.**

247. **Classification des métaux.** — Si l'on considère avant tout les caractères extérieurs des métaux, on peut en faire quatre groupes :

les *métaux précieux*, qui ne s'altèrent pas à l'air, comme l'or et le platine, auxquels on joint aussi l'argent et le mercure ;

les *métaux usuels*, nombreux et très différents les uns des autres, mais tous très employés : tels sont le cuivre, le plomb, l'étain, le zinc et surtout le fer ;

les *métaux dont les oxydes ont l'aspect de terres* : tel est l'aluminium, aussi le magnésium, aussi le métal dont la chaux est l'oxyde, le calcium ;

les *métaux alcalins*, dont les oxydes sont très solubles, mais en même temps très caustiques.

Thénard (1) a groupé les métaux d'après leur mode d'oxydation, c'est-à-dire d'après la manière dont ils se comportent vis-à-vis de l'oxygène ou de l'eau et d'après l'action que la chaleur exerce sur leurs oxydes. Bien que cette classification ne dépende que d'un seul caractère chimique, elle a une grande importance pratique, parce que les applications usuelles des métaux dépendent beaucoup de la manière dont ils se conduisent à l'air humide et avec les acides. Elle est encore actuellement suivie.

On y fait sept groupes ou sections. Dans les cinq premières sont placés les métaux qui décomposent l'eau et dont les oxydes sont irréductibles par la chaleur seule.

Les deux autres comprennent les métaux qui ne décomposent pas l'eau ; l'une les métaux dont les oxydes ne sont pas détruits au feu ; l'autre les métaux dont les oxydes sont réductibles par la chaleur.

Voici ces sections où nous n'indiquons que les métaux usuels et ceux dont les composés ont d'importantes applications.

1re Section. — Métaux décomposant l'eau dès la température ordinaire :
Métaux alcalins : **Potassium, Sodium.**
Alcalino-terreux : **Baryum, Calcium, Strontium.**

2e Section. — Métaux décomposant l'eau à 100° :
Magnésium, Manganèse

3e Section. — Métaux décomposant l'eau au rouge ou à froid en présence des acides :

(1) Physicien français né en 1777, à Nogent-sur-Marne, mort à Paris en 1857.

Fer, Zinc, Chrome, Nickel, Cobalt.

4e Section. — Métaux décomposant l'eau au rouge sombre et à froid en présence des alcalis :

Étain, Antimoine.

5e Section. — Métaux ne décomposant l'eau qu'avec difficulté aux températures les plus élevées et ne la décomposant ni en présence des acides ni en présence des bases :

Plomb, Cuivre, Bismuth.

6e Section. — Métal ne décomposant pas l'eau, à peine oxydable, et dont l'oxyde ne se décompose pas par la chaleur :

Aluminium.

7e Section. — Métaux ne décomposant pas l'eau, inoxydables, avec des oxydes réductibles par la chaleur :

Mercure, Argent, Or, Platine.

Les métaux alcalins et l'argent sont comme l'hydrogène incapables de fixer plus d'un atome de chlore ; on les dit **monoatomiques.**

Un grand nombre peuvent fixer deux atomes de chlore ou remplacer deux atomes d'hydrogène, ils sont appelés **diatomiques** : les alcalino-terreux, le magnésium, le zinc, le nickel, le plomb et le cuivre.

L'or et le bismuth sont **triatomiques.**

L'étain est **tétratomique.**

Le fer, le manganèse, l'aluminium et le chrome sont **hexatomiques** ; 2 atomes de ces corps s'unisent à 6 atomes de chlore.

ALLIAGES

248. Utilité des alliages. — Deux ou plusieurs métaux fondus ensemble forment un corps d'aspect homogène que l'on nomme un **alliage** ou encore un **amalgame** lorsque le mercure est l'un des métaux composants.

Peu de métaux sont employés à l'état isolé : ce sont le fer, le cuivre, l'étain, le zinc, le plomb, le platine et l'aluminium. Les autres doivent être alliés pour présenter les conditions de dureté, de fusibilité ou de malléabilité nécessaires aux applications industrielles. C'est ainsi que l'or et l'argent sont trop mous pour être employés seuls à la fabrication des monnaies ; ils s'useraient trop vite si on ne leur alliait un dixième de cuivre qui leur donne une dureté suffisante. Le cuivre rouge allié au zinc donne le laiton, plus dur que le cuivre et cependant facile à travailler. L'antimoine et le bismuth sont cassants, on corrige cette propriété en leur ajoutant du plomb, et l'on fait avec l'antimoine et le plomb l'alliage des caractères d'imprimerie, assez fusible et en même temps assez dur pour résister à l'action de la prèsse sans se briser.

Les alliages sont pour l'industrie comme de véritables métaux possédant des propriétés spéciales différentes de celles des corps simples qui les constituent.

249. Constitution des alliages. — Les alliages ne sont pas seulement des mélanges de métaux en proportions indéfinies, comme on pourrait le croire au premier abord si l'on remarque que l'or et l'argent se dissolvent en toutes proportions dans le mercure. Les alliages sont en réalité de véritables combinaisons ordinairement dissoutes dans un excès de l'un des métaux constituants.

La combinaison des deux métaux est accompagnée d'un dégagement de chaleur qui peut être très intense dans certains cas ; et le produit formé peut prendre une forme cristalline déterminée.

En effet, si l'on introduit dans un verre sec contenant du mercure, successivement de petits morceaux de sodium que l'on enfonce avec une baguette de verre pour les frotter contre le bord du vase, le sodium se dissout avec un bruit strident et la masse s'échauffe beaucoup. L'alliage refoidi, débarrassé de l'excès de mercure, se présente sous la forme de cristaux avec une composition bien définie.

On pense qu'il doit toujours y avoir production de chaleur quand les métaux s'unissent et que si cette chaleur n'est pas toujours sensible, c'est qu'elle peut être absorbée par les métaux composants pour accomplir leur changement d'état.

Les alliages industriels ne sont pas toujours le résultat d'une seule combinaison ; il en peut au contraire coexister plusieurs dans le même alliage, comme on le démontre en observant attentivement le refroidissement de certains alliages. Si on laisse refroidir très lentement un alliage fondu, on constate, à l'aide d'un thermomètre, que la température, après s'être abaissée, reste un moment stationnaire et il se solidifie, au sein de la masse liquide, un alliage bien défini et cristallisé. L'alliage fondu qui paraît homogène peut donc se séparer à une température voisine de son point de solidification en plusieurs alliages définis différents les uns des autres par leurs proportions. On a donné à ce phénomène le nom de **liquation** et il en faut tenir compte dans les applications.

250. Propriétés des alliages. — Les alliages sont, comme les métaux, bons conducteurs de la chaleur et de l'électricité et doués d'éclat.

Quelques-uns sont colorés.

Leur densité est rarement égale à celle qu'on obtiendrait par le calcul appliqué aux composants ; il y a dans certains cas contraction et dans d'autres dilatation.

La fusibilité de l'alliage est toujours plus grande que celle du métal le moins fusible entrant dans sa composition ; elle peut même être plus grande que celle de tous les composants : ainsi l'alliage de Darcet (8 bismuth, 5 plomb, 3 étain) fond à 95° tandis que l'étain, le plus fusible des trois métaux ne fond qu'à 228°. Le mercure ajouté à un alliage lui donne de la fusibilité.

Les alliages sont ordinairement plus durs, plus aigres que les métaux ; en revanche ils sont moins tenaces et moins ductiles, à l'exception du bronze d'aluminium qui est plus tenace que ses deux métaux.

251. Préparation. — Pour obtenir les alliages on fond les métaux dans un creuset de terre en ayant soin de recouvrir la masse de poussière de charbon pour éviter l'oxydation. Si un des métaux est volatil on ne l'ajoute qu'au moment où l'autre est déjà fondu ; on agite pour mélanger la masse et on coule rapidement.

Pour les grandes pièces, la fusion se fait dans un four à réverbère et l'alliage fondu est porté aux moules à l'aide de grandes poches de fer garnies de terre réfractaire.

Quand la masse coulée est petite, il est facile d'obtenir un produit homogène. Mais quand la pièce à couler est très volumineuse, l'expérience a appris qu'il faut couler au-dessus du véritable moule une masse assez grande dont l'effet est d'empêcher la liquation.

232. **Principaux alliages usuels.** — Nous citons ici les alliages les plus employés :

ALLIAGES A BASE DE CUIVRE — BRONZES ET LAITON.

Bronze POUR MONNAIES ET MÉDAILLES.	Cuivre....	95	**Maillechort**	Cuivre....	50
	Étain.....	4		Zinc......	25
	Zinc......	1		Nickel....	25
Bronze DES CANONS.	Cuivre....	90	**Laiton.**	Cuivre....	67
	Étain.....	10		Zinc......	33
Bronze D'ALUMINIUM.	Cuivre....	90	**Bronze** POUR CLOCHES.	Cuivre....	78
	Aluminium	10		Étain.....	22

ALLIAGES DIVERS A BASE D'ÉTAIN ET DE PLOMB.

Soudure DES PLOMBIERS.	Plomb....	33	**Métal** ANGLAIS.	Étain.....	100
	Étain.....	66		Antimoine.	8
Caractères D'IMPRIMERIE.	Plomb....	80		Bismuth ..	1
	Antimoine.	20		Cuivre....	4
Mesures POUR LES LIQUIDES.	Étain.....	80	**Vaisselle et Robinets.**	Étain.....	92
	Plomb....	20		Plomb....	8

ALLIAGES DE MÉTAUX PRÉCIEUX.

Vaisselle et Médailles.	Or........	916	**Vaisselle et Bijouterie.**	Argent....	950
	Cuivre....	84		Cuivre....	50
Monnaies.	Or........	900	**Pièces de 5 fr.**	Argent....	900
	Cuivre....	100		Cuivre....	100
Bijouterie.	Or........	750	**Pièces diverses** DE MONNAIE.	Argent....	835
	Cuivre....	250		Cuivre....	165

CHAPITRE XXVI

OXYDES

233. **Désignation des oxydes.** — Les oxydes, formés par la combinaison d'un métal et de l'oxygène, sont désignés par le nom du métal ; c'est ainsi que l'on dit l'**oxyde de mercure**, l'**oxyde de cuivre**, les **oxydes de fer.** Cependant l'usage a conservé à quelques-uns les noms qu'ils avaient avant que leur composition fût exactement connue et que les règles de la nomenclature fussent posées et suivies. Tels sont :

les **oxydes** de { **Potassium**, **Sodium**, **Baryum**, **Calcium**, **Magnésium**, **Aluminum** } que l'on appelle : { Potasse. Soude. Baryte. Chaux. Magnésie. Alumine. }

L'oxygène peut se combiner en plusieurs proportions avec le même métal et donner plusieurs oxydes ; on désigne ces différents corps en faisant précéder leur nom d'une préfixe (*prot* oxyde, *sesqui* oxyde, *bi* oxyde).

Dans l'écriture chimique en *équivalents*, on les représente ainsi :

le **protoxyde** par MO
le **bioxyde** — MO^2
le **sesquioxyde** — M^2O^3
} M désigne l'équivalent de métal pour $O = 8$ gr.

Dans l'écriture chimique basée sur les *poids atomiques* et où le symbole O représente 16 grammes, les formules sont les mêmes que ci-dessus pour tous les métaux dont le poids atomique est double de l'équivalent et c'est le plus grand nombre des métaux : elles doivent être modifiées pour les métaux dont le poids atomique est le même que l'équivalent, ainsi pour le *potassium*, le *sodium* et l'*argent*, les formules des protoxydes doivent être :

K^2O Na^2O Ag^2O ($O = 16$ gr.)

234. **Préparation des oxydes.** — Le premier moyen auquel on puisse avoir recours pour préparer un oxyde c'est l'*oxydation du métal par l'oxygène de l'air* ou à l'aide d'un corps qui cède facilement de l'oxygène. Ce moyen direct peut être employé pour le plomb, le cuivre et le zinc : le plomb fondu chauffé à l'air donne le protoxyde (PbO) ou massicot et même si l'action est prolongée du *minium*, un oxyde rouge de la forme (Pb^3O^4). Le cuivre divisé se transforme en oxyde noir (CuO), lorsqu'on le chauffe à l'air. On obtient l'oxyde de zinc (ZnO) en chauffant fortement le zinc fondu dans un creuset, le métal se résout en vapeurs qui se combinent à l'oxygène de l'air ; il brûle avec une flamme bleuâtre et se change en une poudre blanche d'oxyde.

Au lieu d'emprunter l'oxygène à l'air, on se sert quelquefois de l'acide azotique : en chauffant l'étain avec cet acide on produit l'oxyde d'étain (SnO^2).

2° *Calcination d'un sel.* — Le deuxième moyen consiste à décomposer un sel par la chaleur : on obtient la chaux en calcinant le carbonate de chaux et l'on peut obtenir la baryte, l'oxyde de mercure et l'oxyde de cuivre en calcinant leur azotate.

3° Par *voie humide.* — On peut obtenir tous les oxydes par un mélange convenable de deux dissolutions, c'est ce qu'on appelle opérer par voie humide. Lorsque l'oxyde est insoluble, comme c'est le cas de tous les métaux, à part les métaux alcalins, on le chasse du sel dissous qui le contient en y versant une solution de potasse ou d'ammoniaque, l'oxyde est précipité sous forme d'une gelée ou d'une fine poussière que l'on peut ensuite séparer de l'eau et dessécher. On peut ainsi obtenir le sesquioxyde de fer sous forme de précipité couleur de rouille en versant de l'ammoniaque dans du perchlorure de fer.

Si l'oxyde est soluble, c'est l'acide du sel dissous qu'il faut faire précipiter par un oxyde convenablement choisi : ainsi de l'eau de chaux versé dans une solution de carbonate de potasse ou de soude, forme un précipité de carbonate de chaux et laisse libre l'alcali, potasse ou soude.

233. Propriétés des oxydes. — Les oxydes métalliques sont tous solides à la température ordinaire et dépourvus d'éclat ; leur analogie d'aspect avec la chaux les avait fait appeler *chaux métalliques* par les anciens chimistes.

La plupart sont blancs. Pour ceux qui sont colorés, la couleur est variable avec les conditions de la préparation. Ainsi, l'oxyde de mercure obtenu par voie humide est jaune, tandis qu'il est rouge quand on l'obtient par voie sèche. L'oxyde de cuivre obtenu par précipitation est bleu ; il devient noir si on le chauffe.

Les oxydes sont ordinairement insolubles dans l'eau. Mais la magnésie et les oxydes de plomb et d'argent s'y dissolvent en petite quantité et communiquent à l'eau une réaction alcaline. La chaux et la baryte s'y dissolvent un peu mieux. La potasse et la soude y sont très solubles. Ces dernières bases contractent avec l'eau de véritables combinaisons qui ont reçu le non d'*hydrates* (1).

Fig. 158.— Décomposition de l'oxyde de mercure par la chaleur.

Sous l'influence de la chaleur, les oxydes des métaux précieux sont décomposés et ramenés à l'état métallique. On décompose l'oxyde de mercure HgO en le chauffant à une température un peu plus élevée que celle à laquelle il s'est formée (fig. 158).

D'autres oxydes, comme MnO^2, BaO^2, peuvent subir une décomposition partielle et perdre une partie de leur oxygène.

$$BaO_2 = BaO + O.$$

Avec le bioxyde de manganèse, il se forme un oxyde intermédiaire Mn^3O^4.

$$3\,(MnO^2),\ \text{ou :}\ \left\{\begin{array}{l} MnO^2 \\ MnO^2 = Mn^3O^4 + O^2 \\ MnO^2 \end{array}\right.$$

il se dégage le tiers de l'oxygène.

Action de l'oxygène. — Un métal chauffé directement à l'air donne un oxyde qui est généralement le plus stable de la série des composés qu'il

(1) Dans la notation en équivalents on formule ainsi les hydrates de potasse et de soude, de baryte et de chaux:

KOHO NaOHO BaOHO CaOHO

Dans la notation atomique, on ajoute à l'oxyde une molécule d'eau H^2O; les formules des hydrates précédents doivent donc être

K^2OH^2O Na^2OH^2O $BaOH^2O$ $CaOH^2O$

on adopte ordinairement les suivantes:

KHO NaHO BaH^2O^2 CaH^2O^2.

peut former ; il devient alors très probable qu'un oxyde inférieur à celui-là prendra encore de l'oxygène s'il est chauffé à l'air. C'est ce qui arrive pour le protoxyde d'étain SnO, qui passe, quand on le chauffe, à l'état de SnO^2, pour le protoxyde de fer FeO, qui brûle et produit l'oxyde magnétique Fe^3O^4.

On peut aussi suroxyder certains oxydes stables, en les chauffant dans certaines limites de température. C'est ainsi que la baryte BaO chauffée donne le bioxyde BaO^2 et que le massicot PbO peut se transformer en minium Pb^3O^4.

Action des autres métalloïdes. — Les corps simples peuvent agir sur les oxydes pour les décomposer, soit en prenant l'oxygène (c'est le cas de l'hydrogène et du charbon), soit en s'attaquant à la fois au métal et à l'oxygène (c'est le cas du soufre et du phosphore).

Pour déterminer le sens de la réaction, on a étudié les phénomènes thermiques qui se produisent, comparé les quantités de chaleur qui accompagnent les combinaisons du métal avec les différents métalloïdes, et on peut formuler le principe suivant : c'est qu'*un oxyde est décomposé par les corps qui, en s'unissant à l'oxygène ou au métal, produisent plus de chaleur que n'en a pu produire la formation de l'oxyde.*

256. Action de l'hydrogène et du carbone sur les oxydes. — L'hydrogène réduit les oxydes des métaux des dernières sections (hormis l'alumine). On fait habituellement l'expérience sur l'oxyde noir de cuivre, dans l'appareil de la figure 159 ; on obtient un cuivre rouge très divisé. Quand on fait l'expérience sur le sesquioxyde de fer, on obtient du protoxyde de fer, si l'expérience a peu duré, soit du fer très divisé qui prend feu quand on le projette dans l'air, c'est le *fer pyrophorique.*

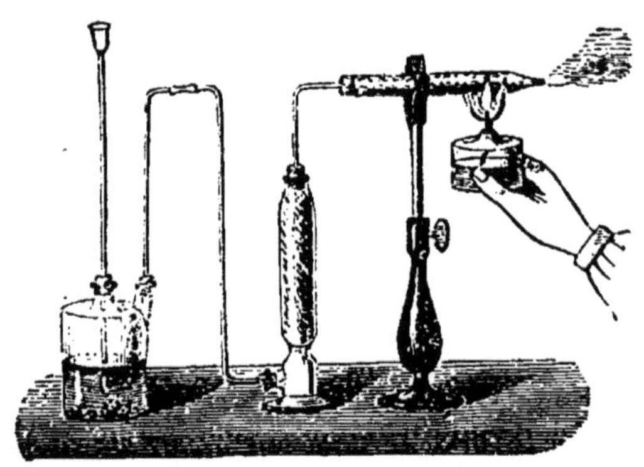

Fig. 159.
Réduction de l'oxyde de cuivre par l'hydrogène.

Le charbon réduit la plupart des oxydes à une température plus ou moins élevée. Il n'y a d'exception que pour la magnésie, l'alumine et quelques oxydes terreux, et encore ces derniers peuvent être réduits à la haute température du chalumeau.

Si l'oxyde se réduit facilement, comme CuO, il se dégage de l'acide carbonique ; si, au contraire, il faut chauffer beaucoup, c'est l'oxyde de carbone qui se dégage.

257. Principaux oxydes. — Les oxydes sont nombreux et intéressants : chaque métal en donne au moins un, quelquefois deux, parfois même trois ou quatre ; ce sont toujours des corps solides, assez souvent colorés, qui ont tous un ou plusieurs usages par eux-mêmes et qui, en se combinant aux acides, donnent d'autres composés appelés *sels.*

Nous étudierons dans ce chapitre ceux que l'on obtient le plus facilement, parmi les plus utiles, les oxydes de plomb, obtenus en chauffant le métal, l'oxyde de zinc et la chaux.

Les autres trouveront leur place dans les chapitres suivants, avec les métaux qui les donnent ou avec les sels qui les contiennent.

258. **Oxydes de plomb.** — Le *protoxyde de plomb* est le produit de la calcination du plomb à l'air ; si la température ne s'est pas élevée jusqu'à le fondre, c'est une poudre jaune que l'on appelle **massicot** ; s'il a été fondu, il porte le nom de **litharge** ; il se présente alors sous des aspects variés, en petites lamelles cristallines blanches, jaunes ou rouges.

Le massicot se prépare dans l'industrie par la calcination du plomb sur des soles horizontales ; on enlève la pellicule d'oxyde à mesure qu'elle se forme ; on le broie et on le débarrasse par lévigation du plomb métallique qui l'accompagne.

La **litharge** est produite dans le traitement du plomb pour en retirer l'or et l'argent ; l'oxyde en fusion est reçu dans de grands creusets où il se refroidit lentement pour donner la litharge rouge.

L'oxyde de plomb hydraté s'obtient en précipitant un sel de plomb par l'ammoniaque.

Le *bioxyde de plomb*, qu'on nomme souvent *oxyde puce* à cause de sa couleur, est une poudre d'un rouge brun foncé. C'est un oxydant énergique. Ainsi lorsqu'on le broie dans un mortier un peu chaud avec 1/6 de son poids de fleur de soufre, le mélange prend feu.

Si on le projette humide dans un flacon d'acide sulfureux, il transforme cet acide en acide sulfurique, qui forme avec l'oxyde restant une poudre blanche de sulfate de plomb.

On l'obtient en attaquant le minium par l'acide azotique étendu et chaud ; il reste comme résidu, après qu'un lavage a enlevé l'azotate de plomb formé. Il n'a d'usage que dans les laboratoires.

Le **minium** est une poudre rouge brillante dont la composition n'est pas constante, mais qu'on s'accorde à considérer comme du plombate de plomb ($2PbO, PbO^2$). L'acide azotique lui enlève en effet le protoxyde PbO en laissant le bioxyde.

Le produit commercial est obtenu par la calcination du massicot dans des fours ordinairement à deux étages. On convertit dans l'un le plomb fondu en massicot en évitant de fondre l'oxyde formé. Le massicot est lavé, tamisé, desséché, puis soumis à une seconde calcination ménagée qui en change la couleur ; il absorbe de l'oxygène et se convertit en minium. Il ne faut pas dépasser la température de 300°, car le minium par une chaleur trop forte se décompose et abandonne de l'oxygène.

Le minium le plus estimé est la **mine orange** obtenue en Angleterre par la calcination de la céruse.

Le minium sert à la fabrication du strass, du flint-glass et du cristal, qui lui doivent leur limpidité et leur pouvoir réfringent ; on le préfère à la litharge parce qu'il est ordinairement plus pur (il doit être complètement exempt de cuivre), et qu'il abandonne, en se transformant en silicate, de l'oxygène capable de détruire les traces des matières organiques qui accompagnent la soude. Il sert à faire des mastics pour luter les jointures des machines. On l'emploie pour colorer les papiers de tenture, la cire à cacheter, etc. On l'applique en peinture sur le fer pour préserver ce dernier de l'oxydation.

Il est souvent falsifié avec de l'oxyde de fer ou de la brique pilée ; mais cette fraude est facile à découvrir, car le minium pur, calciné au rouge, laisse un résidu jaune, tandis que le colcothar et la brique conservent leur couleur. Le minium pur se dissout rapidement et complètement quand on le fait bouillir avec de l'eau sucrée aiguisée d'acide azotique.

259. Oxyde de zinc. — Prenons du zinc, remplissons-en un creuset que nous chaufferons dans un foyer ardent. Le métal commence par fondre ; puis quand le creuset est rouge il en sort une belle flamme d'un blanc bleuâtre et des fumées qui s'envolent et voltigent en flocons comme la neige ou de minces parcelles de laine. Le creuset s'emplit d'une matière floconneuse blanche et légère comme une ouate ; c'est là le corps formé de l'union intime du zinc avec l'oxygène ; les anciens chimistes l'appelaient la *laine philosophique* pour rappeler l'aspect qu'il présente au moment de sa formation. C'est le *blanc de zinc* ou *oxyde de zinc.*

Fabrication industrielle. — L'industrie prépare le blanc de zinc en chauffant le métal dans des cornues disposées pour que la vapeur de zinc qui en sort rencontre de l'air et brûle en produisant l'oxyde (fig. 160). Le tuyau où se rendent les vapeurs qui sortent de la cornue a une prise d'air dont on règle le tirage; il communique à une série de chambres successives sur les parois desquelles l'oxyde de zinc se dépose en poussière. L'oxyde est recueilli dans des trémies d'où on le fait tomber dans des tonneaux.

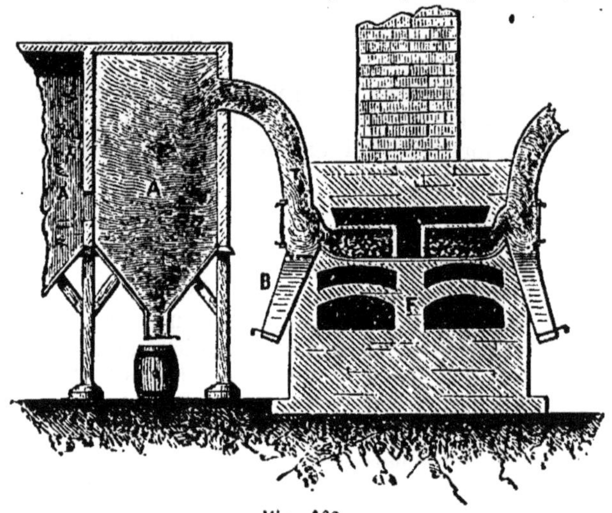

Fig. 160
Appareil à fabriquer l'oxyde de zinc. — B, prise d'air. C, cornues. A, grandes chambres où se dépose l'oxyde formé.

L'oxyde de zinc est employé dans la peinture sous le nom de **blanc de zinc.** Il remplace avec avantage *le blanc de plomb* ou *céruse*. Celui-ci est très vénéneux ; ses poussières exercent une action funeste sur la santé des ouvriers, et de plus il noircit à l'air sous l'influence des émanations sulfureuses. Le blanc de zinc est inoffensif; son maniement n'offre aucun danger et il ne noircit pas par l'hydrogène sulfuré. Il serait très employé depuis longtemps si les peintres comprenaient bien leur intérêt.

CHAUX, CaO

260. Propriétés et usages. — La chaux pure est une matière blanche, amorphe, tendre, infusible au feu de forge, ne se ramollissant qu'au chalumeau, pouvant servir à la confection des creusets réfractaires pour les plus hautes températures.

Anhydre, elle porte le nom de **chaux vive** ; sa saveur est caustique et alcaline. Exposée à l'air, elle en attire l'humidité et tombe en poussière. Elle est très avide d'eau et produit en se combinant avec l'eau un dégagement considérable de chaleur qui réduit en chaleur une portion de l'eau en présence. La chaux augmente de volume, foisonne, puis se délite et se réduit en poudre ; c'est la **chaux éteinte**.

Cette chaux éteinte, additionnée d'un peu d'eau pour faire une bouillie claire, prend le nom de **lait de chaux**. La dissolution limpide constitue l'**eau de chaux**, qui ne contient guère qu'un gramme de chaux par litre d'eau et qu'il faut conserver dans un flacon toujours plein à l'abri de l'air, sans quoi elle se transformerait en carbonate.

On emploie la chaux dans la préparation des alcalis caustiques, dans la fabrication du sucre et des bougies, dans l'épilage des peaux, en agriculture comme amendement, et en quantité considérable pour les mortiers.

261. Fabrication industrielle de la chaux. — La chaux pure, pour l'usage des laboratoires, est obtenue par la calcination du marbre blanc, ou mieux encore par la décomposition de l'azotate de calcium, que l'on obtient en dissolvant le marbre dans l'acide azotique.

La chaux ordinaire résulte de la cuisson, dans de grands fours, de différentes variétés de calcaire ou carbonate de chaux, notamment du calcaire grossier et de la craie. Au rouge, le carbonate se décompose en acide carbonique qui se dégage et en chaux qui reste :

$$CaCO^3 = CaO + CO^2.$$

Le dégagement de l'acide est facilité par l'humidité de la pierre ou l'eau dont on l'arrose et par l'air qui traverse le four ; on laisse perdre l'acide carbonique dans l'atmosphère, ou bien on le recueille si on peut l'employer sur place.

Fig. 161. — Four à chaux intermittent.

Les fours sont de deux espèces : ceux où l'on suspend le travail après chaque cuisson, que l'on nomme les fours **intermittents**, et ceux où le travail est continu, appelés les **fours coulants**.

1° *Fours intermittents.* — Le plus ancien est une cuve circulaire en maçonnerie où l'on dispose au-dessus d'une couche de moellons des couches alternatives de pierres cassées et de combustible (broussailles, tourbe ou lignite) ; on allume le feu pour commencer la chauffe, qui se propage de bas en haut, et quand le feu est arrivé à moitié de la hauteur, on recouvre la partie supérieure du four avec du gazon pour que la cuisson soit lente et régulière.

Une autre forme plus répandue est un four en briques avec revêtement en briques réfractaires. On construit dans le bas une voûte avec de grosses pierres et on achève la charge avec des morceaux de plus en plus petits (fig. 161). On brûle des fagots sous la voûte jusqu'à ce que les fragments supérieurs soient bien calcinés ;

2° *Fours coulants.* — On réalise une grande économie de temps et de combustible par l'emploi des fours continus. Dans les uns on dépose en couches alternatives le calcaire et le combustible ; dans les autres, plus perfectionnés, le calcaire est seul dans le four, le combustible est brûlé dans les foyers latéraux ; la chaux obtenue est plus pure, elle n'est pas souillée par les cendres. La figure 162 représente le four coulant considéré comme le meilleur ; le défournement a lieu par une galerie creusée vis-à-vis de la portion inférieure du four où se rend la chaux cuite.

262. Différentes variétés de chaux. — Les calcaires purs fournissent par calcination des chaux **grasses** qui s'échauffent beaucoup au contact de l'eau, foisonnent, augmentent de volume et donnent une pâte forte et liante.

Fig. 162.

Four à chaux : — A, maçonnerie du four ; — B, foyers latéraux ; — C, cuve à défournement ; — D, hangars latéraux.

Les calcaires moins purs, mélangés d'argile, de silice ou de sable, donnent des chaux **maigres** qui s'échauffent peu, se délitent lentement, sans grande augmentation de volume.

Ces deux espèces, mélangées en pâte à des briques ou à des pierres, ne durcissent qu'à l'air ; c'est ce qui les a fait appeler **chaux aériennes**.

Les chaux douées de la propriété de durcir sous l'eau portent le nom de **chaux hydrauliques**. Les savantes recherches de **M. Vicat** ont démontré que ce durcissement est dû à l'argile que ces chaux renferment, et qu'il est d'autant plus rapide que la proportion d'argile est plus grande par rapport à celle du calcaire.

On obtient les chaux hydrauliques en calcinant un calcaire argileux dans un four à chaux ordinaire, avec la précaution de ne pas pousser la cuisson trop loin dans la crainte de fritter la masse. On les fabrique artificiellement en mélangeant dans des proportions convenables de la chaux grasse avec de l'argile, ou même de la craie ou de l'argile en poudre, façonnant en briques et portant à la cuisson. Celles que l'on dit *éminemment hydrauliques*, qui durcissent sous l'eau en trois ou quatre jours, et qui après six mois ont acquis la dureté de la pierre, renferment de 15 à 20 pour cent d'argile.

On donne le nom de **ciments** à des chaux très hydrauliques, susceptibles de se solidifier en quelques heures au contact de l'eau ou de l'air, après avoir été gâchées à la manière du plâtre. Ceux qu'on obtient avec des calcaires qui renferment 30 p. °/₀ d'argile sont dits à **prise rapide** : réduits en poussière après leur cuisson, et conservés à l'abri de l'air et de l'eau, ils sont très employés sous les noms de *ciment romain*, de *Boulogne*, de *Pouilly*, de *Vassy*, de *Grenoble*, des localités où l'on trouve le calcaire qui les produit.

Les ciments artificiels, dont le **Portland** est le type et qui ont acquis une si grande importance dans l'art des constructions, sont à **prise lente**. On les obtient en cuisant convenablement un mélange intime de 78 de calcaire avec 22 p. °/₀ d'argile. La cuisson chasse l'acide carbonique et détermine entre les différents éléments une combinaison intime. La masse retirée du four est triée avec soin et pulvérisée.

On donne le nom de **pouzzolanes**, en général, à toutes les substances qui, mélangées à la chaux grasse éteinte, lui communiquent directement, sans cuisson préalable, la propriété de durcir au contact de l'eau au bout de plus ou moins de temps. On en trouve aux abords des volcans, notamment du *Vésuve* ; les Romains en ont fait emploi dans leurs constructions, dont les restes sont encore debout. On les produit artificiellement par la cuisson de mélanges d'argile et de sable.

263. **Mortiers.** — Les mortiers sont des mélanges employés en pâte pour relier et souder solidement les briques, les pierres de taille, les moellons, en un mot toutes les pièces solides d'une construction. La chaux seule, en couche mince entre deux pierres, adhère à chacune d'elles et les soude en durcissant ; si la couche est plus épaisse, l'adhérence aux pierres est la même ; mais les différentes parties de la pâte de chaux ne se soudent pas solidement entre elles. On augmente donc la solidité et la résistance des couches de mortiers en multipliant leur surface de contact avec des matières inertes : c'est dans ce but qu'on ajoute à la pâte de chaux des fragments plus ou moins gros de pierres concassées, des sables ou des scories de hauts fourneaux réduites en poudre grossière.

On distingue le *mortier ordinaire*, qui ne durcit qu'à l'air par la dessiccation et l'action des agents atmosphériques, et les *mortiers hydrauliques* qui durcissent sous l'eau par suite des réactions internes entre leurs éléments constitutifs et l'eau.

Le mortier ordinaire, partout employé pour les constructions aériennes, est un mélange de chaux grasse, préalablement éteinte et réduite en bouillie épaisse, avec deux à quatre fois son volume de sable. L'extinction de la chaux est une opération importante, toute simple qu'elle paraisse. Le maçon qui n'en a que peu à éteindre la met sur le sol, l'entoure d'un rebord de sable ; il l'arrose avec de l'eau et l'abandonne jusqu'à ce qu'elle soit délitée, puis il ajoute assez d'eau pour la transformer en bouillie. Dans les grands chantiers, on a deux fosses superposées, l'une où l'on jette la chaux dans assez d'eau pour la réduire en pâte, l'autre où l'on conserve cette pâte humide pour les besoins.

Le sable doit être autant que possible exempt de matières terreuses; le meilleur est le sable siliceux des terrains primitifs, qui forme le lit de beaucoup de fleuves ou de rivières.

Un bon mortier commence à durcir peu de jours après son emploi, et ce phénomène se poursuit d'une manière lente et continue pendant très longtemps. L'eau est d'abord absorbée par les surfaces sèches des pierres, et la pâte prend peu à peu de la consistance en adhérant aux pierres ou briques qui l'emprisonnent. Puis l'acide carbonique de l'air agit sur les parties qu'il peut atteindre, forme avec la chaux du carbonate calcaire qui s'attache solidement, pour les relier, à toutes les particules solides mélangées à la chaux ; le tout est bientôt d'une grande dureté.

Les mortiers hydrauliques, que l'on emploie pour toutes les constructions en contact avec l'eau, sont le plus souvent formés d'un mélange de deux parties de sable fin pour une de ciment, ou simplement d'un mélange de chaux hydraulique et de sable, ou encore de chaux faiblement hydraulique et de pouzzolane énergique. Le mélange des matières est fait à bras ou mécaniquement dans un tonneau vertical muni d'un arbre à palettes. Quand on emploie le ciment, on n'en prépare que peu à la fois, car il durcit vite.

Si à ce mortier on mélange intimement des pierres concassées, on produit le *béton* avec lequel on fait aujourd'hui, facilement et rapidement, toutes les constructions sous l'eau, comme les piles de pont et les digues.

Résumé. — La plupart des métaux s'oxydent à l'air, à part les métaux précieux.

Un même métal peut donner plusieurs oxydes; ainsi le manganèse donne un protoxyde et un bioxyde; le fer un protoxyde, un sesquioxyde et un oxyde magnétique.

On prépare un certain nombres d'oxydes en chauffant le métal à l'air, c'est ainsi qu'on obtient les oxydes de plomb et de zinc. Quelques oxydes sont préparés par la calcination d'un sel, telle est la chaux qui provient du carbonate de chaux. Tous peuvent être obtenus par voie humide.

A part la potasse et la soude, presque tous les oxydes sont insolubles. La plupart peuvent être réduits par l'hydrogène et par le charbon; tel est l'oxyde noir de cuivre.

Les oxydes les plus employés, sont les oxydes de plomb, l'oxyde de zinc et la chaux.

Les **oxydes de plomb** peuvent être faits en soumettant le métal à l'action de l'air chaud; le plomb chauffé se couvre d'abord d'une crasse, puis d'un enduit jaune qui est le massicot. Le massicot chauffé se change en minium en prenant de l'oxygène. S'il fond seulement, il devient de la litharge.

L'oxyde de zinc se produit quand on chauffe fortement du zinc dans un creuset; le métal fond, puis se volatilise et sa vapeur, se combinant à l'oxygène de l'air, donne l'oxyde ou laine philosophique des anciens chimistes.

La **chaux** s'obtient en chauffant du marbre ou de la pierre calcaire. L'opération se fait dans un four intermittent ou dans un four continu.

La chaux ordinaire, mélangée au sable, donne le mortier ordinaire des constructions.

La chaux hydraulique a la propriété de durcir sous l'eau.

CHAPITRE XXVII

SULFURES

265. Action du soufre sur les métaux et sur les oxydes. — *Désignation des sulfures.* Le soufre sec et froid n'agit sur aucun métal à la température ordinaire ; mais il se combine avec presque tous à une température plus ou moins élevée et en dégageant de la chaleur et de la lumière. Les produits formés sont les *sulfures.*

Lorsqu'on chauffe du soufre et de la tournure de cuivre, la réaction est très vive, le métal devient incandescent et le composé résultant est le sulfure noir de cuivre (v. fig. 3).

En présence de l'eau, la réaction peut s'opérer à froid. Le mélange de 2 parties de limaille de fer avec 1 partie de soufre en fleur et un peu d'eau tiède s'échauffe, dégage des vapeurs et noircit, le produit formé est le sulfure de fer hydraté. C'est l'expérience du *volcan de Lémeri ;* elle est ainsi désignée parce que Lémeri la faisait en enfonçant un mélange de soufre et de fer sous une couche de terre que la vapeur soulevait pour s'échapper.

Tous les oxydes métalliques sont décomposés à chaud par le soufre, à l'exception de l'alumine et du sesquioxyde de chrome. Le soufre, en se combinant partie avec le métal, partie avec l'oxygène de l'oxyde, dégage plus de chaleur que n'en peut produire la combinaison du métal avec l'oxygène ; voilà ce qui explique la réaction.

La fleur de soufre bouillie avec un oxyde hydraté en solution, donne un polysulfure et un hyposulfite.

Les sulfures sont désignés par le nom du métal. Et quand il y en a plusieurs du même métal, leur nom, comme celui des oxydes, est précédé des préfixes *proto, sesqui, bi.* Ainsi, avec le fer, on a le protosulfure, le sesquisulfure et le bisulfure. La formule type des protosulfures est

MS M désignant le métal (1).

266. Préparation des sulfures. — Le premier mode de préparation des sulfures c'est la *sulfuration directe,* c'est-à-dire l'action du soufre sur le métal ou sur son oxyde.

On prépare les sulfures de fer, de cuivre et de mercure en chauffant ces métaux avec le soufre.

On fait les polysulfures alcalins en faisant chauffer la potasse ou la soude en solution avec de la fleur de soufre.

Le deuxième mode, c'est la *décomposition d'un sulfate par le charbon ;*

1. Dans la notation atomique, S = 32 grammes ; les sulfures des métaux diatomiques ont les mêmes formules que dans la notation en équivalents

FeS CuS HgS

Avec les métaux monoatomiques K, Na, Ag, les formules des protosulfures sont les suivantes ;

K^2S Na^2S Ag^2S

l'opération réussit toujours en chauffant le mélange dans un creuset brasqué, c'est-à-dire garni intérieurement de charbon en poudre fortement tassé. On fait ainsi le sulfure de baryum, le sulfure de calcium et les mono-sulfures de potassium et de sodium.

Le troisième mode, c'est l'*action de l'acide sulfhydrique* ou *d'un sulfure alcalin sur la solution d'un sel.* On peut préparer ainsi tous les sulfures insolubles dans l'eau.

267. **Propriétés physiques.** — Les sulfures sont solides ; quelques-uns sont cristallisés, ainsi la galène PbS, la pyrite de fer FeS^2, le cinabre HgS. Leurs couleurs sont variées et pour un même sulfure elles dépendent souvent du mode préparation. Ainsi, le sulfure de mercure obtenu par voie sèche est brun rouge, parfois rose brillant (le vermillon), tandis qu'il est noir par précipitation. Le sulfure naturel d'antimoine est noir, celui que l'on précipite d'un sel est jaune-orangé. En général, les sulfures naturels sont différents d'aspect avec les produits artificiels de même composition. Les propriétés des sulfures artificiels sont utilisées dans l'analyse pour différencier les métaux.

Les sulfures alcalins et alcalino-terreux sont les seuls qui soient solubles dans l'eau.

268. **Propriétés chimiques.** — Les sulfures sont décomposés par les corps qui, en se combinant avec un de leurs éléments ou avec les deux, produisent plus de chaleur que n'en donne la combinaison du soufre et du métal. Le chlore est dans ce cas, aussi attaque-t-il tous les sulfures pour donner un chlorure métallique et du chlorure de soufre ou simplement du soufre. L'hydrogène et le charbon peuvent également réduire quelques sulfures, comme les sulfures de mercure et d'argent.

Action de l'oxygène. — L'oxygène humide a une action rapide, même à la température ordinaire. Ainsi le sulfure de fer divisé s'altère peu à peu et se transforme en sulfate avec un grand dégagement de chaleur. Cette réaction peut se produire sur les pyrites divisées des houillères et mettre le feu aux masses de houille.

Les sulfures alcalins humides ou en dissolution absorbent l'oxygène de l'air; cette propriété a été utilisée par Schèele pour faire l'analyse de l'air. Le produit formé est souvent un hyposulfite.

L'oxygène ou l'air sec, à une température plus ou moins élevée, agit sur presque tous les sulfures, soit pour les transformer en sulfates, soit pour donner un oxyde et dégager de l'acide sulfureux, soit même pour mettre le métal en liberté.

L'opération qui consiste à faire réagir l'oxygène de l'air à une température élevée s'appelle *grillage.* On la pratique sur les sulfures naturels, qui sont les minerais d'où l'on tire les métaux usuels, à l'exception de la pyrite de fer, que l'on grille non pour avoir le fer, mais pour avoir l'acide sulfureux qui se dégage.

269. **Principaux sulfures.** — Chaque métal donne avec le soufre un ou plusieurs sulfures. Parmi les produits artificiels, les sulfures alcalins ne servent que dans les laboratoires; les sulfures de baryum et de calcium sont phosphorescents ; on prépare le bisulfure d'étain sous le nom d'*or mussif* et le sulfure de mercure sous le nom de vermillon. Quant aux sulfures naturels, la plupart sont des minerais métalliques comme la ga-

lène ou sulfure de plomb, la blende ou sulfure de zinc, la pyrite de cuivre. La pyrite de fer sera décrite plus loin ; elle est abondante et elle sert à la préparation de l'acide sulfurique.

Résumé. — Les sulfures sont les combinaisons du soufre avec les métaux. On les forme en chauffant le métal ou son oxyde avec le soufre ou encore en décomposant un sulfate par la chaleur, ou enfin dans les laboratoires en faisant agir le sulfure d'hydrogène sur une solution d'un sel métallique.

Les sulfures sont généralement solides et colorés. Ils peuvent être décomposés par le chlore. Ils s'oxydent très-vite à l'air humide. Sous l'action de l'air sec et chaud ils se transforment en oxydes et en sulfates : on leur fait subir cette opération qui porte le nom de grillage quand on les traite par la chaleur pour en retirer les métaux.

Les principaux sulfures naturels sont ceux de fer (pyrite), de plomb (galène), de cuivre (pyrite), de zinc (blende) et d'argent.

CHAPITRE XXVIII

CHLORURES.

270. **État naturel et préparation.** — Quelques chlorures existent dans la nature : le chlorure de sodium, celui de potassium et celui de magnésium se trouvent dans les eaux des lacs salés et de la mer, et aussi dans certaines couches du sol. Les chlorures de mercure et d'argent constituent des minerais de ces métaux.

On prépare les chlorures artificiels par plusieurs procédés :

1° *L'action du chlore.* — Le procédé le plus simple consiste à faire agir le chlore sur un métal ; c'est ainsi qu'on peut faire le chlorure d'antimoine en projetant de l'antimoine métallique en poussière dans un flacon de chlore (fig. 163) ; la chaleur dégagée par la combinaison est suffisante pour enflammer les parcelles métalliques qui tombent dans le gaz ; le chlorure formé est en vapeurs blanches, dont une partie se dépose sur les parois du flacon.

Fig. 163. — Combustion de l'antimoine dans le chlore.

C'est aussi par combinaison directe qu'on fait le chlorure de cuivre en plongeant dans un flacon de chlore un faisceau de fils de cuivre chauffé ; le métal redevient incandescent et se combine peu à peu au chlore en donnant un chlorure volatil qui se dépose et se condense sur les parois du vase.

On prépare également le bichlorure d'étain par action directe en faisant passer un courant de chlore sur de l'étain tenu en fusion.

On peut rattacher à l'action du chlore celle de l'*eau régale*, parce qu'elle agit comme une source de chlore. On prépare le chlorure d'or et le chlorure de platine en chauffant l'un ou l'autre de ces deux métaux avec de l'eau régale.

2° *L'action de l'acide chlorhydrique.* — L'acide chlorhydrique peut donner des chlorures en agissant soit sur le métal, soit sur son oxyde ou son sulfure, ou encore sur son carbonate.

On obtient le chlorure de zinc en faisant dissoudre le zinc dans l'acide chlorhydrique ; l'hydrogène se dégage (fig. 164) et le liquide constitue le chlorure. La réaction se formule habituellement par

$$Zn + 2\ HCl = H^2 + ZnCl^2. \qquad (1)$$

Fig. 164. — Attaque du zinc par l'acide chlorhydrique.

On obtient le protochlorure de fer en attaquant du fil de fer par l'acide chlorhydrique, le protochlorure d'étain en faisant chauffer de l'étain avec de l'acide chlorhydrique.

Quand l'acide chlorhydrique agit sur un oxyde ou sur un sulfure, il donne également un chlorure avec dégagement d'eau dans le premier cas et d'acide sulfhydrique dans le second.

$$MO + 2\ HCl = MCl^2 + H^2O$$
$$MS + 2\ HCl = MCl^2 + H^2S$$

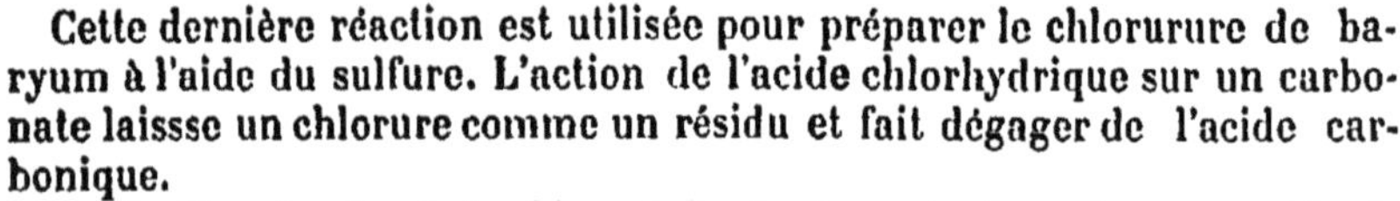

Cette dernière réaction est utilisée pour préparer le chlorurure de baryum à l'aide du sulfure. L'action de l'acide chlorhydrique sur un carbonate laissse un chlorure comme un résidu et fait dégager de l'acide carbonique.

3° *L'action simultanée du chlore et du charbon* est nécessaire pour obtenir le chlorure d'aluminium.

4° *La double décomposition entre un chlorure et un sel* est utilisée dans deux cas intéressants : 1° pour préparer un chlorure insoluble comme le chlorure d'argent, que l'on obtient en faisant agir du sel marin sur de l'azotate d'argent ; 2° pour préparer un chlorure volatil comme le bichlorure de mercure en chauffant du sulfate de ce métal avec du chlorure de sodium.

271. Propriétés physiques. On connaît deux chlorures liquides à la température ordinaire ; le bichlorure d'étain et le perchlorure d'antimoine ; tous deux fument à l'air et possèdent une odeur forte. Les autres chlorures sont solides et dépourvus d'odeur. La plupart sont volatils ; c'est ce qui faisait dire aux alchimistes que le chlore donne des ailes aux métaux. Quelques-uns seulement sont insolubles : le chlorure de plomb, celui d'argent, le protochlorure de mercure et le sous-chlorure de cuivre ; tous les autres se dissolvent facilement dans l'eau.

272. Propriétés chimiques. — La chaleur, l'électricité, la lumière, les principaux métalloïdes agissent sur les chlorures.

1. Dans la notation atomique, les protochlorures de potassium, de sodium et d'argent ont mêmes formules MCl que dans la notation en équivalents.
Tous les protochlorures des autres métaux ont pour formule générale $M''Cl^2$ ainsi le protochlorure de zinc est désigné par $ZnCl^2$ ($Zn = 66$).

La chaleur décompose les chlorures des métaux précieux, et elle ramène le protochlorure de cuivre à l'état de sous-chlorure.

L'électricité décompose les chlorures fondus en métal d'une part qui se dépose sur l'électrode négative et en chlore qui se dégage ; on se sert du courant électrique pour la préparation du baryum et du strontium, que l'on n'obtient pas facilement par une autre méthode.

La lumière noircit le chlorure d'argent et le transforme en un corps insoluble dans l'ammoniaque et dans l'hyposulfite de soude : la photographie sur papier tire parti de cette réaction.

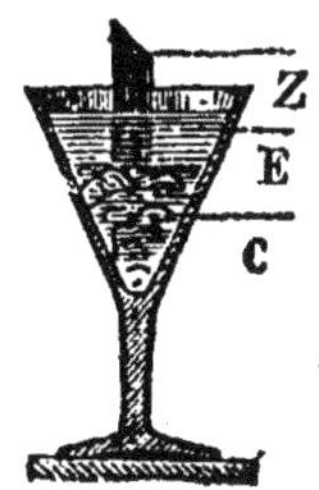

Fig. 165. — Réduction du chlorure d'argent. — C. chlorure d'argent; E eau avec quelques gouttes d'acide chlorhydrique ; Z Lame de zinc plongée dans le chlorure.

Les métalloïdes agissent, les uns, comme l'oxygène, sur le métal du chlorure; d'autres sur le chlore, comme l'hydrogène et les métaux ; d'autres, enfin, à la fois sur le chlore et sur le métal ; de ce nombre sont le soufre et le phosphore. Dans chaque cas, il y a décomposition du chlorure si la nouvelle combinaison peut dégager plus de chaleur que n'en a produit la formation primitive.

Ainsi l'hydrogène réduit les chlorures des métaux des dernières sections. On fait l'expérience sur le chlorure d'argent, soit en le chauffant et en faisant passer sur lui un courant d'hydrogène, soit en produisant de l'hydrogène naissant au sein du chlorure d'argent sous un liquide un peu acidulé où plonge une lame de zinc (fig 165). On tient le chlorure d'argent sous une couche d'eau très légèrement acidulée, on y plonge une lame de zinc et la masse ne tarde pas à noircir totalement : l'hydrogène produit par le zinc et l'acide réduit le chlorure et met en liberté l'argent métallique sous la forme d'une poudre grise.

Usages des chlorures.— Les chlorures les plus intéressants sont le chlorure de sodium ou sel marin et son congénère le chlorure de potassium, les chlorures de calcium et de baryum, celui de zinc, les deux chlorures d'étain, les deux chlorures de mercure, le chlorure d'argent.

Résumé. — Les chlorures contiennent du chlore et un métal ; il y en a quelques-uns dans la nature, notamment le chlorure de sodium ou sel marin.

On prépare quelques chlorures artificiels en faisant agir le chlore sur le métal, c'est ainsi qu'on obtient le bichlorure d'étain ou bien encore en attaquant le métal par l'eau régale qui est une source de chlore (chlorure d'or ou de platine). La plupart des chlorures artificiels sont faits par l'action de l'acide chlorhydrique sur un métal, comme le fer ou le zinc, sur un oxyde, comme l'oxyde de cuivre, sur un sel comme le carbonate de chaux.

Les chlorures sont presque tous solubles et la plupart sont volatils. L'hydrogène les réduit ; le courant électrique y fait déposer le métal ; la lumière en décompose quelques-uns comme le chlorure d'argent qui est la base de la photographie sur papier.

CHAPITRE XXIX

LES SELS.

273. **Formation des sels.** — Lorsqu'on fait agir un acide soit sur un métal, soit sur un oxyde métallique, il y a généralement une action vive qui révèle une combinaison ; le métal ou l'oxyde d'une part, l'acide d'autre part, perdent leurs propriétés ; un nouveau corps se forme, différent des deux premiers, non seulement par l'aspect, mais aussi par toutes ses actions chimiques. Le nouveau corps formé est un *sel*.

Dans le langage vulgaire, l'expresssion de *sel* n'éveille que l'idée du sel marin ou sel de cuisine qui communique sa saveur à nos aliments. Dans le langage chimique, on appelle **sels** des corps très divers, colorés ou incolores, qui n'ont pas forcément une saveur salée, mais dont la plupart peuvent être considérés comme résultant de l'union chimique d'un oxyde avec un acide.

Premier exemple. — **La potasse et l'acide sulfurique.** — Prenons comme exemple la potasse, un oxyde fort, très caustique, brûlant la langue comme le ferait un charbon ardent, et, d'autre part, l'acide sulfurique considéré comme le plus fort de tous les acides. Le premier corps bleuit fortement le tournesol, le second le rougit non moins fortement. Mélangeons-les, en versant peu à peu l'un dans l'autre : il arrivera un moment où le liquide ne rougira plus le tournesol bleu et ne bleuira plus le tournesol rouge : l'acide n'aura plus sa propriété essentielle, ni l'oxyde non plus ; l'un aura *neutralisé* l'autre. Le liquide ne sera plus caustique comme la base, ni fortement aigre comme l'acide.

Évaporons ce liquide ; après quelque temps, si nous le laissons refroidir, il déposera de beaux cristaux brillants, mais sans saveur ; à la place des deux premiers corps, l'un très âcre, l'autre très corrosif, nous aurons un corps insipide et inoffensif.

Voilà un *sel* comme le chimiste l'entend. Ce sel porte le nom de *sulfate de potasse*, qui rappelle bien son mode de formation, ou si l'on veut sa composition.

Deuxième exemple. — **L'acide azotique et l'ammoniaque.** — Prenons l'*eau forte* comme acide et l'alcali volatil ou ammoniaque comme base, et remarquons tout d'abord que si nous évaporions séparément chacun de ces liquides, il n'en resterait rien, tout se dissiperait en vapeurs.

Le premier rougit le tournesol, le second le bleuit. Mélangeons-les jusqu'à ce que le liquide soit sans action sur le tournesol bleu ou rouge. Puis évaporons le mélange, et quand il est suffisamment réduit, laissons-le refroidir. Il s'y dépose de beaux cristaux transparents d'un corps solide formé par la combinaison de l'acide avec l'alcali ou base ; voilà encore un sel : nous l'appelons l'*azotate d'ammoniaque*.

Troisième exemple. — **La litharge et l'acide acétique.** —

Mettons dans un ballon de la litharge avec de l'acide acétique ou même du vinaigre et chauffons. La litharge se dissout peu à peu, et quand la dissolution est complète, il reste un liquide incolore ou à peine teinté. On filtre ce liquide ; on l'évapore et il dépose de beaux cristaux en aiguilles : c'est le *sel* de *Saturne* des anciens chimistes, c'est l'*acétate de plomb.*

274. **Les acides et les métaux.** — Que l'on fasse agir de l'acide azotique sur le cuivre ou sur l'argent, de l'eau acidulée par l'acide sulfurique sur le zinc ou le fer, le métal disparaît; mais si l'on évapore le liquide filtré, on obtient, non plus le métal, ni l'acide, mais un corps cristallisé, un sel solide qui a des propriétés particulières.

275. **Les noms des sels.** — Nous pourrions multiplier les exemples ; les précédents peuvent nous suffire et nous faire trouver la règle suivie pour dénommer les sels, afin que le nom rappelle à la fois le métal ou l'oxyde et la base.

Voici cette règle : changer en *ate* la terminaison *ique* de l'acide et faire suivre du nom de la base ou du métal.

C'est ainsi que l'acide azotique nous donnera les **azotates** de potasse, de chaux, de plomb, d'argent, etc. ;

L'acide carbonique, les **carbonates** de potasse, de soude, de chaux, de plomb, etc. ;

L'acide acétique, les **acétates** de plomb, de cuivre, etc. ;

L'acide phosphorique, les **phosphates** (ici une légère altération pour cause d'euphonie) ;

L'acide sulfurique, les **sulfates** (même altération que dans le cas précédent).

A cette première règle, il en faut ajouter une seconde pour le cas où l'acide a la terminaison *eux;* alors le nom du sel emprunte le nom de l'acide en changeant *eux* en *ite.*

Ainsi l'acide azoteux donne les *azotites* ;
— arsénieux — *arsénites* ;
— sulfureux — *sulfites.*

Nous comprendrons, sans qu'il soit besoin d'insister, combien doivent être nombreux et divers les sels que le chimiste peut faire ou que la nature peut nous offrir, puisque chaque acide pourra en donner un ou plusieurs avec chaque base.

Pour l'enseignement, il est très commode de comparer les sels aux acides hydratés qui en sont les générateurs : *un sel est alors un acide où l'hydrogène a été remplacé par un métal.* Cette manière de voir a le double avantage d'être très générale et très claire ; elle fait en effet rentrer les chlorures et les sulfures avec les sels oxygénés ; un chlorure est de l'acide chlorhydrique où l'hydrogène a été remplacé par un métal, comme un azotate est de l'acide azotique ou l'hydrogène a été également remplacé par un métal, et les deux sels échangent par double décomposition leur portion métallique pour donner deux autres sels :

Acide chlorhydrique, HCl — Acide azotique, $Az\,O^3\,H$
Chlorure de sodium, $NaCl$ — Azotate d'argent, $Az\,O^3\,Ag$

$$NaCl + Az\,O^3\,Ag = AgCl + Az\,O^3\,Na.$$

On n'éprouve jamais aucune difficulté pour écrire la composition d'un sel, puisqu'il suffit de connaître celle de l'acide qui l'a formé ou dont il dérive.

276. Propriétés physiques des sels. — Tous les sels sont solides et plus lourds que l'eau. Beaucoup sont incolores ; un certain nombre sont colorés ; les sels d'or sont *jaunes* ; ceux de cuivre, *bleus ou verts* ; ceux de cobalt, *bleus* ou *roses*; ceux de fer, *verts* ou *rougeâtres*. La couleur est variable avec la quantité d'eau que contient le sel. Ainsi le sulfate de cuivre, qui est d'une belle couleur bleue en solution ou en cristaux, devient incolore quand on le dessèche ; mais il peut reprendre sa couleur primitive si on lui rend l'eau qu'on en avait chassée. A cet exemple, ajoutons celui du chlorure de cobalt, qui est rose en solution et bleu quand il se dessèche, et qui peut par suite prendre les diverses nuances du bleu au rose suivant l'humidité dont il se pénètre.

La saveur des sels est très variable : ceux de soude sont salés, ceux de magnésie amers, ceux d'alumine astringents.

277. Action de l'eau sur les sels. — L'eau dissout un très grand nombre de sels, mais elle est absolument sans action sur quelques-uns, comme le sulfate de baryte, le chlorure d'argent, le carbonate de plomb. La solubilité de beaucoup de sels augmente quand la température s'élève; on peut s'en assurer sur le salpêtre et aussi sur le chlorure de plomb, qui se précipite en aiguilles de sa solution bouillante. L'un des plus curieux exemples des sels solubles, est le sulfate de soude.

Nature de l'eau dans les sels. Quand on fait cristalliser un sel, de petites quantités de l'eau-mère peuvent rester emprisonnées entre les particules solides ; c'est l'*eau d'interposition*, qui se résout rapidement et brusquement en vapeur quand on chauffe le sel, témoin la décrépitation du sel de cuisine sur les charbons ardents. Cette eau nuit à la pureté du solide ; aussi, pour en empêcher le dépôt et obtenir un sel plus pur, le fait-on cristalliser *en farine* comme le salpêtre.

Certains sels en cristallisant, s'associent un quantité déterminée d'eau qui paraît nécessaire à leur forme cristalline; c'est l'*eau de cristallisation*. On la figure généralement par le symbole Aq pour indiquer qu'elle n'entre que comme accessoire dans l'édifice chimique du sel. Rappelons que le carbonate de soude cristallise avec 10 équivalents d'eau le sulfate de cuivre avec 5, le sulfate de fer avec 7.

L'eau est dite de *constitution* quand elle fait partie intégrante du sel et qu'on ne peut la chasser sans détruire ni changer le sel ; telle est l'eau que l'on peut trouver dans le bicarbonate de soude, dans le phosphate ordinaire de soude, quand on les écrit dans la notation en équivalents.

278. Action de la chaleur. — Le premier effet de la chaleur sur les sels cristallisés est de dessécher les cristaux. Quand le sel contient beaucoup d'eau de cristallisation, il l'abandonne facilement par la chaleur et s'y dissout ; on dit qu'il subit la *fusion aqueuse* ; ainsi les cristaux de carbonate de soude, subissent cette fusion avant la température de 50° ; aussi dans l'industrie ne les dessèche-t-on qu'à l'air. Un sel qui a subi la fusion aqueuse et qu'on a privé de son eau par la chaleur, est dit *anhydre*. Il faut, suivant les cas, une température plus ou moins élevée pour produire ce résultat ; ainsi le sulfate de fer, abandonne six équivalents de son eau de cristallisation vers 100°, et il faut une température bien plus haute pour le priver du dernier.

Presque tous les sels, naturellement anhydres ou devenus tels, se liquéfient quand on les chauffe fortement, si toutefois ils ne se décomposent pas auparavant ; c'est leur *fusion ignée* qui permet de les couler pour les obtenir en plaques. Tel est l'azotate d'argent, qui fond vers 250°, tandis qu'à cette même température l'azotate de cuivre se décompose, perd son acide en éléments gazeux et laisse l'oxyde comme résidu.

D'une manière générale, on peut dire que la chaleur décompose les sels dont les acides sont facilement volatils ou peuvent le devenir en se décomposant eux-mêmes à haute température.

L'air sec est sans action sur les sels anhydres. L'air humide peut, par la vapeur d'eau qu'il contient, déterminer sur quelques-uns une action chimique qui les hydrate ; c'est le cas du chlorure de calcium fondu, qui s'échauffe en s'hydratant et qu'on emploie à dessécher les gaz.

Certains sels déjà hydratés absorbent encore de l'humidité au contact de l'air et deviennent liquides ; on les dit *déliquescents* ; tel est le carbonate de potasse. D'autres sels hydratés, au contraire, abandonnent à l'air sec une portion de leur eau de cristallisation et prennent une surface poussiéreuse ; ils sont *efflorescents* ; tel est le carbonate de soude en cristaux et aussi le sulfate de la même base. Cette double propriété n'est pas absolue ; elle varie avec l'état hygrométrique de l'air.

279. Propriétés chimiques des sels. — Les sels peuvent être décomposés par la chaleur, par l'électricité et la lumière ; ils le sont aussi par les métaux agissant sur leurs dissolutions et par les solutions d'autres sels agissant sur eux dans des conditions convenables.

La *lumière* réduit certains sels des métaux précieux, notamment les sels d'argent. On utilise ces réactions pour la photographie.

L'*électricité* décompose toutes les solutions de sels ou tous les sels fondus qu'elle peut traverser : le métal est porté au pôle négatif et tout le reste au pôle positif ; si l'on constate d'autres dépôts, ils sont le résultat d'actions chimiques qui ont suivi l'action de l'électricité. C'est sur le sulfate de cuivre que le phénomène est le plus net ; si on plonge dans ce sel les deux électrodes de platine d'une pile, on voit le fil négatif se recouvrir de cuivre rouge, tandis que l'oxygène se dégage contre le fil positif.

Les *métaux* se déplacent les uns les autres de leurs dissolutions ; en voici plusieurs exemples : le mercure placé au fond d'un verre contenant une solution d'azotate d'argent fait déposer ce dernier métal sous forme d'une cristallisation brillante ; un lame de cuivre blanchit dans un sel mercurique par le mercure qui se dépose à sa surface ; un fil de fer plongé dans une solution de sulfate de cuivre fait déposer ce dernier métal ; une lame de zinc dans un sel de plomb dépose le plomb en paillettes cristallines très brillantes.

Enfin une dissolution d'un sel mêlée à la dissolution d'un autre sel peut engendrer deux sels nouveaux ; un des exemples les plus frappants est celui du sel marin dissous que l'on mêle à l'azotate d'argent en solution ; il se forme de l'azotate de soude et du chlorure d'argent ; ce dernier apparaît dans le liquide sous la forme d'un précipité blanc.

Résumé. — Lorsqu'on fait agir un acide, soit sur un métal, soit sur un oxyde il y a formation d'un sel.

On donne aux sels des noms qui rappellent leur composition, en changeant en *ate* la terminaison *ique* de l'acide ou en changeant en *ite* la terminaison *eux*.

Dans l'enseignement, il est commode de comparer les sels aux acides hydrogénés ou hydratés qui en sont les générateurs. Un sel qui résulte de l'action d'un acide sur un métal ou sur un oxyde ressemble à l'acide dans lequel l'hydrogène a été remplacé par un métal.

L'eau dissout un très grand nombre de sels. Quelques-uns comme le sel de cuisine renferment de l'eau d'interposition, d'autres comme le vitriol bleu et le vitriol vert ont besoin d'eau pour cristalliser.

Il y a des sels déliquescents, d'autres efflorescents.

La lumière réduit les sels d'argent. L'électricité décompose tous ceux qu'elle peut traverser, notamment le sulfate de cuivre.

CHAPITRE XXX

FER. — FONTE. — ACIER

280. **État naturel du fer.** — Le fer, le plus important des métaux par ses applications, est aussi celui qui est le plus répandu dans l'écorce terrestre ; il n'est presque aucun terrain qui en soit complètement dépourvu ; presque toutes les terres en contiennent, sinon comme élément essentiel, du moins comme élément accessoire ; il s'y trouve à différents états de combinaison suivant la nature de la roche dans laquelle il est engagé. Il se rencontre dans certaines eaux auxquelles il communique des propriétés médicales qui s'expliquent par la présence constante du fer dans le sang de l'homme et des animaux.

On ne le rencontre pas à l'état natif dans les roches ; mais, sous cette forme, il constitue la presque totalité de la substance des pierres tombées du ciel, des *météorites*, dont quelques-unes pèsent plusieurs centaines de kilogrammes.

Malgré cette profusion, et bien que ses propriétés de dureté, de ténacité, de résistance au choc, le placent au premier rang pour servir aux armes, aux outils et aux machines, le fer n'est pas le premier métal qu'ait employé l'industrie humaine. C'est que les procédés pour l'obtenir ne sont pas aussi simples ni aussi faciles que ceux qui donnent l'étain et le cuivre, les deux éléments du bronze, bien plus anciennement connu que le fer.

Les minéraux qui contiennent du fer en quantité assez grande et dans un état tel qu'on puisse avec avantage l'extraire et le purifier, sont dits **minerais de fer.** Ceux qui se prêtent à l'exploitation sont très abondants, mais peu nombreux en espèces ; ils renferment toujours le métal à l'état d'oxyde ; c'est l'*oxyde magnétique*, le *sesquioxyde anhydre* et *hydraté* et le *carbonate de protoxyde*. Les sulfures, si communs sous le nom de *pyrites*, ne sont pas utilisés pour l'extraction du fer ; le métal serait de mauvaise qualité et son travail difficile ; on en retire le soufre à l'état d'acide sulfureux, l'une des matières premières de l'acide sulfurique.

L'oxyde magnétique de fer, Fe^3O^4, constitue l'un des meilleurs minerais ; les variétés compactes forment la pierre d'aimant ; il est très répandu dans la *Suède*, la *Norwège* et le *Canada*,

Le sesquioxyde de fer anhydre, Fe^2O^3, existe, à l'état cristallisé, en beaux morceaux brillants et irisés dans les mines de l'île d'*Elbe;* c'est le *fer oligiste.* En masses amorphes, il constitue le minerai rouge, très répandu sous le nom d'*hématite rouge.*

Le sesquioxyde de fer hydraté, est très répandu dans les terrains jurassiques, associé à du manganèse et parfois à un peu de pyrite de cuivre; le gisement le plus renommé est celui du *Erzberg en Styrie.*

281. Traitement des minerais. — Les minerais de fer sont ordinairement mêlés à des matières étrangères que l'on appelle **gangue** et dont il faut les débarrasser en majeure partie. On ne leur fait subir pour cela que des préparations mécaniques fort simples. Les mines terreuses sont lavées dans un courant d'eau qui les débarrasse d'une portion de la gangue. Les minerais en roche sont concassés, brocardés et triés. Souvent on soumet ces derniers au grillage dans le but d'expulser l'eau et l'acide carbonique, d'oxyder la pyrite qui peut y être associée et de rendre le minerai poreux et plus facile à réduire.

En extraire le plus de fer possible et par les moyens les plus économiques, tel est le but de la sidérurgie. L'importance de cette opération n'est plus à démontrer; tout le monde sait que le fer, sous ses différentes formes, est un des produits les plus utiles à l'industrie. Les procédés que la métallurgie du fer met en œuvre sont assez complexes pour que l'on cherche à s'en faire une idée générale et précise avant de pénétrer dans les détails.

Si les minerais étaient purs, il suffirait de les chauffer avec du charbon à une température élevée pour les réduire et en dégager le métal; ce métal réduit possédant la propriété de se souder directement et sans intermédiaire, à chaud, les portions isolées peuvent être réunies et soudées entre elles. Mais les minerais, même les plus riches, contiennent toujours de la gangue qu'il faut rendre fusible pour pouvoir en extraire et en séparer les molécules de fer.

La gangue est souvent siliceuse, c'est-à-dire formée de quartz ou d'argile ; or, ces deux corps sont infusibles tant qu'ils restent seuls ; ils ne le deviennent que par leurs combinaisons avec des bases, comme l'oxyde de fer et la chaux en particulier.

La gangue des minerais riches chauffés avec le charbon devient assez fusible, par la formation d'un silicate double d'alumine et de fer, pour qu'on puisse extraire *directement* du fer malléable de ces minerais, en perdant une partie notable du métal.

Les minerais moins riches ne peuvent pas être soumis à ce traitement. Il y faut déterminer la fusion de la gangue sans que le fer fasse partie du silicate double fusible d'où le métal sera extrait. C'est dans ce but qu'on ajoute du carbonate de chaux ou **castine** aux minerais siliceux, de l'argile ou **erbue** aux minerais calcaires, pour que le silicate fusible soit à base d'alumine et de chaux. Pour former ce silicate, il faut une haute température; et dans les conditions de chaleur où le fer du minerai se trouve placé, il se combine avec le charbon, se carbure ; il devient de la **fonte.** Cette fonte est un produit d'art susceptible d'application; c'est comme un nouveau minerai de fer d'où on pourra extraire facilement le métal.

Ainsi, il y a deux modes d'exploitation des minerais de fer. Le premier, qui donne *directement* le métal avec perte d'une partie, est désigné sous le nom de **méthode catalane.** Le second, dans lequel on obtient d'abord de la *fonte* ou fer carburé, sans perte notable du métal, mais à une température bien plus élevée, constitue la méthode des **hauts-fourneaux**.

La méthode catalane n'est plus guère employée. On suppose qu'elle a été longtemps la seule et que les scories ferrugineuses, que l'on trouve en bien des endroits, sont les résidus des opérations effectuées anciennement par les premiers sidérurgistes qui s'installaient partout où ils trouvaient un minerai convenable. L'industrie moderne traite ces scories avec avantage et parvient à en extraire presque tout le métal.

Fig. 166. — Haut-fourneau.

282. Hauts-fourneaux. — Le plus grand progrès de la fabrication du fer a été réalisé par la découverte de la fonte et l'invention du haut-fourneau. C'est en effet de la fonte, c'est-à-dire du fer carburé, et non du fer métallique, que l'on obtient d'abord des minerais ; mais le traitement est si parfait que le fer peut être séparé des terres presque aussi complètement qu'il le serait dans une analyse.

Un haut-fourneau a la forme de deux troncs de cône réunis par la base (fig. 166). Sa hauteur totale varie de 12 à 20 mètres, suivant la nature du combustible. L'ouverture supérieure II s'appelle le *gueulard :* c'est par là qu'on jette dans l'appareil le minerai et le combustible : la partie élargie s'appelle le *ventre ;* le cône supérieur est la *cuve ;* le cône inférieur, les *étalages;* La partie inférieure qui reçoit les tuyères et où s'effectue la fusion s'appelle *ouvrage* au-dessus des tuyères, *creuset* en dessous. La partie antérieure *(d)* du creuset, qui se trouve un peu en avant de la paroi *(q)* de l'ouvrage, est une pierre prismatique appelée *dame ;* elle est continuée au dehors par un plan incliné.

283. Réactions chimiques qui s'opèrent dans les hauts-fourneaux. — Quand l'appareil est en marche, on jette, de temps à autre, par le gueulard, un mélange du minerai, du combustible et du fondant de la gangue. Habituellement on associe plusieurs minerais, dont on connaît exactement la nature, avec la quantité convenable de castine ou d'erbue et de combustible pour obtenir un mélange fusible et une fonte de bonne qualité. Incessamment, de l'air que l'on a intérêt à chauffer d'abord, est lancé par les tuyères et monte dans le fourneau. Il y a donc lieu de suivre séparément la marche ascendante des gaz et la marche descendante du minerai.

1o *Marche ascendante des gaz.* — L'air, en arrivant dans l'ouvrage, trouve du charbon qu'il brûle en produisant une haute température et en formant de l'acide carbonique. L'acide carbonique, à mesure qu'il s'élève, devient de l'oxyde de carbone au contact du charbon incandescent. Cet oxyde de carbone rencontre dans les étalages de l'oxyde de fer assez chaud pour être réduit ; il repasse donc en partie à l'état d'acide carbonique, qui redevient encore oxyde de carbone par les différentes couches de combustible. Il s'y joint le gaz carbonique dégagé de la castine et en partie transformé par le charbon, et l'hydrogène provenant de la vapeur d'eau du mélange introduit dans le four, et à laquelle le charbon a pris l'oxygène. De sorte qu'il sort par le gueulard des gaz riches en hydrogène et en oxyde de carbone. On les laissait perdre autrefois. On les recueille aujourd'hui et on les utilise comme combustibles, notamment pour chauffer l'air lancé par les tuyères.

2o *Marche descendante du minerai et du combustible.* — Au haut du fourneau, le minerai se déshydrate et se dessèche ; il s'échauffe peu à peu à mesure qu'il descend, et rencontrant l'oxyde de carbone, il est en partie réduit. Le mélange de fer, d'oxyde non encore réduit, de gangue alumineuse, de chaux et de charbon, arrive aux étalages où règne une température élevée ; c'est alors qu'a lieu la formation du silicate double d'alumine et de chaux qui constituera la scorie ou le laitier, et que le fer se combine avec un peu de carbone et de silicium et passe à l'état de *fonte*. La fonte, plus fusible que le fer, devient liquide dans l'ouvrage en même temps que le silicate qui forme le laitier ; les deux liquides tombent dans le creuset, la fonte au-dessous du laitier à cause de sa plus grande densité.

Le laitier s'écoule quand il déborde la dame. On retire la fonte du creuset plein en perçant une ouverture, fermée pendant l'opération par un tampon d'argile ; elle coule dans des rigoles creusées dans du sable où elle prend, en se solidifiant, la forme de demi-cylindres qu'on nomme *gueuses*.

On peut donc diviser la hauteur d'un haut-fourneau en quatre régions dont chacune est caractérisée par un travail spécial. La première est la zone de *déshydratation* : elle descend jusqu'au tiers de la cuve ; puis vient la zone de *réduction* qui occupe la base de la cuve ; dans les étalages, la zone de *carburation*, et enfin dans l'ouvrage la zone de *fusion*.

Les combustibles généralement employés sont le charbon de bois et le coke. L'emploi de ce dernier exige une plus grande hauteur au fourneau. Le coke contient, en effet, des sulfures ou pyrites qu'il faut faire passer dans les scories pour éviter qu'un peu de soufre ne passe dans la fonte, ce qui nuirait à sa qualité; pour atteindre ce résultat, on ajoute plus de castine au minerai ; le laitier devient moins fusible ; il exige alors plus de combustible.

FONTE

284. Propriétés et usages des fontes. — La fonte est une combinaison de fer avec le carbone qui contient de petites quantités de silicium, de manganèse, de phosphore et de soufre, et qui est plus fusible que le fer.

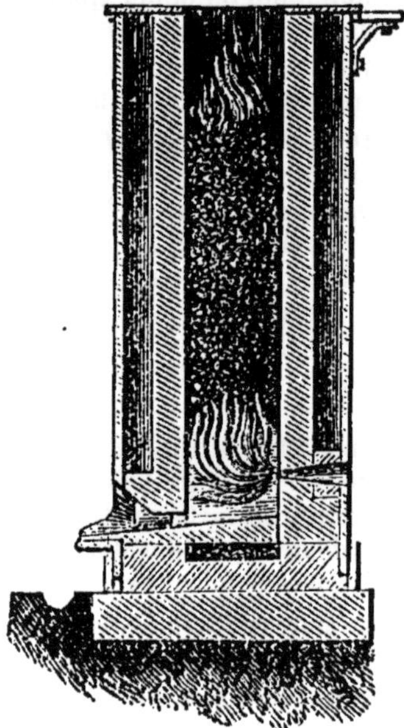

Fig. 167. — Cubilot pour la fusion de la fonte à mouler.

Il en existe plusieurs variétés, contenant toutes de 2 à 5 p. 0/0 de carbone et qui se ramènent à deux espèces distinctes, la fonte *grise* et la fonte *blanche*, différant non-seulement par la couleur, mais encore par la dureté, la ténacité et la fusibilité.

La *fonte grise*, dont la couleur varie du noir au gris clair, est d'une solidité et d'une ténacité considérables; on peut la tourner et la forer. Elle exige pour fondre une plus haute température que la fonte blanche ; mais, au lieu de devenir pâteuse d'abord comme cette dernière, elle passe instantanément de l'état solide à l'état liquide ; aussi est-elle employée de préférence au moulage pour tuyaux de conduite, poêles, grilles, etc. Attaquée par l'acide chlorhydrique, elle dégage du gaz hydrogène très fétide et laisse un résidu de graphite en paillettes ; elle contient donc le carbone sous deux états, partie combinée au fer et partie libre ou graphite. On suppose que c'est à ce graphite qu'elle doit de se rouiller facilement par l'eau.

La *fonte blanche* a un éclat métallique et une couleur argentine ; elle est très cassante et cède au choc du marteau ; elle est souvent lamellaire. Elle ne laisse pas de résidu quand on l'attaque par l'acide chlorhydrique, preuve qu'elle ne contient que du carbone combiné. Elle est souvent manganésifère.

Il est possible d'obtenir, avec la plupart des minerais, l'une ou l'autre de ces deux variétés, en conduisant convenablement le feu du haut-fourneau et les mélanges qu'on y introduit. La fonte grise fondue et brusquement refroidie devient blanche, et la fonte blanche liquide refroidie lentement devient grise. Une seconde fusion peut donc modifier beaucoup la nature des fontes.

Les fontes sont employées au moulage ou bien à la production du fer et de l'acier. Pour le moulage, on choisit les fontes noires : on leur fait subir une seconde fusion dans un four vertical appelé *cubilot* (fig. 167), où elles sont mélangées avec du coke et soumises au courant d'air d'une tuyère. Le liquide est reçu dans des pots garnis à l'intérieur de terre réfractaire et porté dans les moules où il se solidifie très promptement.

Quand, au lieu de chauffer la fonte avec du coke dans des fours verticaux où elle se carbure, on la place dans des conditions propres à lui faire perdre les matières étrangères qu'elle renferme, le silicium, le manganèse, le phosphore, et le soufre, et surtout tout ou partie de son carbone, on obtient le fer ou l'acier. Cette opération prend le nom d'*affinage ;* elle utilise l'action combinée de la chaleur et de l'air, et elle emploie comme combustible le charbon de bois, le coke ou la houille.

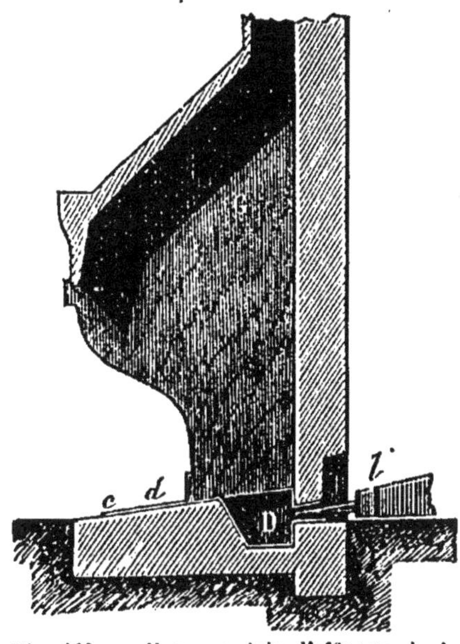

Fig. 168. — Four comtois d'affinage de la fonte. — D, creuset ; — G, hotte de la cheminée : — l, tuyère ; — c, d, plan incliné pour écouler la scorie.

285. Affinage de la fonte. — On se sert pour cette opération de foyers qui ont une certaine ressemblance avec les forges ordinaires (fig. 168) ; le creuset, formé de plaques de fer recouvertes d'argile, est surmonté d'une hotte et d'une cheminée ; il reçoit le vent d'une tuyère. On le remplit de charbon, et, sur le combustible rendu incandescent, on place les morceaux de fonte concassés. La fonte entre en fusion, et en tombant goutte à goutte au fond du creuset elle s'oxyde à la surface et se débarrasse d'une partie du carbone et du silicium dont les combinaisons forment la scorie. La fonte devient de moins moins fusible; l'ouvrier la ramène sous le vent de la tuyère où elle continue de s'oxyder, l'affinage s'avance, et le métal, débarrassé de la scorie, est rassemblé en une *loupe* qu'on porte sous le marteau-pilon pour la cingler et donner au fer la forme de barres. Le fer obtenu est de bonne qualité, mais on n'en obtient pas plus des trois quarts de la fonte. Ce procédé est en usage

Fig. 169. — Four à puddler. — a, foyer ; — b et a, portes de travail.

en France dans la *Franche-Comté ;* on lui donne parfois le nom de *procédé comtois*.

La substitution du coke ou de la houille au charbon de bois dans l'affinage de la fonte est aujourd'hui entrée dans la pratique industrielle. Dans une première opération, on refond la fonte sous un courant d'air oxydant.

Puis vient le **puddlage** qui s'exécute dans un four à réverbère que l'on chauffe rapidement par un grand foyer distinct de la sole (fig. 169). La fonte est chargée sur la sole chauffée, avec des oxydes de fer, des battitures. On donne un coup de feu très fort pour porter la masse au rouge blanc ; quand la fonte est pâteuse, on la brasse pour en exposer toutes les parties à l'oxygène qui se dégage des scories et des battitures ; il s'échappe du métal des jets de flamme bleue d'oxyde de carbone. La masse devient moins fusible ; le fer *prend nature ;* l'ouvrier en rassemble les divers fragments nageant dans la scorie pour les souder en une loupe qu'on retire du four et qu'on porte sous le marteau à cingler, dans le but d'en expulser les scories interposées.

Pour terminer l'affinage du fer, on le coupe lorsqu'il est encore rouge ; on en forme des paquets que l'on porte au blanc soudant dans un four dit *à réchauffer ;* à leur sortie de ce four, les paquets sont soumis au corroyage, ensuite au laminage qui les transforme en barres.

On retire par cette méthode 82 kilogrammes de fer de 100 kilogrammes de fonte.

ACIER

286. — L'acier est un composé de fer et de carbone durcissant par la trempe et susceptible d'acquérir, par un recuit convenable, de l'élasticité et de la souplesse sans perdre toute sa dureté. L'acier est moins carburé que la fonte ; il ne contient que de 0,6 à 2 p. 0/0 de carbone, tandis que la fonte en renferme de 2 à 4 ; il contient aussi, mais en bien moins grande proportion, le silicium et les autres corps étrangers de la fonte.

Pour faire de l'acier, il faut ajouter du carbone au fer ou en retrancher à la fonte. La carburation du fer donne ce qu'on appelle l'acier de **cémentation** ; la décarburation incomplète de la fonte produit l'**acier naturel**.

287. **Acier naturel.** — L'acier naturel obtenu par le traitement direct d'un minerai de fer par la méthode catalane porte le nom de *fer aciéreux ;* celui qu'on obtient par l'affinage incomplet de la fonte, au charbon de bois ou même à la houille dans les fours à puddler, s'appelle *acier de forge ;* l'affinage direct de la fonte immédiatement après sa sortie du haut-fourneau donne l'acier *Bessemer*.

Fer aciéreux. — Dans les forges catalanes, on obtient directement du fer malléable; cependant, dans certaines régions de la forge, le fer peut se carburer, ce qui permet d'obtenir de l'acier. On parvient à en obtenir si l'on favorise la carburation et si l'on prévient en même temps la décarburation du fer. Pour satisfaire à ces deux conditions, on emploie une forte proportion de charbon de bois et on fait écouler fréquemment les scories qui par un long contact enlèveraient au fer le carbone qu'il a pu prendre. La masse obtenue est loin d'être homogène ; mais ce fer aciéreux convient à la confection des armes blanches, des ressorts, des faux et des socs de charrue.

Acier de forge. — Quand on affine la fonte pour acier, au bois ou à la houille, au petit foyer ou au four à réverbère, il faut porter toute son attention sur l'action décarburante du bain de scories pour la modérer au besoin par l'addition de sable quartzeux, de façon à obtenir de l'acier et non du fer. La masse retirée du four, martelée et étirée, ne présente pas toujours une grande homogénéité.

Acier Bessemer. — Dans le procédé récent, on reçoit la fonte liquide directement dans l'appareil spécial appelé **convertisseur**. C'est une sorte de cornue à col très court (fig. 170), mobile sur un axe, et portant au fond les ouvertures des tuyères, qui y amènent le vent d'une bonne soufflerie. C'est l'air injecté qui brûle le carbone et les corps étrangers de la fonte, en produisant un bouillonnement tumultueux dans la masse liquide. On juge de l'opération par la flamme du convertisseur, et, au moment convenable, on renverse l'appareil pour couler le métal. L'acier obtenu est de composition constante et homogène. Le procédé est économique, puisqu'il évite la perte du combustible nécessaire dans les autres méthodes pour ramener à l'état liquide la fonte qu'on a laissée refroidir.

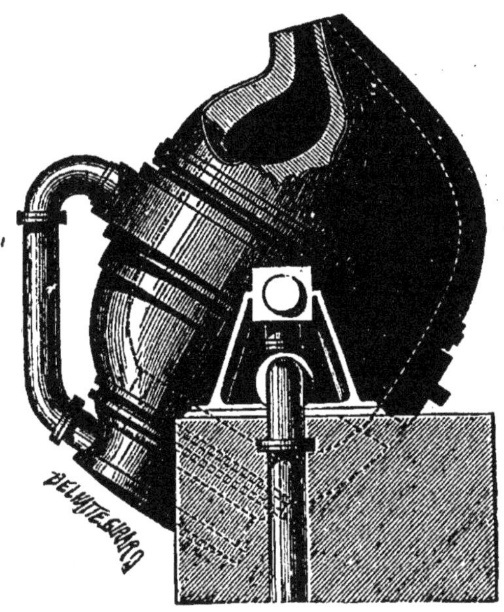

Fig. 170. — Convertisseur Bessemer.

288. Acier de cémentation. — La cémentation, c'est-à-dire la carburation du fer, s'effectue dans des caisses en briques réfractaires disposées dans un four où l'on peut les chauffer à une haute température. Le fond de chaque caisse contient une couche bien tassée de cément (charbon de bois pulvérisé mélangé de cendres ou de suie); sur cette couche, on range un lit de barres de fer de 4 à 6 centimètres de large et de 1 à 2 d'épaisseur, puis une couche de cément tassé, et ainsi des couches alternatives jusqu'au haut de la caisse. On chauffe graduellement et on maintient la température au rouge plus ou moins de temps, suivant l'épaisseur des barres ; après quoi, on laisse refroidir lentement. L'acier obtenu présente souvent à sa surface de petites soufflures ou ampoules qui lui font donner le nom d'*acier-poule*. Il n'est pas homogène ; la surface est toujours plus carburée que les couches profondes.

Pour diminuer ces inégalités, on a recours au *corroyage*, qui consiste à assortir en paquets des barres d'acier brut, à les chauffer dans un four à vent où elles se soudent, à les tremper pour les casser ensuite, et répéter l'opération sur les fragments.

289. Acier fondu. — Mais on n'obtient d'acier suffisamment homogène que par la fusion. Cette opération s'effectue dans des fours à réverbère ou dans des creusets fortement chauffés dans un four à vent à puissant tirage. L'acier fondu est coulé en lingots ou en barres. Il est remarquable par sa dureté et par sa finesse. L'un des plus estimés est celui qu'on fabrique aux Indes et qu'on nomme l'**acier Wootz**.

On commence à le fabriquer au four à réverbère.

290. Propriétés de l'acier. — L'acier est brillant, susceptible d'un beau poli ; sa texture est grenue, mais à grains fins et serrés. Sa densité est un peu inférieure à celle du fer. Son point de fusion est aussi plus bas que celui du fer, mais supérieur à celui de la fonte ; ainsi il semble que le carbone, en s'unissant au fer, lui donne de la fusibilité.

Sa propriété caractéristique est de devenir très dur et très cassant par la **trempe**. Pour tremper l'acier, on le chauffe fortement et on le refroidit brusquement en le plongeant dans un liquide ; la dureté qu'acquiert le métal est en raison de la célérité du refroidissement. Quand on chauffe l'acier trempé, et qu'on le refroidit lentement, on lui enlève tout ou partie de la dureté qui lui avait été communiquée. Cette opération du **recuit** est employée pour produire des aciers de diverses qualités ; comme l'acier chauffé passe successivement par diverses couleurs : jaune, pourpre, violet, bleu clair, bleu foncé, on utilise cette propriété pour recuire jusqu'à telle ou telle couleur, suivant la nature des objets qu'on veut faire ; ainsi les ressorts de montre se recuisent au violet et au bleu, les scies fines et les forets au bleu foncé.

Les propriétés chimiques de l'acier sont les mêmes que celles du fer ; seulement les acides laissent sur le premier une tache noire plus intense que sur le fer. Cette tache, qui est du charbon insoluble dans l'acide, n'est homogène que dans le cas où le carbone est uniformément réparti dans la masse ; dans le cas contraire, elle forme un dessin irrégulier. Le **damas**, qui nous venait autrefois de l'Orient, est de l'acier où le carbone est irrégulièrement réparti ; plongé dans un acide, il prend l'aspect caractéristique qui le distingue.

291. Propriétés du fer. — Le fer est gris bleuâtre, doué de l'éclat métallique. C'est le plus tenace des métaux usuels ; un fil de 2 millimètres de diamètre ne se rompt que par une traction de 249 kilogrammes. Il est ductile et malléable ; on le réduit en fils très fins par la filière, en lames minces au laminoir : c'est alors la **tôle**. L'écrouissage le rend cassant, mais le recuit lui rend sa flexibilité. Sa densité varie entre 7,2 et 7,8.

Le fer pur, que l'on appelle **fer doux**, fond vers 1500°, c'est-à-dire au rouge blanc (le fer mélangé de carbone est plus fusible). Le fer doux est magnétique, c'est-à-dire attirable à l'aimant ; mais il ne conserve l'aimantation que s'il est à l'état d'acier.

Le fer possède la propriété précieuse de se ramollir légèrement avant de fondre et de se souder à lui-même ; aussi il peut être façonné à la forge par le martelage. Quand il est de bonne qualité, sa texture est grenue, mais il devient fibreux sous l'action du marteau ; c'est alors qu'il possède sa plus grande ténacité. Le fer fibreux peut reprendre peu à peu l'éclat cristallin et redevenir cassant sous l'influence de vibrations repétées ; cette métamorphose moléculaire se remarque dans les essieux de voitures, les câbles des ponts suspendus ; pour lui rendre sa ténacité première, il faut le forger.

Le fer est inaltérable à l'air sec à la température ordinaire ; au rouge, il absorbe l'oxygène et se convertit en oxyde magnétique Fe^3O^4 ; cette combustion se fait avec vivacité dans l'oxygène pur. Quand on bat sur l'enclume le fer chauffé un peu au-dessous du rouge, il s'en détache en étincelles des écailles oxydées auxquelles on donne le nom de **battitures**. Le fer très divisé est pyrophorique.

A l'air humide, le fer se couvre de **rouille** qui est du sesquioxyde hydraté. L'oxydation est lente à s'établir, mais elle se propage rapidement une fois commencée. La première tache de rouille forme avec le fer un couple voltaïque qui décompose l'eau dont l'oxygène se porte sur le fer, tandis que l'hydrogène naissant se combine à l'azote de l'air pour donner de l'ammoniaque ; on trouve en effet toujours de l'ammoniaque accompagnant la rouille. On préserve le fer de l'oxydation en le recouvrant d'un corps gras ou d'un vernis, ou mieux encore en protégeant sa surface par un autre métal. Le fer recouvert d'une mince couche d'étain constitue le **fer blanc** ; protégé par une mince couche de zinc, il porte le nom de fer **galvanisé**.

Le fer s'unit à un grand nombre de corps simples, notamment aux métalloïdes de la première famille et au soufre.

292. **Oxydes de fer.** — Le fer forme avec l'oxygène :

Le *protoxyde* . . . . . . FeO ;
Le *sesquioxyde*. . . . . . Fe^2O^3 ;

puis une série d'oxydes intermédiaires, résultant de la combinaison des deux précédents et dont l'*oxyde magnétique*, Fe^3O^4, est le plus intéressant.

Le *protoxyde* de fer à l'état hydraté s'obtient toutes les fois qu'on verse un alcali dans la solution du sulfate de fer ou vitriol vert ; le précipité est blanc au moment où il apparaît, mais il s'oxyde très promptement, passe au vert et finalement au brun. Il est très peu soluble dans l'eau (1 gramme par 150 litres) ; il lui donne cependant une saveur ferrugineuse prononcée et la propriété de se troubler à l'air. C'est une base puissante, très répandue dans la nature.

Sesquioxyde de fer, Fe^2O^3. — On obtient le sesquioxyde de fer à l'état d'hydrate quand on verse un alcali dans une solution de perchlorure de fer. C'est un précipité d'un rouge brun dont la composition moyenne est Fe^2O^3Aq. La rouille dont se couvre le fer à l'air humide est le même composé. Ce produit, calciné, perd son eau d'hydratation et devient rouge ; aussi les argiles ferrugineuses et les ocres qui lui doivent leur couleur jaune deviennent-elles rouges par l'action du feu.

On l'obtient anhydre en calcinant l'azotate ou le sulfate de fer. Cette dernière opération se fait industriellement pour la fabrication de l'acide sulfurique de Nordhausen ; le résidu qui reste dans la cornue est une poudre d'un brun rouge appelée **colcothar**, assez dure pour être employée au polissage des métaux et des glaces quand on l'a amenée par lévigation à un degré de ténuité convenable. (L'industrie des glaces prépare son colcothar par la calcination de l'oxalate de fer obtenu par l'action de l'acide oxalique sur une solution de sulfate; l'oxyde rouge obtenu est d'une extrême finesse).

Si l'on mélange du sel marin au sulfate de fer, le produit qu'on obtient après calcination est un sesquioxyde cristallisé en paillettes très dures ; on l'emploie sous le nom de *poudre à rasoirs* pour affiler ces instruments.

Rappelons que le sesquioxyde de fer naturel est très répandu, cristallisé et amorphe ; c'est un des minerais les plus abondants.

Oxyde magnétique Fe^3O^4. — L'oxyde magnétique naturel est le meilleur des minerais de fer ; les fers de la Suède lui doivent leur supériorité. La pierre d'aimant en est presque entièrement formée. Il se forme artificiellement quand on décompose l'eau par le fer incandescent. Mais il n'a, comme produit de laboratoire, d'autre intérêt que d'être un oxyde salin qui donne, quand on l'attaque par un acide, des sels de protoxyde et des sels de sesquioxyde, comme s'il était réellement formé du groupement FeO, Fe^2O^3.

293. Sulfures de fer. — Les sulfures de fer sont plus nombreux encore que les oxydes ; on en connaît huit parmi lesquels nous ne retiendrons que les deux plus importants :

Le protosulfure de fer (ou sulfure ferreux). . FeS,
Le bisulfure, appelé *pyrite* . . . . FeS^2.

Protosulfure de fer. — FeS. — On obtient le protosulfure de fer en chauffant dans un creuset des poids égaux de limaille de fer et de fleur de soufre. Le produit formé est une masse noire, dure, métallique, utilisée dans les laboratoires à la préparation à froid de l'hydrogène sulfuré ; il suffit en effet de l'attaquer par un acide (sulfurique ou chlorhydrique pour dégager le gaz.

Le fer chauffé, plongé dans de la vapeur de soufre ou dans du soufre fondu, se couvre d'une croûte métallique cassante de sulfure.

Rappelons que la combinaison du soufre et du fer en limaille peut s'opérer à la température ordinaire, quand le mélange est humecté.

Bisulfure de fer ou pyrite. — FeS^2. — Le bisulfure de fer, appelé ordinairement **pyrite**, est un produit naturel abondamment répandu. On le trouve cristallisé sous deux formes différentes, en cubes et en prismes. La **pyrite cubique** est d'un bel éclat métallique et d'un beau jaune d'or (son nom vulgaire d'*or des ânes* fait allusion à ce bel aspect d'une matière sans grande valeur). Elle est très dure et fait feu sous le briquet. La **pyrite prismatique** est plus blanche, mais douée comme l'autre d'un bel éclat métallique. Elle est très oxydable ; à l'air humide, elle attire l'oxygène, tombe peu à peu en poussière et se convertit finalement en sulfate de fer. Son oxydation dégage de la chaleur, et c'est à sa présence dans les schistes houillers que l'on attribue les incendies de certaines houillères.

Les pyrites ne sont pas, à proprement parler, des minerais de fer. On les grille à l'air pour obtenir le gaz sulfureux nécessaire à la fabrication de l'acide sulfurique,

SULFATE DE FER. — $FeSO^4Aq$.

294. **Préparation.** — Le sulfate de fer, désigné ordinairement dans le commerce sous le nom de **vitriol vert, couperose verte,** est le sel de fer le plus important. On le prépare en attaquant le fer par l'acide sulfurique étendu et par l'oxydation des pyrites au contact de l'air humide.

Dans de l'acide sulfurique étendu d'eau, on introduit du fer en morceaux, en rognures ou en limaille ; il se dégage de l'hydrogène :

$$Fe + SO^4H^2 = FeSO^4 + H^2.$$

L'industrie emploie de l'acide sulfurique de qualité inférieure, impropre à tout autre usage (comme celui qui a servi à l'épuration des huiles), et elle utilise de vieilles ferrailles et les déchets des ateliers de tournure et de forage. On fait écouler dans une cheminée l'hydrogène infect qui se dégage. La liqueur, concentrée, est abandonnée dans des cuves où elle dépose de gros cristaux sur des bâtons immergés.

Les pyrites dures préalablement grillées et les argiles pyriteuses efflorescentes sont oxydées en tas. La masse devient pulvérulente, et le sulfure se transforme en sulfate. On lessive la matière, et la solution, concentrée par la chaleur, est ensuite conduite dans de grands cristallisoirs.

Le sulfate de fer ainsi préparé n'est pas pur ; il contient différents sulfates, notamment celui de cuivre, qui est le plus facile à éliminer ; il suffit, en effet, de mettre du fer dans la dissolution du sel impur pour précipiter le cuivre à l'état métallique.

295. **Propriétés et usages.** — Le sulfate de fer cristallise en prismes verts contenant 7 équivalents d'eau de cristallisation. Il se dissout à froid dans une fois et demie son poids d'eau et dans le tiers de son poids d'eau bouillante. Il perd 6Aq quand on le chauffe à 100° ; le 7e équivalent ne disparaît qu'à 300° ; le sel anhydre est d'un blanc grisâtre ; mais il reprend sa couleur verte quand on lui rend l'eau qu'il a perdue. Au rouge sombre, il dégage l'acide sulfurique fumant et laisse comme résidu le colcothar.

Ses cristaux prennent à l'air un aspect ocreux dû à la formation d'un sulfate de sesquioxyde insoluble ; ils sont difficiles à conserver. La même oxydation se produit sur la dissolution du sel dans l'eau ; elle se trouble rapidement et dépose une ocre jaunâtre. Quand ce phénomène se produit pendant l'évaporation de la solution, on la fait bouillir avec un peu de limaille de fer qui ramène à l'état de protoxyde le sesquioxyde qui s'était formé.

Le sulfate de fer absorbe le bioxyde d'azote et se colore en brun. On utilise cette propriété pour caractériser les azotates. On fait chauffer dans un tube un mélange d'azotate et d'acide sulfurique auquel on ajoute un cristal de sulfate de fer ; celui-ci se colore en brun parce qu'il absorbe le composé azoté qui s'est dégagé.

Le sulfate de fer est employé à la fabrication de l'acide sulfurique fumant et du colcothar. Il est d'un grand usage en teinture : sa facilité à s'oxyder le fait utiliser comme réducteur de l'indigo ; avec la noix de galle, il teint en noir ; mélangé au tannin, il contribue à former l'encre ordinaire. Il sert à la fabrication du bleu de Prusse. Enfin on l'emploie avec succès comme désinfectant des fosses d'aisance parce qu'il fixe le sulfure d'ammonium à l'état de sulfure de fer.

Résumé.— Le fer est très répandu dans la nature à l'état d'oxydes et à l'état de sulfures. Les sulfures ou pyrites ne servent pas à l'extraction du fer; les autres composés seuls sont des minerais utilisés.

Les minerais sont mélangés de carbonate de chaux et de charbon et fortement chauffés dans un *haut-fourneau*. Le minerai est réduit, mais le fer s'incorpore un peu de carbone pour donner un alliage fusible, la FONTE.

La fonte grise ou blanche, contenant de 3 à 4 0/0 de carbone, sert après une seconde fusion à donner des objets métalliques divers, ou bien elle est décarburée pour donner du fer.

L'acier est du fer contenant de 0,5 à 1,5 0/0 de carbone. La trempe lui donne une grande dureté et beaucoup d'élasticité. On le fait en décarburant la fonte ou en carburant le fer, et on le fond pour lui donner de l'homogénéité.

Le fer se soude à lui-même. Quand il est à peu près pur, il porte le nom de *fer doux* et il a une structure fibreuse.

Parmi ses composés, le sesquioxyde ou rouge anglais ou rouille et l'oxyde magnétique, les pyrites et le sulfate, sont les plus importants.

CHAPITRE XXXI

LE ZINC. — L'ÉTAIN

206. — **Minerais de zinc.** — Le zinc était connu des anciens, qui savaient fabriquer le laiton ; mais c'est seulement de ce siècle que date son usage vulgaire. On l'extrait de deux minerais : la *calamine* et la *blende*. La calamine est un carbonate de zinc associé à de l'oxyde de fer et à de la gangue ; elle fournit la majeure partie du zinc du commerce ; ses principaux gisements sont en *Silésie* et en *Belgique*, aux environs d'*Aix-la-Chapelle*, où se trouvent les mines de la *Vieille-Montagne*. La blende est un sulfure de zinc, mêlé ordinairement de sulfure de fer ou accompagnant les gîtes de galène ou sulfure de plomb.

Malgré leur différence de composition chimique, ces deux minerais sont soumis au même traitement pour en extraire le métal. On les lave pour les séparer de l'argile ocreuse qui forme la gangue, puis on les grille, c'est-à-dire qu'on les soumet à l'oxydation. La blende perd son soufre et s'oxyde; la calamine perd son acide carbonique; toutes deux laissent pour résidu de l'oxyde de zinc. Cet oxyde est traité par du charbon qui le réduit à chaud. A la température où l'on opère, le zinc se volatilise, distille et vient se condenser dans des récipients où il est recueilli.

207. **Propriétés physiques du zinc.** — Le zinc est d'un blanc bleuâtre, assez mou, mais peu flexible. Il adhère aux limes d'acier avec lesquelles on le travaille : on dit qu'il les *graisse*. Sa densité varie de 6,8 à 7,2. Quand il est pur, il est très malléable ; mais s'il contient comme ce-

lui du commerce des traces d'autres métaux, il est cassant à froid. Cependant à 100° il redevient malléable, peut être laminé et étiré en fils; mais chauffé davantage, il redevient très cassant, à tel point qu'à 200° il peut être facilement pulvérisé dans un mortier. C'est le plus dilatable de tous les métaux; une feuille de zinc clouée sur tout son pourtour se tuile et se déchire par les variations de température. Le zinc entre en fusion vers 500°; on le grenaille facilement en le versant lentement dans de l'eau froide. Au rouge, il se volatilise.

298. **Propriétés chimiques.** — L'air sec est sans action sur le zinc solide. L'air humide le recouvre d'une mince couche d'oxyde qui se carbonate et qui protège le métal d'une altération plus profonde, comme un vernis imperméable. Le zinc fondu, chauffé au-dessus de son point de fusion, s'oxyde rapidement : le métal brûle en produisant une belle lumière d'un blanc bleuâtre; l'oxyde formé est une poudre blanche d'où s'élèvent des flocons très légers et très blancs.

Le zinc pur n'est que très faiblement attaqué par les acides minéraux. Si l'on plonge en effet dans de l'eau acidulée par l'acide sulfurique une lame de zinc très pur, elle n'est pas attaquée; tout au plus se couvre-t-elle de quelques petites bulles gazeuzes d'hydrogène. Si l'on plonge alors une lame de cuivre dans le même liquide et qu'on la réunisse à la lame de zinc, aussitôt l'action chimique commence et l'on peut constater de l'électricité dans le fil qui réunit extérieurement les deux lames (fig. 171.) Dans ce cas, l'hydrogène dont le zinc a pris peu à peu la place, se dégage contre la lame de cuivre; les deux lames et le liquide forment un couple voltaïque, un élément de pile électrique :

$$Zn + SO^4H^2 = SO^4Zn + H^2.$$

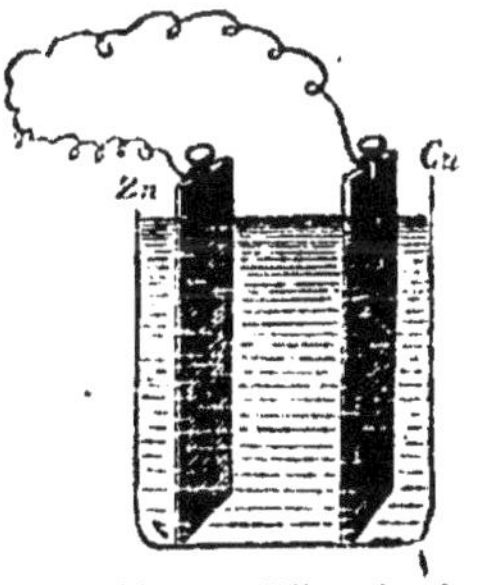

Le zinc du commerce est immédiatement attaqué par l'eau acidulée et les autres acides. On pense que les métaux étrangers qu'il contient forment avec lui des couples électriques qui éveillent pour ainsi dire l'action chimique. Nous avons vu que le zinc sert à préparer l'hydrogène, qu'il fait dégager abondamment de l'eau acidulée ou de l'acide chlorhydrique.

Fig. 171. — Pile simple pour l'action chimique de l'eau acidulée sur le zinc pur.

Les acides organiques attaquent le zinc et donnent avec lui des composés vénéneux; le vin qui a séjourné quelques secondes dans un vase de zinc a acquis une amertume caractéristique.

Le zinc peut décomposer l'eau à l'ébullition, en présence de la potasse et de la soude; il la décompose seule, comme le fer, à une température élevée.

299. **Usages du zinc.** — En feuilles épaisses, le zinc est employé pour les toitures, les gouttières, les tuyaux, les vases à contenir l'eau, arrosoirs, baignoires. C'est le métal attaquable des piles électriques. Il sert aussi à confectionner par estampage des ornements repoussés. Il est exclu des ustensiles de cuisine.

Quelques-uns de ses alliages présentent un haut intérêt : tel est le **laiton** ou cuivre jaune dont nous parlerons en traitant du cuivre; tel est aussi le **fer galvanisé**.

Fer galvanisé. — On désigne sous ce nom le fer recouvert d'une mince couche de zinc destinée à protéger le métal altérable de l'oxydation. Si l'on expose à l'air humide un clou, un fil ou une lame de fer galvanisé, c'est la couche de zinc qui s'oxyde légèrement et se recouvre d'une couche d'hydro-carbonate protégeant le tout comme un vernis imperméable.

Pour recouvrir le fer de zinc, on le décape d'abord en le laissant séjourner quelque temps dans une eau contenant 1/100 d'acide sulfurique; on le sèche rapidement et on le plonge dans un bain de zinc fondu sur lequel flotte une couche de sel ammoniac qui préserve le métal de l'oxydation et achève de décaper le fer au moment de son immersion. Au sortir du bain, les pièces de fer sont plongées dans une solution étendue de sel ammoniac où le zinc non adhérent se détache; elles sont ensuite séchées.

On a reproché à ce mode d'opérer un inconvénient dû à l'inégale dilatabilité des deux métaux sous l'action de la chaleur, qui finit par faire détacher le zinc du fer. Et on a substitué au zincage par immersion le zincage par la pile, qui donne un dépôt bien plus adhérent et bien plus solide.

L'ÉTAIN

300. **Extraction de l'étain.** — L'étain est un des métaux le plus anciennement connus. Il entre dans la composition du bronze qui a fourni à l'homme ses premiers outils métalliques. Le seul minerai de ce métal est l'oxyde appelé **cassitérite.** On le trouve souvent cristallisé dans les terrains anciens ; on l'exploite en filons ou en sables. Les principaux gisements sont dans le comté de Cornouailles en Angleterre, en Saxe et en Bohême, aux Indes, dans la presqu'île de Malacca et l'île de Banca.

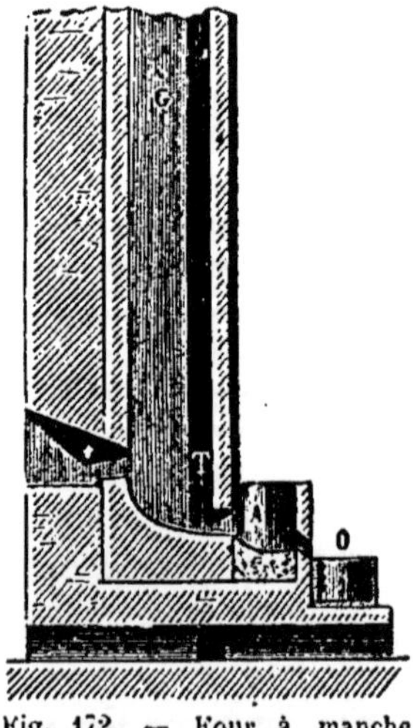

L'extraction de l'étain comprend un traitement physique qui a pour but de séparer l'oxyde de la plus grande partie de sa gangue, et une réduction chimique très simple qui consiste à enlever l'oxygène de l'oxyde par le charbon.

Le minerai en sables provenant des alluvions est trié, bocardé et lavé ; dans cette opération, l'oxyde d'étain, assez lourd, gagne le fond des appareils ; les matières étrangères sont entraînées par l'eau. Le minerai en filons doit de plus être soumis à un grillage qui a pour but d'en séparer le soufre et l'arsenic.

Fig. 172. — Four à manche pour obtenir l'étain. — A, premier bassin ; — O, second bassin.

La réduction du minerai épuré s'opère ordinairement dans un four à manche (fig. 172), où on l'accumule avec des couches alternatives de charbon. Une tuyère fournit l'air nécessaire à la combustion. L'étain fondu s'écoule dans deux bassins étagés dont le premier retient les scories qui surnagent le métal. On fait couler celui-ci dans le second bassin et on le brasse avec des bûches de bois vert; les gaz qui se dégagent entraînent à la surface les scories disséminées dans la masse liquide et réduisent en même temps le peu d'oxyde qui s'y trouve. On coule le métal dans des lingotières où il se fige promptement.

301. Propriétés de l'étain. — L'étain pur est d'un blanc d'argent; s'il tire sur le bleu ou sur le gris avec un aspect plus mat, c'est qu'il contient des traces d'autres métaux. C'est un métal mou, très malléable, mais peu tenace. Il peut être réduit en feuilles de trois dix-millièmes de millimètre d'épaisseur; qui, sous le nom de **tain**, sont employées à l'étamage des glaces. Lorsqu'on le frotte, l'étain répand une odeur désagréable qu'on retrouve dans plusieurs de ses combinaisons. Il est d'une texture cristalline, se plie facilement et fait entendre quand on le plie un bruit particulier qu'on appelle le *cri de l'étain*. Sa densité est de **7,2**.

L'étain fond à 220° et ne se volatilise pas quand on le chauffe davantage. On peut le fondre sur une feuille de papier au dessus de charbons allumés, avant que le papier ne soit carbonisé. Le métal fondu donne en se refroidissant une masse de cristaux enchevêtrés les uns dans les autres. On peut l'obtenir en poudre en le versant fondu dans une boite en bois enduite de craie que l'on agite vivement pendant le refroidissement. Le commerce le livre en feuilles, en baguettes, en pains et en larmes.

L'étain ne s'altère pas à l'air à la température ordinaire; mais l'air chaud l'oxyde; on remarque en effet que l'étain fondu se recouvre d'une pellicule grisâtre d'oxyde. L'étain ne décompose la vapeur d'eau qu'à la chaleur rouge.

L'acide chlorhydrique étendu attaque lentement l'étain; l'acide concentré et chaud l'attaque avec énergie et avec dégagement d'hydrogène.

L'action de l'acide azotique ordinaire est extrêmement violente: il se dégage des torrents de vapeurs nitreuses et il reste une poudre blanche d'acide métastannique.

Les lessives alcalines dissolvent le métal à chaud; il se dégage de l'hydrogène et il se forme des stannates alcalins.

302. Usages de l'étain. — L'étain est d'un grand usage pour les ustensiles de ménage. En feuilles minces, il sert à préserver un grand nombre de substances alimentaires de l'action de l'air et de l'humidité; son inaltérabilité à l'air le fait employer pour recouvrir et protéger le fer et le cuivre.

Ses alliages ont beaucoup d'importance; avec le plomb, il donne la *soudure;* avec le cuivre, il constitue le *bronze;* avec le mercure, il forme le *tain* des glaces.

Étamage. — L'étamage a pour but de recouvrir un métal oxydable ou toxique comme le cuivre d'une légère couche d'étain, inoxydable et inoffensive. Pour étamer le cuivre, on le frotte à chaud avec du sel ammoniac ou mieux du chlorure d'ammonium et de zinc, pour le *décaper:* l'oxyde qui se trouve à la surface du métal et qui empêcherait l'adhérence de l'étain se change en chlorure que le frottement enlève facilement. On promène de l'étain fondu, avec un tampon d'étoupe, sur la surface chauffée du cuivre; il se forme alors un alliage qui ne présente qu'une mince épaisseur, mais qui peut résister un certain temps. On peut augmenter l'épaisseur de la couche d'étain en lui alliant $\frac{1}{10}$ de plomb ; mais l'emploi de ce dernier métal doit être rejeté quand il s'agit d'ustensiles où l'on prépare les substances alimentaires. L'étamage d'un ustensile de cuivre doit être refait aussitôt que le cuivre se trouve à nu en quelque point.

Le **fer-blanc**, si employé pour la casserolerie ordinaire et pour un grand nombre d'objets, est du fer étamé. Les feuilles de fer laminées sont décapées dans un acide étendu, puis desséchées et immergées dans de la graisse fondue qui les préserve de l'oxydation. On les plonge dans un bain d'étain, recouvert lui-même de graisse, et quand on les sort, on les brosse et on les nettoie avec du son pour enlever l'excès d'étain. Le fer étamé se conserve très bien quand la couche d'étain ne présente pas de solution de continuité; mais si le fer est à nu en un point, l'oxydation y est rapide, et la rouille se propage comme sur le fer ordinaire, et même bien plus facilement parce que les deux métaux forment un couple électrique où le fer est le métal attaquable sur lequel se porte l'oxygène de l'air et celui de l'eau décomposée. C'est pour ce motif que le fer-blanc coupé se détériore rapidement; l'oxydation commence sur les bords qui ne sont pas protégés et elle gagne toute la feuille.

Moiré de fer-blanc. La surface du fer-blanc peut présenter un aspect cristallin auquel on donne le nom de **moiré métallique.** L'étain fondu et refroidi se prend en effet en cristaux à grande lames enchevêtrées les unes dans les autres, qu'on peut rendre apparentes en enlevant la pellicule extérieure qui les masque. Pour faire le moiré, on chauffe, jusqu'à lui faire prendre une teinte jaune, une feuille étamée, placée horizontalement au-dessus d'un fourneau. On lave la feuille avec de l'acide sulfurique étendu d'eau; on l'égoutte bien et on y applique, au moyen d'une éponge, une liqueur acide contenant de l'eau régale, qu'on n'y laisse agir que peu de temps, et sous l'action de laquelle les cristallisations apparaissent. On peut modifier, par certains artifices, l'aspect du moiré et l'obtenir granulé ou étoilé. On préserve sa surface de l'oxydation par un vernis au copal.

303. **Etamage des glaces.** — Étamer une glace, c'est la recouvrir d'une pellicule métallique brillante qui y reste adhérente et constitue le corps opaque poli, destiné à réfléchir la lumière. Pour réaliser cette opération, on étend sur une surface parfaitement horizontale une feuille d'étain de la dimension de la glace; on y verse du mercure que l'on y promène partout avec une patte de lièvre, puis ensuite assez du métal liquide pour former une couche de 3 à 4 millimètres d'épaisseur. On fait glisser la glace sur la feuille métallique de manière à chasser l'excès du mercure, et quand les deux surfaces coïncident bien, on charge la glace de corps lourds pour déterminer une pression qu'on maintient pendant quinze jours. L'étain s'allie au mercure et l'alliage se fixe fortement au verre; il constitue le **tain** des glaces qu'il faut protéger contre tout frottement capable de le rayer.

Les composés utiles de l'étain sont peu nombreux ; le *bioxyde*, le *bisulfure* et les deux *chlorures* sont à peu près les seuls employés.

Résumé. — Le **zinc** a deux minerais, la calamine et la blende. Il se volatilise facilement et peut être distillé.

Il est attaqué par l'eau acidulée, mais il résiste bien à l'air.
Il est employé en feuilles. Une mince couche de zinc sur le fer préserve ce dernier métal et constitue le FER GALVANISÉ.
L'étain n'a qu'un minerai, la cassitérite, dont on extrait facilement le métal par le charbon et la chaleur.

L'étain ne s'altère pas à l'air. En feuilles il sert à préserver de l'humidité les substances organiques.
Il sert à l'étamage, c'est-à-dire à recouvrir d'une couche inoxydable un métal oxydable comme le fer ou altérable par certains acides comme le cuivre.
Le fer étamé constitue le FER-BLANC.
L'étain entre aussi avec le mercure dans le tain des glaces.

CHAPITRE XXXII

LE PLOMB. — LA CÉRUSE.

304. **État naturel du plomb.** — Le plomb est connu depuis les temps historiques ; les Romains le tiraient des Gaules et de l'Espagne et n'ignoraient pas qu'en général il renferme un peu d'argent. Les anciens alchimistes lui avaient donné le nom de **Saturne**, en raison de son avidité pour les autres métaux ; on retrouve encore ce nom usité dans la dénomination de certains de ses sels.

Le plomb se rencontre dans la nature à l'état de sulfure, de sulfate et de carbonate. Le sulfure est le minerai le plus répandu et le plus important; c'est la **galène**, qui présente un aspect métallique, d'un gris brillant, à faces cristallines. La galène se rencontre surtout dans les terrains anciens, associée à d'autres sulfures et souvent recouverte de sulfate ou de carbonate. Elle renferme presque toujours un peu d'argent qui ajoute à sa valeur. Les gisements les plus considérables sont en *Angleterre* et en *Allemagne*; la *France* n'en possède que peu en *Bretagne*.

Les minerais oxydés sont chauffés avec du charbon dans un petit four à manche muni de tuyères, on recueille le plomb fondu dans un creuset.

Les galènes riches sont grillées sans addition d'aucun corps étranger; les deux éléments s'oxydent, réagissent l'un sur l'autre; le plomb est mis en liberté et coule liquide dans la partie déclive du four.

305. **Propriétés du plomb.** — Le plomb est d'un gris bleuâtre, quand il vient d'être coupé ou coulé, mais se ternissant rapidement à l'air. Sa densité est de 11,4.

C'est le plus mou des métaux usuels ; on le raye avec l'ongle ; on le plie sous le doigt ; on le coupe au couteau ; il laisse une trace grise sur le papier. Il peut être laminé, mais on ne peut l'étirer en fils très fins : il est le moins tenace des métaux.

Il fond à 330° et se volatilise au rouge.

Le plomb se ternit rapidement à l'air, mais l'altération s'arrête à la surface, car l'oxyde formé est un vernis imperméable qui recouvre et protège les couches profondes.

Si on fond le métal à l'air, l'oxydation est plus rapide, et si on enlève l'oxyde à mesure qu'il se forme on peut transformer en très peu de temps une assez grande masse de plomb en oxyde.

L'eau distillée et l'eau de pluie, au contact de l'air, altèrent le plomb et le recouvrent d'une couche blanche d'hydrocarbonate. L'eau ordinaire de source, qui contient quelques sels en dissolution, n'a au contraire aucune action sur le plomb. Il faut éviter de recueillir les eaux pluviales dans des récipients de plomb, car elles y acquièrent des propriétés toxiques Les tuyaux de plomb peuvent être employés sans danger à la conduite de la plupart des eaux courantes, toujours chargées de petites quantités de sels dissous : leur surface interne se recouvre d'un léger dépôt qui forme enduit et préserve l'eau du contact du métal.

306. **Usages du plomb.** — La facilité du plomb à se plier sans cassure ni gerçure le fait employer en feuilles pour tapisser les cuves pneumatiques des laboratoires et l'intérieur des réservoirs. Les fils très souples et peu altérables servent aux jardiniers pour fixer les plantes à leurs tuteurs. La grande mollesse du métal est utilisée pour relier des pièces d'autres métaux, et obtenir, par pression des fermetures hermétiques. L'industrie de l'acide sulfurique emploie des quantités considérables de plomb pour les chambres et les premières chaudières évaporatoires. Enfin le plomb sert en tuyaux pour la conduite des eaux et du gaz ; la souplesse du métal permet de faire suivre aux tuyaux les courbures les plus accidentées.

307. **Céruse. Fabrication industrielle.** — La céruse ou blanc de plomb est un carbonate. On connaît deux procédés pour la préparer ; le plus ancien porte le nom de procédé *hollandais* ; l'autre, imaginé par Thénard en 1801, est dit procédé de *Clichy*, du nom de la localité où il fut d'abord pratiqué.

1° *Procédé de Clichy.*— Le procédé de Clichy est fondé sur ce fait qu'un

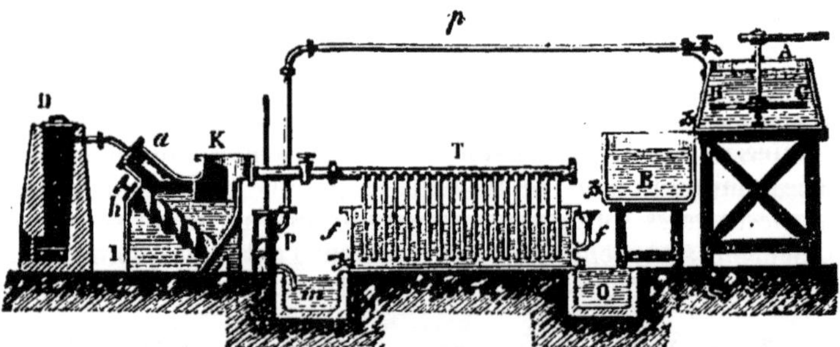

Fig. 173.

Appareil à fabrication continue de la céruse par le procédé de Clichy. — A, vase à fabriquer l'acétate tribasique ; — B, C, agitateur ; — E, vase de dépôt pour l'acétate liquide ; — D, four à chaux pour produire l'acide carbonique ; — T, tube à dégagement du gaz carbonique dans la cuve où l'acétate a été amené ; — *m*, cuve où l'on décante l'acétate pour le renvoyer par la pompe P et le tube *p* dans le vase A ; — O, vase où la céruse formée dans chaque précipitation se dépose.

courant d'acide carbonique, dirigé dans une solution d'acétate tribasique précipite du carbonate de plomb et régénère l'acétate neutre, susceptible de dissoudre de nouveau de l'oxyde de plomb et de reproduire de l'acétate basique.

On commence donc par faire de l'acétate basique en ajoutant peu à peu de la litharge en poudre à de l'acide acétique étendu jusqu'à ce que le liquide marque 17 à 18° Baumé. On dirige ensuite à travers le liquide éclairci un courant d'acide carbonique produit soit par la combustion du coke, soit, comme l'a proposé M. Dumas, par un four à chaux. Le dépôt de céruse s'effectue; on décante le liquide clair pour lui faire redigérer de la litharge, le ramener à l'état d'acétate basique, pour recommencer la précipitation. De sorte que la dépense ne réside que dans la litharge et dans l'acide carbonique; toutefois une addition d'acide acétique est de temps en temps nécessaire pour compenser les pertes inévitables.

La figure 173 représente une coupe de l'ensemble des appareils.

La céruse obtenue est lavée, puis séchée dans des pots en terre; elle est très blanche, en poudre très fine et se combine très intimement à l'huile dans le broyage.

M. Ozouf, à Saint-Denis, a perfectionné cette méthode en employant de l'acide carbonique pur pour la précipitation et en faisant opérer le séchage et l'embarillage par un appareil dans une chambre close, ce qui met les ouvriers à l'abri de toutes les poussières pernicieuses du produit.

2° *Procédé hollandais.* — Dans ce procédé, on expose des lames de plomb, sous l'influence d'une température de 35 à 40°, à l'action de l'air, de l'acide carbonique et des vapeurs de vinaigre. L'air oxyde le métal; les vapeurs du vinaigre y font de l'acétate basique que l'acide carbonique convertit en carbonate. L'acide carbonique et la chaleur sont fournis par la fermentation du fumier. Des lames de plomb roulées en spirales sont introduites dans de grands pots en grès au fond desquels on met du vinaigre (fig. 174). Sur une forte couche de fumier on dispose une série de ces pots; on les couvre avec des plaques ou lames de plomb peu épaisses coulées en grilles; par dessus on met un plancher en bois sur lequel on dispose une seconde série de pots entourés de fumier. On accumule ainsi plusieurs étages dans une même fosse. Au bout de 4 à 6 semaines, les lames de plomb sont plus au moins profondément converties en céruse. On les bat pour en détacher la poudre blanche de carbonate de plomb. Autrefois ce travail était une des manipulations les plus dangereuses pour les ouvriers; on effectuait le battage et le brossage à la main dans une atmosphère constamment chargée de poussières pernicieuses de céruse. Aujourd'hui il est fait mécaniquement dans des appareils clos, ainsi que la dessication qui succède au lavage de la poudre.

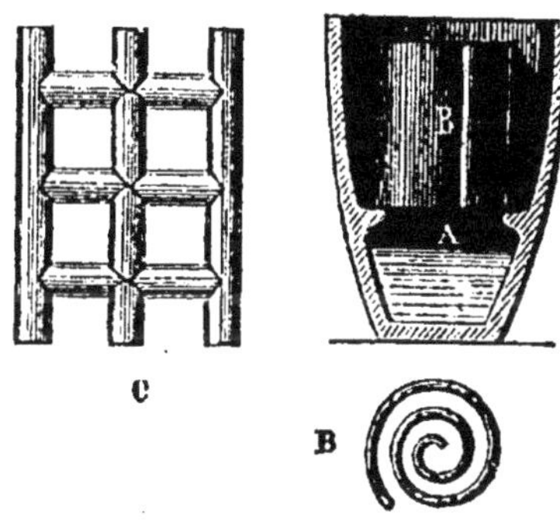

Fig. 174. — Céruse par le procédé hollandais.

La céruse des fosses est plus opaque et moins blanche que la céruse de *Clichy*; elle peut contenir parfois un peu de sulfure de plomb, s'il s'est dégagé de l'acide sulfhydrique du fumier; elle est généralement préférée par les peintres.

La céruse n'est pas seulement dangereuse à fabriquer, mais elle donne lieu parmi les ouvriers peintres qui la broient et l'emploient à des accidents connus sous le nom de **coliques saturnines.** On a réalisé un progrès important en opérant mécaniquement la trituration de la céruse avec l'huile et en la vendant toute broyée.

308. **Usages de la céruse.** — La céruse est le blanc le plus fréquemment employé en peinture ; elle donne un vernis très opaque et qui *couvre* bien, mais elle a l'inconvénient grave de noircir aux émanations sulfureuses et de perdre assez promptement son éclat. Le blanc de zinc n'a point ce défaut. On la joint souvent aux autres couleurs parce qu'elle détermine la dessication de l'huile. Broyée avec une petite quantité d'huile de manière à donner un corps presque solide, elle constitue le *mastic des vitriers.*

Elle est souvent mélangée à d'autres blancs comme le sulfate de plomb ou de baryte; pure, elle se dissout intégralement dans l'acide azotique.

Résumé. — Le plomb se rencontre à l'état de sulfure appelé *galène.* On en trouve en Bretagne.

Le plomb est le plus mou des métaux usuels. En feuilles il se ploie facilement sans se casser; il est employé pour tapisser l'intérieur des réservoirs.

On l'emploie aussi beaucoup en tuyaux et en grains de plomb.

La *céruse* ou blanc de plomb, employée dans la peinture en blanc, est un carbonate de plomb. On la fabrique par deux procédés : le mode hollandais et le mode de Clichy.

Incorporée à de l'huile, elle donne une pâte qui couvre bien les surfaces sur lesquelles on l'étend; c'est une bonne peinture, mais elle a l'inconvénient de noircir aux émanations sulfureuses.

CHAPITRE XXXIII

LE CUIVRE.

309. **Minerais de cuivre.** — Le cuivre est le premier métal que l'homme ait employé pour fabriquer ses instruments de guerre et ses outils tranchants. Les premiers hommes le trouvaient probablement en grandes masses à l'état natif, et ils pouvaient l'obtenir par le chauffage et le martelage, les deux opérations les plus simples de la métallurgie, les deux premières sans contredit de l'art de préparer les métaux. On rencontre aujourd'hui notamment sur le lac Supérieur, au *Chili* ou au *Pérou,* des amas considérables de cuivre natif; et il est naturel de penser qu'il en existait autrefois dans l'ancien continent, à l'île de *Chypre,* d'où les *Grecs* et les *Romains* tiraient la majeure partie de leur cuivre, qu'ils appelaient **cuprum** comme pour rappeler son lieu d'origine.

Actuellement on retire le cuivre des minerais oxydés provenant de l'*Oural* ou de l'*Amérique du Sud,* et surtout des **pyrites cuivreuses** qui présentent des gisements importants dans les deux mondes. Quand elle est pure, la pyrite de cuivre est d'un beau jaune de bronze, présentant l'aspect métallique ; elle est presque toujours mélangée de pyrite de fer, ou encore alliée à des sulfures d'arsenic et d'antimoine qui donnent à la masse un aspect gris. La gangue est ordinairement siliceuse.

310. **Propriétés du cuivre.** — Le cuivre est d'une belle couleur rouge. Frotté entre les doigts, il laisse une odeur désagréable. Il est très malléable; on peut le réduire, comme l'or, en feuilles d'une extrême ténuité, qui laissent passer une lumière verte. C'est le plus tenace des métaux usuels après le fer. Sa densité est 8, 8. Il conduit bien l'électricité; aussi est-il employé pour faire les bobines des électro-aimants.

Il fond au rouge vers 1200°; à une température élevée il se volatilise, et ses vapeurs colorent la flamme en vert.

Le cuivre ne s'altère pas dans l'air sec et froid, mais il s'oxyde au rouge. Le métal se couvre d'abord d'une pellicule rouge de protoxyde, puis d'une pellicule noire de bioxyde. Cette oxydation a toujours lieu sans incandescence; aussi le choc ne produit pas d'étincelles sur le cuivre. On met à profit cette propriété dans les poudrières, en y employant des ustensiles de cuivre au lieu d'ustensiles de fer.

A l'air humide, le cuivre se recouvre d'un hydrocarbonate qu'on appelle vulgairement **vert-de-gris** et qui protège le reste de l'oxydation. C'est la **patine**, sorte de vernis protecteur dont le temps a recouvert les anciennes satues.

Les acides organiques, même les plus faibles, forment avec le cuivre des sels vénéneux : la bougie laisse une tache sur le cuivre.

L'ammoniaque et les alcalis oxydent le cuivre, ou plutôt le mettent en état de s'oxyder à l'air. Il suffit d'agiter de la tournure de cuivre avec de l'ammoniaque pour obtenir un liquide d'une teinte bleue due à la formation d'oxyde cuivrique et à sa dissolution dans l'alcali.

La facile altération du cuivre, soit par les alcalis, soit par les acides végétaux, et la propriété des sels formés d'être vénéneux, imposent l'obligation de n'employer pour les usages culinaires que des vases de cuivre étamés, toujours tenus dans un état de propreté irréprochable qui permette de vérifier à tout instant l'état de l'étamage.

L'albumine et l'eau fortement sucrée sont les antidotes du cuivre dans les cas d'empoisonnement.

311. **Usages du cuivre. — Alliages.** — Le cuivre rouge sert à fabriquer les chaudières, les alambics, les casseroles de cuisine. En lames, il est employé au doublage des navires. Mais c'est sous forme d'alliages qu'il a le plus d'emplois.

Outre les alliages avec l'argent et l'or dont il sera parlé dans le chapitre suivant, les plus employés des alliages du cuivre sont ceux qu'il forme avec le zinc, c'est-à-dire le **laiton**, et ceux qu'il donne avec l'*étain* et l'*aluminium* et qu'on nomme **bronzes**.

Laiton. — Le *laiton* ou *cuivre jaune*, formé de cuivre et de zinc fondus ensemble au four à réverbère ou au creuset, et coulé en plaques entre des masses de fonte ou de granit, présente la couleur jaune de l'or quand il est fraîchement décapé.

Il est plus dur que le cuivre et il se laisse laminer, marteler et travailler facilement, quand on lui a ajouté un peu de plomb et d'étain : aussi ses usages sont très nombreux ; il sert à la fabrication des boutons, des épingles, de mille ustensiles tels que lampes, flambeaux, etc. Il est susceptible d'un beau poli, et il garde longtemps un bel aspect quand il a été verni ; c'est la raison qui le fait employer pour les instruments de physique. On le dore avec facilité, et il sert à fabriquer les bijoux de bas prix.

Quand on lui donne l'aspect de l'argent, il prend le nom de maillechort. (Voyez page 151 le tableau de la composition des alliages).

Bronzes. — L'alliage de cuivre et d'étain connu sous le nom de *bronze*, présente une composition variable avec les usages auxquels on le destine, et des propriétés différentes suivant les cas. D'une manière générale il est plus dur et plus fusible, quoique aussi tenace que le cuivre. Il peut devenir très sonore et très cassant. La trempe produit sur lui un effet tout opposé à celui qu'elle exerce sur l'acier : les bronzes deviennent malléables quand on les plonge incandescents dans l'eau et le recuit les durcit à nouveau. Pendant le refroidissement, le bronze a une grande tendance à se liquater. Cette propriété est un obstacle au coulage des grosses pièces qu'on ne réussit bien qu'en surmontant l'objet d'une assez grande masse d'alliage à en séparer plus tard, et dont l'effet est de rendre le refroidissement plus lent.

Voici la composition des principaux bronzes employés :

	Cuivre.	Étain.
Bronze des canons	90	10.
— *des cloches*	78	22.
— *des tam-tam*	80	20.
— *des médailles*	95	5.

On donne aux bronzes d'art un vernis qui les protège et on rend le ton plus agréable en les soumettant à l'action d'un liquide formé d'acétate de cuivre et de sel ammoniac ; ils prennent le ton sombre du bronze florentin.

Le **bronze d'aluminium**, formé de 90 de cuivre et 10 d'aluminium, est éminemment utile par sa ténacité plus grande que celle du fer et sa dureté qui le rend précieux pour les coussinets de locomotives.

312. Sels de cuivre. — Le cuivre donne un ou plusieurs sels avec chacun des acides : mais ces sels n'ont pas tous la même importance.

L'azotate, que l'on forme quand on attaque le cuivre par l'acide azotique, est une masse verte qui se décompose par la chaleur et laisse un dépôt noir d'oxyde de cuivre.

Le carbonate, présente plusieurs aspects. Quand on précipite à froid un sel de cuivre par le carbonate de soude, la poudre bleuâtre et volumineuse qui se produit est un hydrocarbonate.

Si on chauffe ce précipité, il se resserre et verdit en perdant une molécule d'eau ; sa composition est alors la même que celle de la **malachite**, minerai de cuivre *vert* exploité en Sibérie, et dont les beaux morceaux servent à la fabrication de vases, de socles de pendules, de chambranles de cheminées, etc.

Il existe un sesquicarbonate naturel de cuivre qui possède une très belle couleur *bleue* et que l'on nomme **azurite.** On l'imite artificiellement en Angleterre par un procédé resté secret qui donne une substance appelée *cendres bleues artificielles*. Les *cendres bleues ordinaires* s'obtiennent en décomposant le sulfate de cuivre par la chaux ; c'est un mélange d'oxyde hydraté de cuivre avec du sulfate de chaux et un peu de chaux.

313. **Sulfate de cuivre.** SO^4Cu. — Le sulfate de cuivre est le plus important de tous les sels de ce métal ; il porte le nom vulgaire de **vitriol bleu** ou encore de **couperose bleue.** Solide, il se présente en cristaux bleus formés de parallélipipèdes doublement obliques. Il est soluble dans 4 parties d'eau froide et dans 2 parties d'eau bouillante, et insoluble dans l'alcool. Sa saveur est métallique et très désagréable ; il est vénéneux comme tous les sels de cuivre.

A l'air sec, vers 15 ou 20°, ses cristaux s'effleurissent en perdant 2 molécules d'eau. Chauffé à 100°, il perd 4 équivalents d'eau de cristallisation ; le cinquième ne disparaît qu'à 240° ; le sel est alors devenu une poudre blanche amorphe, très hygrométrique, prenant rapidement l'humidité et à laquelle on rend, en l'humectant, sa couleur bleue d'abord et avec elle la propriété de cristalliser.

On prépare ce sel pour les besoins de l'industrie par des procédés qui rappellent la fabrication du sulfate de fer ou vitriol vert.

Le premier moyen consiste à traiter à chaud par l'acide sulfurique concentré les rognures et planures des ateliers de cuivre : il se dégage de l'acide sulfureux que l'on emploie à faire du sulfite de soude ; le liquide contient le sulfate de cuivre qu'on fait cristalliser par évaporation.

Un second procédé utilise les plaques de cuivre qui ont servi au doublage des navires. On les mouille ; on les saupoudre de soufre en fleur et on les soumet à l'action de la chaleur et de l'air dans un four. Pendant ce traitement le cuivre est partiellement transformé en sulfate. Les lames encore chaudes, plongées dans de l'eau, abandonnent le sulfate qui cristallise dans sa solution : elles peuvent servir à une nouvelle opération analogue.

Le grillage des pyrites cuivreuses disposées par couches alternatives avec du combustible, et le lessivage du produit, donne un liquide qui dépose du sulfate de cuivre. Mais le sel est impur ; il contient notamment du sulfate de fer. Pour l'en débarrasser, on le met en dissolution ; on ajoute un peu d'acide azotique et on évapore pour peroxyder le fer et le rendre insoluble. Le résidu n'abandonne plus à l'eau que du sulfate de cuivre pur.

Les usages de ce sel sont nombreux. Il sert à chauler les blés, à teindre en noir et marron, à préparer les autres sels de cuivre, notamment les *verts* de Schèele et de Schweinfurt.

Résumé. — Le cuivre est connu depuis très longtemps : on le trouvait autrefois à l'état natif ; son principal minerai c'est la pyrite cuivreuse ou sulfure de cuivre.

Le cuivre est rouge : il ne s'altère que peu à l'air en se couvrant d'une couche d'hydrocarbonate qu'on appelle parfois vert-de-gris.

Les acides organiques l'altèrent et donnent avec lui des composés vénéneux.

Il donne deux alliages très importants : le **laiton** ou cuivre jaune dont on fait une multitude d'objets, et le **bronze** qui est sonore et cassant.

Outre ses deux oxydes, il donne beaucoup de sels, parmi lesquels les carbonates et le sulfate ont le plus d'intérêt.

Le carbonate naturel se présente vert sous le nom de **malachite** et bleu sous le nom d'**azurite.**

Le sulfate ou vitriol bleu obtenu soit par l'oxydation des pyrites, soit par l'action de l'acide sulfurique sur le cuivre est en beaux cristaux bleus. Il sert dans la galvanoplastie.

CHAPITRE XXXIV

LE MERCURE, L'ARGENT, L'OR ET LE PLATINE.

LE MERCURE

314. Propriétés du mercure. Le mercure est liquide à la température ordinaire et doué d'un grand éclat; lorsqu'il est pur, sa surface forme un miroir parfait. Il n'adhère pas aux corps, si ce n'est aux métaux auxquels il s'allie; c'est à cause de cette propriété qu'il forme un menisque convexe dans les vases et les tubes de verre, et qu'en petite quantité, il prend la forme de gouttes sphéroïdales parfaitement arrondies. Quand il est souillé de métaux étrangers, il perd sa fluidité, ses gouttes s'allongent; on dit qu'il *fait la queue.*

La densité du mercure est à 0° de 13,596. Il se solidifie à — 40° et présente des propriétés physiques analogues à celles du plomb.

Il se rencontre dans la nature en dépôts du sulfure rouge ou **cinabre** et à l'état natif en gouttelettes métalliques brillantes, disséminées dans les roches. Il n'existe en grandes masses que sur quelques points du globe Le cinabre, substance lourde, sans éclat, rouge ou brune, et accompagnée d'argile est disséminé dans les schistes ou les calcaires compactes superposés au terrain carbonifère. Les gisements principaux sont ceux d'*Almaden* en *Espagne*, d'*Idria* en *Carniole*, et *New-Almaden* en *Californie.*

Le traitement qu'on fait subir au cinabre pour en retirer le mercure est très simple. Il consiste à griller le minerai concassé. Sous l'influence de l'air et de la chaleur, le soufre brûle et quitte le mercure que la chaleur volatilise. Les produits gazeux sont envoyés dans des appareils à condensation où le mercure reprend l'état liquide et se dépose en gouttelettes.

Le mercure pur exposé à l'air dans un milieu tranquille ne s'altère pas; quand il est souvent agité, l'été, ou qu'il n'est pas absolument pur, il se recouvre d'une pellicule grisâtre que l'on peut voir sur toutes les cuves à mercure des laboratoires; c'est un mélange intime de mercure divisé et d'oxyde qui adhère au verre. Chauffé à l'air vers 350°, le mercure se convertit à la surface en oxyde rouge qu'une chaleur plus grande peut décomposer. Nous rappellerons que c'est ce double fait qui a permis à Lavoisier de réaliser sa remarquable analyse de l'air.

Le mercure ne décompose l'eau à aucune température; agité avec ce liquide, il paraît lui céder une petite quantité de substance, qui n'est probablement qu'une matière très divisée en suspension et non dissoute. Cette *eau mercurielle* jouit de propriétés thérapeutiques qui la faisaient employer autrefois comme vermifuge.

Lorsque le mercure se trouve souillé par des matières en suspension ou des pellicules qui ternissent sa surface et adhèrent au verre, on se contente, pour le purifier, de le filtrer en le faisant tomber en filet très mince par un entonnoir effilé.

Le mercure en vapeurs exerce sur l'économie animale une action toxique très énergique qui se traduit d'abord par une salivation abondante pour se continuer par un *tremblement* dit *tremblement mercuriel.* Il exerce aussi une action délétère sur les plantes.

315. **Usages du mercure.** — Le mercure sert dans la construction des thermomètres, baromètres et manomètres; il est employé dans les laboratoires pour la manipulation et l'analyse des gaz. Mais son usage le plus important est dans l'extraction de l'argent et de l'or. On l'utilise aussi en médecine sous forme d'onguents pour l'usage externe.

Amalgames. — Le mercure possède une grande tendance à s'unir à beaucoup d'autres métaux pour former des alliages souvent cristallisés, connus sous le nom d'amalgames. Ceux de potassium, de sodium, d'étain, d'argent et d'or se forment par l'union directe des métaux. L'amalgame dont on recouvre le zinc des piles se forme directement aussi quand le zinc plonge dans un vase contenant de l'eau acidulée au fond duquel on a versé le mercure. Il n'y a guère que ceux d'étain et de cuivre qui aient un emploi industriel, le premier pour l'étamage des glaces, le second comme amalgame des dentistes.

316. **Composés du mercure.** — Outre le CINABRE ou sulfure de mercure qui est un produit naturel, le VERMILLON qui est un sulfure d'un beau rouge obtenu artificiellement, l'*oxyde* rouge qui se décompose par la chaleur en mercure et en oxygène, il faut citer les deux chlorures: le protochlorure appelé aussi *mercure doux* ou CALOMEL qui sert comme vermifuge, et le *bichlorure* ou sublimé corrosif qui est un poison et dont on se sert pour préserver les herbiers des insectes et pour conserver quelques pièces anatomiques.

L'ARGENT

317. **Propriétés de l'argent.** — L'argent, usité comme métal précieux depuis une haute antiquité, existe dans la nature à l'état natif, à l'état de sulfures simples et complexes, de chlorure, bromure et iodure. Il se trouve mélangé en faible proportion dans d'autres minerais comme la galène et les cuivres gris, d'où on le retire à cause de sa grande valeur. C'est ce qui fait appeler mines d'argent des mines de plomb et de cuivre qui fournissent accessoirement une certaine quantité de ce métal précieux.

Le traitement des minerais d'argent repose sur l'emploi du mercure qui dissout l'argent avec facilité; de là le nom d'**amalgamation** donné à la méthode en usage depuis 1560 au Pérou et au Mexique.

L'argent est le plus blanc des métaux : il est susceptible d'un poli brillant qui n'a de supérieur que celui de l'acier. On pense qu'il doit sa belle couleur blanche à son grand pouvoir réfléchissant; sa couleur propre est jaunâtre; quand il est divisé, comme celui qu'on obtient par la réduction à froid du chlorure, il est gris; mais il devient brillant par le frottement. Après l'or, c'est le plus malléable et le plus ductile des métaux; on a pu le réduire en feuilles de 0 millim. 003 d'épaisseur, et avec un gramme faire un fil de 2,640 mètres de longueur. Sa densité est 10,47.

L'argent fond vers 1000°, et se volatilise à une température peu supérieure. Lors donc que de l'argent fondu est longtemps chauffé, comme dans les ateliers d'affinage, il peut y avoir une perte par volatilisation; pour l'éviter, on fait communiquer les fourneaux de fusion avec de grandes chambres de condensation où les gaz déposent les poussières d'argent entrainées, avant de se rendre à la cheminée.

L'argent est inoxydable dans l'air à toute température ; c'est cette qualité qui en fait un métal précieux. De tous les acides, c'est l'acide azotique, même étendu, qui l'attaque le plus facilement ; il se dégage du bioxyde d'azote, qui se transforme à l'air immédiatement en vapeurs nitreuses, et il se forme une solution d'azotate d'argent.

L'acide sulfhydrique noircit l'argent en formant à sa surface un sulfure noir adhérent. Il faut attribuer à cette cause la teinte noire que prend l'argenterie au contact des œufs peu frais, ou aux émanations d'une fuite de gaz d'éclairage, ou encore à celles qui s'échappent des fosses d'aisance.

L'acide chlorhydrique concentré et chaud attaque superficiellement l'argent en formant un chlorure insoluble qui masque et protège le reste du métal. Le sel marin agit de même ; il ternit l'argent par la formation d'une pellicule de chlorure ; aussi dore-t-on toujours l'intérieur des salières en argent pour les préserver de cette altération.

Les alcalis caustiques n'attaquent pas l'argent ; c'est pourquoi on emploie des capsules de ce métal pour concentrer la potasse et la soude.

318. Alliages d'argent. — L'argent dont les usages sont connus de tout le monde, n'est pas employé seul ; il n'est pas assez dur ; il s'userait vite et perdrait par le frottement la finesse de ses empreintes. On lui allie du cuivre, qui lui donne de la dureté, et parfois même un peu de zinc. Ce sont des alliages de cuivre et d'argent qui constituent les pièces d'orfèvrerie et les monnaies. Le cuivre n'altère pas, d'une manière appréciable, la blancheur de l'argent tant qu'il ne lui est pas allié en proportion forte. On peut toujours **blanchir** les alliages d'argent et de cuivre en les plongeant dans une eau légèrement acidulée après les avoir fortement chauffés ; la couche superficielle de cuivre s'est oxydée, et l'oxyde se dissout dans l'eau acidulée, mettant à nu l'argent pur auquel on donne le blanc mat par un frottement convenable.

Les alliages qui ont cours en France sont les suivants :

	Argent.	Cuivre.	Zinc.	Tolérance.
Médailles.	950	50	»	0,002
Vaisselle	950	50	»	0,002
Monnaies (de 5 fr.) .	900	100	»	0,002
— *petites pièces*	835	93	72	0,002
Bijouterie	800	200	»	0,005

Les deux premiers qui contiennent 950 d'argent, sont dits *au premier titre* ; le dernier, 800, est dit au second titre.

Leur fabrication est soumise au contrôle de l'État et leur composition est vérifiée dans les bureaux de *garantie*, et ne doit pas s'écarter en plus ou moins de la fraction indiquée dans le tableau précédent sous le nom de *tolérance*.

L'OR

319. État naturel. — L'or se rencontrant généralement à l'état natif, est de tous les métaux celui qui a attiré le premier l'attention de l'homme. Son éclat et son inaltérabilité en ont fait une matière précieuse. Il est connu et apprécié depuis la plus haute antiquité comme le *roi des métaux*. Les alchimistes le comparaient au soleil et lui attribuaient les plus grandes vertus; aussi tous leurs efforts tendaient-ils à transformer les autres métaux en or.

L'or natif existe en filons dans les terrains anciens où il a pour gangue le quartz blanc. On l'y trouve disséminé en petits cristaux cubiques ou en filaments ou grains irréguliers, en minces lamelles et en paillettes. On donne le nom de **pépites** aux fragments d'un certain volume; d'ordinaire leur poids est de quelques grammes ; exceptionnellement on en a trouvé de plus de 20 kilogrammes.

L'or natif se trouve également dans des alluvions anciennes provenant de la destruction de filons ou de roches quartzeuses aurifères ; il s'y présente en paillettes disséminées dans des sables, et c'est dans ces sables que se fait habituellement la recherche du métal précieux.

L'or est très répandu, mais il n'existe le plus souvent qu'en très faibles quantités aux endroits où l'on peut cependant constater sa présence. Ainsi certains fleuves de France, le *Rhône*, le *Rhin*, la *Garonne*, l'*Ariège*, roulent dans leurs sables granitiques, des paillettes d'or que l'on ne peut guère exploiter, car il faudrait laver plus de trois millions de kilogrammes de sables pour obtenir un kilogramme d'or. Les gisements aurifères les plus riches sont ceux de l'*Australie*, de la *Californie*, du *Brésil*, de la *Sibérie*.

320. Extraction de l'or. — La méthode la plus ancienne et la simple consiste à laver les sables aurifères ou les roches concassées et pulvérisées dans une *sébille* de bois ou de tôle (fig. 175). On met dans ce vase quelques poignées de sable et on le plonge dans l'eau en lui imprimant un rapide mouvement de rotation; les matières se séparent et se déposent à peu près par ordre de densité ; les paillettes d'or plus lourdes gagnent le fond du vase, tandis que les matières plus légères restent en dessus et peuvent être rejetées. L'or lavé est encore accompagné de beaucoup de matières étrangères.

Fig. 175 — Sébille à laver les sables aurifères.

Cet appareil primitif a fait place à de plus complexes, d'abord à la table à secousses avec des arrêts sur son fond incliné, puis ensuite au *sluice* australien, long canal de plus de mille mètres, à fond raboteux et garni d'aspérités, au sommet duquel on jette le minerai d'or entraîné par un fort courant d'eau et où l'on retrouve les paillettes aurifères rassemblées contre les obstacles du fond.

On épure la poudre d'or encore sableuse par l'**amalgamation.** L'or se dissout dans le mercure avec lequel il est pétri, et l'amalgame formé se sépare facilement des impuretés. On exprime cet amalgame liquide pour séparer l'excès du mercure, et la partie solide qui reste est soumise à la distillation, soit dans des appareils analogues à ceux qu'on emploie pour l'argent, soit dans des cornues en fonte dont le tube de dégagement est refroidi pour condenser le mercure. L'or est obtenu spongieux ; on le refond avec un peu de borax pour le couler ensuite en lingots.

321. Propriétés et usages de l'or. — L'or possède une belle couleur jaune, très brillante; réduit en feuilles minces, il paraît vert par transparence; précipité d'une solution dans un état de division extrême, il forme une poudre d'un noir violacé.

C'est le plus malléable et le plus ductile de tous les métaux. On peut le réduire en feuilles de moins d'un dix-millième de millimètre d'épaisseur et on a pu étirer un gramme d'or en un fil de 3 kilomètres.

L'or fond vers 1200°, et en fusion ; il paraît vert, probablement par une petite quantité de vapeur qu'il émet. Il peut se souder à lui-même sans fusion préalable; ainsi l'or précipité se transforme en une masse cohérente quand on le comprime, et il prend sous le brunissoir l'éclat métallique.

La densité de l'or est de 19,2.

L'or est un des métaux les plus inaltérables ; il résiste à l'action de l'eau, de l'air, de l'oxygène dans toutes les conditions. Il n'est pas dissous par les acides; l'eau régale seule l'amène en solution. Le mercure l'amalgame à toute température.

L'or est employé en alliages pour les monnaies et la bijouterie; en feuilles pour dorer le bois, le plâtre, etc; en peinture, sous le nom d'*or en coquilles*, mélange de feuilles d'or et de miel. En dissolution, il sert à la dorure des objets métalliques et en photographie.

LE PLATINE

322. Propriétés et usages du platine.— Le platine du commerce est d'un blanc gris, intermédiaire entre la couleur de l'argent et celle de l'étain. C'est le plus lourd de tous les métaux : sa densité est 21,5. Il est malléable et ductile; on peut en effet l'obtenir en fils très fins presque aussi tenaces que les fils de fer.

On ne peut le fondre dans les fourneaux ordinaires; il s'y ramollit seulement, ce qui permet de le souder. Mais on le fond à l'aide du chalumeau à hydrogène et oxygène dans des creusets de chaux.

Les acides, même concentrés et bouillants, n'attaquent pas le platine; l'eau régale peut seule le dissoudre. Les alcalis peuvent se combiner avec lui; aussi ne se sert-on jamais de vases de platine pour les concentrer.

On emploie le platine pour les petits creusets et capsules des laboratoires d'analyse et pour les alambics où l'on concentre l'acide sulfurique. Son prix élevé, 900 francs le kilogramme, limite beaucoup ses emplois; il pourrait cependant rendre de grands services dans bien des appareils industriels par sa grande résistance à la chaleur et à l'altération chimique.

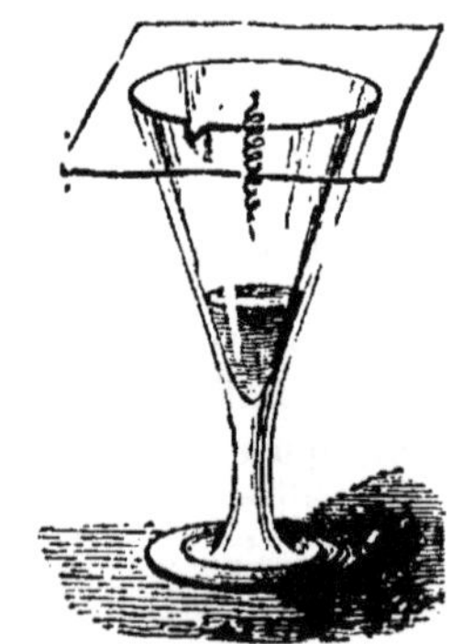

Fig. 176.

On a proposé, ces temps derniers, de le substituer à l'argent, pour métalliser les glaces, et le platinage commence à remplacer l'argenture.

Le platine jouit de la propriété de condenser les gaz, soit sous la forme de fil, soit surtout sous la forme spongieuse que l'on appelle l'*éponge de platine*. On montre très facilement que cette condensation dégage, de la chaleur; on met un peu d'éther au fond d'un verre et l'on place sur le verre un carton portant suspendu un fil de platine roulé en spirale et que l'on vient de porter au rouge (fig. 176); le fil redevient et reste quelque temps incandescent.

Résumé. — Le *mercure* est liquide et doué d'un grand éclat; il ne s'altère pas à l'air. On le trouve dans la nature à l'état de sulfure ou cinabre à Almaden en Espagne.

Il s'amalgame avec presque tous les métaux hormis le *fer* et le *platine*. Il sert beaucoup pour les baromètres et thermomètres.

Parmi ses composés, on cite l'oxyde rouge, le vermillon ou sulfure artificiel, les deux chlorures, le calomel et le sublimé.

L'argent est d'un beau blanc brillant, inaltérable à l'air. Il est surtout employé en alliages, comme pour la monnaie ou pour recouvrir d'une mince couche inaltérable des corps quelconques métalliques ou métallisés.

L'or se trouve à l'état natif en petites paillettes ou en pépites; on le sépare des sables lavés à l'aide du mercure qui l'amalgame et que l'on chasse ensuite par la chaleur.

Le *platine* est d'un blanc brillant, inaltérable, inattaquable aux principaux acides. On l'emploie surtout dans les laboratoires, en creusets ou vases, lames ou fils pour les réactions.

CHAPITRE XXXV

LE CHLORURE DÉCOLORANT DE CHAUX. — LE PLATRE. — LES PHOSPHATES

CHLORURE DÉCOLORANT DE CHAUX

$$Ca(ClO)^2CaCl^2.$$

323. Propriétés et usages. — On désigne sous le nom de **chlorure de chaux** le produit que l'on obtient par l'action du chlore sur la chaux hydratée. C'est en réalité un mélange d'hypochlorite et de chlorure de calcium analogue à l'*eau de Javel* et à la *liqueur de Labarraque*, et préféré à ces deux liquides comme d'un maniement plus facile et d'un prix de revient moins élevé :

$$2CaO + 4Cl = Ca(ClO)^2,CaCl^2.$$

C'est une matière blanche, amorphe, pulvérulente, qui répand une odeur de chlore. Il se décompose en effet sous l'influence des acides, même de l'acide carbonique de l'air; l'hypochlorite, peu stable, cède sa base à l'acide, et l'acide hypochloreux qui ne peut subsister seul dégage son chlore avec celui du chlorure de calcium, de sorte que le chlorure de chaux dégage tout le chlore qu'il contient.

$$Ca(ClO)^2CaCl^2 + 2CO^2 = 2(CO^3Ca) + 4Cl.$$

Avec les acides faibles ou à l'air, le dégagement du chlore est lent. Mais sous l'action des acides forts, la décomposition est rapide et la production du chlore considérable. Le calcul montre que ce composé renferme environ 200 fois son volume de chlore. La facilité avec laquelle il donne ce gaz en fait un réservoir à chlore précieux pour la décoloration et la désinfection.

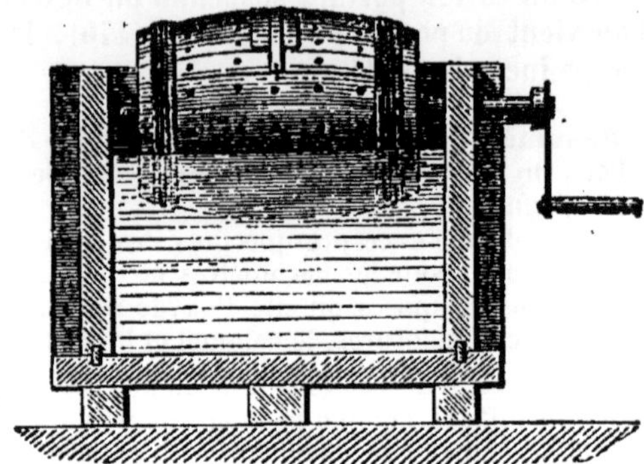

Fig. 177. — Tonneau à dissoudre le chlorure de chaux.

On en fait usage pour assainir l'atmosphère des hôpitaux, des ateliers malsains, des amphithéâtres de dissection, des fosses d'aisance. Mais son principal emploi, c'est pour le blanchiment. C'est avec lui qu'on blanchit la pâte à papier et les tissus; et quand l'action de l'acide qu'on lui mêle et par suite le dégagement du chlore a été bien ménagé, le blanchiment s'opère sans nuire aucunement à la solidité du tissu.

Pour certaines opérations de blanchiment, il faut l'employer en dissolution. On place alors le produit sec dans un tonneau percillé, qui plonge à moitié dans un vase d'eau et qu'on anime d'un mouvement de rotation (fig. 177).

324. **Préparation industrielle.** — On prépare le chlorure de chaux par l'action lente du chlore sur de la chaux éteinte. La chaux vive, choisie aussi pure que possible, est éteinte de manière qu'elle reste pulvérulente; elle est étalée en couches minces dans de grandes chambres à plusieurs étages superposés que le gaz chlore parcourt de haut en bas. Le chlore est obtenu par l'action de l'acide chlorhydrique sur le bioxyde de manganèse, dans de grandes bonbonnes; voir la figure 54; le dégagement du gaz se fait graduellement à mesure que l'oxyde arrive au contact de l'acide. Le gaz est lavé dans des bonbonnes à demi pleines d'eau, puis il passe dans un flacon de Wolff qui permet de juger de la rapidité de son dégagement et se rend finalement dans le haut des chambres à chaux, voir la fig. 62. L'opération dure toute une journée: on suspend le travail la nuit; le produit formé refroidit; le lendemain on l'embarille pour le soustraire à l'humidité et à l'air.

PLATRE OU SULFATE DE CHAUX

$CaSO^4$.

325. **État naturel et propriétés.** — Le sulfate de chaux se rencontre dans la nature anhydre et hydraté. Hydraté, il forme des couches d'une grande étendue dans les terrains tertiaires inférieurs, notamment dans le bassin de *Paris*, à *Montmartre* et à *Pantin*; on lui donne le nom de **gypse.** Il se présente en masses compactes, blanches ou souil-

lées par des oxydes : c'est la **pierre à plâtre** ; ou encore en grands cristaux tendres, fibreux, faciles à cliver en lames minces et transparentes : c'est le **gypse en fer de lance**.

Le sulfate de chaux hydraté ($CaSO^4H^2O$) est peu soluble ; un litre d'eau n'en dissout que 2 à 3 grammes ; mais cette quantité suffit pour empêcher l'eau d'être potable et de pouvoir servir à la cuisson des légumes. Les eaux qui en sont chargées sont dites **séléniteuses** ; elles ont l'inconvénient de produire dans les chaudières à vapeur des incrustations nuisibles et de devenir insalubres quand elles restent exposées à l'air au contact des matières organiques ; le sulfate de chaux qu'elles contiennent se décompose, donne du sulfure de calcium (CaS) dont l'eau et l'acide carbonique font dégager de l'hydrogène sulfuré.

La propriété saillante du sulfate de chaux hydraté, c'est de perdre son eau de cristallisation quand on le chauffe à 80° dans un courant d'air et à 115° en vase clos, et de pouvoir reprendre cette eau avec une grande facilité en donnant une masse compacte et dure. L'emploi du *plâtre* est fondé sur cette propriété. Le plâtre, c'est du sulfate de chaux qu'une calcination modérée a rendu anhydre.

Quand on le mélange à l'eau, qu'on le *gâche*, suivant l'expression consacrée, il se combine à deux molécules d'eau et forme une pâte plastique qui augmente de volume et peut, par conséquent, prendre les empreintes des moules où elle a été coulée, et devient bientôt dure et résistante. Chauffé au-dessus de 160°, le plâtre ne s'hydrate plus que très lentement ; calciné au rouge, il ne peut plus faire prise avec l'eau.

326. Préparation du plâtre. — Le plâtre employé dans les arts provient de la cuisson du gypse ou pierre à plâtre. Cette opération se pratique généralement dans des fours d'une construction très simple. Sous un hangar on établit des voûtes avec des morceaux de pierre à plâtre, et on les charge d'autres morceaux de plus en plus petits. On allume sous chaque voûte un feu de bois sec dont la flamme circule à travers toute la masse ; après huit ou dix heures de chauffe modérée, on laisse refroidir. Le plâtre cuit est broyé sous des meules, tamisé et conservé dans un lieu sec. En attirant l'humidité, il perd sa propriété de faire prise avec l'eau, il *s'évente*.

La cuisson est irrégulière dans ce procédé primitif ; les morceaux les plus près du feu sont trop calcinés ; les plus éloignés sont imparfaitement déshydratés. Le tout réuni donne cependant un bon plâtre, car les matières inertes qu'il contient contribuent pour leur part à la cohésion de l'ensemble. On a imaginé des fours (fig. 178) qui permettent une cuisson régulière et qui, de plus, utilisent la chaleur perdue d'autres foyers industriels, notamment des fours à coke. Le plâtre des mouleurs, destiné à des objets délicats, doit avoir été cuit hors du contact du combustible.

327. Usages du plâtre. — Le plâtre est employé dans le moulage et la construction. Si on le gâche avec de l'eau chargée de gomme ou de colle, on obtient un produit qui présente plus de dureté et qui est susceptible de recevoir un beau poli ; il porte le nom de **stuc** ; il est employé dans l'ornementation ; on lui fait imiter le marbre, mais il ne résiste pas à l'humidité. On obtient un produit plus dur en gâchant le plâtre avec de l'eau chargée d'un dixième d'alun, le laissant se solidifier pour le soumettre à une seconde cuisson plus forte que la première ; c'est le *plâtre aluné* : il résiste aux influences hygrométriques.

Le plâtre sert aussi en agriculture ; on le répand, au printemps, sur les prairies artificielles (trèfles, luzernes, etc.), auxquelles il procure un développement rapide. On conseille d'en saupoudrer sur les tas de fumier en

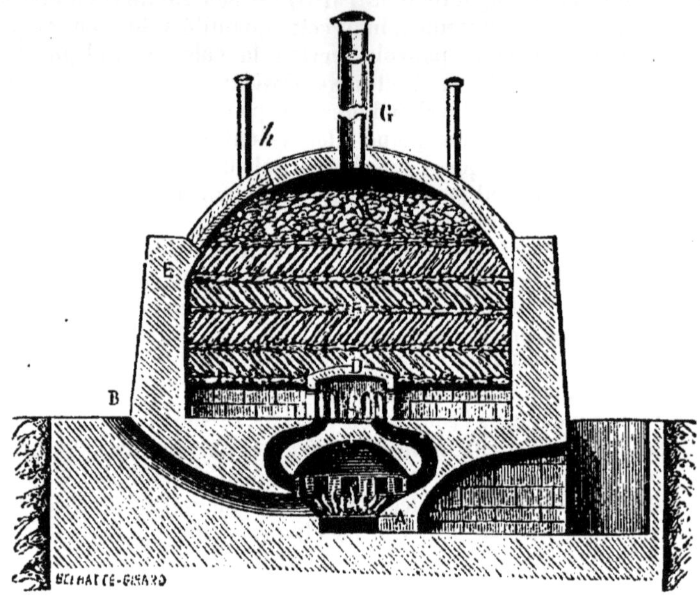

Fig. 178.

Four à plâtre. — A, foyer ; — B, conduit par lequel on introduit le combustible ; — D, charge sur voûte ; — E, paroi extérieure ; — G, cheminée ; — H, cheminée pour le départ des premières vapeurs.

fermentation, dans le but d'y retenir, sous forme de sulfate d'ammonium fixe, le carbonate volatil qui s'en dégage.

PHOSPHATES DE CHAUX.

L'acide phosphorique peut donner trois séries de sels, puisqu'il a trois molécules d'hydrogène à échanger contre les métaux. On connaît, en effet, trois phosphates de chaux qui répondent aux formules suivantes :

$(PhO^4)^2Ca^3$. . . . . *Phosphate tribasique.*
$(PhO^4)^2Ca^2H^2$. . . . — *dit neutre.*
$(PhO^4)^2CaH^4$. . . . — *acide.*

Le premier et le dernier présentent seuls de l'intérêt.

328. Phosphate des os et des nodules. — Ce corps constitue les 80 centièmes de la partie minérale des os ; la cendre d'os est la matière première d'où l'on retire l'acide phosphorique et le phosphore. Le phosphate tribasique est insoluble dans l'eau ; mais il devient soluble en présence de l'acide carbonique, quand il est en poudre. L'acide sulfurique le transforme en phosphate acide soluble, et peut même mettre de l'acide phosphorique en liberté.

C'est cette réaction que l'on utilise pour préparer le phosphate acide dont on retire finalement le phosphore.

Le phosphate tribasique de chaux est assez abondamment répandu dans la nature. On l'a trouvé d'abord en nodules ou rognons disséminés au milieu des galets des plages de la Manche. Puis on a constaté sa présence en gisements susceptibles d'exploitation, en différentes contrées, dans la *Somme* et dans les *Ardennes*, dans l'étage crétacé que les géologues désignent sous le nom de grès vert ; il est surtout abondant en *Espagne* et dans le sud de la *Russie*.

C'est un produit très important depuis qu'on l'emploie comme engrais. Les os, le noir animal qui a servi à la décoloration des jus sucrés et les nodules réduits en poudre peuvent être employés à l'état naturel ; répandus sur le sol, ils produisent de bons effets, surtout dans les terrains de défrichement. Le phosphate de chaux qu'ils contiennent devient en partie soluble à la faveur de l'acide carbonique ; il peut dès lors être absorbé par les plantes et concourir à leur développement.

On obtient de meilleurs résultats en traitant au préalable les phosphates naturels par de l'acide sulfurique, en les transformant d'abord en ce que l'on appelle des **superphosphates**.

On fait un mélange avec de la poudre de nodules et de la poudre d'os ou des noirs ; on l'attaque par une quantité convenable d'acide sulfurique ; la masse s'échauffe ; on la laisse sécher peu à peu, et si l'opération a été bien conduite, la pâte se granule d'elle-même et elle est prête pour l'emploi. La poudre de superphosphates est un mélange de plâtre, de phosphate acide de chaux soluble et souvent d'un phosphate tribasique non attaqué. Elle a d'autant plus de valeur qu'elle indique à l'analyse une plus grande quantité d'acide phosphorique soluble. C'est un engrais très recherché aujourd'hui des agriculteurs, qui ont l'excellente habitude de le mêler au fumier de ferme et de s'en servir surtout pour les céréales.

On a cru longtemps que la poudre d'os n'avait aucune utilité comme engrais, mais de nombreuses expériences ont démontré toute l'importance de l'acide phosphorique comme élément fertilisant ; c'est à lui notamment que le guano du Pérou doit ses excellents effets.

Résumé — LE CHLORURE DE CHAUX est obtenu par l'action du chlore sur la chaux hydratée. C'est une poudre blanche qui peut donner beaucoup de chlore sous l'action des acides et même sous l'action de l'acide carbonique de l'air.

On le prépare en grand dans l'industrie pour l'employer à la désinfection et au blanchiment.

LE PLATRE provient d'un sulfate de chaux naturel connu sous le nom de pierre à plâtre qui a été modérément calciné, puis réduit en poudre. Il se durcit quand on le mêle à l'eau; c'est la raison de son emploi pour les constructions.

En poudre, il sert au printemps pour les prairies artificielles.

LE PHOSPHATE DE CHAUX se rencontre sous deux états, en nodules dans certaines contrées, puis provenant de la cendre d'os. Il est insoluble et ne peut sous cette forme servir d'engrais rapide dans son action.

Mais quand on fait agir sur lui l'acide sulfurique, il devient en partie soluble : il prend le nom de superphosphate et constitue un engrais très actif.

CHAPITRE XXXVI

LES CENDRES ET LES POTASSES

329. Cendres. — Les plantes qui croissent loin de la mer renferment de la potasse combinée à des acides organiques, tels que les acides *acétique, oxalique, tartrique, malique*, acides décomposables par la chaleur; quand on brûle les plantes, elles laissent un résidu grisâtre qui constitue les *cendres*: les acides organiques, qui renferment du charbon, ne peuvent brûler sans produire de l'acide carbonique ; aussi trouve-t-on dans les cendres des carbonates, surtout du carbonate de potasse.

On constate très facilement la présence des carbonates alcalins dans les cendres. Pour cela, on délaye dans de l'eau chaude de la cendre commune et on filtre. La liqueur filtrée est alcaline ; elle fait effervescence avec les acides, preuve qu'elle contient un carbonate, et si on y verse un peu de chlorure de platine alcoolisé, il s'y forme un précipité jaune, révélant la potasse. D'ailleurs, dans les ménages, on fait la lessive avec des cendres, et cette lessive n'est qu'une solution d'un sel de potasse.

Toutes les plantes sont loin de laisser la même quantité de cendres comme résidu de leur combustion complète ; les plantes herbacées en donnent plus que les plantes ligneuses, l'écorce plus que les feuilles, celles-ci plus que les rameaux, les rameaux plus que le tronc.

Ces cendres ont une composition complexe et variable avec le terrain où la plante s'est développée. On y trouve une partie soluble, comprenant les sels de potasse, et une partie insoluble, composée surtout de sable et de carbonate de chaux.

330. Potasse du commerce. — Sous le nom très impropre de *potasse du commerce*, on désigne le carbonate de potasse impur que fournit l'incinération des végétaux terrestres.

L'incinération des végétaux, dans l'unique but d'en extraire la potasse, se pratique dans les contrées où les forêts sont abondantes et les moyens de transporter le bois difficiles, dans l'*Amérique du Nord* notamment, où l'on défriche d'immenses forêts vierges. On utilise au même usage les grandes herbes des *steppes de la Russie* et les broussailles que fournit l'exploitation des forêts de l'*Allemagne* et des *Vosges*.

Incinération. — Ces plantes desséchées par une longue exposition à l'air, sont brûlées en tas, soit dans des fosses de 1 mètre de profondeur, soit sur des aires planes, bien battues et abritées du vent. On alimente le feu jusqu'à ce que la fosse soit remplie ou que l'on ait sur l'aire une assez grande quantité de cendres.

Lessivage. — Les cendres ainsi obtenues sont passées au crible et tassées dans des tonneaux à double fond percillés de trous et recouverts de paille. On achève de remplir avec de l'eau qui entraine les sels solubles et passe d'un cuvier à l'autre en s'enrichissant de manière à marquer 15° à l'aréomètre de *Baumé*. Les lessives sont évaporées dans des chaudières plates en tôle jusqu'à ce qu'elles deviennent sirupeuses, puis dans des chaudières de fonte où on les agite jusqu'à dessiccation complète. Le produit solide obtenu est dur, d'une couleur brune ou noire; c'est le **salin**; 100 kilogrammes de bonnes cendres donnent environ 10 kilogrammes de salin.

Calcination du salin. — Le salin brut est impur pour les usages industriels. On le soumet à une calcination à l'air qui détruit les matières organiques auxquelles il doit sa coloration brune. Cette opération s'effectue sur la sole d'un four à réverbère chauffé au rouge sombre par des foyers latéraux (fig. 179). On brasse la matière pour en exposer toutes les parties à l'action de la flamme. Après le travail, le salin se trouve converti en une masse grisâtre, légèrement colorée et en petits grains; c'est la **potasse perlasse**. Ce produit est souvent désigné, d'après son origine, sous le nom de **potasse d'Amérique, des Vosges, de Dantzig**, etc.

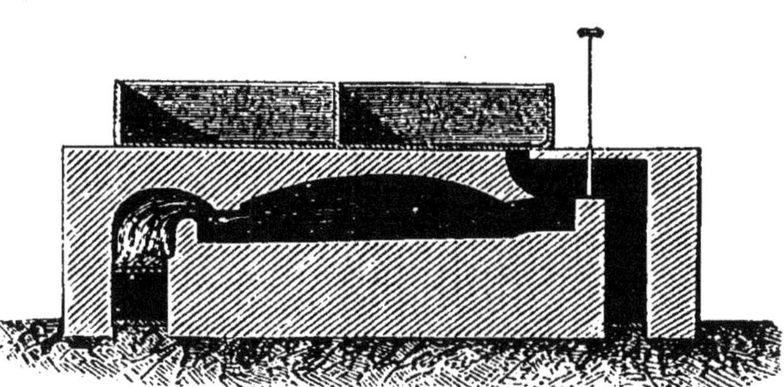

Fig. 179. — Four à calciner les potasses.

On retire également un salin de potasse des vinasses de betteraves et des eaux provenant du désuintage des laines.

Les potasses commerciales servent pour la verrerie fine et la cristallerie; elles sont la base des savons mous et de la fabrication d'un certain nombre de sels de potassium.

LA POTASSE CAUSTIQUE

KOH.

331. **Propriétés et usages de la potasse.** — L'oxyde de potassium hydraté, connu sous le nom de **potasse caustique** et dont la formule est KOH, se présente en plaques blanches, onctueuses au toucher, d'une saveur brûlante et urineuse.

Au contact de l'air, la potasse attire l'humidité et l'acide carbonique; elle est déliquescente. Elle se dissout dans la moitié de son poids d'eau en dégageant beaucoup de chaleur, ce qui prouve qu'elle se combine à l'eau en s'hydratant. Sa dissolution concentrée est très caustique; elle attaque très énergiquement la peau et provoque la sensation d'une vive brûlure. Aucune matière organisée ne lui résiste.

Elle attaque le verre et la porcelaine en dissolvant la silice et l'alumine; aussi ne peut-on concentrer cette substance ou la fondre que dans des vases métalliques.

C'est une base puissante, qui s'unit aux acides forts avec un vif dégagement de chaleur. Elle prend même les acides à la plupart des sels métalliques, en déposant leurs oxydes, qu'elle sert ainsi à préparer par voie humide.

Outre ses emplois comme réactif usité des laboratoires, la potasse sert à la confection des savons mous et au lessivage. Elle est employée en médecine sous le nom de *pierre à cautère* pour cautériser les chairs ; on lui donne pour cet usage la forme de baguettes.

332. Le potassium. — Le potassium est un corps solide mou comme de la cire; fraîchement coupé, il est blanc avec l'éclat de l'argent ; mais il se ternit très rapidement. Il est plus léger que l'eau ; sa densité est de 0,86. Il fond à 62° et bout à la température du rouge en répandant une vapeur d'un très beau vert.

C'est le seul métal susceptible de s'oxyder à froid dans l'air sec. A l'air ordinaire, il se couvre immédiatement d'une couche blanche d'oxyde hydraté ; aussi le conserve-t-on dans l'huile de naphte, où il est à l'abri de l'oxydation. Chauffé à l'air, il brûle avec une flamme violette.

L'affinité du potassium pour l'oxygène est la *propriété caractéristique* de ce métal ; elle est si grande qu'il enlève l'oxygène aux corps composés, à l'eau notamment, dont il met le gaz hydrogène en liberté, voir page 147.

Le potassium donne un grand nombre de composés.

Parmi les plus employés nous citerons l'*azotate de potasse* ou *salpêtre* qui entre avec le soufre et le charbon dans la composition de la POUDRE.

Résumé. Les cendres des végétaux terrestres contiennent du carbonate de potasse qu'on en extrait par l'eau bouillante. L'évaporation de la lessive donne le SALIN qui calciné porte le nom de potasse perlasse.

Les potasses commerciales servent pour les savons mous et pour certains verres ; ce sont des carbonates de potasse plus ou moins impurs.

La potasse caustique ou oxyde de potassium se présente en plaques blanches déliquescentes; elle sert dans les laboratoires à divers usages, notamment à retenir l'acide carbonique.

Le potassium est un métal mou qu'il faut garder dans l'huile de naphte : jeté sur l'eau, il s'enflamme, tournoie et éclate : il décompose l'eau et lui prend son oxygène.

Parmi les sels qu'il donne, LE SALPÊTRE ou azotate est un des plus intéressants: il entre dans la composition de la poudre à tirer.

CHAPITRE XXXVII

LE SEL. — LE SODIUM

CHLORURE DE SODIUM

$NaCl$.

333. Propriétés et usages. — Le chlorure de sodium, que l'on appelle **sel gemme** quand on l'extrait des gisements terrestres, **sel marin** quand on le retire des eaux de la mer, partout **sel de cui-**

sine, parce qu'il sert depuis les temps les plus reculés comme assaisonnement de la nourriture de l'homme, a une saveur franchement salée sans arrière-goût. Il cristallise en cubes qui forment par leur réunion des *trémies* (fig. 180). A la chaleur rouge, il décrépite à cause d'un peu d'eau interposée entre ses lamelles cristallines, puis il fond en répandant des vapeurs blanches. Il n'est pas beaucoup plus soluble dans l'eau chaude que dans l'eau froide. Quand il n'est pas absolument pur, il est déliquescent et presque toujours un peu humide.

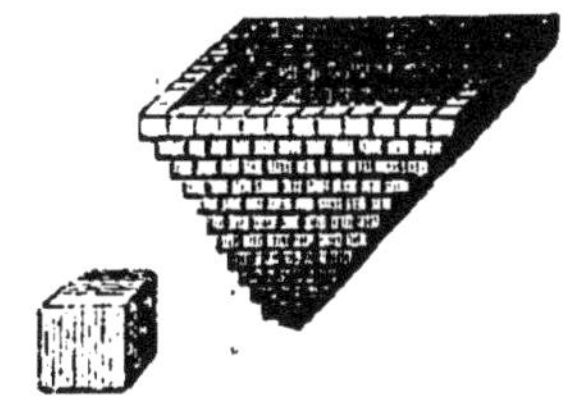

Fig. 180. — Cristaux de sel gemme en trémie. — Un cristal en cube isolé.

Il est décomposé par l'acide sulfurique qui donne avec lui du sulfate de soude et laisse dégager l'acide chlorhydrique ; il est ainsi le générateur du chlore et des chlorures, en même temps des sels de soude, c'est-à-dire de beaucoup de produits industriels très importants.

334. **État naturel.** — Il est abondamment répandu dans la nature ; les eaux de la mer qui couvrent les trois quarts du globe sont une dissolution de chlorure de sodium. Le sol en renferme de grands bancs, que des eaux souterraines dissolvent peu à peu. L'air lui-même en contient à l'état de poussières invisibles que l'analyse spectrale sait révéler.

On ne le fait pas dans les laboratoires, bien qu'il prenne naissance dans l'action de l'acide chlorhydrique sur la soude ou le carbonate de sodium. On l'extrait soit en *blocs* ou *gemmes*, soit des sources salées qu'on retire du sol, soit enfin des eaux de la mer.

335. **Extraction du sel gemme.** — Le sel gemme forme des bancs puissants dans un des étages du trias. Les principales mines exploitées en Europe sont celles de *Wielliczka* en *Pologne*, où la couche de sel présente une superficie considérable et une épaisseur de plus de 200 mètres ; en France, les gisements de la *Meurthe*, du *Jura*, de l'*Ariège* et des *Basses-Pyrénées*.

Il est quelquefois assez pur pour être livré à la consommation tel qu'on l'extrait de la mine ; dans d'autres cas, une cristallisation suffit pour l'amener au degré de pureté voulu. Mais le plus souvent on le dissout dans la mine même par deux méthodes différentes.

Dans la première, on ouvre dans le gisement des galeries et des chambres de dissolution où l'on fait arriver des eaux douces. L'eau creuse peu à peu les parois des chambres et les élargit ; quand elle est saturée, on la soutire à l'aide d'un siphon pour la conduire aux chaudières d'évaporation. C'est ainsi qu'on opère dans la Saxe.

Dans le second procédé, on creuse des trous de sonde dans lesquels on engage une série de tuyaux de cuivre réunis les uns aux autres et terminés à la partie supérieure par une pompe. On fait arriver de l'eau par le trou de sonde entre ses parois extérieures et les tuyaux ; elle se charge de sel, et la solution saline, plus dense que l'eau ordinaire, occupe la partie inférieure, et c'est elle que la pompe aspire et soulève pour l'envoyer aux chaudières d'évaporation. Dans certains cas, à Dieuze notamment, il existe des nappes d'eau dans les gisements salins ; cette eau se trouve naturellement saturée ; il suffit de l'extraire et de l'évaporer.

336. Exploitation des sources salées. — Les sources salées sont dues à des infiltrations dans des gisements de sel d'où les eaux sortent plus ou moins chargées. Pour qu'elles puissent être exploitées, il faut qu'elles contiennent au moins 5 p. 0/0 de sel; elles peuvent en renfermer de 12 à 20 p. 0/0, surtout quand par des sondages convenables on arrive à les puiser plus près des gisements. Avant de songer à les évaporer économiquement par la chaleur, on les fait concentrer en les évaporant lentement à l'air, soit en les faisant couler le long de cordes qui présentent un très grand développement (comme en Savoie), soit surtout en les faisant passer sur des *bâtiments de graduation*. Ce sont des amas de fagots de broussailles (fig. 181), retenus par des châssis, recouverts par des hangards, orientés de manière à présenter leurs grandes faces latérales aux vents qui règnent le plus souvent dans la contrée, le tout surmonté d'une rigole et donnant au-dessus d'une forme de bassin. On fait couler l'eau salée sur ces amas : elle se répand sur une très grande surface ; elle y subit une évaporation qui la concentre notablement. Quand elle arrive dans le bassin, on la remonte sur un second bâtiment, de manière à obtenir qu'elle marque de 14 à 20° à l'aréomètre *Baumé*. On peut alors l'évaporer au feu.

Fig. 181. — Bâtiment de graduation.

337. Évaporation. — Que les eaux sortent des puits de mine ou des bâtiments de graduation, on les amène dans des chaudières peu profondes, mais d'une très grande surface. Ces chaudières, en fonte ou en tôle, sont recouvertes d'une hotte en bois, destinée à provoquer un tirage qui enlève la vapeur d'eau. Elles sont chauffées, les unes directement par la flamme du foyer, les autres par un courant d'air chaud. On commence par porter le liquide à l'ébullition. Il se fait peu à peu un dépot abondant nommé **schlott** qui est formé de sulfate double de sodium et de calcium ; on le retire avec des râbles et on le dépose dans de petites auges percillées où il s'égoutte au-dessus de la chaudière. On procède ensuite au **salinage**, dans la même chaudière ou dans une seconde, c'est-à-dire qu'on enlève à l'aide de râbles le sel qui se dépose par l'évaporation. Le salinage est plus ou moins rapide ; quand il a lieu par ébullition et avec enlèvement continu, le sel est en très petits grains, c'est le **fin-fin**; quand, au contraire, l'évaporation est lente, les cristaux sont volumineux, on retire du **gros sel**.

338. Extraction du sel des eaux de la mer. — L'évaporation des eaux de la mer constitue la source la plus abondante du sel ordinaire.

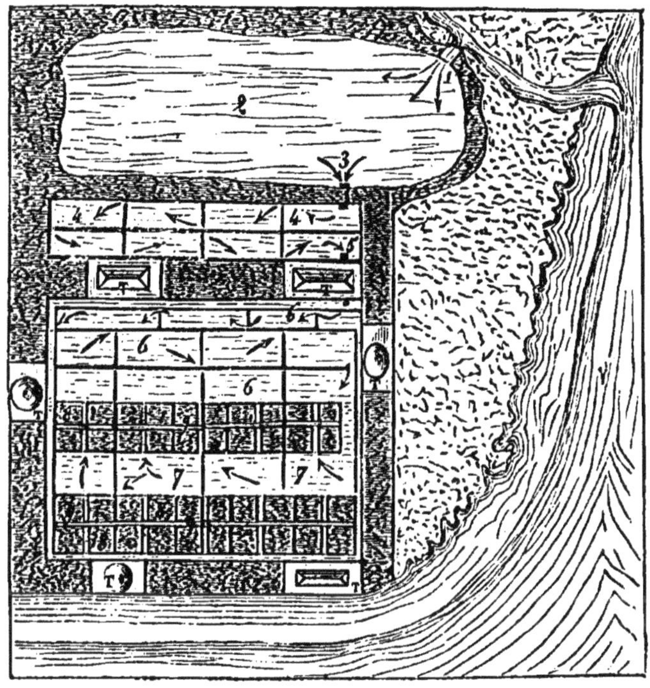

Fig. 182.

Marais salants. — 1, arrivée de l'eau ; — 2, grand réservoir d'arrivée ; — 4, 5, 6, 7, différents petits bassins d'évaporation ; — 8, 9, derniers bassins de salaison ; — T, tas de sel terré.

L'évaporation s'exécute dans de grands bassins ménagés sur les côtes et désignés sous le nom de **marais salants** dans l'Ouest, de **salins** dans le Midi.

Dans l'Ouest (fig. 182), l'eau arrive, à marée haute, par un petit canal muni d'une vanne, dans un grand bassin de 1,000 mètres carrés dont le niveau domine celui des autres réservoirs. De là elle passe dans un réservoir, où elle subit une première concentration, puis dans une série de compartiments rectangulaires qu'elle parcourt successivement et avec lenteur, en se concentrant peu à peu. Quand elle arrive à son maximum de concentration, on la conduit aux cristallisoirs où elle dépose le sel. On recueille le sel, à l'aide de rateaux, d'abord en petits tas pour qu'il s'égoutte, puis en tas plus gros et coniques que l'on recouvre de terre glaise. Sous l'influence de l'humidité entretenue par cette couche de terre, le chlorure de magnésium déliquescent s'écoule ; il reste un **sel gris** encore impur qui a généralement besoin d'être raffiné. Pour cela, on le dissout dans l'eau ; on ajoute de la chaux pour précipiter la magnésie ; on filtre dans des vases dont le fond percé de trous est recouvert de nattes, et on évapore la solution dans des chaudières.

Une campagne de salinage commence vers le 15 mai et se termine en fin septembre, quand disparaissent les beaux jours. Elle prendrait d'ailleurs fin par l'accumulation des *eaux-mères* où le sel marin cesse de se déposer.

339. **Extraction du sel par la gelée.** — Dans le nord de l'Europe, où l'évaporation des marais salants n'est pas possible, on soumet l'eau de la mer à la congélation. Elle donne de la glace pure, et la partie restée liquide se concentre ; si on enlève les glaçons et qu'on fasse de nouveau congeler le liquide, on finit par avoir une eau très chargée, dont on achève la concentration dans des chaudières. Mais le sel ainsi obtenu est encore plus impur que celui de l'Ouest.

340. **Propriétés du sodium.** — Le **sodium** est mou comme de la cire à la température ordinaire ; doué d'un éclat très brillant quand il est fraîchement coupé, il est d'un blanc d'argent qui se ternit vite à l'air. Il est un peu plus léger que l'eau ; il fond à 96° et il colore en jaune la flamme du gaz où il est brûlé. On peut le laminer entre deux feuilles de papier, le manier, le couper à l'air, pourvu que ni les doigts ni les instruments ne soient mouillés.

Il s'oxyde à l'air, mais moins rapidement que le potassium ; il se détruirait complètement dans l'air humide ; aussi le conserve-t-on d'habitude dans de l'huile de naphte. Mais dans l'air sec l'oxydation s'arrête à la surface quand il s'est formé une couche d'oxyde, et on peut le conserver dans des boîtes bien closes, à l'abri de l'humidité.

Il décompose l'eau comme le potassium, donne de la soude qui rend l'eau savonneuse et dégage de l'hydrogène :

$$Na + H^2O = NaOH + H\ ;$$

mais la chaleur dégagée par la réaction n'est pas assez forte pour enflammer l'hydrogène, à moins que la quantité d'eau ne soit très faible et rendue visqueuse par un peu de gomme pour empêcher la gyration du globule métallique ; alors l'hydrogène brûle avec une flamme jaune (fig. 183). Cette décomposition de l'eau est souvent accompagnée d'explosions dont la cause est inconnue.

Fig. 183. — Combustion du sodium sur l'eau.

Le sodium brûle dans le chlore et il enlève ce métalloïde aux composés qui le contiennent. Il a toutes les affinités du potassium, mais avec moins d'énergie.

Il se combine au mercure en donnant un composé solide et en dégageant beaucoup de chaleur. Cet amalgame, d'un usage fréquent dans les laboratoires, s'obtient en introduisant peu à peu du sodium coupé en morceaux dans du mercure un peu chauffé dans un creuset de terre ; chaque fragment de sodium se combine avec incandescence. On peut aussi l'obtenir en faisant arriver un filet de mercure dans du sodium fondu sous une couche de naphte ; la masse se gonfle, devient solide et cristalline.

Le sodium est beaucoup plus employé dans les laboratoires que le potassium, à cause de son bas prix et de la facilité de le manier sans accident. L'industrie de l'*aluminium* en consomme de très grandes quantités.

Le sodium est très répandu dans la nature, mais à l'état de composés. Le chlorure se rencontre en masses dans le sol, en dissolution dans les eaux de la mer; l'azotate forme de grands bancs au *Pérou*. Les cendres de toutes les plantes marines contiennent du carbonate. L'analyse spectrale révèle presque partout la présence des composés sodiques, tant est grande leur diffusion.

Le sodium a été isolé pour la première fois par *Davy*, par l'électrolyse de la soude.

Résumé. — Le sel ordinaire ou chlorure de sodium se rencontre en *gemmes* dans le sol, en sources salées, et dans l'eau de la mer.

On l'extrait de ces trois sources.

Les eaux de sources salées doivent d'abord être concentrées économiquement par l'exposition à l'air sur une grande surface avant d'être évaporées par la chaleur.

Les marais salants sont des bassins peu profonds et très étendus où l'eau de mer s'évapore par l'action de l'air et du soleil dans la bonne saison.

Le sel obtenu est la matière première des principaux composés de la soude et du sodium.

Le SODIUM est un métal mou, très oxydable, décomposant l'eau à froid. Il s'amalgame avec le mercure.

CHAPITRE XXXVIII

LES SOUDES DU COMMERCE

341. Soude naturelle. — Diverses plantes qui croissent dans le voisinage de la mer et des lacs salés, et que l'on désigne sous le nom général de *salifères* ou *marines*, comme les *salsola*, les *salicornia*, puisent dans le sol du sel marin, l'élaborent pendant l'acte de la végétation et le transforment en divers sels organiques à base de soude. Quand on les incinère, elles laissent beaucoup de cendres contenant surtout du sel marin et du carbonate du soude. La combustion a lieu dans des fosses où les cendres subissent, sous l'action de la température développée, une demi-fusion, et se transforment en une masse agglomérée, de couleur foncée et d'aspect vitreux, que l'on brasse demi-fluide pour la rendre homogène. C'est la **soude brute** ; la meilleure est produite en *Espagne* ; elle renferme au moins le quart de son poids de carbonate.

342. Soude artificielle. — Jusqu'à la fin du siècle dernier, c'était la potasse qui était employée presque partout où l'on avait besoin d'un alcali ; la soude ne servait guère qu'à la fabrication des savons durs et les soudes naturelles suffisaient. L'augmentation du prix des potasses fit rechercher les moyens de fabrication artificielle des soudes. En 1789, **Leblanc** découvrit son procédé. On le suit encore aujourd'hui tel que l'auteur l'avait indiqué. Mais il n'est plus le seul qui fournisse économiquement la soude artificielle; le procédé de **Schlœsing**, appliqué par **Solvay**, commence à lui faire une sérieuse concurrence. Nous allons décrire chacun de ces deux moyens d'obtenir les sels de soude dont l'industrie actuelle fait une énorme consommation.

343. Procédé Leblanc. — Le procédé Leblanc repose sur la transformation du sulfate de soude en carbonate sous la double influence du carbonate de chaux et du charbon.

On trouve dans le résidu du sulfure de calcium insoluble mélangé de chaux et du carbonate de soude soluble; il se dégage dans l'opération de l'oxyde de carbone.

Le sulfate de soude doit être anhydre, poreux et léger, d'une nature homogène; le calcaire, aussi blanc et aussi pur que possible, exempt d'argile et concassé en petits morceaux. Le charbon est généralement de la houille menue, mais non en poussière. Il faut donc d'abord exposer comment on fabrique le sulfate de soude, qui devra être ensuite transformé en carbonate.

Préparation du sulfate de soude. — L'industrie, qui fait de ce produit une consommation énorme, le fabrique en attaquant le sel marin par l'acide sulfurique :

$$NaCl + SO^4H^2 = SO^4NaH + HCl$$
$$SO^4NaH + NaCl = SO^4Na^2 + HCl.$$

Cette réaction donne naissance à un dégagement d'acide chlorhydrique (c'est elle qui est utilisée dans les laboratoires quand on veut préparer cet acide); le sulfate reste comme résidu. Elle s'accomplit en deux phases dont l'une commence à la température ordinaire et n'exige qu'une chaleur modérée, tandis que la seconde ne s'accomplit qu'à une température voisine du rouge.

Les appareils industriels se composent d'un grand four (fig. 184) qui

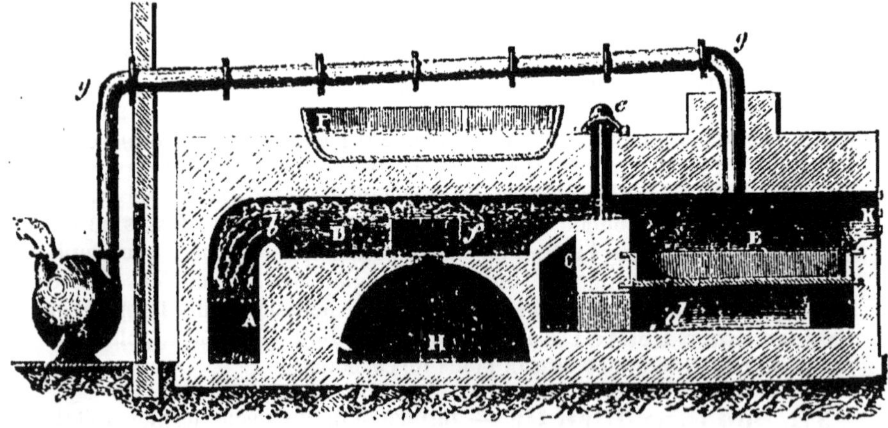

Fig. 184.

Four à sulfate de soude. — A, foyer. — B, calcine. — E, cuvette. — H, cavité pour recueillir le sulfate fait. — K, porte pour charger la cuvette. — P, bassine à chauffer l'acide. — *e*, valve de communication de la calcine et de la cuvette ; — *g*, tube emmenant le gaz chlorhydrique.

permet un travail continu sur de grandes masses, des tuyaux de conduite pour le gaz chlorhydrique et des vases où l'on opère sa condensation.

Le four comprend toujours deux compartiments : l'un appelé la **cuvette**, en plomb ou en fonte, où s'accomplit la première phase de l'opération ; l'autre, la **calcine**, à réverbère, c'est-à-dire à feu direct, ou à moufle, où l'on chauffe fortement le mélange provenant de la cuvette et d'où l'on retire le sulfate tout formé. Le foyer chauffe d'abord la calcine, et les produits de la combustion viennent ensuite passer sous la cuvette qui n'a pas besoin d'être autant chauffée.

On emploie du sel raffiné et de l'acide sulfurique marquant 60° Baumé et qu'il est avantageux de chauffer au préalable. Le sel introduit dans la cuvette, on y fait couler un poids égal d'acide; on mélange bien, on ferme et on lute la porte. La réaction devient très vive ; il se dégage des torrents d'acide chlorhydrique presque pur qui vont aux appareils de condensation ; la masse se boursoufle et prend peu à peu une consistance pâteuse. A ce moment, on ouvre la communication entre les deux compartiments du four et on pousse dans le second la masse du sel inachevé. Ce transport effectué, on recharge à nouveau la cuvette pour que l'opération soit continue. On brasse la matière fortement chauffée dans la calcine ; du gaz chlorhydrique s'en dégage encore, entraîné avec les produits de la combustion. Tout le sulfate est à la fin chauffé au rouge naissant ; il prend une coloration jaune qu'il perdra par le refroidissement. On le tire du four avec un racloir et on le fait tomber dans un compartiment où il se refroidit.

Dans ces appareils, on décompose en deux ou trois heures 150 à 200 kilogrammes de sel marin.

Les appareils condensateurs de l'acide chlorhydrique sont les corollaires nécessaires des fours à sulfate ; c'est le plus souvent une longue série de bonbonnes à demi remplies d'eau, v. page 55, où le gaz circule en sens inverse de l'eau et se dissout peu à peu pour donner l'acide chlorhydrique du commerce.

344. **Fours à soude**. — Le premier four employé était en briques réfractaires, à deux soles elliptiques avec deux portes latérales. Le mélange, introduit d'abord sur la sole la plus éloignée du feu, chauffé par la flamme du foyer, était brassé vigoureusement à main d'homme avec de longs râbles en fer, jusqu'à ce que la masse devînt liquide. On le faisait passer sur la sole antérieure, plus chaude, où la fusion devenait plus parfaite et la réaction plus énergique ; le brassage était activement continué jusqu'à disparition des petites flammes d'oxyde de carbone. On retirait alors du four par la porte de travail la masse semi-pâteuse que l'on recevait sur un chariot en tôle. Refroidie et solidifiée, cette masse constituait ce que l'on nommait un **pain** de soude brute.

Depuis quelques années, on emploie le **four tournant**. C'est un énorme cylindre en fonte (fig. 185), doublé intérieurement d'une maçonnerie en briques réfractaires, et mobile autour de son grand axe, qui est horizontal. Deux ouvertures circulaires, ménagées à chaque extrémité, permettent à la flamme d'un foyer voisin de traverser le cylindre comme un grand carneau et de chauffer ce qu'il contient. On y introduit le mélange et on met l'appareil en mouvement ; les réactions s'opèrent ; les masses y sont sans cesse remuées. Quand l'opération est terminée, on vide le contenu du cylindre, c'est-à-dire la soude brute fondue, dans une série de wagonnets où elle se prend en pains.

Le travail est plus régulier et le rendement est meilleur que dans l'ancien four.

Lessivage de la soude brute. — Les pains de soude brute sont un mélange de carbonate de soude et de sulfure de calcium. Pour séparer les deux

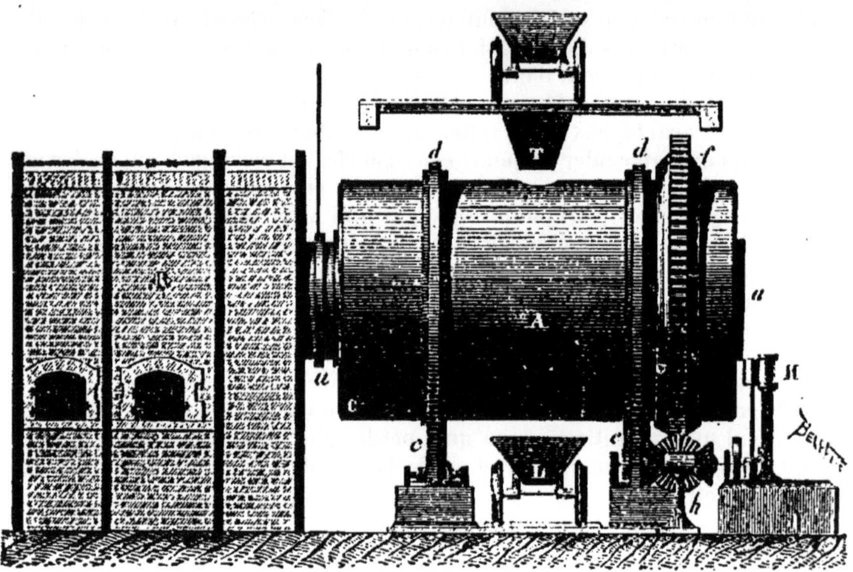

Fig. 185.

Four tournant pour la fabrication de la soude. — A, cylindre tournant ; — *a*, ouverture cylindrique pour le passage de la flamme; — *c*, *d*, galets dirigeant le mouvement. — *f*, roue dentelée engrenant avec le pignon *h* ; — L, wagonnet pour recevoir le produit retiré du four.

produits, dont le premier est soluble et le second insoluble dans l'eau, on soumet la masse concassée à un lessivage à l'eau tiède. Ce lessivage est *méthodique*, c'est-à-dire que l'eau passe sur des produits de moins en moins épuisés et se sature dans son trajet, qui se trouve être l'inverse de celui qu'on fait suivre à la matière à dissoudre.

Qu'on imagine en effet, une série de cuves en gradins (fig. 186), com-

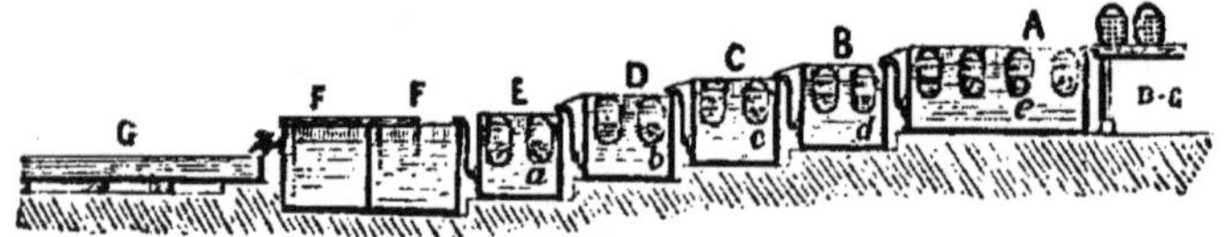

Fig. 186.

Ancien mode de lessivage de la soude brute. — A, B, C, D, auges recevant l'eau qui s'écoule de l'une à l'autre ; — F, cuves de dépôt de la solution ; — G, bassin de l'évaporation ; — *a*, *b*, *c*, *d*, *e*, paniers contenant la soude brute.

muniquant l'une à l'autre et dans chacune desquelles plonge un panier en tôle, percé de trous et rempli de soude brute concassée en fragments. L'eau arrive dans la cuve supérieure et descend successivement tous les gradins. Les paniers les plus élevés renferment le produit le plus épuisé. On les remplace par ceux du gradin immédiatement inférieur, et dans le dernier on met de la matière qui n'a pas encore subi l'action de l'eau. De cette manière, la soude brute est épuisée avec le moins d'eau possible, et celle-ci, trouvant dans sa marche un produit de plus en plus riche en matières solubles, s'est saturée ; son évaporation est biens moins coûteuse.

Le résidu insoluble est désigné sous le nom de **marc de soude.**

Les lessives fortes marquant de 24 à 30° Baumé sont conduites dans de grands bassins de dépôt maintenus à une température de 48°, où elles se clarifient.

Sel de soude caustique. — Quand on les évapore dans des bassins chauffés, puis sur la sole d'un four à réverbère, on obtient une pâte granuleuse blanche et amorphe ; c'est le sel de soude **caustique,** ainsi nommé parce qu'il renferme avec du carbonate une petite quantité de soude libre.

Sel de soude carbonaté. — Quand on veut un carbonate sec, sans causticité, on soumet, avant de les évaporer, les lessives brutes à un courant d'acide carbonique qui transforme la soude libre en carbonate.

345. **Cristaux de soude.** — Pour obtenir le carbonate de soude en cristaux, ou ce qu'on appelle vulgairement les *cristaux de soude*, on emploie le sel précédent, que l'on redissout dans le moins d'eau possible. Une grande chaudière en tôle conique (fig. 187), munie d'un tuyau à vapeur qui débouche près du fond, est remplie aux trois quarts d'eau. Le sel à dissoudre est placé dans un panier percillé mobile au moyen de poulies. On chauffe l'eau par le jet de vapeur, et la dissolution est d'autant plus rapide que l'eau saturée tombe à mesure au fond de la chaudière. La liqueur saturée est abandonnée au repos ; elle laisse déposer ses impuretés. On la siphone dans des cristallisoirs de dimensions très diverses, où elle cristallise. Les cristaux séchés, concassés, s'effleurissent un peu à la surface. On les embarrille pour les soustraire au contact de l'air.

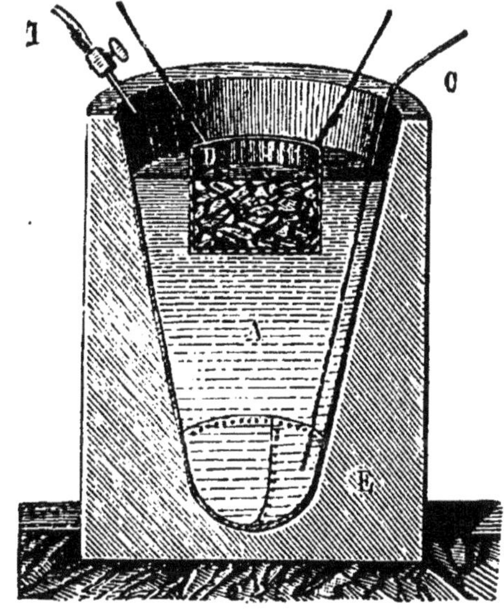

Fig. 187. — Chaudière à dissoudre le sel de soude pour la préparation des cristaux. — A, chaudière conique en tôle ; — E, enveloppe de maçonnerie ; — C, tuyau à vapeur ; — D, panier percillé suspendu.

C'est le carbonate hydraté. Il renferme 64 p. 0/0 d'eau ; mais pour beaucoup d'usages il est préféré au sel de soude sec, parce qu'il ne contient pas de matières insolubles.

346. Procédé Schlœsing ou à l'ammoniaque. — Ce procédé, qui n'est devenu pratique que depuis quelques années, entre les mains de M. Solvay, a été imaginé en 1854 par M. Schlœsing. Il repose sur la réaction suivante :

Le *bicarbonate d'ammoniaque* donne avec le sel marin, par double décomposition, du *bicarbonate de soude* peu soluble et du chlorure d'ammonium très soluble dans l'eau :

$$\text{NaCl} + \text{Az}^{H^4}_{H}\text{CO}^3 = \text{AzH}^4\text{Cl} + {}^{Na}_{H}\text{CO}^3.$$

Par suite, une solution de sel marin presque saturée est additionnée d'ammoniaque caustique, mélangée de carbonate d'ammoniaque, puis sursaturée par l'acide carbonique ; elle est ensuite portée à l'ébullition et la réaction précédente s'opère. Le bicarbonate de soude déposé est recueilli, lavé, séché, puis finalement calciné. Il se convertit en carbonate de soude en dégageant la moitié de son acide carbonique qui rentre dans la fabrication.

Le chlorure d'ammonium qui reste dans les eaux mères, bouilli avec de la chaux, laisse dégager toute l'ammoniaque qu'il contient et que l'on condense dans une nouvelle solution de chlorure de sodium.

On obtient par ce procédé un beau sel de soude, sans causticité, sans impuretés. De plus, on peut employer directement l'eau salée, tandis que le procédé Leblanc exige la mise en œuvre de sel cristallisé.

347. Usages des soudes du commerce. — On emploie les cristaux de soude dans le blanchiment, le sel de soude calciné dans le lessivage et dans la verrerie fine, la soude brute dans la fabrication des bouteilles. Ces produits sont préférés au carbonate de potasse parce qu'ils ne sont pas déliquescents; il en faut un poids moindre pour produire le même effet chimique ; de plus leur prix est bien inférieur.

Résumé. — Les soudes du commerce sont des carbonates de soude plus ou moins impurs; les unes sont tirées du lessivage des cendres de varechs ; les autres sont fabriquées artificiellement.

C'est le sel qui est la matière première du carbonate de soude.

Dans le procédé Leblanc, le sel attaqué par l'acide sulfurique est d'abord transformé en sulfate de soude, et dans cette opération on recueille l'acide chlorhydrique qui se dégage.

Le sulfate de soude mélangé de charbon et de carbonate de chaux est ensuite traité dans un grand four tournant. On en retire la soude brute, que l'on lessive méthodiquement.

La lessive évaporée donne le sel de soude caustique, ou le carbonate de soude sec; la lessive déposée, carbonatée, puis évaporée et cristallisée donne les cristaux de soude.

Ces derniers produits sont employés au lessivage domestique ou industriel ; on en consomme de très grandes quantités.

CHAPITRE XXXIX.

L'ALUMINE ET LES ALUNS.

348. Propriétés de l'alumine. — L'alumine est très répandue dans la nature puisqu'elle est la base des argiles. Quand elle est pure, cristallisée et incolore, elle constitue la pierre précieuse connue sous le nom de *corindon*, qui a le brillant du cristal et une dureté qui se rapproche de celle du diamant. Le corindon, coloré par des traces d'oxydes métalliques, mais resté transparent, constitue les pierres précieuses suivantes : le *rubis* d'une belle teinte rouge, le *saphir* bleu, la *topaze* jaune, l'*émeraude* d'une belle couleur verte, et l'*améthyste* violette.

Le corindon grossier, mélangé d'oxyde de fer et réduit en poudre, constitue l'*émeri*, que l'on recherche à cause de sa dureté pour polir les corps durs, les cristaux naturels, le fer, l'acier, les glaces, le verre.

Dans les laboratoires, on prépare l'alumine anhydre en calcinant l'alun ammoniacal, et l'alumine hydratée en précipitant une solution d'alun par l'ammoniaque ; cette dernière est de consistance gélatineuse.

La propriété la plus saillante de l'alumine hydratée, c'est son affinité pour les matières organiques. On la met en évidence en chauffant de l'alumine en gelée avec une décoction de cochenille et en laissant refroidir le tout dans une éprouvette (fig. 188) ; l'alumine se rassemble peu à peu et se dépose, en entraînant avec elle toute la matière colorante ; le liquide surnageant reste incolore. On donne une autre forme à l'expérience ; on chauffe à l'ébullition de la cochenille ou de la garance avec une solution d'alun ; le liquide se colore en rouge ; on filtre et dans le liquide clair on verse du carbonate de soude. L'alumine se précipite et entraîne au fond du vase tout le principe colorant.

Fig. 188.

On donne le nom de **laques** aux composés insolubles d'alumine et de matières colorantes. Les laques sont utilisées dans la peinture et dans l'impression des papiers de tentures, et c'est à l'état de laques formées dans les tissus que certaines matières colorantes entrent dans la teinture.

Un tissu de coton ne se teint pas dans une solution chaude de garance, mais il prend et retient sa couleur s'il a été au préalable imprégné d'alumine ; dans ce cas l'alumine est ce qu'en teinture on appelle un *mordant*.

L'alumine calcinée au-delà du rouge sombre est absolument insoluble dans l'eau et sans aucune affinité pour ce liquide : simplement desséchée, elle peut absorber jusqu'à 15 0/0 de son poids d'eau qu'elle retient ensuite avec énergie. Cette propriété qu'elle communique aux terres argileuses, leur permet de mieux résister à la sécheresse de l'air et de conserver longtemps l'eau nécessaire à l'entretien de la végétation.

349. Propriétés des aluns. — Le sulfate d'alumine ne cristallise pas ; mais si on mélange à sa dissolution une solution d'un sulfate alcalin, on obtient par évaporation un beau produit cristallisé; c'est ce sulfate double qui porte le nom d'**alun**. Le plus anciennement connu est l'*alun de potasse*, autrement dit le sulfate double d'aluminium et de potassium.

L'alun est un sel blanc d'une saveur amère; il est très soluble dans l'eau qui, à 10°, en dissout un dixième de son poids, et à 100° trois fois et demi son poids. La solution d'alun peut être sursaturée comme celle du sulfate de soude, et si on descend dans une dissolution sursaturée un petit cristal d'alun suspendu à un fil, on voit le plus souvent le liquide se remplir de petits cristaux séparés; et quelquefois, quand la solution est basique, le cristal plongé s'accroît rapidement tout en conservant sa forme primitive.

L'alun ordinaire cristallise en octaèdres; quand il est complètement exempt de composés solubles du fer et que de plus il contient un petit excès d'alumine, il cristallise en cubes (fig. 189). *L'alun de Rome* est dans ce dernier cas. Pour faire cristalliser en cubes l'alun ordinaire, il suffit d'ajouter à sa dissolution chauffée vers 40°, un peu d'ammoniaque qui précipite le fer et forme un peu de sous-sulfate d'alumine, qui paraît nécessaire pour obtenir la forme cubique.

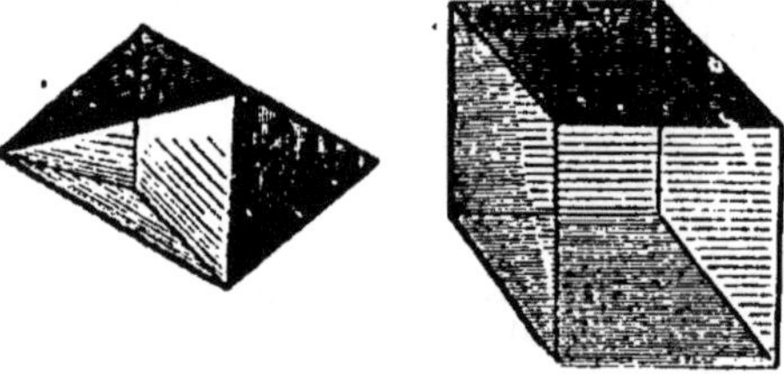

Fig. 189. — Cube et octaèdre d'alun.

L'alun fond quand on le chauffe vers 90°; il se dissout dans son eau de cristallisation, et si on le laisse refroidir en cet état, il prend un aspect vitreux qui lui a fait donner le nom d'*alun de roche*. Chauffé davantage, il perd peu à peu son eau de cristallisation, il se boursouffle, augmente de volume, forme au-dessus du creuset une espèce de champignon qui s'élève notablement. C'est l'alun anhydre ou calciné, employé comme caustique pour ronger les chairs. Au rouge vif, l'alun se décompose; de l'acide sulfureux et de l'oxygène se dégagent; il reste un mélange d'alumine et de sulfate de potasse.

Fig. 190. — Cristaux d'alun.

On emploie les aluns comme mordants dans la teinture et dans les impressions sur tissus, et pour la fabrication des laques employées dans les papiers peints. On s'en sert comme d'*antiseptiques* pour conserver la colle forte et les peaux avec leurs poils. L'encollage du papier en utilise de très grandes quantités. L'alun sert pour clarifier les suifs; on le recommande en très petite dose pour la clarification des eaux troubles; on pense que le carbonate de chaux détermine la formation d'un sous-sel d'alumine qui, en se rassemblant, entraîne avec lui les matières en suspension dans le liquide. La médecine emploie la solution d'alun comme astringent, et l'alun calciné comme caustique.

Les deux aluns les plus employés sont l'alun de potasse et l'alun d'ammoniaque: ce sont les deux seuls qu'on fabrique industriellement.

Résumé. — L'alumine est très répandue; elle est la base des argiles et partant des terres fortes.

Pure et cristallisée, elle constitue des pierres précieuses.

Hydratée, elle jouit de la propriété de s'incorporer les matières colorantes et de former avec elle des laques.

L'alumine desséchée peut absorber jusqu'à 15 0/0 de son poids d'eau. C'est à elle que les terres argileuses doivent la propriété de garder l'eau et de résister quelque temps à la sécheresse.

L'alun est un double sulfate d'alumine et de potasse ou d'ammoniaque cristallisant en cubes ou en octaèdres, assez soluble dans l'eau.

Il sert dans la préparation des peaux, dans la clarification des eaux troubles, dans la préparation de certaines couleurs.

CHAPITRE XL.

LES ARGILES. — LES POTERIES. LES VERRES.

330. **Propriétés des argiles.** — Toutes les argiles exposées à l'air donnent une matière blanche ou grise, quelquefois colorée par des corps étrangers. Elles sont douces au toucher et happent à la langue quand elles sont sèches.

Pétries avec l'eau, elles forment une pâte plus ou moins liante qui en se desséchant se fendille et se contracte, mais qui ne perd toute son eau que vers 300°; alors elle n'a plus la propriété de former pâte avec l'eau par un nouveau pétrissage.

Les argiles pures, qui ne contiennent ni oxyde de fer ni chaux, sont infusibles aux plus hautes températures; elles donnent par la cuisson des produits réfractaires, mais elles subissent un *retrait* qui varie de 10 à 20 p. 0/0. Ce n'est presque que du silicate d'alumine hydraté qui donne une pâte très liante et longue ; aussi appelle-t-on ces corps des argiles *plastiques.*

Celles qui contiennent du fer et de la chaux peuvent former des silicates multiples moins infusibles que les silicates simples, et prennent à la cuisson un ton rouge ou brun ; elles ont moins de plasticité et d'onctuosité ; elle forment une pâte moins longue : on les appelle argiles *figulines*; elles servent à la fabrication des poteries communes.

Les *marnes*, très répandues dans le sol, où elles jouent un rôle important en retenant les eaux, sont des mélanges divers de carbonate de chaux, de sable et d'argiles plus ou moins colorées.

POTERIES

331. On donne le nom générique de *poteries* à tous les objets en terre cuite, quels qu'en soient d'ailleurs la composition, la couleur et l'aspect.

Les poteries sont nombreuses et très différentes, depuis la brique ordinaire jusqu'à la porcelaine fine. L'examen de leur cassure permet de les distinguer en *poteries simples*, homogènes dans toute leur masse, et en *poteries composées*, dont la pâte colorée est masquée par un vernis ou une *couverte*, incolore et opaque comme les faïences, ou dont la pâte blanche est néanmoins recouverte d'un vernis blanc lui-même, imperméable et vitreux comme les porcelaines.

Elles se composent toutes d'argile qui en constitue l'élément *plastique* et d'une substance siliceuse qui lui est intimement mélangée, qu'on appelle l'élément *dégraissant* et dont il est facile de comprendre le rôle. L'argile pure pétrie avec l'eau donne une pâte qui se laisse étendre en plaques minces, façonner en tous sens et mouler sans se déchirer. Mais lorsqu'on la cuit pour lui donner de la dureté, elle subit un retrait considérable, se fendille et se crevasse. Il n'en est plus de même si on ajoute à l'argile du sable qui ne fait pas pâte avec l'eau et ne se contracte pas au feu ; le mélange se moule comme l'argile et ne subit aucun retrait à la cuisson. Ainsi dans la pâte des poteries, il entre donc toujours avec l'argile une matière étrangère ; et si pour quelques espèces on emploie de l'argile seule, c'est qu'elle contient la substance siliceuse nécessaire, parmi les produits qui l'accompagnent.

On peut diviser les poteries en trois classes :

1° Les objets à pâte tendre, c'est-à-dire rayables par le fer, fusibles à haute température ; ce sont les *terres cuites*, briques, tuyaux, fourneaux ; les *poteries lustrées* et *vernissées*, et les poteries communes, recouvertes d'un vernis opaque et blanc, qui forment la *faïence ordinaire* ;

2° Les poteries à pâte dure et opaque, non rayables par l'acier et infusibles ; c'est la *faïence fine* et les *grès* ;

3° Les poteries à pâte dure et translucide, qui forment les différentes *porcelaines tendres* et *dures*.

352. Terres cuites. — On désigne sous ce nom les produits céramiques ordinaires qui ne sont pas recouverts de vernis : tels sont les briques, les tuiles, les tuyaux de conduite ou de drainage, les pots à fleurs, etc. Leur pâte est composée d'argile figuline ou de marne argileuse que l'on pétrit avec l'eau et à laquelle on ajoute comme dégraissant du sable ou des escarbilles et scories de forges, ou encore du ciment, comme c'est le cas pour les briques réfractaires.

On moule à la main ou dans des appareils mécaniques. On dessèche longtemps à l'air et on cuit à une température peu élevée.

Les objets cuits présentent une couleur plus ou moins rouge, suivant la composition de l'argile ; ils sont peu sonores.

353. Poteries communes. — Les poteries ordinaires ont une pâte homogène et colorée ; composée d'argile brune comme celle de *Vaugirard* ou d'*Arcueil*, et de sable. Elles sont façonnées au tour. Le tour du potier se compose d'un axe vertical que l'ouvrier fait tourner à l'aide d'une meule horizontale suspendue à l'axe et qui communique un mouvement de rotation à une petite table horizontale sur laquelle l'ouvrier pose la terre. La terre tourne autour des doigts de l'ouvrier et forme un objet à contours courbes.

Les pièces faites, séchées à l'air, puis lentement par la chaleur perdue des fours, sont ensuite cuites. On les recouvre d'un vernis habituellement plombifère, d'*alquifoux* par exemple, et on les repasse au four pour fondre le vernis.

Le mérite de ces poteries, c'est d'être d'un prix très modique et de pouvoir aller au feu sans se casser. Le vernis se raie facilement et de plus il est attaquable par les acides ; il peut être nuisible s'il contient des sels de plomb ; aussi renonce-t-on à ce genre d'objets dans certains usages culinaires.

354. **Faïences.** — On désigne sous le nom de *faïences* des poteries à pâte homogène, recouvertes ou émaillées d'un vernis opaque brun ou blanc, dont on fait, sous le nom de faïences communes, des tasses, des assiettes, etc. Elles sont plus anciennes en Europe que les produits vitrifiés, grès et porcelaines. On en fabriquait en Italie au XIVe siècle. Deux siècles plus tard, *Bernard de Palissy* fit revivre avec éclat cette fabrication, qui avait été abandonnée ; mais il emporta ses procédés dans la tombe et cette industrie dégénéra de nouveau. Aujourd'hui on ne fait plus en faïence que des vases de cuisine destinés à aller au feu et des plaques pour cheminées, fourneaux et poêles.

La pâte est composée d'argile d'Arcueil et de marne ou de sable marneux. L'émail est à base d'oxyde d'étain et de plomb ; on le colore souvent par d'autres oxydes.

355. **Faïence fine.** — La faïence fine, dite aussi faïence anglaise, est une poterie à pâte dure, blanche, et très homogène. Elle porte en France le nom de **terre de pipe** ; elle est composée d'argile plastique mêlée de silice prise dans le silex pyromaque ou pierre à fusil. Les deux éléments sont broyés, malaxés, lavés et tamisés avec soin ; on les amène à l'état de bouillie dite *barbotine*, puis en pâte assez dure pour le moulage ou le travail au tour. Le vernis, posé sur les pièces déjà cuites, est composé de sable feldspathique, de minium et de borax ; il prend au feu un aspect vitrifié incolore, et il est susceptible de recevoir des décorations très variées.

356. **Grès.** — Les grès sont à pâte dure, sonore, homogène, imperméable à l'eau, demi vitrifiée, mais non translucide. On les divise en deux catégories : les grès-cérames communs et les grès fins.

Les *grès-cérames communs*, dont on fait les touries, les jarres, les vases de chimie, sont composés d'argile plastique *dégraissée* par du sable quartzeux. Les pâtes sont moulées ou travaillés au tour, puis desséchées lentement, sans autre précaution que de les soustraire à la pluie. La cuisson se fait dans un four à sole légèrement inclinée, chauffé par l'avant, et où les pièces sont libres ou encastrées c'est-à-dire enfermées et protégées dans des cazettes qui sont de même matière qne le grès lui-même.

Pour cuire le grès il faut une température élevée grâce à laquelle il se forme sur les pièces à cuire une couche vitrifiée par un commencement de fusion qui les rend imperméables et leur sert de glaçure.

On facilite la formation de ce vernis en projetant du sel marin dans le four vers la fin de la cuisson. Le sel se volatilise ; ses vapeurs sont décomposées au contact de la vapeur d'eau et de la silice, et cette dernière forme un enduit de silicate de soude et d'alumine qui donne le lustre vitrifié des grès cuits

337. Porcelaines. — Les porcelaines sont les produits céramiques à pâte dure, non rayable par l'acier et translucide. C'est de tous les plus estimés et les plus soignés dans leur fabrication.

On les divise en trois catégories : la *porcelaine dure* ou *vraie*, la *porcelaine tendre naturelle* ou *anglaise*, et la *porcelaine artificielle*, dite *française*. La porcelaine dure est fabriquée par les *Chinois* depuis plus de vingt siècles. Son invention en *Europe* date seulement du XVIIIe siècle ; c'est en *Saxe* que *Boettger* créa la première fabrique de porcelaine à pâte dure, analogue à la porcelaine de Chine, après avoir découvert par hasard le *kaolin* dans une poudre à perruque employée à cette époque. Soixante ans plus tard on découvrait le kaolin dans les environs de *Limoges*, et on commençait à *Sèvres* la fabrication de la porcelaine, qui a depuis été grandissant et qui est aujourd'hui une de nos plus belles industries.

Pour se faire une idée claire de la fabrication de la porcelaine, il est nécessaire d'examiner séparément la nature des matières premières qui entrent dans sa composition, les manipulations qu'on leur fait subir pour obtenir la pâte, le façonnage des objets, leur cuisson, la nature des vernis ou couvertes dont ils sont revêtus.

L'élément argileux et plastique de la porcelaine est le *kaolin* ; l'élément dégraissant consiste en felspath et en sable siliceux.

Les matières, très divisées par lévigation ou broyage, et convenablement dosées après analyse, sont mélangées à l'état d'une bouillie claire dans des cuves munies d'agitateurs ; elles se déposent en un limon sous le nom de *barbotine*, que l'on dessèche pour l'amener à consistance convenable. On les pétrit nombre de fois pour les rendre bien homogènes.

On façonne les objets au tour, ou par moulage, ou par coulage, suivant les formes des pièces.

Les objets sortant des mains de l'ouvrier sont séchés lentement dans des espaces couverts.

Avant de cuire les pièces, on les place dans des cazettes en argile réfractaire de première qualité, qui les protègent contre les poussières et permettent de les superposer.

Une première cuisson a pour but de durcir la pièce sans lui enlever toute sa perméabilité ; c'est le *dégourdi*. La seconde cuisson, destinée à fixer la glaçure, durcit complètement l'objet.

On donne le nom de *couverte* au vernis brillant qui recouvre la plupart des porcelaines du commerce. Les objets sans glaçure sont dits en *biscuit*.

LES VERRES

338. Nature des verres. — Les verres sont des combinaisons de l'acide silicique avec des bases variables dont les unes sont la potasse ou la soude et les autres la chaux ou l'oxyde de plomb, auxquelles se joignent l'alumine et l'oxyde de fer. Ainsi le cristal est un silicate double de potassium et de plomb ; le verre à vitres un silicate de soude et de chaux ; le verre à bouteilles un mélange de silicate de soude, de potasse, de chaux, d'alumine et d'oxyde fer. Le caractère général de ces produits, c'est d'être fusibles et de donner en se refroidissant des corps transparents avec un éclat particulier qu'on a appelé l'éclat vitreux.

359. Propriétés du verre. — Le verre est transparent et fragile; il est assez dur pour n'être rayé que par le diamant qui sert à le couper en feuilles, et par l'acier trempé qui permet d'obtenir sur les tubes une cassure nette. Sa densité varie avec sa composition ; le plus dense est le cristal à base d'oxyde de plomb.

Chauffé lentement, il commence par se ramollir et possède alors une plasticité que l'on met à profit pour lui donner telle forme que l'on veut.

A une température plus élevée, il subit la fustion visqueuse.

Soumis quelque temps à une chaleur voisine de celle qui peut le fondre, il pert sa transparence et sa fusibilité, il devient plus dur et moins fragile il se *dévitrifie* et présente l'aspect d'une mince plaque de porcelaine. Ce phénomène est assez fréquent, dans le travail du verre au chalumeau des laboratoires, entre les mains des commençants.

Refroidi brusquement quand il a été fondu, le verre se *trempe*, c'est-à-dire qu'il subit un nouvel arrangement moléculaire qui peut lui permettre de résister à un choc, mais non à une rayure ; il est devenu si cassant qu'il suffit de le rayer pour le réduire immédiatement en minces fragments, Les *larmes bataviques* obtenues en laissant tomber dans l'eau des gouttes de verre fondu permettent de constater ce phénomène ; on peut frapper leur portion ovoïde avec un marteau sans les briser et, si on casse leur extrémité effilée, toute la masse se réduit en poussière.

Le verre devient donc cassant quand il subit un brusque et notable changement de température ; il suffit en effet de verser de l'eau froide sur un morceau de verre fortement chauffé pour le casser.

Les objets en verre, fabriqués rapidement avec du verre fondu qui passe brusquement de la température de 500 ou 600° à une température de 20 ou 30°, éprouvent une trempe qui nuit à leur solidité. On corrige ce défaut par le *recuit*, qui consiste à les chauffer graduellement pour les laisser refroidir ensuite aussi graduellement et avec lenteur. C'est à un recuit insuffisant que l'on peut souvent rapporter la rupture sans cause matérielle apparente d'un certain nombre d'objets en verre.

360. Classification des verres. — On divise les verres en deux classes :

1° les *verres proprement dits*, à base alcalino-terreuse, qui forment deux subdivisions et comprennent les *verres à base de potasse*, le verre de Bohême et le crown-glass et les *verres à base de soude*, le verre à vitres et à glaces et le verre à bouteilles ;

2° les *cristaux*, dont la base est alcalino-plombeuse ; c'est le cristal, le flint-glass, le strass et l'émail.

Verre de Bohême. — Ce verre est remarquable par sa limpidité et sa faible densité. C'est un silicate de potasse et de chaux fait de matières choisies avec un soin extrême. On ajoute au quartz, à la potasse et à la chaux qui le forment, un peu d'acide arsénieux dont on ne retrouve pas trace dans le verre. Cet acide sert de corps oxydant pour les traces de protoxyde de fer contenues dans les matériaux employés et qui donneraient au verre une teinte verdâtre ; de plus, en se volatilisant, il facilite l'affinage du verre.

Le verre de Bohême est difficilement fusible et résiste bien à la plupart des agents chimiques.

Crown-glass. — Le crown-glass est moins siliceux ; mais il doit être aussi soigné dans sa fabrication et obtenu exempt de bulles et de stries, et autant que possible incolore. Il sert à la confection des lentilles, pour les instruments d'optique, et on l'associe au *flint-glass* pour former les objectifs achromatiques.

Verre à glaces et à vitres. — Le verre à glaces est le plus beau des verres à base de soude ; il contient moins de chaux que le verre à vitres ; il est par suite plus fusible, mais moins dévitrifiable. Il doit avoir une grande transparence et ne présenter ni bulles, ni nœuds, ni stries.

Le verre à vitres est le plus commun, celui dont la consommation est la plus grande. On fait entrer dans sa composition du sable siliceux, du carbonate de soude sec, du calcaire et des débris de verre concassés qui facilitent la fusion.

Verre à bouteilles. — Le verre à bouteilles est de tous le plus complexe ; il entre dans sa composition du sable ocreux et une argile ocreuse, des soudes de varechs, des cendres et des charrées ou cendres lavées. Toutes ces matières contiennent de l'oxyde de fer auquel est due la *couleur* verte particulière de ce verre. Il se dévitrifie avec facilité parce qu'il est peu alcalin et qu'il contient une assez forte proportion d'alumine.

Cristal. — Le cristal le plus sonore de tous les verres et l'un des plus limpides, est obtenu en fondant ensemble du sable très pur avec du carbonate de potasse cristallisé et du minium, c'est-à-dire des matières choisies avec le plus grand soin. On n'opère la fusion dans les creusets ouverts que si l'on chauffe au bois. Quand le chauffage à lieu à la houille, on emploie des creusets à dôme et ouverture latérale (fig. 191), pour éviter que les escarbilles ou des corps étrangers ne se mélangent avec les matières en fusion.

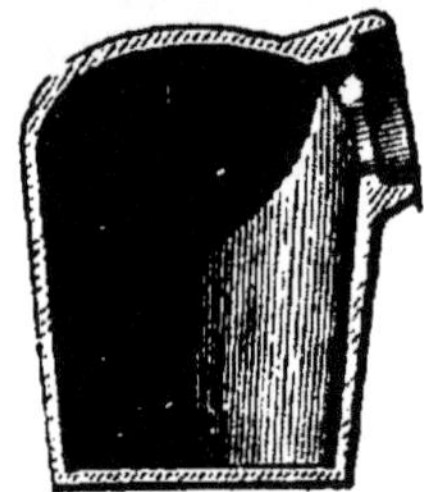
Fig. 191. — Creuset a fabriquer le cristal.

Flint-glass. — Le flint-glass est une variété de cristal employée avec le crown dans les instruments d'optique. Sa fabrication doit être tout particulièrement soignée, pour que le produit soit d'une parfaite homogénéité et ne présente dans sa masse ni bulles ni stries On l'obtient ainsi, depuis les travaux de Guinand, en brassant la masse avec un outil de même nature que le creuset, pour faciliter le dégagement des bulles gazeuses.

Strass. — Le strass est un cristal dont la préparation réclame autant de soin que celle du flint: c'est le plus dense de tous les verres. Il est aussi le plus réfringent et sert surtout, à cause de cette propriété, pour la fabrication des pierres précieuses artificielles.

Émail. — L'émail est un cristal rendu opaque par de l'oxyde d'étain ou du phosphate de chaux des os calcinés. Il est habituellement blanc, mais il peut recevoir différentes couleurs par l'addition d'oxydes métalliques colorés.

Résumé. — Les argiles pétries avec l'eau forment une pâte qui peut garder la forme qu'on lui a donnée, si l'on a pris soin d'y mêler un sable fin. Elles sont la base de toutes les terres cuites depuis les briques jusqu'à la porcelaine.

On distingue les terres cuites, les poteries communes lustrées ou vernissées, les faïences dont la pâte homogène et colorée est recouverte d'un enduit opaque et imperméable, et les porcelaines dont la pâte est formée d'argile pure nommée kaolin avec un sable siliceux et recouverte par une seconde cuisson d'un vernis mince imperméable.

Les verres sont des silicates de potasse ou de soude et de chaux ou de plomb. Ils se ramollissent par la chaleur et restent visqueux avant de devenir liquides ; on peut les souffler, les couler ou les mouler.

On distingue le verre de bohême et le crown, le verre à vitres, le verre à bouteilles et les différents cristaux.

CHAPITRE XLI

GÉNÉRALITÉS SUR LES SUBSTANCES ORGANIQUES. LEUR ANALYSE.

331. **Substances organisées et substances organiques.** — Les végétaux et les animaux sont formés d'un amas de *cellules*, de *fibres*, de *vaisseaux* autrement dit, de *tissus* et de *liquides* qui se développent sous l'influence de la vie et s'altèrent plus ou moins rapidement après la mort de l'être. Ainsi une feuille, la matière farineuse d'une graine, les fibres du bois, la sève, un morceau de chair, un os, le sang, le lait, voilà des parties constitutives d'êtres vivants ; on les nomme des **substances organisées**. Elles sont toujours insolubles et ne présentent jamais la forme cristalline.

De chacune d'elles on peut retirer des corps qui ont fréquemment la structure cristalline, une composition constante, qui fondent et se volatilisent à une température fixe, qui ont tous les caractères des espèces chimiques comme les composés minéraux et qui, une fois isolés, n'ont plus rien de la forme que la vie leur avait donnée. On les appelle **substances organiques**. Ainsi on extrait le sucre cristallisé de la pulpe de betterave, l'acide citrique solide du jus de citron, l'amidon de la farine de blé, la fécule du tubercule de la pomme de terre, la gélatine des os, l'albumine de l'œuf. L'albumine, la gélatine, la fécule, l'amidon, l'acide citrique et le sucre sont des **substances organiques**.

On appelle aussi substances organiques les corps formés artificiellement avec des éléments qui ne proviennent pas tous de la nature vivante, soit parce qu'on en trouve d'identiques dans l'organisme, soit parce que la mobilité de leurs éléments ou leur constitution les rapproche des produits organiques.

Cette dernière catégorie est particulièrement intéressante par les nombreux produits que les chimistes peuvent en tirer en partant des substances organiques offertes par la nature.

362. **Composition des substances organiques.** — Quatre

corps simples constituent, à peu de chose près, l'ensemble des corps organiques. Ce sont : le **carbone**, l'**hydrogène**, l'**oxygène** et l'**azote**.

1° *Le carbone.* — Toute substance organique soumise à l'action de la chaleur laisse du charbon pour résidu. Si elle est combustible, elle dégage en brûlant de l'acide carbonique, preuve évidente que le carbone est l'un des éléments essentiels de la nature vivante.

2° *L'hydrogène.* — Le gaz des marais, qui se dégage des matières végétales en décomposition dans l'eau, et le grisou des houillères sont des carbures d'hydrogène. Tels aussi sont les pétroles et la benzine. Tous ces corps en brûlant produisent de l'eau.

3° *L'oxygène.* — Le sucre, l'amidon, le bois, les matières grasses contiennent de l'oxygène uni au carbone et à l'hydrogène.

4° *L'azote.* — Enfin l'azote se rencontre dans le blanc d'œuf, dans le lait et dans la chair musculaire.

Certains produits naturels contiennent aussi en petite quantité du soufre ou du phosphore.

Les produits artificiels ont souvent du chlore, du brôme, de l'iode, des métaux, même de l'arsenic. Mais, la plus grande partie des substances naturelles provenant de la matière vivante ne contiennent que deux, trois ou quatre des éléments cités plus haut et que l'on a pu appeler les *éléments organiques*.

Malgré cette simplicité de matériaux, les produits organiques sont très nombreux, parce que les corps simples s'y groupent de mille et une manières, s'associent en des proportions très multiples que l'on ne rencontre pas dans les espèces minérales.

363. Analyse des corps organiques. — L'opération qui conduit à la connaissance directe des éléments d'un corps s'appelle **analyse élémentaire**; on ne peut l'appliquer qu'aux substances très pures et bien caractérisées, et jamais aux mélanges. Or tout corps organisé est un mélange; il entre dans sa structure diverses espèces chimiques que l'on désigne sous le nom de **principes immédiats** et que l'on sépare les unes des autres par un traitement spécial. Ce traitement, ou, si l'on veut, cette sorte d'analyse est appelée **analyse immédiate**.

Ainsi, dans une orange, on distingue à première vue trois portions différentes : l'écorce, le jus sucré et les cellules qui le contiennent, sans y comprendre les graines dont chacune est elle même un corps composé. De l'écorce, on peut extraire une essence aromatique et combustible et un produit colorant; du jus, on retire du sucre et un acide. Chacune de ces dernières substances est une espèce chimique, un *principe immédiat* du corps organisé. En opérer la séparation, c'est faire l'analyse immédiate de l'orange.

Reprendre chaque espèce chimique obtenue pure, et chercher les corps simples dont elle est formée, c'est faire l'analyse élémentaire.

364. Procédés de l'analyse immédiate. — Il est difficile de préciser les procédés employés dans l'analyse immédiate, parce qu'il faut les modifier dans chaque cas particulier. Tantôt on a recours au triage mécanique ou à la pression, comme s'il s'agit d'extraire les jus sucrés et les huiles des cellules qui les contiennent. Dans d'autres cas, on utilise l'action de la chaleur, comme s'il s'agit de séparer deux liquides inégalement volatils ou deux solides dont les points de fusion sont très différents. Le plus souvent on a recours aux dissolvants convenablement choisis et dont les principaux sont l'eau, l'alcool, l'éther, le chloroforme et le sulfure de carbone. Enfin on peut avoir recours à une solution faiblement alcaline s'il faut enlever un acide à un mélange, ou à une solution acide pour fixer une base organique.

Un des exemples les plus simples est celui qu'offre l'analyse immédiate de la pomme de terre. Le tubercule, lavé, est rapé et réduit en une bouillie que l'on reçoit sur un linge et que l'on presse au-dessus d'une terrine sous un filet d'eau. On opère ainsi une première séparation : dans le linge restent les débris des cellules déchirées, autrement dit la **cellulose.**

L'eau de lavage laisse déposer par le repos une poudre blanche en petits grains que l'on sépare par décantation ; c'est un deuxième principe, la **fécule.**

Si on porte le liquide à l'ébullition, il y apparaît des filaments solides ; c'est un troisième principe, l'**albumine**, que la chaleur a coagulée.

Enfin dans ce liquide débarrassé de l'albumine et évaporé on peut constater la présence d'un **acide** et d'un **principe sucré**. C'est donc cinq espèces chimiques que l'eau et la chaleur ont permis de retirer du tubercule de la pomme de terre.

Chacune d'elles est pure si elle a un point de fusion ou d'ébullition constant ; ou bien, quand elle cristallise, lorsque ses cristaux affectent tous la même forme.

365. Analyse élémentaire. — L'analyse élémentaire a pour but de déterminer les corps simples contenus dans un principe immédiat bien pur, d'en chercher les proportions pour établir la formule chimique du composé.

Comme les corps organiques sont composés presque exclusivement de *carbone*, *d'hydrogène*, *d'oxygène* et *d'azote*, il suffit souvent de doser exactement ces quatre corps. L'opération diffère notablement selon que la substance contient ou non de l'azote ; on commence donc par une sorte d'analyse qualitative : on recherche si le corps à analyser est ou n'est pas azoté.

On met la matière dans un tube d'essai avec un fragment de potasse et l'on chauffe jusqu'à fusion. S'il y a de l'azote, il se dégage de l'ammoniaque que l'on reconnaît à son odeur, ou aux vapeurs blanches dont s'entoure une baguette de verre trempée dans l'acide chlorhydrique et présentée à l'entrée du tube, ou enfin à l'aide d'un papier de tournesol.

366. Analyse des matières non azotées. — On se propose de déterminer le poids du carbone, de l'hydrogène et de l'oxygène contenus dans un poids donné de la substance à analyser. La méthode employée, qui est susceptible d'une grande précision, est fondée sur la conversion du carbone en acide carbonique et de l'hydrogène en eau, sous l'influence de l'oxyde noir de cuivre en excès qui cède son oxygène. On recueille séparément ces deux gaz. Le poids du premier fait connaître la quantité du carbone contenu dans la substance; on déduit le poids de l'hydrogène du poids de l'eau recueillie. On ne dose donc directement que le carbone et l'hydrogène. Le poids de l'oxygène se trouve en retranchant du poids de la substance celui des deux premiers éléments dosés.

Tel est le principe de cette méthode imaginée par *Gay-Lussac* et perfectionnée par *Liebig*. La figure 192 représente l'appareil employé dans les laboratoires.

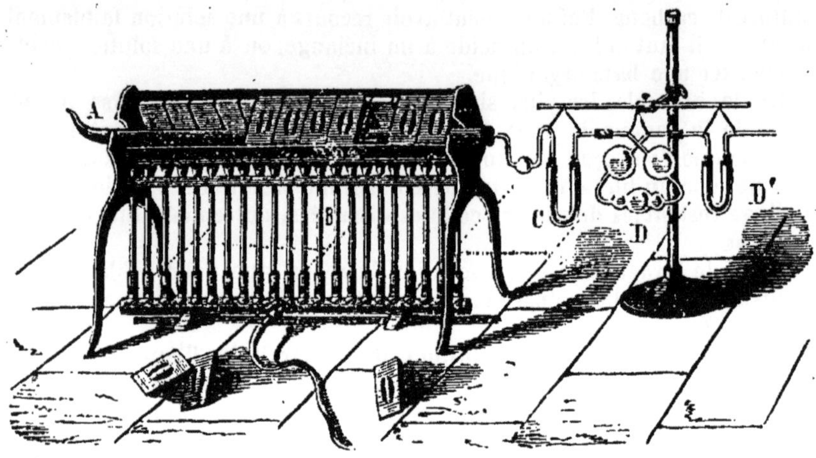

Fig. 192.

A. Tube à combustion. — B, grille à gaz. — C, tube à recueillir l'eau. — DD' tube à potasse pour recueillir l'acide carbonique.

367. Méthodes analytiques et méthodes synthétiques. — Quand les chimistes ont commencé d'étudier les corps d'origine organique, ils y ont trouvé un champ d'une richesse inouïe. Leurs efforts n'ont d'abord eu qu'un but, séparer les uns des autres les produits divers mélangés dans les organes des animaux et des végétaux. C'est ainsi qu'ils ont extrait les essences et les parfums des fleurs et des feuilles de certaines plantes, les corps gras des graines oléagineuses et de certains tissus animaux, l'amidon de la farine de blé, le glucose du suc des raisins, les résines des conifères, la quinine de l'écorce des quinquinas.

Après avoir séparé ces différents corps, on les a décrits dans toutes leurs propriétés ; on a ainsi défini un certain nombre d'espèces chimiques, de principes immédiats que l'on pouvait extraire, purifier et retrouver dans les mêmes conditions avec les mêmes caractères.

Ce premier pas fait, on a soumis chacun des principes immédiats aux réactions physiques et chimiques capable de les dédoubler, de les modifier; on est arrivé à les réduire en leurs éléments, à fixer la formule chimique de chacun d'eux.

On a donc procédé d'abord par les **méthodes analytiques**, en allant du composé au simple, comme le minéralogiste qui dédouble une roche complexe en sels métalliques, ceux-ci en acides et bases et enfin en corps simples, métalloïdes et métaux.

Longtemps le chimiste s'est borné à prendre les corps organiques comme ils sont fournis par les êtres vivants qui les contiennent tout formés, à les transformer par une série de réactions ménagées, ignorant les voies à suivre pour les reproduire en dehors de l'influence de la vie.

Aujourd'hui la chimie possède un ensemble de méthodes sûres et précises, conduisant à la construction de la plupart des corps organiques à l'aide de leurs éléments. Ce sont les **méthodes synthétiques** qui, depuis vingt-cinq ans, ont fait tant progresser la chimie.

Ces méthodes tirent parti des affinités des éléments : carbone, hydrogène oxygène et azote, et forment de toutes pièces des composés de plus en plus complexes.

On réunit le carbone à l'hydrogène et on fait l'acétylène, l'un des nombreux carbures d'hydrogène. Cet acétylène convenablement chauffé se soude à lui-même et engendre la benzine, autre carbure plus complexe.

L'action du sulfure de carbone sur l'hydrogène sulfuré et le cuivre permet d'obtenir l'éthylène que l'on transforme à son tour en alcool.

Cet alcool obtenu par synthèse à l'aide d'éléments minéraux peut engendrer tous les composés que donne l'alcool formé sous l'influence de la vie par la fermentation des jus sucrés.

Ainsi la synthèse vient apporter son appui à l'analyse dans l'étude de tous les composés de la nature vivante. Et la chimie organique est devenue réellement la chimie du carbone et de ses combinaisons.

368. **Classification des corps organiques.** — Les corps organiques sont si nombreux qu'on a tout intérêt à les grouper pour pouvoir les étudier plus facilement.

On s'est borné longtemps à en faire trois classes : les **corps neutres**, les **acides** et les **bases** ; on se fondait ainsi sur l'action des réactifs colorés et sur le phénomène de la neutralisation qui a joué un si grand rôle dans l'étude des sels minéraux.

Aujourd'hui que les propriétés des corps organiques sont mieux connues, que les méthodes de synthèse permettent d'en reproduire un certain nombre, on les groupe en familles d'après les réactions principales qu'on leur connaît. C'est donc sur la similitude des propriétés et des réactions que repose la classification actuelle.

On fait ordinairement huit classes :

1. Les **carbures d'hydrogène** composés seulement de deux éléments, comme le gaz des marais, l'acétylène, le gaz oléfiant, les pétroles, la benzine etc.

2. Les **alcools** dont un des types est l'alcool ordinaire, et qui peuvent engendrer des acides et des sels.

3. Les **aldéhydes** qui sont le premier degré d'oxydation des alcools.

4. Les **acides** produits par une oxydation plus avancée des alcools et dont l'acide acétique est un des exemples.

5. Les **éthers** résultant de l'union des alcools avec les acides ou avec les alcools eux-mêmes.

Ces quatre derniers groupes renferment du carbone, de l'hydrogène et de l'oxygène.

6. Les **alcalis** artificiels qui contiennent les corps résultant de l'action de l'ammoniaque sur les alcools et les alcalis naturels qui s'y rattachent, comme la quinine, la morphine etc.

7. Les **amides** comme l'urée qui sont produits par l'action de l'ammoniaque sur les acides et dont on rapproche les composés albuminoïdes.

8. Les **radicaux métalliques** obtenus en incorporant des métaux dans les éléments des principes organiques.

Cette classification a l'avantage d'offrir des cadres bien déterminés, de grouper surtout les nombreux composés que le chimiste produit par des réactions de laboratoire, de fixer des points de repère dans une étude théorique et complète de la chimie organique.

Nous ne la suivrons pas absolument dans ces leçons élémentaires parce que notre but n'est pas d'étudier tous les groupes de composés, mais seulement les corps organiques les plus usuels.

CHAPITRE XLII

CARBURES D'HYDROGÈNE : LES PÉTROLES, LA BENZINE, LES ESSENCES.

Les carbures d'hydrogène gazeux ont été étudiés aux chapitres XXII et XXIII. Nous n'étudierons ici que quelques autres carbures comme les pétroles, la benzine et les essences.

PÉTROLES.

369. **État naturel et extraction.** — Les pétroles sont des liquides huileux, jaunes, d'une odeur désagréable qui brûlent avec un grand éclat et que l'on emploie depuis plusieurs années à l'éclairage sous le nom général d'**huiles minérales.**

On les trouve en grande quantité dans certaines contrées de l'*Amérique*, comme la *Pensylvanie,* où ils sont exploités dans des puits variant de 20 à 200 mètres de profondeur. Certains de ces puits sont jaillissants et versent par leur ouverture des gaz inflammables, puis du pétrole et de l'eau salée, la plupart sont munis de pompes destinées à faire monter le liquide combustible.

Le pétrole brut extrait des puits est de couleur foncée. Il est trop inflammable pour être employé tel et même pour être transporté sans danger. On le distille dans de grandes cornues, placées dans des bâtiments en fer, loin des foyers, et chauffées par un courant de vapeur.

Le premier produit qui passe à la distillation, entre 45° et 70°, est très léger, très inflammable, et produit avec l'air des mélanges explosifs dangereux; c'est l'*éther* du *pétrole*.

Le second liquide, recueilli entre 75° et 120°, est inflammable à la température ordinaire; il porte le nom de *naphte* ou d'*essence minérale*.

Le troisième, que l'on recueille de 150 à 280°, est le *photogène* ou *huile d'éclairage*, qui servira dans les lampes après avoir été raffiné.

Enfin, vers 300° il distille des huiles lourdes que l'on peut utiliser pour lubréfier les machines ou pour le chauffage. Elles contiennent beaucoup de paraffine que l'on en peut extraire avec profit.

Le dernier produit qui reste dans la cornue est un coke plus dense que celui de la houille, mais qui brûle bien sur les grilles.

La composition des pétroles est très complexe ; on y a constaté l'existence de quatorze hydrocarbures qui sont tous de la série du gaz des marais.

370. **Utilisation des parties volatiles.** — L'éther de pétrole est un liquide à forte tension de vapeur, qui prend feu au contact d'un corps enflammé. Sa vapeur mêlée avec de l'air forme un gaz d'éclairage appelé *gaz Mille*.

L'essence de pétrole remplace la benzine comme dissolvant des résines et des corps gras employés pour les vernis. Elle est encore employée dans les *lampes à éponge*, aujourd'hui très répandues. Le réservoir de ces lampes est occupé par des éponges que l'on imbibe d'essence et qui la cèdent à la mèche peu à peu, par capillarité.

371. **Pétrole pour lampes.** — L'huile pour l'éclairage est traitée par l'acide sulfurique, lavée à l'eau, soumise à l'action de la soude caustique et à un lavage ; elle devient ainsi très fluide, incolore, un peu opalescente par réflexion. C'est le pétrole *rectifié*. Il ne doit pas contenir de matières très volatiles, pour n'être pas d'un maniement dangereux. Si chauffé à 36°, il prenait feu à l'approche d'un corps enflammé, c'est qu'il serait mélangé d'essence ; il faudrait le distiller.

Il est employé dans des lampes à réservoir où plongent des mèches plates. La mèche n'a pas besoin, à cause de la volatilité du produit, d'occuper toute la partie inférieure de la flamme comme dans les lampes à huiles végétales. Mais comme l'huile de pétrole contient moins d'oxygène que ces dernières, il faut pour la combustion un courant d'air plus actif que l'on obtient par le rétrécissement du verre de lampe et par un canal ménagé au centre du porte-mèche. La lumière produite est bien blanche, d'un grand éclat et présente une assez grande économie sur les autres sources lumineuses.

372. **Paraffine.** — Aux pétroles se rattache la paraffine, corps solide, incolore, à texture cristalline, assez semblable au blanc de baleine, sans saveur ni odeur et translucide.

On la retire du goudron de bois, du goudron de houille, mais surtout des huiles lourdes des pétroles. Ces huiles lourdes, sorties assez chaudes du serpentin où elles se sont condensées, sont dirigées dans de vastes caves disposées en glacières souterraines. La paraffine se fige. On la comprime sous la presse hydraulique. Et pour la blanchir et la purifier, on la reprend par des huiles légères que l'on exprime et qui laissent la paraffine blanche en pains.

La paraffine fond de 45° à 60°. Elle est insoluble dans l'eau. Son principal usage, c'est de servir avec un peu de stéarine à la fabrication des bougies ; elle brûle en effet facilement avec une flamme blanche très éclairante.

LA BENZINE.

373. **Préparation de la benzine.** — La benzine du commerce, que l'on appelle encore *benzol*, obtenue des huiles légères de houille, n'est pas pure : c'est le mélange d'hydrocarbures qui ont passé à la distilla-

tion de 80 à 100°; elle possède surtout une odeur assez forte qu'elle paraît devoir à son homologue supérieur, le **toluène**.

Pour l'obtenir pure avec les huiles de houille, il faut employer un appareil distillatoire qui permette de ne recueillir que les produits qui passent à 80°, ou bien recueillir les produits qui distillent de 80 à 100° dans l'appareil de la figure 193. Ils constituent un bon benzol pour aniline ; on les soumet ensuite au froid; la benzine seule se congèle et peut être ainsi séparée des hydrocarbures qui l'accompagnent et qui n'ont pas la même propriété.

374. Propriétés. — La benzine est un liquide limpide et incolore, d'une odeur agréable quand elle est pure. Elle bout à 81°. Soumise à l'action du froid, elle se prend en masse cristalline ou en lames groupées comme des feuilles de fougères. Elle est insoluble dans l'eau et flotte sur ce liquide. Elle est soluble dans l'alcool et dans l'éther. Elle est très inflammable et brûle avec une flamme brillante (on s'en sert pour rendre éclairante la flamme de l'hydrogène). Sa vapeur donne avec l'air un mélange explosif ; aussi ne doit-on pas manier la benzine sans précaution.

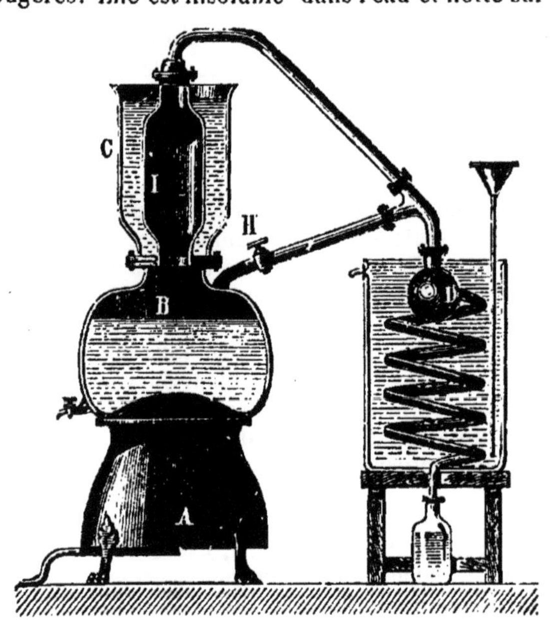

Fig. 193.
Préparation de la benzine. — A. fourneau à gaz : B. chaudière surmontée du tube élargi I ; — C, réfrigérant contenant de l'eau qui s'échauffe en condensant les vapeurs ; -- C. D. serpentins; — H, robinet à ouvrir pour faire passer à la distillation les vapeurs les plus lourdes.

Elle dissout un grand nombre de substances, l'iode, le soufre, le caoutchouc, la gomme-laque, les corps gras : c'est la raison de de ses usages dans les laboratoires et aussi dans l'économie domestique, où elle sert à enlever les taches de graisse, sans se résinifier comme le fait l'essence de térébenthine.

La benzine, sous l'influence de l'acide azotique concentré, échange un atome d'hydrogène contre AzO^2, le radical de l'acide azotique AzO^3H.

$$C^6H^6 + AzO^3H = H^2O + C^6H^5AzO^2$$

Ce composé $C^6H^5AzO^2$ porte le nom de **nitro-benzine**. C'est un produit d'une odeur agréable, rappelant celle des amandes amères. On le prépare pour la parfumerie sous le non d'**essence de mirbane**.

Cette *nitro-benzine*, corps azoté, est la matière première de la fabrication artificielle de l'*aniline*, autre corps azoté, et par suite des nombreux dérivés colorants qu'on en retire. Aussi la prépare-t-on en grand pour les besoins de l'industrie.

375. Généralités sur les essences. — Les essences, principes odorants des végétaux, sont aussi appelées **huiles essentielles** ou **huiles volatiles**. C'est leur aspect et la tache translucide qu'elles font sur le papier qui leur a fait donner ce nom peu justifié, parce qu'elles ne ressemblent pas aux autres huiles dites fixes, et que la tache qu'elles produisent sur le papier disparait promptement.

Elles se trouvent pour la plupart toutes formées dans les plantes, mais en proportions assez faibles. On les obtient par la distillation, avec l'eau, des organes végétaux (feuilles, fleurs, fruits ou graines) qui les contiennent. Bien qu'elles soient moins volatiles que l'eau, elles sont entraînées par les vapeurs de ce liquide; et, plus légères que l'eau, elles se rassemblent en une couche huileuse à la surface du liquide. On reçoit le produit distillé dans un vase de la forme indiquée figure 194, qui a remplacé avec avantage le récipient *florentin*. L'eau reste au fond et s'écoule par la tubulure recourbée : l'essence gagne le haut du vase, s'écoule par le tube *ce* quand elle a atteint son niveau, ou même pendant le cours de la distillation quand on bouche l'orifice *a*.

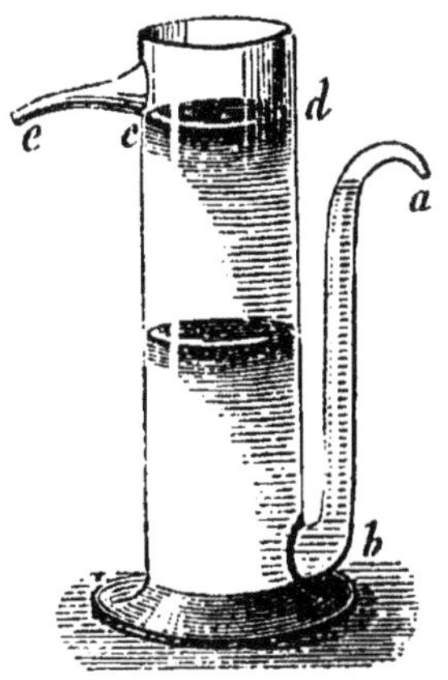

Fig. 194
Récipient florentin modifié.

Les essences sont très peu solubles dans l'eau, solubles au contraire dans l'alcool, l'éther et les huiles grasses dont on se sert parfois pour les extraire. Leur odeur dépend souvent de l'altération que l'air leur fait subir. Par l'oxydation, elles se foncent en couleur et se résinifient.

Le type en est **l'essence de térébenthine** et avec elle ses isomères les *essences de citron*, d'*orange*, de *bergamote*, de *genièvre*. A côté de ces carbures s'en placent d'autres où le carbone et l'hydrogène entrent dans les mêmes proportions ; c'est dans ces derniers que rentrent le *caoutchouc* et la *gutta-percha*.

376. Essence de térébenthine. — En incisant certains arbres de la famille des conifères, comme les pins et quelques sapins, on recueille un liquide visqueux, résineux, qui porte le non de **térébenthine brute**. Le produit distillé donne un liquide limpide, c'est l'**essence de térébenthine**; et il reste un résidu que l'on appelle **colophane** ou simplement **résine**.

Récemment préparée, l'essence est incolore, très fluide, d'une odeur forte caractéristique, d'une saveur âcre et brûlante. Elle ne tarde pas à jaunir au contact de l'air en devenant moins fluide par suite des produits oxydés qui s'y forment.

Elle est très combustible et brûle avec une longue flamme qui dépose beaucoup de noir de fumée sur les corps froids qu'on y plonge.

L'essence de térébenthine dissout les corps gras et les matières résineuses; c'est ce qui explique son emploi dans la fabrication des vernis. Elle sert à délayer les mélanges d'huile et de matières colorantes employées en peinture, On s'en sert aussi pour dissoudre le copal et le caoutchouc.

Sa vapeur peut produire des effets morbides : c'est à son action qu'on rapporte les accidents qui arrivent aux personnes couchant dans un appartement trop fraîchement peint.

Résumé. — Les combinaisons de carbone et d'hydrogène sont très nombreuses ; une seule a pu être faite par l'union directe des deux corps. Tous les carbures, solides, liquides ou gazeux, brûlent avec flamme.

Le gaz des marais et le bicarbure ou gaz oléfiant sont deux corps gazeux que l'on peut préparer dans les laboratoires ; quand ils sont mélangés à l'air et qu'on les allume ils détonent violemment.

Les **pétroles** sont des liquides jaunes que l'on trouve dans certaines contrées de l'Amérique ; ils contiennent une partie volatile que l'on utilise sous des noms divers dans les lampes à éponges. Le pétrole rectifié est utilisé dans les lampes ordinaires.

La houille, surtout la variété qui brûle avec une longue flamme, distillée en vase clos, donne des gaz, des liquides goudroneux qui se condensent, et il reste comme résidus le charbon de cornue et le coke. Le gaz de la houille constitue le gaz d'éclairage.

Il sert à l'éclairage et au chauffage. Il brûle en effet avec une longue flamme éclairante quand l'afflux de l'air est convenablement réglé et qu'il reste au centre de la flamme des particules incandescentes de carbone. La flamme n'est plus lumineuse quand l'air est en excès et que le gaz brûle complètement ; mais alors elle est très chaude.

La **benzine** est extraite des huiles que donne la distillation du goudron de houille. C'est un liquide mobile, plus léger que l'eau. Traitée par l'acide nitrique, elle donne la nitrobenzine, qui est la base de l'aniline et des couleurs qui en dérivent.

Certains végétaux contiennent des **essences** ; celle que l'on extrait par distillation de la sève du pin, l'essence de térébenthine, en est le type.

CHAPITRE LXIII.

LA CELLULOSE. — LE PAPIER. — LE BOIS.

377. Propriétés. — Les cellules, les fibres et les vaisseaux que l'anatomie constate comme formant la trame de tout végétal, ont leurs parois composées de substances diverses, que les dissolvants peuvent séparer; la principale porte le nom de **cellulose**. La forme, la consistance, l'état d'agrégation de la cellulose varient avec l'organe qui la fournit ; telle est la cellusose dure et compacte des noyaux de cerises, la cellulose en voie de formation des jeunes pousses, et entre ces deux exemples une série très nombreuse d'autres intermédiaires. La cellulose presque pure nous est offerte par le coton, par la moelle de sureau et la trame de certains joncs, par les vieux chiffons de toile.

La cellulose pure est blanche, sans odeur ni saveur, insoluble dans les dissolvants ordinaires. Jusqu'ici on ne connaît qu'un seul réactif capable de la gonfler et de la dissoudre, c'est le **réactif de Schweizer**. On le prépare en faisant passer de l'ammoniaque à travers de la tournure de cuivre contenue dans une allonge, jusqu'à ce que le liquide soit devenu bleu foncé et représente un oxyde ammoniacal. Ce liquide dissout le coton en bourre, la charpie de vieille toile. La dissolution, étendue de beaucoup d'eau, laisse précipiter la cellulose; la précipitation est plus complète par l'acide chlorhydrique ou l'alcool. La cellulose lavée est une masse gélatineuse privée de la forme organisée qu'elle offre dans la plante.

Elle répond à la formule $C^6H^{10}O^5$. La teinture d'iode la colore en violet, et en bleu si on ajoute une goutte d'acide sulfurique.

Action des acides. — Soumise à l'action de l'acide sulfurique concentré, la cellulose organisée éprouve des modifications diverses.

Le papier-filtre blanc plongé une demi-minute dans de l'acide sulfurique étendu d'un demi volume d'eau, puis lavé convenablement, prend l'aspect et la consistance du parchemin; c'est le *parchemin végétal*, utilisé dans les dialyses.

Le papier subit une désagrégation plus profonde par une immersion plus longue. Enfin un contact très prolongé de l'acide transforme la cellulose en une masse gommeuse, analogue à l'empois et en partie soluble dans l'eau. L'ébullition de cette dissolution acide donne naissance à la glucose, ou substance sucrée.

Les acides minéraux moyennement étendus font subir aux tissus végétaux une désagrégation plus ou moins avancée. On se sert de cette propriété pour retirer la laine des vieux tissus dans lesquels la chaîne était du coton, celui-ci se désagrégeant dans une solution acide.

378. **Coton-poudre.** — La cellulose, trempée quelques minutes dans l'acide azotique concentré, puis lavée à grande eau, devient, sans changer d'aspect, une matière inflammable, explosive, que l'on appelle **coton-poudre, fulmi-coton** ou **pyroxyle**.

Cette nouvelle substance est la cellulose où 1, 2, 3, 4 et même 5 atomes d'hydrogène ont été remplacés par 1, 2, 3, 4, 5 fois AzO^2.

De ces diverses celluloses nitrées, celles qui renferme 5 AzO^2 est la plus explosive.

Le coton-poudre doit sa propriété à ce qu'il peut se transformer intégralement en gaz par sa combustion :

Il suffit de le porter en un point de sa masse à la température de 180°, ou d'approcher d'un de ses filaments une allumette enflammée, il brûle entièrement et très promptement, sans laisser de résidu.

Le coton-poudre possède donc toutes les propriétés de la poudre, avec plus de violence. On ne l'emploie guère que comme poudre de mine quand on l'a comprimé en cartouche.

379. **Collodion.** — En immergeant pendant cinq minutes de beau coton cardé dans un mélange de 3 parties d'acide sulfurique et de 2 d'azotate de potasse, ou dans 2 parties d'acide sulfurique et 1 d'acide azotique maintenus à 60° de température, on obtient un **coton-poudre** qui, bien lavé et séché, n'est que médiocrement explosif, mais se dissout intégralement dans un mélange d'éther et d'alcool en prenant l'aspect d'un sirop. Ce sirop, c'est le **collodion**, employé en photographie. Étendu sur une plaque de verre, le collodion laisse une pellicule très adhérente, insoluble dans l'eau et dans l'alcool, au sein de laquelle on peut

facilement incorporer les sels d'argent sensibles à la lumière. Le verre est le support plan et transparent de cette mince couche où s'impriment, sous l'action de la lumière, les images des objets éclairés.

380. Usages de la cellulose. — La cellulose constitue les fibres textiles avec lesquelles se fabriquent les cordes, les fils et les tissus ; les débris de ces derniers servent à faire le papier.

Les végétaux principaux qui produisent les fibres textiles sont le chanvre, le lin et le cotonnier. C'est l'écorce du chanvre et du lin que l'on emploie. Pour séparer de la tige les longues fibres souples et tenaces dont on formera les fils, on soumet la plante au **rouissage** dans le but d'enlever la matière gommeuse qui fixait l'écorce à la tige. Le broyage sépare la filasse, qui est peignée, lissée, puis enfin filée à la main ou à la mécanique. Le chanvre sert à faire les toiles fortes et grossières ; le lin est réservé aux tissus fins et légers.

Le coton est la bourre qui enveloppe les graines du cotonnier. Il est cardé et filé pour être ensuite transformé en tissus divers.

381. Papier. — Longtemps les chiffons ont été la seule matière première employée dans la fabrication du papier ; on y joint aujourd'hui la paille, le sparte, le bois et l'alfa. Nous ne décrirons ici que les principes de la fabrication du papier de chiffons.

Les chiffons triés sont d'abord soumis au *lessivage* dans une chaudière chauffée à la vapeur et disposée de telle sorte que la lessive traverse en

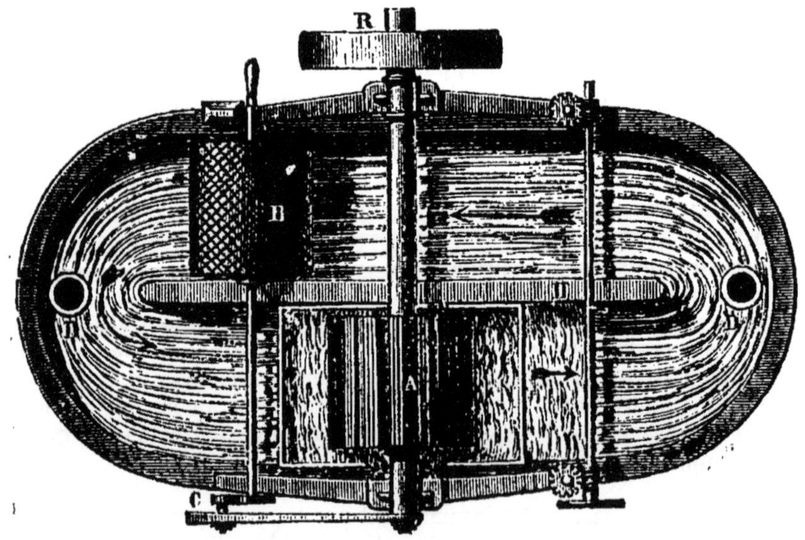

Fig. 195. Pile à effilocher les chiffons. — A, cylindre cannelé roulant sur un plan incliné cannelé ; B, tambour en toile métallique mis en mouvement par la roue C ; — D, tube amenant l'eau ; — H, cloison médiane forçant l'eau à suivre le sens des flèches ; R, roue imprimant le mouvement à l'arbre du cylindre.

peu de temps un grand nombre de fois les chiffons. Après un rinçage et un lavage aussi complet que possible, on les passe à la **pile** pour les

effilocher, c'est-à-dire pour les réduire en fibrilles comme de la charpie et obtenir une sorte de pâte. La pile (fig. 195) est une caisse ou cuve longue terminée par deux demi-cylindres ; elle est partagée en deux par une cloison médiane incomplète qui en fait une sorte de canal allongé et fermé. Sur l'un des côtés tourne, au-dessus d'un plan cannelé, un gros cylindre armé de lames. L'eau arrive dans cette cuve par un tuyau ; elle en sort par une sorte de tambour dont la surface est en toile métallique. Ce mouvement du cylindre effilocheur imprime à la masse d'eau et des chiffons un mouvement circulaire qui amène ces derniers à passer entre les lames du cylindre et la platine au-dessus de laquelle il tourne. C'est dans ce mouvement que l'effilochage a lieu, les chiffons étant déchirés, pressés, triturés entre le cylindre et les lames. Et suivant le degré d'avancement du travail on obtient ou de la charpie ou une véritable pâte.

A cette opération succède le **blanchiment**, qui se fait au chlorure de chaux. On aide au dégagement du chlore en agitant la pâte à blanchir avec une eau légèrement acidulée.

La pâte blanchie est affinée, c'est-à-dire repassée à une pile spéciale qui en fait une pâte susceptible d'être étendue en feuilles minces. Elle est alors propre à la **mise en feuilles**, qui se réalise le plus souvent dans un appareil mécanique, mais aussi parfois *à la main*.

La mise en feuilles est opérée mécaniquement sur une pâte encollé préalablement avec un savon résineux et alumineux, par une machine complexe où la feuille étendue se dessèche, prend forme, et finalement se sèche et se lisse pour s'enrouler sur un cylindre d'où elle est prise pour pour être découpée et pliée.

Le papier *à la main* est préparé en introduisant la pâte dans un tamis en toile métallique animé d'un mouvement horizontal, où elle se sèche et laisse une feuille de la forme du tamis. Chaque feuille est encollée seulement à la surface.

C'est la raison pour laquelle elle devient perméable quand on l'a grattée. Le papier à la main est réservé aux papiers de timbre, d'actes, de registres, de dessins et de lavis. Il est plus résistant, mais moins lisse et moins brillant que le papier ordinaire obtenu mécaniquement.

BOIS

382. **Propriétés**. — Le bois comprend deux catégories de principes constitutifs : la première, le **tissu ligneux**, est formée de cellulose et de matière incrustante, et représente 90 à 95 p. 0/0 du poids du bois sec ; dans la seconde se retrouvent les nombreux principes immédiats extraits des végétaux, tels que gommes, fécules, sucres, alcaloïdes, matières résineuses, qui donnent à certaines espèces de bois leurs propriétés spéciales.

La densité des différentes essences de nos contrées varie de 0,79 à 1,04 si l'on prend le bois frais : mais la fibre ligneuse, abstraction faite des pores, a pour densité 1,50.

Chauffé au contact de l'air, le bois commence à s'altérer vers 140° ; à une température plus élevée, sa décomposition est plus prononcée ; les produits volatils qui se forment brûlent et il ne reste finalement que des cendres.

A l'abri de l'air, le bois chauffé fournit divers gaz (acide carbonique, oxyde de carbone, hydrogène, azote) et des produits goudronneux d'où l'on peut extraire l'alcool méthylique et l'acide pyroligneux. Il reste environ 35 0/0 de charbon.

La sciure de bois, traitée par l'hydrate de potasse ou de soude à une température élevée, se transforme en oxalate d'où l'on extrait l'acide oxalique.

383. Conservation des bois. — Les bois morts ou coupés subissent sous l'influence de l'humidité et de l'air des altérations variées, qui finissent par leur faire perdre de leur solidité, par les amener à se réréduire en menus fragments ou par devenir une substance pulvérulente foncée, dont le terme final est l'humus. Cette combustion lente est souvent accompagnée des ravages d'insectes parasites, qui creusent leurs galeries dans le bois et le rendent encore plus perméable à l'air et à l'humidité. La fermentation putride y est due au développement d'infusoires microscopiques qui trouvent au sein du tissu végétal les matières nutritives utiles à leur développement.

On s'est préoccupé des moyens de prévenir cette destruction. Le plus employé consiste à faire pénétrer dans les fibres du bois des liquides antiseptiques qui détruisent tous les parasites végétaux et animaux. On emploie différents modes d'injections des bois dont le plus répandu est le suivant :

La pièce à injecter est placée horizontalement. Sur le pourtour du gros bout, on applique une corde d'étoupe, puis un plateau épais en chêne que l'on fixe et que l'on serre au moyen de crampons. On ménage ainsi, grâce à la corde, entre la pièce et le plateau, un espace vide où le liquide pourra se loger. Le plateau est percé au centre d'un trou circulaire muni d'un ajutage qui communique avec un réservoir élevé (8 ou 10 mètres)

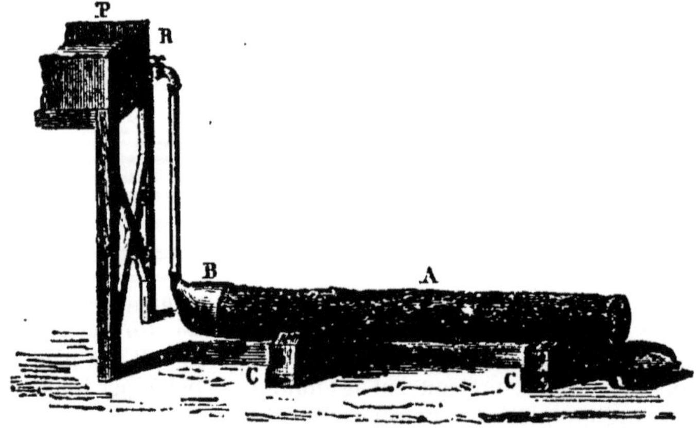

Fig. 196.
Injection de bois en grume. A, bûche posée sur deux billots C; — B, sac de caoutchouc; — P, réservoir du liquide à injecter; — R, robinet du tube d'écoulement.

contenant le liquide à injecter (fig. 196). Le liquide s'écoule par l'autre bout de la pièce en déplaçant devant lui la sève.

Ce procédé est appliqué aux billes de chemins de fer et aux poteaux télégraphiques. Le liquide employé est le sulfate de cuivre ou encore le pyrolignite de fer.

On a aussi conseillé les huiles de goudron.

On a proposé aussi d'injecter les bois en les plaçant dans un cylindre où l'on fait le vide avant d'envoyer le liquide préservateur ; la pression atmosphérique fait pénétrer ce liquide et on achève la pénétration par une compression de plusieurs atmosphères, au moyen d'une pompe. Mais c'est plus coûteux que par le premier procédé.

Résumé. — Le coton, la moelle de sureau, les vieux chiffons de toile, présentent de la cellulose presque pure.

Le coton traité par l'acide azotique donne une substance explosible appelée coton poudre qui brûle très rapidement en ne laissant presque pas de résidu et en dégageant beaucoup de gaz.

Une variété de coton azotique se dissout dans un mélange d'éther et d'alcool pour constituer le collodion.

Le papier a été longtemps fait avec des chiffons: on y emploie aujourd'hui la paille, le bois, l'alfa et diverses autres substances. On réduit d'abord en pâte homogène la matière première; on la lessive et on la décolore; on lui joint de la colle, puis on l'étale en lame fine que l'on fait très rapidement sécher.

Le bois coupé ou mort subit une altération lente sous l'influence de l'humidité. On prévient cette destruction en injectant les bois qui doivent servi aux constructions. On emploie pour cette injection soit le sulfate de cuivre, soit des huiles de goudron.

CHAPITRE XLIV

L'AMIDON. — LA FÉCULE. — LES GLUCOSES. — LES SUCRES

384. **État naturel de la matière amylacée.** — La matière **amylacée** est une matière blanche, granuleuse, insoluble dans l'eau, qui forme fréquemment le contenu des cellules végétales. On la trouve dans les racines de beaucoup de plantes, les tubercules de pommes de terre, les bulbes, les fruits, les graines. On lui donne le nom d'**amidon** quand elle provient des céréales, le nom de **fécule** quand elle est extraite des tubercules de pommes de terre.

Pour extraire l'amidon, on fait avec de la farine une pâte que l'on malaxe sous un filet d'eau au-dessus d'un tamis placé dans une terrine : l'amidon se dépose dans le fond de la terrine. La matière qui reste après le lavage est une substance molle, plastique ; c'est un composé azoté, le **gluten**.

Pour obtenir la fécule, on réduit les pommes de terre, au moyen d'une râpe, en pulpe que l'on agite sur un tamis fin, placé dans un vase d'eau ; la matière cellulaire reste sur le tamis ; la fécule se rassemble au fond du vase.

Fig. 197. — Grain de fécule exfolié par l'action de l'eau.

L'amidon a la forme de grains arrondis ou ovoïdes composés de couches concentriques se terminant par un canal appelé *hile* : toutes les couches ont la même composition, mais elles diffèrent de condensation ; la couche extérieure est la plus dure.

385. Propriétés chimiques. — L'amidon soumis à l'analyse élémentaire accuse la formule $C^6H^{10}O^5$; il peut retenir une ou plusieurs molécules d'eau, suivant la manière dont il a été desséché. L'amidon broyé avec un peu d'eau froide forme une pâte résistante qui durcit par la dessication.

Chauffé avec de l'eau à 75°, l'amidon se gonfle en formant une masse gélatineuse qu'on appelle **empois** ; l'eau en pénétrant à travers le hile du grain en distend considérablement les diverses couches. Cet empois est insoluble dans l'eau ; les fibrilles d'un bulbe de jacinthe n'en absorbent que l'eau et pas la moindre trace de matière amylacée.

L'amidon est *bleui par l'iode.* La coloration est bien plus vive avec l'empois, c'est-à-dire avec l'amidon désagrégé, qu'avec les grains entiers : un liquide contenant de l'empois et seulement $\frac{1}{100.000}$ d'iodure de potassium bleuit encore par l'addition d'acide sulfurique chargé de vapeurs nitreuses.

Cette coloration par l'iode est la réaction caractéristique qui sert à constater la présence de la matière amylacée.

Chauffée au-dessus de 150°, la matière amylacée subit non seulement une désagrégation, mais une métamorphose complète ; elle prend l'aspect d'une masse transparente et gélatineuse. Sans rien perdre ni gagner, rien que par un arrangement moléculaire différent, elle s'est transformée en un nouveau corps qui ne bleuit plus l'iode, mais le colore faiblement en rouge vineux. Ce nouveau corps, de même composition élémentaire que l'amidon, c'est la **dextrine.**

Les acides minéraux étendus provoquent cette transformation par l'ébullition. Il est alors très facile d'en suivre les diverses phases. On fait bouillir un peu de fécule avec de l'eau acidulée et on fait, à différents intervalles, une prise d'essai du liquide. La première prise bleuit franchement l'iode ; les autres bleuissent de moins en moins et on arrive à la couleur rouge vineux, qui caractérise la dextrine.

La transformation peut aller plus loin, si l'ébullition continue ; le liquide ne change plus du tout par l'iode ; il s'est formé une sorte de sucre, la **glucose,** appelé encore sucre de fécule : c'est de l'amidon qui a pris H^2O de composition et 2Aq d'hydratation.

Le gluten transforme l'empois en glucose ; c'est la raison de la liquéfaction de la colle de pâte qui s'acétifie ensuite par une fermentation prolongée. La levûre de bière, la gélatine, la salive, le suc pancréatique transforment également la matière amylacée en glucose. Mais la matière azotée qui agit avec le plus de promptitude, c'est la **diastase,** matière organique qui se développe dans les graines au moment de la germination, pour rendre solubles, c'est-à-dire assimilables, les matériaux féculents que contient la graine et qui seront les premiers aliments de la jeune plante.

Ainsi la chaleur seule, l'eau chauffée, les acides minéraux étendus, certaines matières azotées, notamment la diastase, transforment la matière amylacée insoluble en dextrine et glucose solubles.

386. Usages des matières amylacées. — L'amidon sert à faire l'empois pour donner l'apprêt au linge. La fécule entre dans le collage du papier et dans l'apprêt des tissus.

La fécule est fréquemment convertie en glucose.

Les **fécules alimentaires** sont de même nature chimique que la fécule de pommes de terre dont elles ne diffèrent que par le goût. **L'arrow-root,** retiré de certaines plantes de l'Inde, est estimé pour les potages légers ; le *tapioca* est une fécule blanche produite par le **manioc** cultivé en Amérique ; le **sagou** provient du tissu cellulaire de certains palmiers ; le **salep** de la Perse est fourni par les tubercules de quelques orchis.

Extraction industrielle de l'amidon. — L'amidon est ordinairement extrait des diverses espèces de blé. Le grain de blé comprend des enveloppes que la mouture en sépare sous le nom de *son*, et la farine qui, agitée avec l'eau, se divise en amidon et en gluten. Le gluten humide abandonné à lui-même sous l'eau finit par se liquéfier sous l'influence d'une fermentation spéciale : de là deux procédés de préparation de l'amidon.

Le premier, plus particulièrement *mécanique*, emploie la farine mélangée à l'eau sous forme de pâte, malaxe cette pâte sous un filet d'eau qui entraîne l'amidon, tandis que le gluten reste sur le tamis.

Le second, plutôt *chimique*, emploie le grain de blé grossièrement broyé, le laisse immergé pendant plusieurs semaines sous l'eau, additionnée du liquide provenant d'une opération antérieure et appelée **eau sûre,** jusqu'à ce que le gluten soit devenu entièrement liquide, et il sépare l'amidon de ce liquide à odeur fétide.

Pour obtenir la fécule, les tubercules sont d'abord trempés et lavés, c'est-à dire débarrassés de la terre et des parcelles sableuses adhérentes. Ils sont ensuite soumis à l'action d'une râpe qui déchire les cellules et met à nu les grains de fécule. La pâte est remuée au-dessus d'un tamis sous un filet d'eau qui laisse le tissu cellulaire comme résidu et entraîne la fécule qui se dépose. Cette fécule déposée est recouverte d'une couche, le *gras de fécule*, dont on la débarrasse par raclage ; elle est ensuite lavée et séchée pour être livrée au commerce.

387. Dextrine. — La dextrine a même composition chimique que l'amidon et la fécule, avec des propriétés différentes. Elle provient de la transformation de la matière amylacée par la chaleur, ou par l'ébullition avec les acides étendus, ou par la diastase que contient le **malt** ou orge germée.

Préparée par la chaleur en soumettant à une température croissante jusqu'à 200° de la fécule humectée d'eau et d'un peu d'acide azotique, elle porte le nom de *léïcome* ou d'**amidon torréfié.**

Obtenue par le malt, sous forme d'un liquide mucilagineux, elle porte le nom de **sirop de dextrine.**

Elle sert dans les apprêts des tisserands, pour l'épaississement des mordants ou des couleurs. On l'emploie pour les étiquettes collantes et surtout pour les bandes agglutinatives que la chirurgie utilise dans la réduction des fractures.

GLUCOSES ET SUCRES

388. Propriétés de la glucose, $C^6H^{12}O^6$. — La glucose, qu'on nommait autrefois **sucre de raisin,** se rencontre dans un grand nombre de fruits ; elle constitue les efflorescences d'aspect farineux qui recouvrent les pruneaux secs. Elle fait partie du miel; on la trouve dans l'urine diabétique et même en petite quantité dans l'urine normale. Elle prend en outre naissance par la transformation de la matière amylacée et aussi par l'ébullition du sucre ordinaire avec les acides dilués.

La glucose est un solide blanc en cristaux opaques, soluble dans l'eau et dans l'alcool, d'une saveur 4 fois moins sucrée que celle du sucre ordinaire.

Le caractère saillant de la glucose, c'est d'être un réducteur des solutions métalliques. Mélangée à du nitrate d'argent ammoniacal, la glucose fait déposer de l'argent métallique brillant (c'est un des moyens de produire l'argenture du verre). Ajoutée avec une solution de potasse à une solution de sulfate de cuivre, elle fait déposer par la chaleur un précipité d'oxyde rouge de cuivre. Cette réaction a été mise à profit pour doser la glucose.

389. Préparation et usages. — On peut obtenir la glucose pure en délayant du miel de Narbonne dans de l'alcool, exprimant fortement le résidu et le faisant cristalliser dans l'alcool bouillant.

La glucose du commerce est livrée sous trois formes: en *sirop*, en masse solide ou en grains. Elle est obtenue dans les trois cas par l'ébullition de la fécule avec l'acide sulfurique étendu, continuée jusqu'à ce que l'iode prenne dans un essai du liquide la teinte du rhum. On sature l'acide par la craie. On évapore le liquide clair après l'avoir filtré, soit jusqu'à ce qu'il marque 30° Baumé si l'on veut du *sirop*, soit plus loin si l'on veut la glucose solide.

La glucose en sirop sert dans la fabrication de la bière et dans celle de l'alcool; la glucose peut, en effet, subir sans changement préalable la fermentation alcoolique. On emploie de grandes quantités de glucose sous le nom de *sucre de fécule* dans la confiserie, la préparation des liqueurs et la pâtisserie.

SUCRES

390. État naturel et propriétés. — Le sucre est très répandu dans le règne végétal; on le trouve dans les racines de betteraves, carottes, patates, angélique, grand-soleil; dans la tige de beaucoup de graminées, la canne à sucre, le sorgho, le maïs: dans la sève de certains palmiers; dans les melons, les bananes, les oranges, etc.

Le sucre pur est en grands cristaux apparents et incolores ou en petits cristaux comme dans les *pains* du commerce. Broyé dans l'obscurité, il répand une lueur phosphorescente. Il est très soluble dans l'eau, insoluble dans l'alcool absolu, froid, un peu soluble dans l'alcool étendu.

Chauffé, il fond à 160° en un liquide visqueux; à 215° il perd de l'eau et se transforme en caramel. A l'air, à une plus haute température, il dégage des gaz et laisse un résidu de charbon.

391. Extraction du sucre. — Le sucre est extrait de la *canne à sucre* en Amérique et de la *betterave* en Europe. La production du sucre de betterave atteint pour la France seule plus de quatre millions de quintaux.

La betterave cultivée de préférence est la variété blanche, dite de *Silésie*, à collet rose, dont la racine sort peu de terre et présente une chair blanche et ferme qui se conserve bien. Les betteraves récoltées bien mûres, c'est-à-dire quand les feuilles commencent à se faner, employées fraîches ou après conservation en silos, sont, à l'arrivée en fabrique, lavées et nettoyées, puis étêtées, c'est-à-dire débarrassées de la partie qui a poussé hors de terre et qui contient peu de sucre. On en extrait le jus soit en les râpant et en exprimant la pulpe dans des presses, soit en laissant macérer dans l'eau froide ou chaude la pulpe fournie par les râpes, soit enfin en découpant les racines en lanières ou tranches très minces et en extrayant le jus par l'eau, grâce à l'application convenable des phénomènes d'osmose. Les résidus constituent un bon aliment pour le bétail.

Le jus obtenu est un liquide trouble, d'abord peu coloré, mais qui ne tarde pas à prendre à l'air une teinte jaune brun. Il faut se hâter de le traiter le plus promptement possible pour éliminer les composés azotés qui l'altèrent et empêcher qu'une portion du sucre ne deviennent incristallisable. C'est le but de la *défécation*.

La défécation consiste à mélanger au jus sucré de l'eau de chaux qui forme des composés insolubles avec les acides organiques libres, les matières azotées et les matières colorantes, et qui donne avec le sucre un *sucrate de chaux soluble* et bien moins altérable que le jus primitif. Le sucrate de chaux formé sera ensuite décomposé par un courant d'acide carbonique.

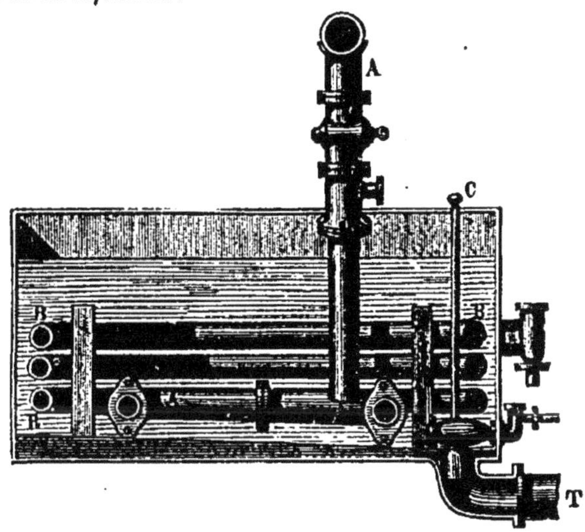

Fig. 198. — Chaudière à défécation des jus sucrés. — A, tuyau amenant l'acide carbonique dans la cuve, où il est disposé en carré; — B, tube en serpentin amenant la vapeur; — C, tige de la bonde de fond; — T, tuyau de vidange.

Le jus sucré, filtré sur du noir animal, doit être fortement concentré pour que le sucre puisse cristalliser. La première phase est une évaporation qui le réduit à moitié de son volume et le transforme en *sirop*. Elle a lieu dans des chaudières chauffées par un serpentin de vapeur et non plus comme autrefois à l'air libre, c'est-à-dire sous la pression atmosphérique, mais dans le vide, ce qui permet d'accélérer de beaucoup l'opération, d'élever moins la température et par suite d'éviter des causes d'altération du sirop.

La cuite du sirop a lieu dans des chaudières où le vide est fait et qui sont chauffées par des serpentins de vapeur. Elle peut être poussée plus ou moins loin, suivant la pureté du sirop. Quand elle est terminée, on amène la masse dans les cristallisoirs où le sucre solide se dépose au sein des sirops qui constituent les mélasses.

Pour séparer le sucre des sirops qui le salissent, on employait autrefois les formes à égoutter et le procédé du *clairçage*; on emploie aujourd'hui partout les turbines essoreuses fondées sur la force centrifuge, qui donnent plus facilement un sucre plus blanc.

Le sucre ainsi obtenu est en petits cristaux souvent un peu colorés ; il a besoin de subir le raffinage.

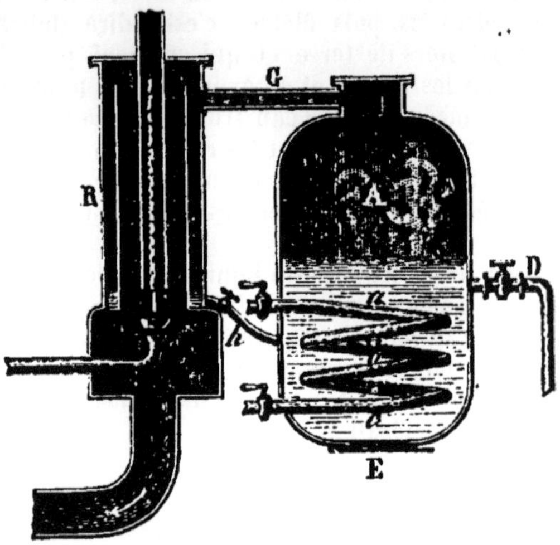

Fig. 199.

A. Chaudière à cuire le sirop de sucre. *a b c* serpentins pour chauffer par la vapeur.

392. Raffinage du sucre. — La première opération consiste à redissoudre les sucres bruts mélangés et à les clarifier en les chauffant avec un mélange de noir et de sang de bœuf. Elle est suivie d'une filtration, d'abord à travers des toiles pelucheuses et ensuite sur du noir en grains qui décolore complètement le jus sucré. Le jus est cuit à cristallisation, réchauffé, puis mis dans des formes coniques, où il cristallise.

Le *sucre candi* est du sucre ordinaire en gros cristaux à facettes et à angles bien nets. On le prépare en évaporant lentement une dissolution de sucre filtré, après avoir tendu dans le vase évaporatoire des fils sur lesquels les cristaux se déposent. Il est employé dans la fabrication des liqueurs fines et du champagne.

Résumé. — La matière amylacée habituellement contenue dans certaines racines, les tubercules et les graines porte le nom d'amidon quand elle provient des céréales, et celui de fécule quand elle est extraite des tubercules des pommes de terre. L'amidon et la fécule ont la même composition chimique.

Les deux substances se transforment en dextrine puis en glucose ou substance sucrée, lorsqu'on les fait bouillir avec un acide étendu ou lorsqu'on fait agir sur elles la diastase contenue dans l'orge germée.

Cette transformation s'opère dans les graines pendant la germination; elle s'opère aussi dans la digestion des animaux.

La glucose ou sucre de fécule est préparée en faisant agir la diastase ou un acide étendu sur les grains des céréales concassés ou moulus.

Les sucres de canne ou de betteraves sucrent plus que la glucose. Pour les préparer, on extrait par compression le jus sucré de la plante, on le purifie d'abord, on le filtre, on le décolore; on le cuit et on le fait cristalliser.

CHAPITRE XLV

LES BOISSONS FERMENTÉES. — L'ALCOOL

303. **Fermentation alcoolique.** — Du jus de raisin abandonné à l'air ne tarde pas à subir une profonde métamorphose ; la liqueur s'échauffe, des bulles de gaz acide carbonique se dégagent en faisant mousser la masse; la saveur sucrée disparait ; il s'est formé de l'alcool dans le liquide. Ce phénomène, connu depuis longtemps, analysé seulement depuis Lavoisier, peut se reproduire entièrement sur une solution de glucose additionnée de levûre de bière, qui produit de l'alcool et dégage de l'acide carbonique.

Cette transformation de la substance sucrée en alcool porte le nom de *fermentation ;* elle peut se définir par la nature du liquide fermentescible, par les produits qui en dérivent et par le ferment qui est l'agent de la transformation.

Les substances capables de subir la fermentation alcoolique, c'est la glucose et le levûlose, le sucre quand il a été d'abord interverti, soit par les acides étendus, soit par le ferment soluble contenu dans la levûre, l'amidon quand il a été d'abord transformé en glucose.

Les produits de la fermentation sont l'alcool et l'acide carbonique que l'on a longtemps cru les seuls, la glycérine et l'acide succinique signalés par M. Pasteur. D'après ce savant, 100 parties de sucre, équivalant à 105,36 de glucose, produisent par fermentation :

Alcool.	51,11	105,36
Acide carbonique. . .	49,42	
Acide succinique . . .	0,67	
Glycérine.	3,16	
Cellulose.	1,00	

En négligeant, pour la réaction simple, les trois derniers produits, la glucose se dédouble en parties égales d'alcool et d'acide carbonique, d'après l'équation :

$$C^6H^{12}O^6 = 2(\underset{\text{Alcool.}}{C^2H^6O}) + 2CO^2$$

Le *ferment alcoolique* est la levûre de bière, substance insoluble qui se dépose dans le moût de bière fermentée : c'est une série de petits globules sphériques ou ovoïdes susceptibles de se reproduire par bourgeonnement. Placée dans une décoction d'orge germée, la levûre augmente par multiplication de ses globules ; le globule-mère présente d'abord une proéminence qui augmente jusqu'à la grosseur du globule primitif, et au bout d'un certain temps l'ensemble forme des paquets rameux de globules en chapelets.

Il faut à la levûre, pour cette multiplication, pendant laquelle s'accomplit l'acte chimique de la transformation du sucre en alcool, une matière azotée comme aliment. Quand la substance fermentescible ne contient pas du tout de matière azotée, la levûre se développe quelque temps aux dépens de sa propre substance et la fermentation s'arrête. M. Pasteur, qui a fait de ces phénomènes une étude très complète, pense que la fermentation alcoolique est la conséquence du développement de la vie de ces cellules végétales qui forment la levûre, que la décomposition du sucre commence avec les manifestations de la vie dans les globules, se ralentit et s'arrête avec elles, et que les sucs végétaux sucrés fermentent spontanément au contact de l'air, parce que l'air leur apporte les germes du ferment qui trouvent un liquide favorable à leur multiplication.

BOISSONS FERMENTÉES

304. Vin. — Le vin est le produit de la fermentation du jus sucré des raisins. Des grappes de raisins foulées ou cylindrées donnent une pulpe qui, abandonnée à elle-même, fermente, pourvu que la température soit supérieure à 15°. Pendant cette fermentation, qui s'opère dans de grands cuviers, les matières solides soulevées par le dégagement du gaz acide carbonique montent à la surface et forment une croûte ou *chapeau* qui préserve le liquide de l'air. Après cinq à huit jours, la fermentation est terminée ; le liquide soutiré forme le *vin de première goutte ;* les marcs portés au pressoir laissent sortir un *vin de pressurage* qu'on mêle parfois au premier.

Le vin mis en tonneaux continue encore à fermenter quelque temps et à dégager de l'acide carbonique, puis il dépose les matières étrangères qui le rendaient trouble et qui forment la *lie.* On le soutire pour l'enlever à l'influence de ce dépôt ; et, pour éliminer un principe albuminoïde qu'il tient en suspension, on le *colle,* c'est-à-dire qu'on le clarifie avec du blanc d'œuf, du sang ou de la gélatine. On peut alors le mettre en bouteilles.

C'est ainsi que se prépare le vin, rouge ou rosé, suivant qu'il provient des raisins noirs ou blancs.

Pour préparer les *vins blancs* avec des raisins noirs, on pressure la pulpe fraîche de manière à en extraire le jus, qu'on laisse fermenter et qu'on traite alors comme le vin rouge. La matière colorante se trouve dans la pellicule de la graine ; elle ne peut se dissoudre que dans un liquide alcoolique ; si donc le jus a été séparé des pulpes, il ne pourra pas y avoir de coloration après fermentation, puisque la matière colorante sera restée sur le pressoir.

Le plus estimé des vins blancs est le **champagne.** Pour lui donner sa saveur particulièrement sucrée et l'acide qui le rend mousseux, on met dans chaque bouteille 3 à 5 0/0 de sucre candi. Ce sucre subit la fermentation ; l'acide qu'il développe ne pouvant s'échapper, reste dans le vin qu'il faut tenir solidement bouché pour qu'il conserve ses qualités.

305. Cidre. — Le cidre, qui remplace le vin dans les contrées où le climat s'oppose à la culture de la vigne, est le produit de la fermentation du jus de pommes. Les pommes sont conservées cinq à six semaines après leur récolte ; pendant ce temps, elles subissent un complément de maturation qui augmente la quantité du sucre. On les broie habituellement entre des cylindres cannelés.

Pour extraire le jus étendu d'eau, on peut placer dans des tonneaux debout les pommes broyées, avec une certaine quantité d'eau. Le plus souvent on met la pulpe à macérer avec l'eau vingt-quatre heures et on en extrait le jus par compression. Le liquide trouble recueilli est mis en fût où il fermente et se clarifie par suite du dépôt des substances lourdes et de l'ascension des matières légères, qui, avec l'aide de l'acide carbonique, forment une écume à la surface. La fermentation est lente ; aussi le cidre conserve-t-il assez longtemps sa saveur sucrée.

Une vieille habitude fait laisser le cidre sur la lie qu'il dépose ; c'est le laisser en contact avec des causes nombreuses d'altération. Il vaudrait bien mieux le soutirer comme on le fait pour le vin.

396. Bière. — La *bière*, boisson habituelle des pays du Nord, est le résultat de la fermentation alcoolique des matières amylacées, avec une infusion de houblon qui lui donne ses qualités aromatiques.

C'est d'ordinaire l'orge, céréale peu coûteuse, qui sert à la fabrication de la bière ; cette graine développe en germant de la **diastase**, ferment soluble qui saccharifie très bien l'amidon ; l'orge germée ou *malt* est la matière première de la dissolution sucrée qui donnera la bière en fermentant.

La germination de l'orge ou **maltage** est la première opération de la fabrication. L'orge humectée, qui est tombée au fond de l'eau d'une cuve et qui s'y est gonflée, est mise en couche de 30 à 40 centimètres d'épaisseur sur des aires où la température est au moins de 15°. Dès que sa germination commence, on diminue successivement l'épaisseur de la couche et on arrête l'opération quand la gemmule a atteint une longueur des 2/3 du grain, en portant les graines dans une étuve que l'on chauffe progressivement de manière à chasser l'humidité d'abord et à rendre ensuite les radicelles cassantes. Pendant cette germination, la diastase s'est peu à peu formée, et au moment où la germination est interrompue, cette diastase n'a pas encore transformé l'amidon de la graine en un produit soluble destiné comme aliment au germe. Le **malt** est le grain concassé débarrassé de ses radicelles.

Ce malt est brassé ou **saccharifié** dans de grandes cuves où l'on amène de l'eau à 60° et où se meuvent des agitateurs. Le liquide que l'on en soutire est le **moût de bière**, c'est-à-dire une dissolution de glucose, provenant de l'action sur l'amidon de la diastase contenue dans le malt.

On fait bouillir ce moût avec du **houblon** qui lui cède son huile volatile, et le liquide *houblonné* et refroidi est porté dans les caves à *fermentation* où il se transforme peu à peu en alcool avec dégagement d'acide carbonique et d'écumes qui, exprimées, forment la levûre de bière. Les conditions dans lesquelles s'effectue cette fermentation influent beaucoup sur la qualité de la bière.

PRÉPARATION INDUSTRIELLE DE L'ALCOOL

397. Matières premières. — Pendant longtemps l'alcool n'a été obtenu que par la distillation des boissons fermentées et principalement du vin. On l'a retiré ensuite de presque tous les liquides sucrés que la nature nous offre dans les racines, les tiges ou les fruits des végétaux ; ces liqueurs sont, en effet, susceptibles de fermentation alcoolique dans les conditions convenables de température et de dilution avec l'eau ; l'alcool qui s'y forme s'y trouve délayé dans une grande quantité d'eau, et pour l'en isoler il faut avoir recours à la distillation.

Mais l'industrie de l'alcool n'est pas réduite à utiliser simplement comme matières premières les jus sucrés naturels. L'amidon, la fécule, la cellulose peuvent être convertis en glucose ; il en résulte que la plupart des matières amylacées servent aujourd'hui à la fabrication de l'alcool.

On l'emprunte donc à trois sources principales :

1° *Les vins et les liquides qui le contiennent très dilué ;*
2° *La glucose, le sucre, les mélasses, les betteraves, les plantes sucrées en général ;*
3° *Les céréales, les pommes de terre, certaines légumineuses, la cellulose.*

Ces dernières doivent d'abord être transformées en substance fermentescible par l'action des acides minéraux étendus ou de la diastase ; et cette liqueur mise en fermentation avec la levûre de bière doit enfin donner un *moût* alcoolique.

La fermentation doit également être provoquée dans les substances sucrées.

Ce n'est qu'après ces opérations préliminaires qu'on procède à la *séparation de l'alcool par la distillation.*

398. Distillation des liqueurs fermentées. — Les moûts fermentés ne renferment que de 3 à 16 0/0 d'alcool. Quand on les porte à l'ébullition, il se forme des vapeurs de tous les principes volatils en présence ; l'alcool se vaporise proportionnellement en plus grande quantité que l'eau, de sorte qu'en condensant les vapeurs on obtient un liquide plus riche en alcool que le moût primitif.

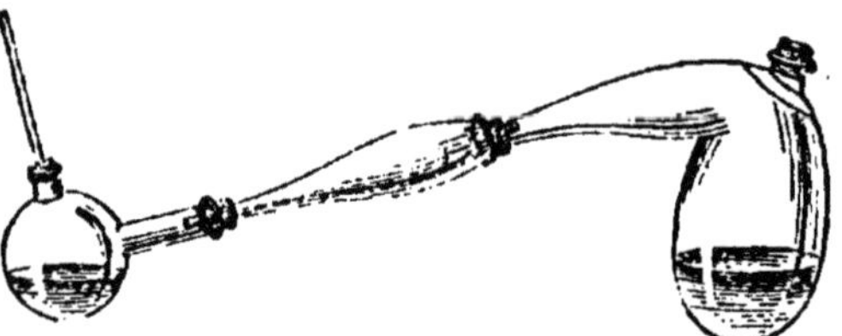

Fig. 200. — Appareil simple pour distillation.

Quand on n'opère que sur de petites quantités, on emploie les appareils distillatoires les plus simples, l'alambic ordinaire ou dans les laboratoires une cornue dont le col est emmanché dans une allonge (fig. 200) fixée à un ballon. Mais la première opération ne donne qu'un alcool aqueux.

On est donc obligé de recourir à des distillations répétées pour obtenir un liquide plus riche en alcool. C'est le mode encore adopté pour la préparation des diverses *eaux-de-vie* de raisins, de marcs et de fruits, bien que les redistillations exigent une grande dépense de temps, de combustible et de main-d'œuvre.

Dans l'industrie, quand on opère sur de grandes quantités et qu'on veut avoir un alcool fort, un esprit marquant 90° à l'alcoomètre de Gay-Lussac, on emploie d'autres appareils plus complexes, mais qui ont l'avantage de fournir l'alcool à 90° en une seule opération.

Ces appareils peuvent différer les uns des autres par la disposition, mais ils ont tous le même principe : enrichir les vapeurs en alcool par des **déflegmateurs** et des **rectificateurs** avant de les envoyer aux appareils qui les condensent.

Les **déflegmateurs** reposent sur les principes suivants : les vapeurs qui s'élèvent d'un liquide alcoolique bouillant sont toujours plus riches en alcool que le liquide, et elles sont d'autant plus riches que le point d'ébullition est moins élevé. En les refroidissant, mais sans produire une condensation complète, on en réalise l'analyse ; il se condense une partie plus aqueuse, tandis que celle qui reste en vapeur est plus riche en alcool. Et si les choses sont arrangées de manière à ce que cette dernière portion se rende seule à l'appareil condensateur, on obtient un produit plus riche en alcool que ne le seraient les vapeurs dégagées par l'ébullition du liquide.

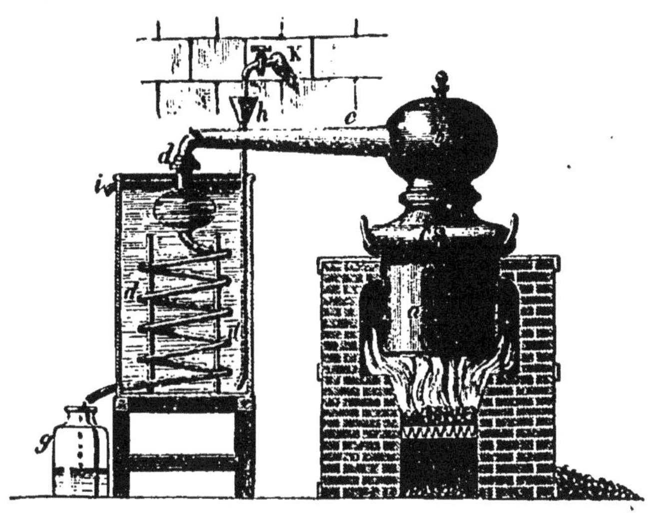

Fig. 201.
Alambic. — *a*, chaudière. *b*, cucurbite. *d*, serpentin. *g*, vase à recueillir le produit distillé.

La forme des déflegmateurs varie beaucoup : le plus simple, c'est le haut d'une cornue, le chapiteau de l'alambic, quand ils sont disposés pour que le liquide qui s'y condense par le refroidissement de l'air retourne à la chaudière.

Les **rectificateurs** contiennent la liqueur alcoolique à distiller, comme substance destinée à condenser les vapeurs qui y arrivent de la chaudière. Le plus simple est une deuxième chaudière placée à la suite de la première et où se rendent les vapeurs dégagées de celle-ci. Ces vapeurs en y arrivant s'y condensent, forment un liquide plus riche en alcool et dont le point d'ébullition est plus bas que celui du premier liquide ; la chaleur qu'elles y abandonnent en se condensant fait évaporer leur contenu et il en sort des vapeurs plus riches en alcool que celles qui y sont entrées. Il est à remarquer que les rectificateurs ne sont, en définitive, que des alambics à redistillation, mais qui, au lieu d'exiger un chauffage direct et spécial, utilisent la chaleur latente des vapeurs dégagées de l'alambic principal.

Un appareil distillatoire complet comprend donc une première chaudière suivie d'un certain nombre de rectificateurs, puis un ou plusieurs déflegmateurs et enfin les réfrigérants ou serpentins condensant les vapeurs et donnant le liquide distillé. Il est habituellement disposé de manière à ce que la réfrigération soit faite par le liquide même à distiller, qui s'échauffe ainsi peu à peu sans frais et qui suit une marche inverse de celle de la vapeur.

Nous représentons l'un des plus simples, l'appareil Laugier (fig. 202), qui n'a qu'un rectificateur B à la suite de sa chaudière A, un seul déflегmateur E consistant en un serpentin dont chaque spire porte un tube recueillant le liquide condensé, et un seul serpentin réfrigérant H. Il suffit à comprendre les principes que nous venons d'exposer.

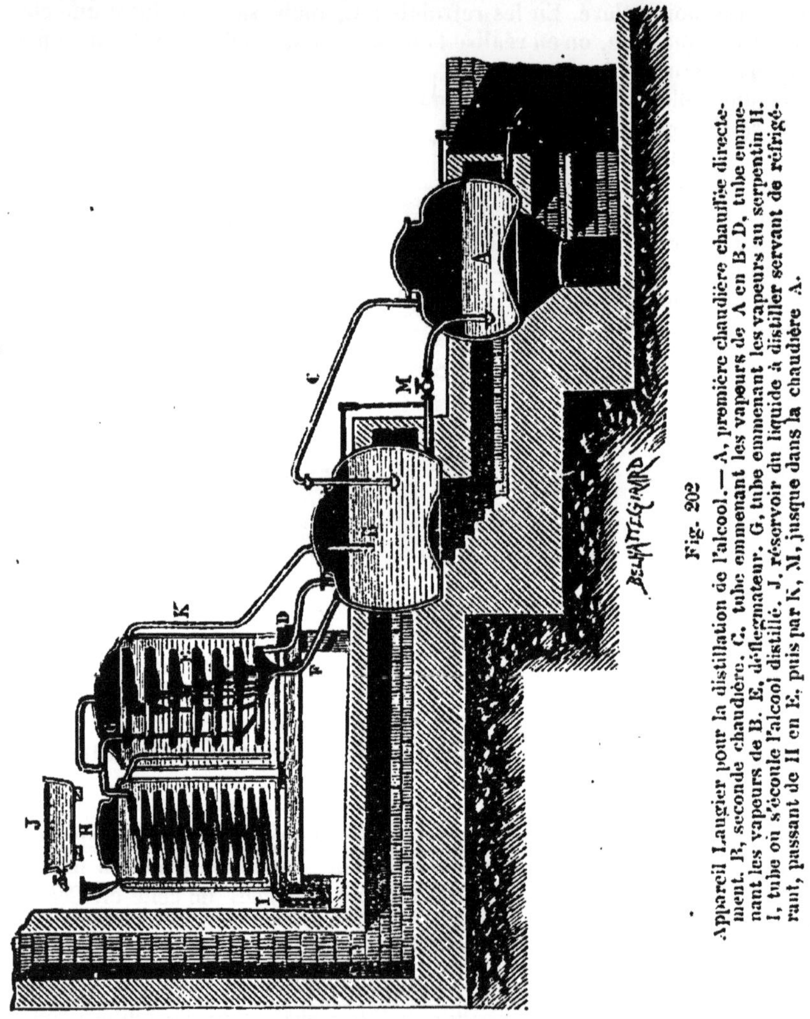

Fig. 202

Appareil Laugier pour la distillation de l'alcool. — A, première chaudière chauffée directement. B, seconde chaudière. C, tube emmenant les vapeurs de A en B. D, tube emmenant les vapeurs de B. E, déflegmateur. G, tube emmenant les vapeurs au serpentin H. I, tube où s'écoule l'alcool distillé. J, réservoir du liquide à distiller servant de réfrigérant, passant de H en E, puis par K, M, jusque dans la chaudière A.

399. **Liqueurs alcooliques.** — Le produit des distilleries prend le nom d'**eau-de-vie** lorsqu'il ne contient que 50 à 55 centièmes d'alcool ; il est appelé **esprit-de-vin** s'il en contient davantage.

Les diverses liqueurs alcooliques doivent leur saveur et leur odeur caractéristiques à différents produits volatils, qui ont passé à la distillation avec l'alcool.

Le **cognac** est le produit de la distillation des vins des Charentes ou du Midi. Le **rhum** s'extrait des mélasses et des écumes du suc de canne à sucre. Le **kirsch** est fourni par les cerises fermentées avec leurs noyaux. Le **genièvre** vient des baies du genévrier. Le **whisky** de l'*Écosse* s'obtient d'un mélange de seigle, de fécule et de prunelles. L'**arqua-ardiente** des Mexicains provient de la sève de l'agave.

400. Essais alcoométriques. — Pour évaluer la richesse alcoolique d'un liquide, on se sert de l'alcoomètre de *Gay-Lussac*, gradué à 15° de température et dont il faut corriger les indications, pour les autres températures, au moyen d'une table à double entrée qui accompagne l'appareil.

L'emploi de cet alcoomètre n'est applicable qu'aux mélanges d'alcool et d'eau. Pour ceux qui renferment autre chose, comme le vin, par exemple, il faut au préalable en avoir opéré la distillation. Pour l'essai des vins, on vend un petit alambic dit **alambic de Salleron** (fig. 203), muni de son réfrigérant, d'une éprouvette graduée, d'un alcoomètre et d'un thermomètre. On mesure le vin à essayer dans l'éprouvette jusqu'au trait 1 ; on le verse dans la bouillote que l'on ferme et que l'on chauffe après avoir mis de l'eau dans le réfrigérant et posé l'éprouvette sous le serpentin. On arrête la distillation quand le liquide distillé est arrivé au trait 1/2 ; tout l'alcool est distillé. On ajoute de l'eau distillée dans l'éprouvette pour compléter le volume primitif au trait 1 et on essaie le liquide en y plongeant l'alcoomètre et le thermomètre. On tire le degré alcoolique de leurs indications.

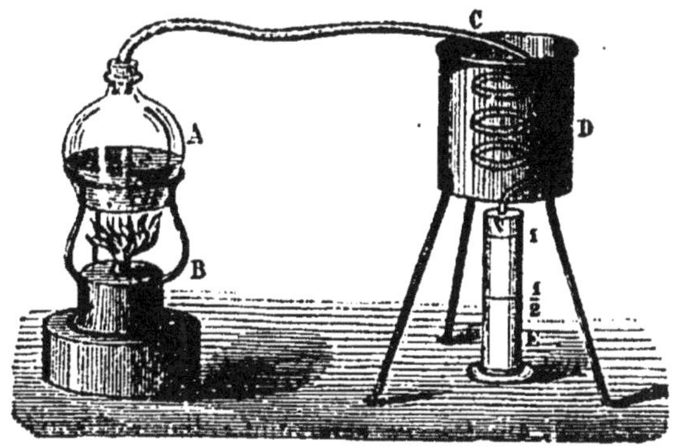

Fig. 204. — Appareil de Salleron pour l'essai des vins. — A. bouilloire ; — B, lampe à alcool ; — C. tube du serpentin ; D, vase réfrigérant ; — E, éprouvette graduée.

Les vins ordinaires varient de 9 à 15 0/0 d'alcool ; le malaga et le madère vont de 15 à 20 ; le cidre marque de 4 à 9 et les bières de 2 à 6.

401. Alcool de bois. — *L'esprit de bois* est un liquide qui fait partie des produits de la distillation du bois en vase clos. Il s'y trouve associé à l'acide pyroligneux avec lequel il forme une partie aqueuse mélangée à du goudron ; on sépare cette portion aqueuse du goudron après repos par décantation, et on obtient l'esprit de bois impur par une distillation où l'on ne recueille que le premier dixième des produits qui passent.

Pour avoir l'alcool de bois pur, on mélange l'esprit de bois ordinaire avec le double de son poids de chlorure de calcium fondu et pulvérisé. Les deux corps forment une combinaison cristallisée qui résiste à une température de 100° sans se décomposer. On chauffe cette combinaison au bain-marie pour chasser en vapeurs les produits étrangers à l'alcool de bois. On reprend par l'eau le résidu et on distille ; l'alcool qui passe n'est plus mélangé que d'eau, dont on le débarrasse par la chaux vive.

L'alcool de bois est un liquide incolore, d'une odeur éthérée et alcoolique, d'une saveur brûlante. Il bout à 60° et brûle avec une flamme bleue.

Il dissout les mêmes corps que l'alcool ordinaire ; aussi peut-il remplacer ce dernier dans la plupart de ses usages industriels, notamment pour la fabrication des vernis ; mais il ne peut pas le suppléer comme boisson.

Résumé. — Le jus du raisin abandonné à l'air subit une transformation; la substance sucrée se convertit en alcool et il y a un dégagement d'acide carbonique; on donne à ce changement le nom de fermentation alcoolique. Cette fermentation est provoquée par le développement du ferment que contient la levûre de bière. On la provoque dans un liquide sucré en y semant de la levûre.

Les principales boissons fermentées sont le vin, le cidre et la bière.

Le vin est du jus de raisin où, par la fermentation, le sucre s'est changé en alcool.

La bière est une dissolution sucrée provenant de l'orge germée additionnée de houblon, puis fermentée et devenue légèrement alcoolique.

Le cidre est du jus de pomme qui fermente de lui-même et où il se développe environ 3 à 4 p. 0/0 d'alcool.

L'alcool était emprunté autrefois uniquement aux jus sucrés naturels ayant fermenté. On l'en retirait par une seule opération, la distillation, qu'il fallait répéter si l'on voulait un alcool concentré.

Plus tard on a employé à la fabrication de l'alcool, tous les sucres; mais il fallait d'abord y provoquer une fermentation. Aujourd'hui on y emploie les grains et en général les matières amylacées. Ces matières sont d'abord saccharifiées, c'est-à-dire transformées en sucres, puis fermentées, puis enfin distillées.

La distillation, pour donner de suite un alcool concentré, demande des appareils très complexes bien différents des anciens alambics qui ne donnaient qu'un alcool étendu d'eau.

L'alcool pur bout à 78°, il a une saveur caustique; il brûle avec une flamme pâle.

Les mélanges d'alcool et d'eau extraits des différents fruits portent le nom général d'eaux-de-vie ou de liqueurs alcooliques. On en fait l'essai avec l'alcoomètre de Gay-Lussac.

Pour l'essai d'un vin, on distille d'abord dans un petit appareil de Salleron.

L'alcool de bois, extrait des liquides condensés dans la distillation du bois, sert dans beaucoup de cas pour remplacer l'alcool ordinaire.

CHAPITRE XLVI

LE VINAIGRE.

402. Préparation du vinaigre. — Le vinaigre proprement dit est le produit de la fermentation acide de certaines liqueurs alcooliques dont l'alcool s'est transformé en acide acétique en absorbant de l'oxygène. On désigne aussi sous ce nom l'acide pyroligneux pur étendu d'eau.

La préparation industrielle du vinaigre est donc réalisée *par l'oxydation de l'alcool* ou des liquides qui en contiennent, et *par la distillation du bois.*

1° *Procédé d'Orléans.* — Dans un cellier où l'on maintient une température de 30°, on dispose sur trois rangées, par étages des tonneaux dont les fonds portent au deux tiers de leur diametre un trou de bonde. On remplit chaque tonneau au tiers avec du vinaigre, et tous les huit jours on y ajoute 10 litres de vin; après cinq semaines, on retire de chaque tonneau 40 litres de vinaigre et on recommence l'opération. L'acétification est lente et souvent irrégulière; les vins d'un an sont ceux qui conviennent le mieux : leur teneur en alcool ne doit pas être de plus de 10 p. °/₀. La transformation du vin en vinaigre s'opère par le développement d'un végétal microscopique, le *mycoderme*, appelé vulgairement *mère* ou *fleur de vinaigre*, qui se dévelope sur le liquide comme les moisissures sur les corps organiques en décomposition, et dont le rôle est de porter l'oxygène de l'air sur l'alcool liquide.

2° *Procédé allemand*. — Au lieu d'oxyder l'alcool du vin, on réalise l'oxydation de l'alcool lui-même étendu de 5 parties d'eau ; on peut obtenir ainsi de grandes quantités de vinaigre en quelques jours. L'appareil est un long tonneau de 3 à 4 mètres posé debout. Au-dessus de son fond inférieur est un second fond percillé sur lequel on pose les uns sur les autres des copeaux de hêtre jusquà 25 centimètres du fond supérieur. Un peu au dessous de celui-ci est un fond percé de trous dans chacun desquels passent des ficelles retenues par des nœuds.

Enfin le fond supérieur porte deux tubes, l'un pour verser le liquide, l'autre pour livrer passage à l'air (fig. 201). Dans un appareil dont les copeaux et les parois sont imprégnés déjà de vinaigre, on verse le liquide à acétifier ; ce liquide coule lentement le long des ficelles sur les copeaux ; il se répand sur une grande surface de contact avec l'air qui remonte des ouvertures (*a*) ; il est bientôt convenablement oxydé. Quand il arrive au fond inférieur, d'où il peut s'écouler par un siphon, s'il n'est pas du vinaigre assez fort, on le repasse sur un deuxième et un troisième tonneau.

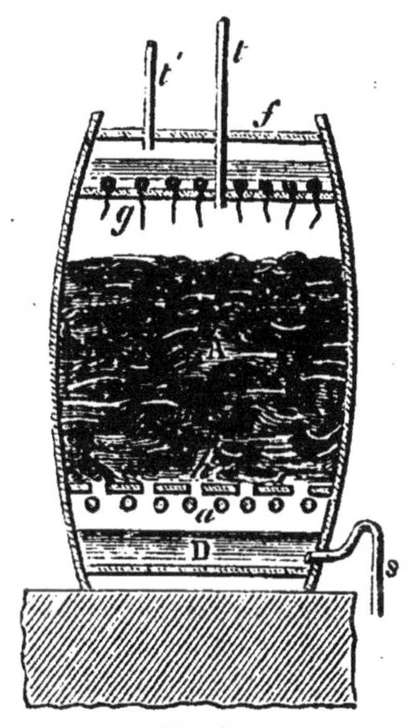

Fig. 201
Fabrication du vinaigre.— Procédé allemand.— Coupe d'un tonneau. A. copeaux de hêtre reposant sur le fond *h* ; *a*, ouverture d'entrée de l'air. *g*, fond percillé avec ficelles. *t*, tube à écoulement des gaz. *t'*, tube à introduire l'alcool. *s*, siphon. D. vinaigre.

Ce genre de fabrication est facile et rapide ; mais il implique une perte d'alcool ou de vinaigre par l'évaporation au contact de la grande quantité d'air qui traverse l'appareil.

3° *Procédé Pasteur*. — M. *Pasteur* a démontré que le *mycoderme* est l'agent de la transformation de l'alcool en acide acétique ; que, si l'on cultive ce petit végétal à la surface d'une liqueur alcoolique, par son intermédiaire, l'oxygène puisé dans l'air se porte sur l'alcool et le convertit en vinaigre. Il a alors indiqué un nouveau procédé d'acétification. Dans des cuves peu profondes, munies de couvercles. percées d'ouvertures à la partie supérieure pour permettre le mouvement de l'air, on met le liquide à acétifier de l'eau, contenant 2 % d'alcool et 1 % de vinaigre) ; on y ajoute une petite quantité de phosphates alcalins et terreux destinés à être les aliments minéraux du cryptogame. On sème sur le liquide le mycoderme, qui s'y développe, couvre bientôt la surface et opère son travail d'agent oxydant. Quand l'opération marche, on ajoute chaque jour de petites portions d'alcool ou de vin, et on soutire finalement le vinaigre formé.

Ce procédé est plus rapide que celui d'Orléans ; il ne donne pas lieu comme ce dernier au développement des *anguillules* du vinaigre, petits infusoires qui ralentissent l'acétification en contribuant par leurs mouvements à noyer la *mère de vinaigre* qui ne peut plus jouer son rôle d'oxydant lorsqu'elle est immergée.

403. Distillation du bois. — Acide pyroligneux. — Le bois, soumis à la distillation en vase clos, donne des gaz inflammables, des liquides que l'on peut condenser, qui contiennent de l'acide acétique, de l'alcool méthylique et du goudron; il reste comme résidu du charbon. On dispose l'opération de manière à recueillir les produits liquides qui se condensent par le refroidissement et à renvoyer dans le foyer les gaz non condensés : il n'est besoin alors de combustible qu'au commencement. La figure 205 représense un des appareils les plus employés. Le réfrigérant est une série de manchons de tôle entourant le tube à dégagement et recevant l'eau d'un réservoir supérieur. On place dans la chaudière des bûchettes de bois. L'opération terminée et l'appareil refroidi, on en retire le charbon. Le liquide condensé porte le nom d'*acide pyroligneux brut.*

Fig. 205. — Distillation du bois pour acide pyroligneux. — Chaudière où l'on met les bûchettes de bois : *b*, tube à dégagement des produits gazeux ; — C. serpentin réfrigérant où l'eau suit une marche inverse au gaz ; — *d*, tube conduisant au foyer les gaz combustibles ; E, vase à recueillir les produits liquides condensés ; R, réservoir d'eau du réfrigérant.

Chaque stère de bois produit 38 kilogrammes pour cent d'acide brut et laisse un charbon qui a toutes les qualités du charbon de bois ordinaire.

— *Purification de l'acide pyroligneux.* L'acide brut est d'une couleur brune ; il tient en effet en dissolution des matières empyreumatiques et du goudron.

Si on se contente de le redistiller après repos et décantation, on recueille, au commencement, de l'alcool de bois ; le reste du liquide qui passe à la distillation est l'acide pyroligneux ordinaire, coloré en jaune.

Pour obtenir l'acide acétique, on sature l'acide pyroligneux brut par la chaux ou la craie. L'ébullition du liquide, suivie d'un repos, sépare le goudron sous forme d'écume et permet d'obtenir une liqueur claire que l'on concentre et qui est de l'acétate de chaux brut ou du pyrolignite de chaux. On le transforme en acétate de soude à l'aide d'une solution saturée de sulfate de soude. L'évaporation du liquide donne l'acétate de soude en cristaux colorés. Pour le blanchir, on le torréfie dans des chaudières plates en évitant sa décomposition. La masse reprise par l'eau laisse cristalliser le sel incolore. On en retire l'acide acétique en le décomposant par l'acide sulfurique en quantité convenable dans un appareil distillatoire où l'acide acétique vient se condenser.

L'acide pyroligneux sert dans les ateliers d'impressions sur étoffes pour fabriquer les acétates. Le vinaigre sert dans l'alimentation.

Résumé. — Le vinaigre, appelé encore acide acétique, est le produit de l'oxydation de l'alcool.

On l'obtient en faisant oxyder l'alcool du vin, c'est le procédé en usage dans la Bourgogne ; ou bien en faisant oxyder un mélange d'alcool et d'eau répandu sur une grande surface et en contact avec l'air, c'est le procédé allemand.

L'acide acétique que l'on vend pour les besoins de l'industrie est tiré de la distillation du bois. Le liquide brut obtenu porte le nom d'acide pyroligneux. Purifié, il donne un liquide blanc n'ayant plus l'odeur du goudron de bois

---

CHAPITRE XLVII

CORPS GRAS.

HUILES. — SUIF. — CHANDELLE. — BOUGIE. — SAVON.

401. **Caractères généraux.** — On donne le nom de **corps gras** à des principes naturels liquides ou fusibles à une température peu élevée, incolores, sans odeur ni saveur, plus légers que l'eau, insolubles dans ce liquide, onctueux au toucher, faisant sur le papier une tache translucide que la chaleur ne dissipe pas.

Les corps gras sont répandus dans le règne animal et dans le règne végétal. Chez les végétaux, on les trouve dans les graines, comme l'huile d'œillette retirée du pavot et l'huile de colza ; dans les parties charnues des fruits, comme l'huile d'olive. Chez les animaux, la matière grasse se trouve dans les alvéoles du tissu cellulaire.

On donne habituellement le nom d'**huiles** aux corps gras liquides à la température ordinaire ; on nomme **beurres** ceux qui sont mous et **graisses** ceux qui sont solides.

Les beaux travaux de *Chevreul* ont montré que les corps gras naturels sont des mélanges de deux ou plusieurs éthers de la **glycérine**, et que, sous l'influence des agents qui décomposent les éthers, il se **saponifient**, c'est-à-dire qu'ils s'assimilent les éléments de l'eau et régénèrent des acides d'une part et d'autre part la glycérine.

Ces éthers composés d'un acide gras et de glycérine, dont le mélange en proportions variables forme les corps gras, sont surtout la **margarine** et l'**oléine**, que l'on peut extraire de l'huile d'olive, et la **stéarine**, qui forme la plus grande partie des suifs.

403. **Glycérine**, $C^6H^8O^6$. — La glycérine se produit dans la saponification des corps gras, c'est-à-dire dans leur décomposition sous l'influence de l'eau et des alcalis. En *Angleterre*, on prépare de grandes quantités de glycérine pure et incolore en concentrant la partie aqueuse du produit qui distille lorsqu'on soumet dans des alambics les corps gras, huiles ou suifs, à l'action de la vapeur d'eau surchauffée.

La glycérine est un liquide sirupeux, incolore, incristallisable, d'une saveur sucrée, soluble dans l'eau et l'alcool, insoluble dans l'éther.

Elle est employée en médecine pour les maladies de la peau et le pansement des plaies ; elle entre dans la fabrication des cosmétiques et des cérats ; elle remplace avec avantage l'eau dans les compteurs à gaz, parce qu'elle ne se congèle pas ; elle sert à maintenir humides les cuirs non tannés exportés et les préserve de l'altération.

406. **Suif.** — Sous le nom de **suif**, on désigne particulièrement la graisse des herbivores. Nous l'étudierons comme le type des corps gras solides.

Le suif est renfermé dans des cellules minces dont il faut le séparer le plus tôt possible. Le moyen le plus ancien, c'est l'emploi de la chaleur qui fond la graisse, la dilate, fait déchirer les enveloppes qui la contenaient et sépare le liquide du tissu où il était solidifié. On soutire le suif fondu ; on le fait passer au travers d'un tamis et on y ajoute, avant qu'il ne se fige, quatre à cinq millièmes d'alun destinés à faire déposer les débris membraneux restés en suspension. C'est la méthode dite au **creton** parce que les débris sont rassemblés en *pains* ou *cretons* pour la nourriture des porcs.

L'industrie emploie deux autres méthodes : l'ébullition du suif brut avec de l'eau acidulée par l'acide sulfurique, ou l'ébullition avec une eau alcaline ; la dernière est préférée parce qu'elle ne présente pas l'insalubrité des deux précédentes.

Le suif est coulé en pains pour les besoins de l'industrie des bougies.

Les **chandelles** étaient obtenues en coulant ce suif fondu contre des mèches de coton tendues dans des cylindres ; leur principal inconvénient résultait de leur facile fusibilité ; le suif fond en effet à 38°.

407. **Qualités et composition des bougies.** — Les bougies sont formées d'un mélange d'acide stéarique et d'acide margarique, obtenus par la saponification du suif et des autres graisses. Elles contiennent une mèche tressée et fine qui brûle complètement sans qu'on ait besoin comme pour la chandelle d'enlever de temps à autre le résidu de la combustion. Le mélange des deux acides gras ayant un point de fusion plus élevé de beaucoup que celui du suif, la bougie de bonne qualité fond régulièrement près de la mèche sans couler. Aussi la bougie réalise-t-elle un éclairage qu'on n'obtenait avant elle qu'avec la cire, beaucoup plus chère et d'une production très limitée.

L'industrie de la bougie est née en France en 1831. La première fabrique établie à la barrière de l'Étoile produisait par an quelques milliers de paquets seulement.

La production s'est considérablement accrue depuis ; c'est par 30 millions de kilogrammes qu'elle se chiffre aujourd'hui.

La fabrication des bougies présente deux phases distinctes : la première a pour but de transformer en acides plus ou moins colorés les matières grasses neutres, à l'aide des procédés chimiques ; la seconde extrait, par des moyens mécaniques, les acides gras et les coule en bougies.

408. **Saponification des corps gras.** — Séparer les acides gras dont le point de fusion est plus élevé que celui de la matière neutre qui les contient, tel est le but. Il fut d'abord atteint à l'aide de la chaux ; mais la **saponification calcaire** n'est plus employée : elle transformait les acides gras, séparés de la glycérine, en oléate, margarate et stéarate de chaux, c'est-à-dire en des savons calcaires qu'il fallait ensuite décomposer par l'acide sulfurique pour obtenir le mélange des deux acides gras.

On emploie aujourd'hui le procédé de M. *de Milly* : on saponifie les suifs dans une chaudière autoclave cylindrique où l'on a mis 2 à 3 p. 0/0 de chaux et où l'on fait venir de la vapeur à huit atmosphères, dont on continue l'action plusieurs heures. Après ce temps on extrait de l'appareil, d'abord la glycérine, puis un mélange des acides gras que l'eau a mis en liberté avec le *savon calcaire* que la chaux a formé.

Ce savon est conduit dans une cuve contenant de l'eau acidulée par l'acide sulfurique qui le décompose. La proportion de ce dernier acide est bien plus faible que celle qu'il fallait dans l'ancienne saponification calcaire, et, de plus, le plâtre formé retient moins des acides gras.

Les acides gras surnagent à la surface du liquide, on les enlève, on les lave et ils sont prêts à subir les opérations mécaniques qui les transformeront en bougies.

409. Saponification sulfurique. — Une seconde méthode actuellement employée est la saponification sulfurique, ainsi appelée parce que c'est cet acide qui sépare la glycérine des acides gras. Elle consiste à faire chauffer dans une chaudière vers 120°, à l'aide de la vapeur, les graisses avec 4 à 5 0/0 d'acide sulfurique. On pense qu'il se forme d'abord des acides sulfo-glycérique, sulfo-oléique, sulfo-margarique, sulfo-stéarique, que l'eau bouillante dédouble, de sorte qu'en définitive on obtient les trois acides gras qui surnagent sur une dissolution aqueuse de glycérine et d'acide sulfurique.

Mais les corps gras subissent un commencement de décomposition et les acides obtenus sont salis d'une matière noire, sorte de goudron dont il faut les débarrasser.

On y arrive en les distillant, après les avoir lavés et séchés, dans des alambics presque sphériques, où l'on fait arriver de la vapeur d'eau surchauffée.

Les serpentins sont disposés pour condenser les acides gras à l'état liquide.

410. Moulage des acides gras. — Le mélange des acides gras ne peut être employé tel ; son point de fusion ne dépasse pas 44°. On les fond et on les coule dans une série de petits moules étagés où ils cristallisent.

Pour les débarrasser de l'acide oléique, liquide à la température ordinaire, on les presse à froid au moyen d'une presse hydraulique verticale (fig. 206). Les pains sont posés sur des tissus ou treillis de chanvre, ou des étoffes de laine. L'acide oléique s'écoule à mesure que la pression s'effectue ; on en extrait ainsi les 4/5 de ce qui y est contenu.

Pour extraire le reste, on soumet les pains d'acides sortant de la première presse à l'action d'une seconde presse dite *à chaud*. L'appareil est horizontal; les pains y sont disposés entre des plaques de fonte dans lesquelles on fait circuler de la vapeur à 50°.

L'action combinée de la pression et de la température détermine l'expulsion de l'acide oléique, qui entraîne avec lui une petite quantité d'acide solide.

Le mélange des deux autres reste sous forme de galettes. On les refond ; on les débarrasse des impuretés qui peuvent les salir, à l'aide de l'eau acidulée, et finalement on les coule en pains ou bien on les transforme de suite en bougies.

Les *mèches* des bougies sont en fils de coton tressés : elles sont trempées dans de l'acide borique dont elles s'imprègnent, et séchées avant d'être tendues dans l'axe des moules. Cette préparation a pour objet d'empêcher que les cendres de la mèche ne salissent la bougie, en retombant après la combustion. Le tressage fait sans cesse incurver l'extrémité de la mèche qui, amenée dans la portion la plus chaude de la flamme, brûle complètement. L'acide borique dissout les cendres et forme avec elles un petit globule de verre fusible que l'on voit briller à l'extrémité de la mèche.

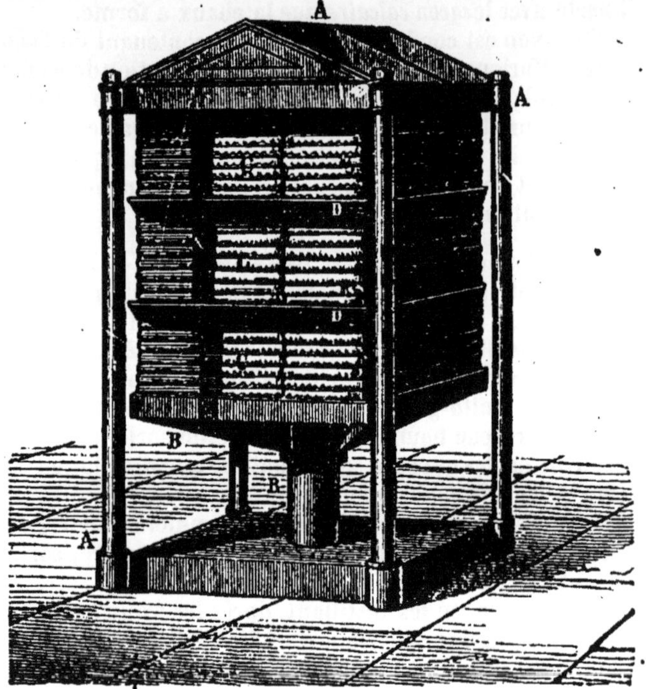

Fig. 206.
Presse à froid des acides gras. — A, bâtis en fonte très solide. — B, piston compresseur. — C, pains d'acides. — D, cuvette en fer fer blanc à rebord pour recueillir l'acide oléique.

Le **coulage** dans les moules demande quelques précautions. Il faut que les acides amenés à l'état liquide par fusion soient près de leur point de solidification avant d'être versés dans les moules cylindriques destinés à les recevoir. C'est le moyen d'obtenir qu'ils se refroidissent assez vite pour ne pas cristalliser, mais pour prendre une texture confuse à grains très fins.

Les bougies, démoulées, sont blanchies par l'exposition à la lumière, polies par le frottement sur du drap, coupées d'égale longueur et finalement empaquetées.

HUILES ET SAVONS.

411. Huiles. — Les huiles sont les corps gras liquides que l'on extrait des végétaux (presque toujours des semences et quelquefois du fruit), et aussi des animaux (baleine, cachalots, marsouins, abatis de bœuf et de mouton).

L'extraction des huiles végétales se fait en soumettant les matières oléagineuses à l'action de presses puissantes. La pression a lieu à froid dans quelques cas, mais elle se fait le plus souvent à chaud. Après une première pression, le tourteau est soumis à une seconde qui donne une huile moins pure. Le dernier tourteau retient encore un peu d'huile mélangée aux matières albuminoïdes de la graine; on le donne comme nourriture au bétail ou on l'emploie comme engrais.

Épuration des huiles. — Les huiles, au sortir des presses sont troubles; elles renferment une matière colorante, des principes résineux, des matières albumineuses; elles brûleraient mal en produisant beaucoup de fumée. Il faut les épurer. Souvent pour l'huile de première pression, on se contente de l'abandonner au repos. Mais les huiles à brûler doivent avoir été traitées par 2 ou 3 p. 0/0 de leur poids d'acide sulfurique; on les mélange d'eau quand elles sont devenues noires, et on les agite fortement jusqu'à ce que le mélange ait une apparence laiteuse. Le repos fait surnager l'eau, qu'on enlève.

412. **Propriétés chimiques des huiles.** — Les huiles exposées à l'air s'altèrent plus ou moins rapidement; elles prennent une saveur âcre, deviennent acide; on dit qu'elles **rancissent**. L'huile d'olive et celle d'amande douces résistent longtemps à cette altération; l'huile de noix devient rance en quelques jours.

Certaines huiles perdent rapidement leur liquidité, s'épaississent et se transforment en matières résineuses : on les appelle **huiles siccatives** : telles sont les huiles de lin, de chènevis, d'œillette, de noix et de ricin.

Ce changement de propriété est dû à l'action de l'oxygène; l'oxydation, d'abord lente, se fait ensuite avec rapidité. Elle est accélérée quand on ajoute aux huiles de la litharge ou du borate de manganèse et qu'on les fait bouillir.

Les huiles siccatives servent utilement dans la peinture comme véhicule des couleurs.

Les huiles non siccatives servent à l'éclairage, à l'alimentation, à la médecine. Toutes entrent dans la fabrication des savons.

413. **Propriétés des savons.** — On donne le nom général de **savons** aux sels que les acides gras forment en se combinant avec les oxydes métalliques. Il y a donc autant d'espèces de savons que de bases; mais ceux des bases alcalines sont seuls solubles, par cela même les seuls aptes aux usages de la vie, les seuls que l'industrie produise.

Les savons sont si bien des sels qu'ils font double échange avec les sels métalliques. Ainsi, qu'on verse dans du sulfate de cuivre ou dans du chlorure de calcium une dissolution de savon ordinaire, il se formera un précipité onctueux, gluant, en grumeaux, vert dans le premier cas, blanc dans le second : c'est le savon de cuivre et le savon de chaux. C'est ce dernier qui se forme dans les eaux trop calcaires. Cette réaction est générale; elle permet la préparation de tous les savons insolubles.

Les matières grasses, traitées par les alcalis, mettent en liberté de la glycérine et combinent leurs acides gras avec l'alcali. Les savons solubles sont donc des mélanges d'oléate, de margarate et de stéarate de soude ou de potasse. Ils doivent leur emploi dans le dégraissage en général à ce qu'ils présentent une source d'alcali qui abandonne facilement l'acide avec lequel il est combiné.

414. **Matières premières.** — Les matières brutes destinées à la fabrication des savons sont *des lessives alcalines* et *des matières grasses.*

Les lessives alcalines sont les soudes et les potasses naturelles ou artificielles, mais rendues caustiques par l'action de la chaux.

L'huile d'olive a été longtemps la seule matière grasse employée à Marseille ; on y joint aujourd'hui les huiles d'œillette, de sésame et d'arachide. On emploie également le suif, l'huile de palme, l'acide oléique. Chacune de ces matières donne au savon des qualités spéciales. On les mélange dans diverses proportions pour obtenir des produits divers.

415. Principes de la fabrication des savons durs. — On se procure d'abord une lessive de soude caustique, en décarbonatant par la chaux les soudes du commerce. On la porte à l'ébullition et on y introduit les huiles en brassant le mélange. Il se forme une émulsion blanche, une sorte de savon disséminé qui, par l'ébullition, prend un aspect homogène ; c'est l'*empâtage*, ou l'état de mélange intime qui précède la saponification complète.

Si l'on voulait terminer la saponification avec de la lessive plus forte, on n'y parviendrait pas ; la quantité d'eau existant dans la masse est trop grande. De là résulte la nécessité de séparer le savon des lessives faibles et usées où il a pris naissance. On y arrive à l'aide du sel marin, qui jouit de la propriété de séparer le savon de toutes ses dissolutions aqueuses ; c'est le *relargage* ou *salage*. On ajoute donc des lessives concentrées et salées, et, après brassage et ébullition, la pâte savonneuse se forme en grumeaux et nage sur le liquide dont elle se sépare par le repos.

Cette pâte doit subir ensuite la *coction* ou la *cuite* qui lui donnera la consistance convenable. Pour cela, elle est mise en ébullition dans des lessives fortes marquant 25° et fortement salées que l'on remplace plusieurs fois. Grâce à la température de plus de 100°, la pâte achève de se saponifier, pendant que le sel l'empêche de se délayer dans l'eau. La cuite est terminée quand les grains de savon pressés entre les doigts forment des écailles sèches, dures et friables.

Le savon achevé est coulé dans des caisses peu profondes, où il se solidifie et prend forme ; puis, après une douzaine de jours, il est taillé en pains.

416. Savon blanc et savon marbré. — Le savon ainsi obtenu est sali par un savon d'alumine et de fer provenant des impuretés de la soude. Pour en faire du **savon blanc**, on le délaye à une douce chaleur dans des lessives faibles et on le laisse reposer pour que la matière colorante se dépose. Le savon blanc est mis en formes ; il est toujours un peu mou quand il vient d'être fabriqué. Il renferme environ 50 0/0 de son poids d'eau.

Pour obtenir le **savon marbré**, quand on a dissous le savon brut dans des lessives faibles, que le savon de fer noirâtre s'est déposé, au lieu de laisser le tout au repos pour le refroidissement, on brasse au moment convenable ; les particules de savon coloré se disséminent dans la masse et forment des veines bleuâtres. Ce savon est plus dur que le précédent ; il ne renferme que 30 p. 0/0 d'eau. Quand on le produit en grand, on ajoute pendant l'empâtage une dissolution de sulfate de fer, pour produire des veines noires en plus grande quantité.

417. Savons mous. — Les savons mous sont à base de potasse. On se sert pour les fabriquer de potasses perlasses du commerce et d'huiles de graines communes. L'empâtage est le même que pour les savons durs; il n'y a pas de salage; on les cuit par évaporation et on les coule dans des tonneaux. Ils sont habituellement noirs ou verts.

418. **Savons divers.** — Parmi les autres savons, nous citerons le **savon d'acide oléique**, fait avec cet acide que l'industrie de la bougie produit en grandes quantités. Il est aussi estimé que le savon de Marseille. On masque l'odeur de l'acide oléique, soit par l'addition d'huile de palme, soit par un millième d'essence de mirbane (nitro-benzine).

Citons aussi le **savon jaune de suif et de résine**, d'un prix inférieur aux autres, moussant abondamment et permettant d'effectuer le savonnage même dans les eaux séléniteuses et l'eau de mer. La résine ne se saponifie pas, mais elle se dissout dans les alcalis; on l'ajoute par petites portions au savon de suif pendant la coction.

Quant aux différents savons de toilette, ils sont obtenus en refondant des savons bruts et en les parfumant avec diverses essences.

Résumé. — Les corps gras, onctueux au toucher, tachant le papier, sont extraits, les uns des animaux, les autres des végétaux. On les groupe selon leur consistance en huiles, beurres et graisses. Ce sont des mélanges d'éthers de la glycérine.

La GLYCÉRINE, liquide sirupeux, incolore, s'extrait des corps gras quand on on saponifie ceux-ci par la potasse, la chaux ou même la vapeur d'eau surchauffée.

Le SUIF ou graisse des herbivores est séparé du tissu cellulaire où il s'est formé, soit par fusion, soit par ébullition avec un acide. Coulé autour d'une mèche de coton, il donne la chandelle. Le principal inconvénient de la chandelle c'est de fondre à une température trop peu élevée.

Les BOUGIES sont formées d'acide stéarique et d'acide margarique séparés du suif par la saponification. Elle contiennent une mèche tressée: elles ne fondent qu'à une température de 60° environ.

Pour les obtenir on saponifie les corps gras de manière à séparer les acides gras de la glycérine: on chasse par compression l'acide oléique et on coule le mélange des deux autres.

Les HUILES sont des corps liquides que l'on extrait habituellement des végétaux: les unes sont employées à l'alimentation, d'autres à l'éclairage.

On donne le nom de **savon** à un sel formé d'un acide gras combiné à la soude dans les savons durs, à la potasse dans les savons mous. On les fabrique en faisant chauffer des lessives de soude avec des huiles et en salant le mélange pour faire solidifier le savon. Le savon sert au dégraissage par l'alcali qu'il contient.

CHAPITRE XLVIII

COMPOSÉS AZOTÉS ALIMENTAIRES

419. **Aliments plastiques.** — Les composés que l'on désigne sous le nom d'aliments *plastiques*, parce qu'ils sont les matériaux de reconstitution du corps, ou **quaternaires** parce qu'ils renferment le carbone, l'hydrogène, l'oxygène et l'azote, sont empruntés aux deux règnes.

Ce sont l'*albumine*, la *fibrine*, la *caséine*, la *gélatine*, fournies par le règne animal, et le *gluten*, tiré du règne végétal.

420. Albumine. — L'albumine est la substance soluble et coagulable par la chaleur contenue dans le blanc d'œuf. On la trouve aussi dans le sang, la lymphe, le chyle, les liquides séreux, le lait et, parfois, l'urine.

Pour l'obtenir pure, on ajoute un peu d'acide acétique cristallisable à des blancs d'œuf que l'on bat en neige ; on laisse reposer ; on filtre le liquide, et au besoin on le concentre à une douce chaleur.

L'albumine à l'état sec forme une masse transparente et jaunâtre. Elle est soluble dans l'eau, et ses solutions concentrées sont visqueuses. Elle est insoluble dans l'alcool et l'éther.

Chauffée, elle se *coagule*, c'est-à-dire se prend en une masse solide d'un blanc mat, comme le blanc d'œuf cuit. Beaucoup de substances peuvent produire la coagulation à froid ; tels sont le phénol, l'alcool, les divers acides, à part l'acide acétique et l'acide phosphorique. On utilise cette propriété quand on clarifie les vins avec du blanc d'œuf ; l'albumine, au contact de l'alcool, se solidifie en une trame qui entraîne les matières qui rendaient le vin trouble.

Les bases s'unissent à l'albumine comme à un corps faiblement acide pour donner des sels peu définis. Les composés alcalins de l'albumine sont solubles : c'est sous cette forme qu'elle se rencontre dans les liquides de l'économie animale.

Les bases terreuses comme la chaux donnent des composés insolubles qui se solidifient fortement ; le mastic d'albumine et de chaux, obtenu par mélange direct, sert à raccommoder la porcelaine cassée.

Certains sels métalliques donnent aussi avec l'albumine des composés insolubles ; tel est le bichlorure de mercure. C'est la raison de l'emploi de ce dernier sel pour conserver les pièces anatomiques ; c'est aussi la raison de l'emploi de l'albumine comme contre-poison des sels de mercure.

L'industrie utilise l'albumine pour fixer par la vapeur les couleurs insolubles sur les étoffes ; on imprime les tissus avec un mélange de la couleur et d'albumine ; on vaporise ; la coagulation de l'albumine fixe solidement la matière colorante.

Abandonnnée à l'air, l'albumine se putréfie et dégage de l'acide sulfhydrique produit par le peu de soufre qu'elle contient.

421. Fibrine. — La fibrine se retire du sang frais quand on le bat avec un petit balai ; elle adhère aux brindilles, et quand on l'a lavée à l'eau, à l'alcool et à l'éther, elle est débarrassée des globules sanguins qu'elle avait entraînés et elle est complètement insoluble dans l'eau. Sa texture est celle de corpuscules adhérents les uns aux autres et formant des chapelets analogues à des fils noueux. Elle peut devenir en partie soluble par une longue ébullition avec l'eau.

Les acides la désorganisent et en forment une gelée incolore, soluble à chaud : c'est ainsi qu'agit l'acide chlorhydrique très faible et aussi le suc gastrique dont l'action est très rapide.

La fibrine est le principal principe assimilable de la viande ; c'est elle qui donne aux viandes saignantes leurs excellentes qualités nutritives.

422. Caséine du lait. — Le lait, abandonné dans un endroit frais, laisse surnager une couche jaunâtre, formée de corps gras, la *crème*; la partie liquide qui reste constitue le *lait écrémé*. Celui-ci, additionné de quelques gouttes d'un acide, se prend en grumeaux blancs, c'est la *caséine*, qui laisse par l'égouttage un liquide, le *petit-lait*, renfermant quelques sels minéraux et un principe sucré, le *sucre de lait* ou *lactose*, capable de se transformer en *acide lactique* quand la fermentation produit le lait aigri.

La *caséine* lavée et desséchée est blanche, sans saveur, à peine soluble dans l'eau.

Elle se dissout dans les sels alcalins, et il est probable qu'elle ne reste dissoute dans le lait qu'à la faveur des carbonates dont on constate l'existence dans le petit lait.

Elle a la même composition chimique que l'albumine et la fibrine. C'est l'élément nutritif des fromages.

423. Gluten. — Le gluten est la matière azotée des farines; il forme le dixième environ de la farine de blé, où il est mélangé avec l'eau, l'amidon et un peu de dextrine et de glucose. La malaxation de la pâte sous un filet d'eau le laisse sous forme d'une matière d'un blanc grisâtre, souple et très élastique.

Desséché, le gluten est dur, cassant, translucide et jaune. Frais, il se décompose rapidement, se réduit en bouillie en dégageant une odeur désagréable.

Il est insoluble dans l'eau et l'éther, soluble en partie dans l'alcool. C'est un mélange de trois principes immédiats que les dissolvants peuvent séparer. Si on le soumet à l'action réitérée de l'alcool bouillant, il laisse un résidu fibreux et grisâtre qui a toutes les propriétés de la fibrine animale et que l'on appelle pour cette raison *fibrine végétale*. L'alcool laisse déposer une matière blanche analogue à la *caséine* et il retient en dissolution un troisième principe azoté qui ressemble à l'*albumine*.

Ainsi le gluten possède les matériaux des trois principaux aliments albuminoïdes qui forment la trame des animaux; c'est ce qui explique sa propriété nutritive.

Il peut être employé en mélange avec la farine sous le nom de *gluten granulé* et de *pâtes alimentaires*; il est le principe azoté du *pain*.

Le *gluten granulé* est obtenu par le mélange du gluten des amidonneries avec deux fois son poids de farine. La pâte desséchée est très nourrissante; elle représente une farine bien plus azotée que la farine ordinaire.

Les *pâtes alimentaires*, vermicelle, macaroni, etc., se préparent avec la farine des blés durs, riches en gluten, que l'on pétrit avec 25 0/0 de son poids d'eau chaude. La pâte, amenée à consistance convenable, est pressée dans une caisse dont le fond est percé de trous ronds, annulaires ou autres; elle y prend forme et s'y dessèche.

424. Pain. — Sa fabrication. — Le pain est un mélange de farine de froment et d'eau rendu homogène, qui a subi une fermentation et une cuisson. La pâte composée seulement de farine et d'eau donnerait un pain lourd, d'une digestion difficile. Le ferment qu'on y ajoute sous le nom de **levain** rend la masse poreuse, légère, et par suite d'une digestion facile.

L'eau dissout les parties solubles de la farine (dextrine, glucose et sels);

elle gonfle en les hydratant les parties insolubles (amidon et gluten). Le ferment rencontre dans la pâte du sucre qu'il transforme en alcool et en acide carbonique, et les bulles de gaz, ne pouvant pas se dégager comme au sein d'un liquide, gonflent et boursouflent la pâte. La cuisson élimine l'excès d'eau, forme une croûte dure qui maintient la forme du pain et le défend des altérations spontanées.

Le ferment peut être de la levûre de bière ; mais c'est le plus souvent de la pâte d'une opération précédente, le *levain de chef*.

On pétrit ce levain avec une quantité d'eau et de farine suffisante pour doubler son volume ; on a le *levain de première*. Six heures après, une opération analogue donne le *levain de seconde ;* une troisième donne le *levain de tous points*, dont le volume doit être environ le tiers d'une fournée en été, la moitié en hiver.

Le *pétrissage* a pour but le mélange du dernier levain avec de la farine, de l'eau et un peu de sel qui donnera du goût au pain. La masse est soulevée, repliée, travaillée de gauche à droite et de droite à gauche. Elle est divisée en pâtons qui, exposés quelque temps à une douce chaleur, se gonflent par l'achèvement de la fermentation. L'habitude fait saisir le moment opportun pour les cuire. Si on laissait la fermentation continuer trop longtemps, le gluten deviendrait soluble par l'acide acétique formé dans la transformation de l'alcool, les gaz se dégageraient, la masse s'aplatirait, la panification serait manquée.

Le pain bien fait a une odeur agréable, une mie légère et élastique. On en obtient environ 130 à 140 kilog. avec 100 kilog. de farine.

Il s'altère à l'air humide et se couvre de moisissures ; dans cet état, il doit être rejeté de l'alimentation.

Procédé Mège-Mouriès. — Par le procédé décrit ci-dessus, on n'obtient de pain blanc qu'avec les bonnes qualités de farine. Les farines bises donnent un pain gris dont la couleur est due, d'après M. Mège-Mouriès, à une altération du gluten sous l'influence d'un ferment spécial, la céréaline, contenue dans les farines qui ont conservé quelques portions de l'enveloppe embryonnaire du grain.

Cet auteur a proposé un procédé de panification où il combat l'influence de cette céréaline, et qui permet d'obtenir un pain blanc avec les farines de seconde qualité mélangées à celles de la première. Le rendement en pain est alors plus considérable qu'avec l'ancien procédé.

425. Gélatine. — La gélatine est la substance que l'action prolongée de l'eau sépare des cartilages, de la matière animale des os, de la peau. Elle se prend en gelée par le refroidissement.

Pure, c'est une substance incolore, translucide, sans odeur ni saveur, soluble dans l'eau, mais insoluble dans l'alcool. Elle forme avec le tannin une matière insoluble qui prend l'aspect d'une masse élastique et tenace.

Impure, elle constitue la *colle-forte* dont les usages sont nombreux et que l'on obtient par l'action prolongée de l'eau sur les débris de peaux et de tendons. La masse gommeuse produite se solidifie par refroidissement ; on la divise ensuite en feuilles que l'on dessèche sur des châssis tendus. On peut aussi la retirer des os quand on a au préalable dissous dans l'acide chlorhydrique leur matière minérale.

Résumé. — Les aliments azotés qu'on appelle aussi aliments plastiques renferment en quantités variables les corps suivants : l'albumine, la fibrine, la caséine, la gélatine, le gluten.

L'ALBUMINE est retirée de l'œuf. Elle se coagule quand elle est chauffée, ou même à froid par certain corps chimiques, comme l'alcool. L'industrie l'utilise pour fixer certaines couleurs. Mais sa principale fonction, c'est d'être l'un des principaux aliments plastiques.

La FIBRINE existe surtout dans le sang et par suite dans la viande dont elle est la partie alimentaire la plus riche.

La CASÉINE est retirée du lait écrémé; elle est le principe nutritif des fromages, que ceux-ci aient été faits avec le lait entier ou bien seulement avec le lait coagulé.

Le GLUTEN est le principe azoté des farines et des pâtes.

Le PAIN est formé de farine réduite en pâte bien homogène avec l'eau, pâte à laquelle on a incorporé, sous le nom de levain, un ferment, et qu'on a fait cuire au four au moment convenable de la fermentation.

La GÉLATINE s'extrait des cartilages et des os: c'est la substance nutritive du bouillon d'os.

CHAPITRE XLIX

CONSERVATION DES SUBSTANCES ORGANISÉES

426. **Altération des substances organiques. — Putréfaction.** — La matière organisée, soustraite à l'influence de la vie, s'altère rapidement. L'oxygène de l'air, l'humidité et l'élévation de la température favorisent cette altération. La matière change de couleur et de consistance, elle se liquéfie, elle exhale une odeur fétide et sa décomposition s'accélère jusqu'à ce que tout soit converti en une sorte d'humus. C'est le phénomène de la *putréfaction*.

L'oxygène joue un rôle comburant sur les éléments de la matière organisée; il transforme l'hydrogène, le carbone et l'azote en eau, acide carbonique et ammoniaque, où les plantes trouveront leurs aliments. Mais son action serait lente s'il agissait seul. Il est aidé par les ferments, êtres inférieurs, végétaux microscopiques, dont l'air contient les germes, qui se développent avec rapidité et qui semblent être les véhicules des grandes quantités d'oxygène nécessaires pour opérer en peu de temps la combustion complète de la matière organique.

Les gaz à odeur fétide qui se dégagent sont vraisemblablement dus aux combinaisons hydrogénées du soufre et du phosphore contenus dans la matière animale.

A ces deux causes de destruction, qui transforment les éléments chimiques, vient s'en ajouter une autre d'un ordre différent : des larves innombrables de petits animaux grouillent sur les cadavres et font servir la matière morte à leur développement.

Ainsi la matière qui a cessé de vivre reprend la vie sous d'autres formes en servant à l'alimentation d'êtres inférieurs ; ou bien elle se minéralise en acide carbonique, eau et ammoniaque, fait momentanément retour au règne minéral pour rentrer plus tard dans les plantes qui serviront à leur tour à la nourriture des animaux. Elle parcourt ainsi un cycle fermé dans lequel elle subit de nombreuses transformations chimiques, suivant les influences auxquelles elle est soumise.

427. Conservation des substances organisées. — Tous les procédés de conservation des substances organisées doivent tendre à les soustraire à l'action de l'air, de l'humidité et des ferments capables de les altérer.

La **dessication** est un des moyens efficaces de conservation. On l'applique aux fruits entiers, comme les prunes, les figues, les raisins; aux fruits découpés en morceaux, comme les pommes et les poires; aux légumes alimentaires après les avoir soumis préalablement à l'action de la vapeur d'eau sous pression. Il n'est pas possible de l'appliquer à tous les aliments; la viande découpée en tranches minces et séchée au soleil se conserve; mais elle perd sa saveur première.

Le **froid** est aussi un excellent moyen de conservation, quand on peut l'appliquer. Le poisson et la viande de boucherie se conservent bien l'été dans les glaciers; l'un et l'autre peuvent subir sans altération de longs transports quand on les met dans des chambres suffisamment refroidies.

Le **procédé Appert** est le plus employé: il consiste à mettre les substances à l'abri de l'air après en avoir chassé celui qu'elles contiennent. Si ce sont des légumes frais, on les place dans des bouteilles en verre, avec un peu d'eau salée; on place quelque temps ces bouteilles dans un bain bouillant et on les ferme. Si ce sont des viandes, on les met dans des boites en fer-blanc dont le couvercle soudé porte une petite ouverture. Les boites sont plongées dans l'eau bouillante; la vapeur qui s'en dégage chasse l'air; on ferme alors la petite ouverture par une goutte de soudure; et les matières enfermées se conservent parce qu'on les a débarrassées de leurs ferments et que l'air ne peut plus leur en apporter.

La **salaison** est aussi très employée, et pour la viande et pour le poisson; le sel et la saumure qu'il produit agissent comme **antiseptiques**. A leur action s'ajoute souvent celle de la fumée, dont le principe actif est la *créosote*, quand on expose les substances dans une cheminée où l'on fait chaque jour un feu de bois ou de branchages.

Les autres antiseptiques employés sont le *phénol*, l'*alcool* pour la conservation des fruits, le *sublimé corrosif* pour les pièces anatomiques, et en général toutes les substances qui, par leur action toxique, s'opposent au développement des ferments.

428. Conservation des peaux. — Les peaux desséchées sans préparation s'altéreraient promptement. Il n'en est plus de même quand on les enduit d'un antiseptique ou d'un composé propre à former avec elles des combinaisons imputrescibles.

Pour la mégisserie, ou pour la préparation des fourrures, la substance dont on enduit la peau est un mélange d'alun et de sel marin qui, par double échange, produit du chlorure d'aluminium capable de se combiner à la peau et de la rendre inaltérable.

Pour former les cuirs, le principe actif est le **tannin** qui forme avec la peau une combinaison imputrescible; de là le nom de *tannage* donné à l'opération.

Le **tannin** ou **acide tannique** est tiré de l'écorce de chêne appelée **tan.** Quand on le veut pur, dans les laboratoires, on épuise la noix de galle concassée par l'éther aqueux dans une allonge posée en bouchon sur une carafe; on décante la couche éthérée qui s'est rassemblée dans la carafe, et on évapore dans le vide la couche sirupeuse, après l'avoir lavée. Le tannin est une masse spongieuse et légère de couleur jaunâtre, un peu soluble dans l'eau, et dont le caractère chimique est de donner des précipités colorés avec les sels métalliques, notamment avec les sels de fer. L'encre est un tannate de fer étendu et mélangé de gomme.

Le *tannage* des peaux s'effectue sur les peaux fraîches ou salées ou sur les peaux desséchées. Les unes et les autres, lavées et gonflées dans l'eau, sont d'abord épilées, débarrassées des poils par un ou plusieurs trempages dans des cuves d'eau de chaux et un raclage ; elles sont ensuite disposées dans des caisses les unes sur les autres avec des couches alternatives de *tan* et du liquide provenant d'une opération antérieure. Elles en sortent imputrescibles ; le martelage ou le graissage ou différents apprêts les transforment ensuite en cuirs durs ou souples.

Résumé. — Les matières azotées, soustraites à l'influence de la vie, s'altèrent très rapidement sous l'influence de l'air, de l'humidité et d'une élévation de température: elles se putréfient, deviennent liquides, exhalent une mauvaise odeur et se décomposent.

Tous les procédés de conservation des substances organisées tendent à les soustraire à l'action de l'air, de l'humidité et des ferments.

Pour conserver les substances alimentaires, on utilise la dessication, le froid, la salaison, la fumure et enfin le procédé Appert. On dessèche les fruits, on garde les viandes dans la glace, on sale ou l'on enfume les poissons ou la chair du porc.

Mais le procédé le plus général de conservation est celui qui consiste à faire chauffer la substance avec un peu d'eau à 100°, à chasser tout l'air et à fermer le vase. On évite le contact de l'air et on a chance d'avoir tué ou rendu inoffensifs les germes organisés de la putréfaction.

La conservation des peaux est différente. Pour les peaux fines on se sert de sel marin et de chlorure d'aluminium ou d'alun. Pour les autres, que l'on épile d'abord avec de la chaux, on emploie le tan ou écorce de chêne qui agit par l'acide tannique qu'elle contient et donne une masse insoluble avec la gélatine de la peau.

TABLE DES MATIÈRES

MÉTALLOÏDES

MÉTAUX

CHIMIE ORGANIQUE

FIN

Ouvrages de M. Félicien GIROD

Agrégé de l'Université,
Professeur de mathématiques au lycée Corneille de Rouen.

COURS DE GÉOMÉTRIE théorique et pratique, à l'usage des *Lycées* et des *Collèges*, de tous les *Etablissements d'Instruction*, des aspirants au baccalauréat ès sciences et au baccalauréat spécial, contenant de nombreuses applications au dessin linéaire, à l'architecture, à l'arpentage, au levé des plans, au nivellement, à la topographie, la lecture des cartes, etc., et plus de **mille exercices** proposés de géométrie pure et appliquée. *Huitième édition*, 1 vol. in-8, br. .... 4 »

TRAITÉ ÉLÉMENTAIRE DE GÉOMÉTRIE théorique et pratique à l'usage des *Lycées*, des *Collèges*, de tous les *Etablissements d'Instruction* et des candidats au baccalauréat ès-lettres. *Sixième édition*, 1 vol. in-8, br. 3 »

SOLUTIONS RAISONNÉES des problèmes énoncés dans le *Cours* et dans le *Traité élémentaire de Géométrie. Troisième édition*. 1 vol. in-8, br.. 6 »

Ces trois ouvrages renferment de belles figures sur fond noir, intercalées dans le texte.

COURS D'ARITHMÉTIQUE théorique et pratique à l'usage des *Lycées* et des *Collèges*, de tous les *Etablissements d'Instruction*, des aspirants au baccalauréat ès sciences et au baccalauréat spécial, renfermant plus de **mille exercices**, sur les nombres entiers, les nombres fractionnaires, le système métrique, les racines carrée et cubique, les intérêts, l'escompte, les opérations de Bourse. les progressions, les intérêts composés et les annuités. 8e *édition*. 1 vol. in-8, br. .... 4 »

TRAITÉ ÉLÉMENTAIRE D'ARITHMÉTIQUE théorique et pratique à l'usage des *Lycées* et des *Collèges*, de tous les *Etablissements d'Instruction*, des élèves des Classes de lettres et des candidats au baccalauréat ès lettres. *Septième édition*, revue et corrigée, 1 vol. in-8, broché...... 2 50

SOLUTIONS RAISONNÉES des problèmes énoncés dans le *Cours d'Arithmétique* (n° 4) et dans le *Traité élémentaire d'Arithmétique* (n° 3). *Deuxième édition* revue et corrigée. 1 beau volume in-8, broché.... 4 »

ARITHMÉTIQUE DES ÉCOLES PRIMAIRES, rédigée conformément aux programmes officiels du 27 juillet 1882.

- **Cours élémentaire** (n° 1). *Deuxième édition*. 1 vol, in-12, cartonné. 0 75
- **Cours moyen** (n° 2). *Cinquième édition*, 1 volume in-12, cartonné. 1 40
- **Cours supérieur** (n° 2 *bis*). 1 vol. in-12, cartonné.... 1 »

SOLUTIONS DES EXERCICES ET DES PROBLÈMES contenus dans l'arithmétique des Ecoles primaires **Cours moyen**, 1 vol. in-12, cart. 2 40

COURS D'ALGÈBRE ÉLÉMENTAIRE, théorique et pratique, à l'usage des *Lycées*, des *Collèges*, de tous les *Etablissements d'Instruction*, des aspirants au baccalauréat ès sciences, au baccalauréat spécial et aux Ecoles du gouvernement, renfermant plus de **quatorze cents exercices**. *Sixième édition*. 1 vol. in-8, br. .... 4 »

TRAITÉ ÉLÉMENTAIRE D'ALGÈBRE, théorique et pratique, à l'usage des *Lycées*, des *Collèges*, de tous les *Etablissements d'Instruction* et des aspirants au baccalauréat ès lettres, 4e *édit*. 1 vol. in-8, br.... 2 50

SOLUTIONS RAISONNÉES des problèmes énoncés dans le *Cours* et dans le *Traité élémentaire d'algèbre*. Un vol. in-8, broché.... 6 »

COURS ÉLÉMENTAIRE DE TRIGONOMÉTRIE RECTILIGNE à l'usage des *Lycées* et des *Collèges*, de tous les *Etablissements d'Instruction*, des candidats au baccalauréat ès sciences et au baccalauréat spécial, contenant un grand nombre d'exercices à résoudre. Un volume in-8, broché..... 2 »

TRIGONOMÉTRIE PRATIQUE réduite à la résolution des triangles à l'usage des *Ecoles normales primaires*, des *Ecoles primaires supérieures*, et de toutes les personnes qui s'occupent d'opérations sur le terrain. 1 vol. in-8, br. 1 »

GÉOMÉTRIE DESCRIPTIVE, conforme aux programmes officiels de l'enseignement secondaire spécial et de l'enseignement secondaire classique, par **MM. Félicien Girod et Th. Canonville-Deslys.**

Cours de troisième année. Cinquième édition. 1 volume in-8, broché.... 2 50

Cours de quatrième année. Deuxième édition. 1 volume in-8, broché.... 3 50

COURS DE MATHÉMATIQUES APPLIQUÉES, à l'usage des *Ecoles normales primaires*, des *Ecoles professionnelles*, des *Ecoles primaires supérieures*, et de tous les *Instituteurs*, contenant des notions élémentaires de *géométrie descriptive* applicables au dessin industriel, *l'arpentage*, le *partage des terres*, le *levé des plans*, le *nivellement*, des questions pratiques sur le *cubage*, la *stéréotomie*, *l'architecture*, le *tracé des cartes*, le *lavis*, la *perspective*, par **les mêmes**. *Troisième édition*. 1 vol. in-8, broché.... 4 »

OUVRAGES DE M. PH. ANDRÉ

ARITHMÉTIQUE A L'USAGE DES CLASSES ÉLÉMENTAIRES. Ouvrage rédigé sur un plan tout à fait nouveau. *Neuvième édition.* 1 vol. in-12, cart. » 80

SOLUTIONS DES EXERCICES PROPOSÉS DANS L'ARITHMÉTIQUE à l'usage des classes élémentaires. *Nouvelle édition.* 1 vol. in-12, br. » 60

ÉLÉMENTS D'ARITHMÉTIQUE (N° 3). *Onzième édition*, 1 vol. in-8, br. 3 »

NOUVEAU COURS D'ARITHMÉTIQUE (N° 4). *Quinzième édition*, 1 volume in-8, broché.. 4 »

EXERCICES D'ARITHMÉTIQUE. (*Problèmes et Théorèmes*), ou énoncés et solutions développées des questions proposées dans le *Nouveau cours d'Arithmétique* (n° 4) et dans les *Eléments* (n° 3). *Cinquième édition.* 1 vol. in-8, br. 5 »

ÉNONCÉS DES EXERCICES D'ARITHMÉTIQUE (*Problèmes et Théorèmes*) contenus dans les Arithmétiques (n° 4) et (n° 3). 2e *édit.*, 1 vol. in-8, br. 1 »

ÉLÉMENTS DE GÉOMÉTRIE, théorique et pratique, à l'usage de tous les *Etablissements d'Instruction*, des aspirants au baccalauréat ès lettres et des élèves de l'enseignement secondaire spécial, contenant plus de 1,000 problèmes résolus et à résoudre, trois Traités très complets : *Levé des plans, Arpentage, Partage des terres, des Notions de Nivellement, le Cubage des bois, le Jaugeage des tonneaux*, etc. *Dix-septième édition.* 1 vol. in-12, cart.. 3 »

NOUVEAU COURS DE GÉOMÉTRIE, à l'usage des *Etablissements d'Instruction*, des apirants au baccalauréat ès sciences et aux Ecoles du Gouvernement, contenant plus de 1,100 problèmes résolus et à résoudre, trois Traités très complets : *Levé des plans, Arpentage, Partage des terres, des Notions de Nivellement et un grand nombre de questions usuelles. Dix-Huitième édition.* 1 vol. in-12, cart.. 4 »

EXERCICES DE GÉOMÉTRIE (*Problèmes et Théorèmes*), énoncés et solutions développées des questions proposées dans les deux ouvrages de Géométrie. *Huitième édition*, 1 fort volume in-8, broché................ 6 »

ÉNONCÉS DES EXERCICES DE GÉOMÉTRIE (*Problèmes et Théorèmes*) contenus dans le *Nouveau Cours de Géométrie* et dans les *Eléments. Troisième édition.* 1 vol, in-12, cart.. » 60

ALGÈBRE ÉLÉMENTAIRE, à l'usage des écoles professionnelles, des pensionnats et des écoles normales. *Quinzième édition*, 1 vol. in-12, cart. 1 60

NOUVEAU COURS D'EXERCICES ET DE PROBLÈMES D'ALGÈBRE, ou énoncés et solutions développées des questions proposées dans l'Algèbre élémentaire. *Sixième édition*, 1 volume in-12, broché................ 1 60

ÉLÉMENTS D'ALGÈBRE (N° 3), à l'usage des aspirants au baccalauréat ès lettres et de tous les *Etablissements d'Instruction*, contenant un très grand nombre d'exercices. *Septième édition*, 1 volume in-8, broché........ 3 »

NOUVEAU COURS COMPLET D'ALGÈBRE ÉLÉMENTAIRE (N° 4), conforme au programme de l'enseignement classique, à l'usage des *Etablissements d'Instruction*, des aspirants au baccalauréat ès sciences et aux diverses Ecoles du Gouvernement, contenant un grand nombre d'exercices. *Huitième édition*, 1 volume in-8, broché.. 4 »

COURS D'ALGÈBRE DE L'ENSEIGNEMENT SPÉCIAL, à l'usage des *Etablissements d'Instruction*, des aspirants au Baccalauréat spécial et de toutes les personnes qui désirent connaître la théorie mathématique de la plupart des grandes opérations financières, contenant un très grand nombre d'exercices. *Troisième édition*, 1 volume in-8, broché........................ 4 »

EXERCICES D'ALGÈBRE (*Problèmes et Théorèmes*), énoncés et solutions développés des questions proposées dans les Algèbres (n° 4) et (n° 3), ainsi que dans le Cours de l'enseignement spécial. 3e *édit.*, 1 vol. in-8, br. 6 »

NOUVEAU COURS DE TRIGONOMÉTRIE d'après le programme officiel, contenant un grand nombre d'exercices résolus et à résoudre. *Septième édit.* 1 vol. in-8, br.. 2 »

EXERCICES DE TRIGONOMÉTRIE, ou énoncés et solutions développées des questions proposées dans le *Cours de Trigonométrie. Quatrième édition*, 1 vol. in-8, br.. 2 »

RÉSUMÉ D'UN COURS DE TRIGONOMÉTRIE. *Troisième édition.* Brochure in-8.. » 40

Laval, imprimerie et stéréotypie E. JAMIN, rue de la Paix, 41.

www.ingramcontent.com/pod-product-compliance
Ingram Content Group UK Ltd.
Pitfield, Milton Keynes, MK11 3LW, UK
UKHW020556230726
13926UKWH00005B/2041

9 782013 563246